中国美学研究

第十六辑

朱志荣　主　编

王怀义　副主编

华 东 师 范 大 学 中 文 系

华东师范大学美学与艺术理论研究中心　编

华东师范大学出版社

上海

图书在版编目（CIP）数据

中国美学研究.第十六辑 / 朱志荣主编.—上海：
华东师范大学出版社，2021
 ISBN 978 - 7 - 5760 - 1339 - 9

 Ⅰ.①中… Ⅱ.①朱… Ⅲ.①美学－中国－文集
Ⅳ.①B83 - 53

中国版本图书馆 CIP 数据核字(2021)第 023238 号

中国美学研究（第十六辑）

主　　编　朱志荣
副 主 编　王怀义
责任编辑　唐　铭
特约审读　李　莎
责任校对　时东明
装帧设计　刘怡霖

出版发行　华东师范大学出版社
社　　址　上海市中山北路 3663 号　邮编 200062
网　　址　www.ecnupress.com.cn
电　　话　021 - 60821666　行政传真 021 - 62572105
客服电话　021 - 62865537　门市(邮购)电话 021 - 62869887
地　　址　上海市中山北路 3663 号华东师范大学校内先锋路口
网　　店　http://hdsdcbs.tmall.com/

印 刷 者　上海昌鑫龙印务有限公司
开　　本　787×1092　16 开
印　　张　21.75
字　　数　353 千字
版　　次　2020 年 12 月第 1 版
印　　次　2020 年 12 月第 1 次
书　　号　ISBN 978 - 7 - 5760 - 1339 - 9
定　　价　68.00 元

出 版 人　王　焰

（如发现本版图书有印订质量问题,请寄回本社客服中心调换或电话 021 - 62865537 联系）

目　录

Contents

中国古典美学

古代美学理论命题之性质、形式及功能

吴建民[*]

（江苏师范大学文学院　江苏徐州 221116）

摘　要：命题作为中国古人表述美学思想的常用方式，是构成中国古代美学理论体系的基本因素，但多年来美学命题的研究一直处于严重的缺失状态。对命题之性质、形式及功能的诠释是研究古代美学理论命题的基本前提，也是使研究有效展开的重要保障。古代美学理论命题其性质是指表示审美判断的短句或短语，以"判断"为内涵，具有"客观性"和"意向性"两方面特点。其构成形式包括单句式、多句式、直述式和象喻式等四种类型。其功能在于能够便捷有效地表达理论家丰富复杂的美学思想。

关键词：古代美学命题　性质　形式　功能

命题与范畴作为中国古人表述美学思想最常用的话语方式，对于中国古代美学理论的建构具有举足轻重之作用。张岱年先生谈中国古代哲学体系的构成时说："哲学的理论体系是由命题组成的，而命题是藉名词概念来表达的。基本的名词概念，称为范畴。"[①] 此论诠释了古代哲学体系的构成及体系、命题、范畴三者的关系：体系由命题组成，命题藉名词概念即范畴来表达。反过来说就是范畴构成命题，命题组成体系，体系由命题与范畴两大因素构成，最基本的因素是范畴。此论完全适用于诠释中国古代美学：中国古代美学思想体系也是由范畴与命题两大因素构成，也是命题藉范畴表达，体系由命题组成。就此而言，对命题与范畴的研究是探索古代美学思想奥秘的必由路径。

---

[*] 作者简介：吴建民（1955—　），男，安徽亳州人。江苏师范大学文学院教授，主要从事古代文论、古代美学研究。

① 葛荣晋：《中国哲学范畴史》，黑龙江人民出版社 1987 年版，第 1 页。

但是，多年来学界一直把美学范畴作为研究重点，蔡钟翔先生主编的《中国美学范畴丛书》就有二十部之多，论文更是难以胜数，如对"意境"范畴的研究，据古风教授的统计，从1978至2000年的"20多年来，约有1 452位学者，发表了1 543篇'意境'研究论文"①。这种现象让人觉得似乎范畴是中国古代美学的唯一话语方式，因而人们对于范畴研究始终保持着高度的热情，从而遮蔽了对于命题重要性的认识。所以，命题虽然是构成古代美学理论的基本因素，数量众多，意义重大，影响深远，学界却视而不见，多年来一直鲜有人自觉地展开研究。因为缺乏对于命题性质、特点、功能、价值的真正认识，所以学人们很难产生研究兴趣和热情，美学命题也就难以进入人们的研究视野，从而不可避免地出现了过度侧重范畴研究而疏忽命题探索的极度失衡现象。这种极度失衡不仅使研究资源大量浪费，而且严重影响着古代美学研究的深入展开。因为命题作为古人表述美学观点的基本话语方式，凝聚着古代美学思想的精华。对命题研究的缺失，不但意味着古代美学研究的不完整，而且意味着研究领域的狭窄和研究层次的亟待提升。大量的古代美学理论命题亟待整理、研究，由此推进古代美学研究向更高的层次和更广的领域展开，这对于当下的中国古代美学研究来说，是一项十分紧迫而且非常重要的任务。而研究古代美学理论命题，首先必须对其性质特征、构成形式及功能价值等基本理论问题弄清楚，因为这是研究的前提和基础。这些问题不解决，不但难以提升人们对于命题重要性的认识，难以改变学界对于命题的漠然态度，难以扭转持续多年的范畴研究一边倒的不正常现象，而且也难以保证对命题的研究不会偏离方向甚至不会出现混乱。

一、古代美学理论命题之性质特征

"命题"本是古代诗文美学的一个常用概念，但与当代学术中"命题"的内涵相差甚远。古人所用命题，其内涵主要有三：一是指诗文主旨，如宋初王禹偁《赠别鲍秀才序》云："公出文数十章，即进士鲍生之作也。命题立意，殆非常人。"②这是说鲍进士所作之文"立意"高远，主旨非一般人所能达到，"命题立

---

① 古风：《意境探微》，百花洲文艺出版社2001年版，第25页。
② 王禹偁：《小畜集》（下），商务印书馆1937年版，第509页。

4

意"都是指作品主旨。主旨高远是作品价值所在,正如郑板桥所说:"作诗非难,命题为难。题高则意高,题矮则诗矮,不可不慎也。"①"命题"作为诗文主旨,直接影响着作品或高或矮之价值。二是指拟题、制题、立题或出题目,如严羽《沧浪诗话·诗评》云:"唐人命题,言语亦自不同。"②明代王鏊《震泽长语·经传》云:"古人作诗,必自命题。"③清代冒春荣《葚园诗说》卷二云:"唐人命题,便自不苟。"④他们所说的"命题"是一个动宾结构,就是拟题、出题之意,也就是对题目进行命名。与当代人常说的"命题作文"即拟定作文题目,意思相同。三是指作品题目,如清人孙枝蔚《赋得东渚雨今足呈潞安司理李吉六》诗序云:"司理公下车后分题试各邑士之能诗者,余适在家兄署中,欣闻体恤属吏及惠爱农民之意,正图形诸歌咏,因见命题,辄不揣荒陋,勉作二律,附邑士之末。"⑤郑板桥《范县署中寄舍弟墨第五书》云:"少陵诗高千古,自不必言,即其命题,已早据百尺楼上矣。通体不能悉举,且就一二言之:《哀江头》《哀王孙》,伤亡国也;《新婚别》《无家别》《垂老别》《前后出塞》诸篇,悲戍役也;《兵车行》《丽人行》,乱之始也;《达行在所》三首,庆中兴也。"⑥孙、郑二人所说的"命题"都是指诗文创作的题目。

在当代学术中,"命题"是一个逻辑学概念。逻辑学认为:"命题是具有真假意义的陈述性的语句。……所谓陈述,就是对事物情况的断定、叙述和说明。"⑦《辞海》的解释较为规范:"逻辑名词,表达判断的句子。……一说凡陈述句所表达的意义为命题,被断定了的命题为判断。也有对命题和判断不作区别,把判断叫做命题的。"⑧命题通常是指表示判断的句子或短语,"判断"是命题的根本内涵,若无"判断",命题就无法成立。正如张晶教授所说:"如果句中无判断,就无法构成命题。"⑨"语句"是命题的形式,"判断"或所"表达的意义"是命题的内容。中国古代美学理论命题完全体现了以"判断"为本的性质特点,如"立象尽意""诗可以怨""素朴而天下莫能与之争美""以形写神""神与

---

① 郑板桥:《郑板桥集》,上海古籍出版社1962年版,第13页。
② 严羽著,郭绍虞校释:《沧浪诗话校释》,人民文学出版社1961年版,第146页。
③ 王鏊著,吴建华点校,王卫平主编:《苏州文献丛书 王鏊集》,上海古籍出版社2013年版,第556页。
④ 郭绍虞编,富寿荪校:《清诗话续编》(下),上海古籍出版社1983年版,第1590页。
⑤ 孙枝蔚:《溉堂集》,上海古籍出版社1979年版,第592页。
⑥ 郑板桥:《郑板桥集》,上海古籍出版社1962年版,第14页。
⑦ 关老健主编:《普通形式逻辑》,中山大学出版社2002年版,第58页。
⑧ 辞海编辑委员会编:《辞海》(缩印本),上海辞书出版社1980年版,第322页。
⑨ 张晶:《中国古代美学命题研究的意义何在》,《社会科学辑刊》2020年第1期。

物游""文已尽而意有余""心师造化""境生象外""思与境偕""文以载道""诗画一律""文,心学也"等美学史上的著名命题,都是古人对某种审美现象的判断或对某一审美观念的陈述,都体现着以"判断"为本的性质特点。西方美学中的命题也是如此,如"美是理性的感性显现"①"艺术是有意味的形式"②等著名命题也都是对某种审美现象的判断或对某一审美观念的陈述。

命题以"判断"为根本属性,这一属性导致了美学命题必然具有"客观性"和"意向性"两方面特点。因为任何审美"判断"都是审美主体对研究对象作出的判定,都体现着理论家的美学观念、审美意向、审美态度。也就是说,一方面"判断"是对客观对象的判断,因而必然具有客观性;另一方面"判断"又是由主体做出来的,因而必然具有意向性。正如张晶教授所指出的:"无论是西方命题,还是中国命题,都兼具客观性和意向性。"③如"以形写神",其客观性就是此命题所体现的绘画创作中形与神之间的客观关系:绘画创作就是通过对对象之形的描绘而表现出对象之神。绘画创作的形神关系是客观存在的,此命题体现了客观存在的形神关系,因而具有客观性。客观存在的形神关系是此命题提出的客观基础,也是构成此命题客观性的根本原因。"以形写神"是顾恺之对于人物画创作形神关系的审美判断,体现他的审美观念、审美态度及审美意向,因而此命题具有意向性。顾恺之对于绘画创作的审美观念、态度及意向是作出此审美判断的内在原因,也是构成此命题意向性的根本原因。

由于所判断的意义会出现或"真"或"假"两种情况,因而命题也就有了真假之分。"有真假是命题的逻辑特征。凡是反映的对象情况符合客观实际,命题就是真的;凡是不符合客观实际,命题就是假的。"④命题的真或假主要受意向性影响,因为"意向性"作为主体审美观念的体现,是审美判断生成的主观原因,对于命题的正确性具有直接影响。命题作为一种判断,只有或真或假两种可能。若判断与真实情况相符,体现了对象的客观真实性,就是真命题,否则即为假命题。也就是说,由正确意向性做出的审美判断而产生的命题是真命题,反之则为假命题。真命题的意向性与客观性相一致,假命题则相反。古代美学史上绝大多数命题都是真命题,但也有极少数的假命题。如战国时期士

① 黑格尔:《美学》第 1 卷,朱光潜译,商务印书馆 1979 年版,第 45 页。
② 克莱夫·贝尔:《艺术》,周金环、马钟元译,中国文联出版公司 1984 年版,第 6 页。
③ 张晶:《中国古代美学命题研究的意义何在》,《社会科学辑刊》2020 年第 1 期。
④ 樊明亚主编:《形式逻辑》(第二版),高等教育出版社 2009 年版,第 17 页。

人用《诗》普遍存在着"断章取义""以文害辞""以辞害志"的现象，这些都是假命题。因为无论是"断章取义"还是"以文害辞"或"以辞害志"，都是对正确"说诗""用诗""解诗"的误判，不符合"说诗""解诗"之道，都与"说诗""解诗"的客观实际相悖。对此，孟子提出了"以意逆志"这一命题进行纠正。美学史上的假命题虽然不多，但屡有出现，如"文人相轻""贵远贱近""向声背实""为文而造情""文贵形似""作文害道""文必秦汉"等诗文美学命题；"画以摹形，故先质后文""画无常工，以似为工""惟贵象形，用为写图，以资考核"等绘画美学命题；"有肉无骨""意后笔前"等书法美学命题等都是假命题。这些美学命题都是由错误的审美观念而作出的错误判断，体现着错误的意向性，在古代美学史上始终是人们所批判的对象。

在当代学术研究中，"假命题"也经常成为人们的探讨对象，但一般都是在讨论具有争议性的重要学术问题时才使用，并且常常把真假命题合起来进行分析。如对于古代文论的现代转化问题，有人认为"古代文论的现代转型是一个虚假的命题"①；有人指出古代文论的现代转换是"一个误导性命题"②；有人则对"古代文论的转换是虚假命题吗"③进行反驳等，这些都是对古代文论的现代"转型""转换"是否可能的问题进行探讨。探讨中产生了不同的观点，也就产生了命题的真或假之说。再如詹福瑞先生曾在 2015 年 11 月 26 日《光明日报》主持讨论《"文学的自觉"是不是伪命题?》的问题，李炳海、程水金等学者就魏晋"文学的自觉"这一命题的真伪展开对话、讨论。对话的观点不同，魏晋"文学的自觉"这一命题也就有了真假之说。总之，当代学术所讨论的问题都是具有争议性的，学者所持的态度不同，所形成的命题也必然会有真假之别。这也表明，古代美学理论命题要比范畴复杂得多，因为美学范畴是不存在真假之说的。

二、古代美学理论命题之构成形式

古代美学理论命题的构成形式十分复杂，美学史上一些命题如"感物"

---

① 尹奇岭：《伪命题：中国古代文论的现代转型》，《理论与创作》2003 年第 3 期。
② 赵玉：《古代文论的现代转换：一个误导性命题——对十年来"转换"讨论的思考》，《求索》2005 年第 12 期。
③ 陈良运：《古代文论的转换是虚假命题吗?》，《粤海风》2003 年第 1 期。

"畅神""原道""自娱"等,其形式很像范畴,实际上都是命题;而一些范畴如"象外之象""味外之味""有我之境"等,其形式很像命题,实际上却是范畴。由此可知,形式对于命题的确认非常重要,若在构成形式上不符合命题的要求,就不能称为命题,亦不能将其作为命题来研究。由于对命题形式缺乏正确的认识,出现了一些学人常常把命题当作范畴或把范畴当作命题进行研究的现象。① 所以,构成形式是古代美学理论命题研究中的一个十分关键的问题。对于古代美学理论命题的构成形式,可从句式构成和语言特点两个角度进行分析。

(一) 从句式构成角度看,古代美学理论命题可分为单句式和多句式两种类型

"单句式命题"是指由单个短句构成的命题。最简单的单句式命题由两个字构成,如"感物""原道""自娱""畅神"等。由于此类命题只有两个字,从形式上看颇似范畴,但实际上这种由动宾结构或主谓结构构成的命题往往是短句的压缩。"感物"实为"诗人感于物而动","原道"实为"文章本原于道","畅神"实为"山水画可舒畅人之精神"等。三字构成的单句式命题较为普遍,如"游于艺""诗言志""律和声""立主脑"等,虽然只有三个字,却都是意义完整的判断,并且都有深刻的美学内涵。四字构成的命题最为规范,如"诗可以兴""知人论世""以形写神""澄怀味象""诗画一律"等,此类命题也最为常见。四字以上的单句式命题,如"感于物而动""境生于象外""充实之谓美""声成文谓之音""文已尽而意有余""情动于中而形于言""淡然无极而众美从之""素朴而天下莫能与之争美"等。此类命题虽然由多字构成,但仍是一个单句。此外,还有一些简单的判断句也属于单句式命题,如"乐者,乐也""言,心声也""书,心画也""画者,画也""写字者,写志也""文,心学也"等,此类命题是由于古代汉语判断句的语法特点而形成的。

"多句式命题"是由两个以上简单句构成的命题。最简单的多句式命题由两个单句构成,如"凡音之起,由人心生也""陶钧文思,贵在虚静""外师造化,中得心源""但见情性,不睹文字"等。此类命题由两个单句表达一个完整的意

---

① 如《中国美学范畴辞典》(中国人民大学出版社1995年版)收录"兴于诗""澄怀味象"等条目,就是把命题当作了范畴,因为这些条目都是命题,不是范畴。《浅谈中国古代文论中关于"象"的命题》(载《现代语文》(学术综合版)2014年10月号)一文就把范畴当作了命题,因为"象"是范畴,不是命题。

义,而一个单句的意义是不完整的。如"凡音之起,由人心生也"就必须两句配合起来意义才完整,"陶钧文思"也必须与"贵在虚静"配合才能构成完整的意义。否则,意义不完整,也就不是命题。大多数多句式命题中的单句都具有独立的意义,单句本身就是一个命题,如"心生而言立,言立而文明""诗中有画,画中有诗""乐人易,动人难"等,这种包含着其他命题的多句式命题又叫"复合命题"。复合命题中的每个单句都是命题,单句合起来的意义才更为完整。由于复合命题中包含着其他命题,其内涵也更为丰富,如"人禀七情,应物斯感;感物吟志,莫非自然""诗者,根情,苗言,华声,实义""吾师心,心师目,目师华山"等,都有着非常丰富复杂的理论内涵。复合命题的形成,是由于命题的内涵非常丰富而单句不足以表达,必须使用更多的句子才能将复杂的思想内涵完整地表达出来。所以,由多句构成的复合命题具有更丰富复杂的思想内涵。

不管是单句式命题还是多句式命题,其文字都是非常简明精炼的。即便是多句式命题,句子的文字也不多,体现了古代美学命题具有短小精悍、言简意赅的特点。这种特点使命题易识易记、便于运用,为人们所乐于接受和运用。

命题的简明精炼,使其具有灵活性。灵活性是指古代美学命题与古人的原始话语并不完全一致,后人通过对古人的原话进行文字上的压缩、删节从而形成命题,如"发愤著书"的原文是"大抵贤圣发愤之所为作也","文以载道"的原文是"文所以载道也","诗画一律"的原文是"诗画本一律"等。通过删节原文文字而保留文义以便使语言简洁精炼,但文字的删节不影响句子的判断性,否则就不是命题了。大多数古代美学命题并不需要删节文字,因为古人用语本来就以简为尚。灵活性是命题独有的特点,因为古代美学范畴不可进行任何文字的删节。

(二)从语言特点的角度看,古代美学理论命题可分为直述式和象喻式两种类型

"直述式命题"是指用简明精炼的语言对命题的思想内涵进行直接陈述,通过直接陈述而将命题的本义内容直接表达出来,如"立象尽意""诗可以兴""诗言志""凡音之起,由人心生也""化下刺上""以形写神""外师造化,中得心源""诗画一律""无画处皆成妙境""文,心学也"等都是直述式命题。直述式命题是古代美学理论命题的主要类型,因为绝大多数古代美学理论命题都是这种类型。

直述式命题的特点主要有二：一是内涵清晰明确，易于理解把握，不会出现见仁见智的歧义现象。如上面所列举的命题其内涵都非常清晰，表述都非常透彻，让人能够一目了然。因为直述式命题都是运用简洁明确的直陈式语言来表达的，都是以理论观点的清晰表述为根本要旨。二是具有鲜明的理论化色彩。理论家用最简洁精炼的语言将自己的美学观点直接陈述出来，命题中的每个字都是理论观点的有效承载体，直述式命题实际是古代美学家理论观点的高度浓缩和直接表达，因而必然具有鲜明的理论化色彩。而这一特点的形成，与直陈式语言的使用密切相关。

直述式命题鲜明的理论化特点，表明中国古代美学具有思想性强的理论品格和观点明确的学术风范。美学作为一门思辨性极强的学科，体现着理论家对于美的理性思考，是理论家对于美的各种思想观点的凝聚和呈现。深刻的思想观点、鲜明的理论主张是美学应有的理论品格和学术风范。直述式命题作为各种美学思想观点的直接陈述和明确呈现，实际是由于古代理论家丰富深刻美学思想的表达需要而产生的。因此可以说此类命题生成的根本原因在于中国古代美学本来就有着丰富、深刻的思想理论。以丰富、深刻的美学思想为根源而生成的直述式命题，作为古代美学理论精华的凝聚，在直陈表达各种理论观点的同时，也必然体现出中国古代美学思想性强的理论品格和观点明确的学术风范。

"象喻式命题"是指用形象化比喻性语言构成的命题，中国古人喜欢运用形象化比喻来表达美学观点，将思想观点蕴于形象化比喻中，命题以形象化比喻的形式呈现，从而形成象喻式命题。如"金相玉质""谢朝华于已披，启夕秀于未振""踵事增华""陶钧文思，贵在虚静""视布于麻，虽云未费；杼轴献功，焕然乃珍""诗者，根情，苗言，华声，实义""胸有成竹""景媒情胚""立主脑""减头绪""密针线"等都是象喻式命题。象喻式命题数量不多，不是古代美学命题的主要类型。象喻式命题可分为全象比喻式和半象比喻式两种。全象比喻式是指整个命题全部都是形象化比喻，如"金相玉质""谢朝华于已披，启夕秀于未振""踵事增华""立主脑"等，所有文字与命题的思想内涵都没有关系，命题的全部思想内涵都在比喻中。半象比喻式是指命题中只有部分形象化比喻的文字，"陶钧文思，贵在虚静""窥意象而运斤""诗者，根情，苗言，华声，实义"等皆属此类，这些命题都是由形象化比喻与非形象化比喻性文字相配合而构成的。如"陶钧文思"是形象化比喻,"贵在虚静"则是非形象化比喻性文字。再如根、苗、华、义是形象化比喻,情、言、声、义则是非形象化比喻性文字。此类命题容易理解,因为命题中有一半陈述式文字,读者很自然地会把形象化比喻与陈述式文字联系起来思考,从而把握其中的思想内涵。

象喻式命题的突出特点是具有鲜明的审美属性和显著的审美效果。形象化比喻具有深远的审美意味,能给读者带来丰富的审美感受。如"诗者,根情,苗言,华声,实义"这一命题以花为喻,从情、言、声、义四个方面对诗歌的本体特征做出判断,以花株之根、苗、花、实比喻诗歌之情、言、声、义,通过恰当的形象化比喻,不但将情、言、声、义四因素在诗中的地位、作用、价值、意义阐释得清楚明白,而且判断得准确精辟:情对于诗,犹如花株之根;情为诗之根,无情诗不存。言对于诗,犹如花株之苗;言为诗之苗,无言诗不立。声对于诗,犹如花株绽放出花朵;声为诗之花,诗需声律美;义对于诗,犹如花株结出果实;义为诗之实,诗用在义深。情如根、言如苗、声如花、义如实是此命题的语言形式,诗以情为根、以言为体、以声为美、以义为用是此命题的思想内涵,语言形式以形象化比喻将诗之本体特征表达了出来。语言形式中的根、苗、华、实都是美感性非常强的文字,在读者面前呈现出了鲜活的花株,能让读者产生非常强的美感。读者在接受过程中将这四个审美对象与诗歌的四个构成因素联系起来,一方面产生了丰富的审美意味,另一方面获得了对诗歌本体特征的认识。

象喻式命题突出的审美化特点,表明中国古代美学的表述形式具有鲜明的审美化品格,读者在获得命题所阐释的理论意义的同时,又能获得丰富的审美意味和深隽的审美享受。虽然美学是一门理性思考的科学,以理论家对于美的各种思想观点、理论主张为核心内容,但象喻式命题却赋予了中国古代美学以美的形式,从而使美学本身具有了美的属性和特点,能让读者获得理论意义和审美愉悦的双重享受。如果说美学本来就应以美的形式呈现,美学之本色在于美学本身就是美的,那么,只有中国古代美学才真正彰显了美学的这一本色。或者说,中国古代美学既是理论丰富、思想深刻的,又是形式优美、意味深隽的,是理论之思与形式之美的结合与凝聚。

象喻式命题的优美形式虽然能产生良好的审美效果,但其缺点也十分明显,即命题思想内涵的表达不够明确清晰,不利于读者的理解把握。特别是全象比喻式命题，这一缺陷尤为突出。如陆机《文赋》提出"谢朝华于已披，启夕秀于未振"①之论，这一命题的本义内涵是强调文学创作必须创新。前句是说对于前人的陈言旧意应像辞谢已开之花一样弃而不用，后句是说作家致力于文词文意的创新应像园丁致力于培育开启未开之花。此命题的这种思想内涵确实十分隐晦，不易理解把握。再如刘勰《神思》篇提出"视布于麻，虽云未费；杼轴献功，焕然乃珍"之论，此命题的核心思想是说神思想象具有巨大的审美创造性，平凡的素材经过作家的神思想象加工创造而能成为优美的作品，就像麻经过织机的加工而成为焕然珍贵的布一样。这一命题的思想极为深刻，内涵极为丰富，全部运用形象化语言，构成的比喻非常恰当。深刻的思想蕴藏于优美的形象化比喻中，非常富有审美意味。但是，整体比喻不利于读者理解命题中的思想内涵，读者只有借助于注释疏解才能理解其思想内涵。美的形式影响了内涵的表达，也影响了读者的理解接受。命题以"判断"或"表达意义"为本，用形象化比喻性语言来表达判断或意义，表达效果当然不如直述式语言透彻、便捷。

三、古代美学理论命题之功能

命题的全部价值意义就在于具有重要的功能，若无功能，命题便毫无价值。命题有何功能？简言之，就是便捷有效地表达理论家的思想观点。理论家通过运用命题而将思想观点表达出来，就是命题的功能所在。所以，古代理论家一旦产生了成熟的美学思想观点，总是设法运用命题进行表达，特别是那些做出了重要贡献的理论家，通常都是把命题作为表达美学思想观点的基本方法和有效手段。早在古代美学处于萌芽状态的先秦时期，理论家主要就是通过提出命题来表达自己的美学思想的：如老子提出"美言不信，信言不美""大音希声""大象无形""大巧若拙""道法自然"等；孔子提出"尽善尽美""文质彬彬""游于艺"等；孟子提出"知言养气""以意逆志""充实之谓美"等；庄子提出"淡然无极而众美从之""素朴而天下莫能与之争美""法天贵真，不拘于俗"等，这些著名命题都以简洁的语言形式表达了理论家的深刻美学思想。实际上，历代理论家都是以命题作为美学思想观点的主要表达方式，所提出的美学

---

① 陆机撰，张少康集释：《文赋集释》，人民文学出版社 2002 年版，第 36 页。

命题不胜枚举。

　　古代理论家乐于运用命题的根本原因在于命题具有非常有效的思想表达功能,这种有效的表达功能主要体现在两个方面:一是充分透彻的表达效果;二是便捷有效地表达丰富复杂的思想观点。

　　充分透彻的表达效果是命题表达功能的最基本特点,特别是直述式命题,这一特点特别显著。命题作为"表达判断的句子",一旦形成,也就意味着"表达判断"的完成。古代理论家提出命题而"表达判断",实际上就是通过命题而有效地表达出了自己的美学思想观点。命题以"判断句"或表达意义的"陈述句"为基本形式,作为"句子",命题所表达的思想意义不但是独立完整的,而且是充分透彻的。古希腊斯多葛学派认为:"任何一个完整的思想由词表达出来,必然是真的或假的,这就是命题。"[1]只有表达出"一个完整的思想"才能构成命题,若表达的思想意义不完整不充分,则无法构成命题。可以说,"一个完整的思想"的充分表达是命题的基本功能和重要使命。对于中国古代美学而言,每个命题作为一个判断性或陈述意义的"句子",都蕴含着一个完整的美学思想观点,也都是一个完整意义的充分表达。如"凡音之起,由人心生也""声成文,谓之音""声音之道,与政通"等音乐美学命题、"以形写神""心师造化""无画处皆成妙境"等绘画美学命题、"意在笔先""点画有意""妙在笔画之外""无意于佳乃佳"等书法美学命题、"诗言志""诗缘情""诗述义""诗达意""诗者心声""诗出本心"等诗歌美学命题,"乐人易,动人难""立主脑""密针线"等戏剧美学命题,都是一个美学思想观点的充分表达和完整呈现。正是由于命题具有充分透彻的表达效果,思想观点能够通过命题而得以充分有效地表达,古代理论家才乐于运用。

　　便捷有效地表达丰富复杂的思想观点,是命题表达功能的又一显著特点。因为命题以"句子"为语言形式,"句子"包含着更多的语言成分,丰富的语言成分不但容纳着丰富的思想观点,而且又能构成复杂的逻辑关系,丰富复杂的思想观点借助于丰富的语言成分及复杂的逻辑关系从而得以充分地表达。如"立象尽意"这一美学命题,其中"象""意"是两个审美范畴,与"立""尽"两个动词配合后,构成了"立象"与"尽意"两个并列的动宾结构。两个动宾结构又产生了"象之创立"与"意之表达"两层意思,而两层意思之间又构成了因果逻辑

　　① 张起建编著:《新编形式逻辑》,山东大学出版社 2008 年版,第 32 页。

关系:前者为因,后者为果。只有"立象",才能"尽意",要想"尽意",必须"立象"。此命题虽然只有四个字,由于丰富的语言成分和复杂的逻辑关系,从而表达了丰富复杂深刻精辟的美学观念:只有通过审美意象的创立才能使审美意蕴得以充分地表达。再如"心师造化"这一命题,也是包含着丰富深刻的思想内涵:一是强调自然造化是绘画创作之根源;二是表明自然万物是绘画艺术表现之对象;三是指出了绘画创作是画家之心的活动;四是要求画家必须以自然造化为师法对象等。又如"诗言志"这一命题就包括诗以志为本体、以志的表达为使命、以言为媒介等多层次思想内涵。特别是复合式命题,包含着多个句子,所表达的思想也更丰富复杂。如"人禀七情,应物斯感;感物吟志,莫非自然""诗者,根情,苗言,华声,实义""外师造化,中得心源""欲令诗语妙,无厌空且情""诗中有画,画中有诗"等命题都包含着丰富复杂的美学思想,并且都得到了有效表达。

以简洁的语言形式表达出丰富深刻的美学思想,既是命题的功能所在,也是命题的价值所在。从功能论角度看,对于中国古代美学而言,命题不但不可或缺,而且无可替代。因为理论家只要有美学思想需要表达,就离不开命题的运用。实际上对于中国古人来说,命题是表达美学思想最有效的手段和方法。而作为有效手段和基本方法,命题具有美学方法论之性质。从价值论角度看,命题所表达的思想观点之价值也就决定了该命题的价值。如刘勰《情采》篇提出"为情造文"和"为文造情"两个命题,前者对于文学创作具有原则性指导意义;后者则体现了完全错误的创作思想,实为一个假命题,两个命题的价值意义不言而喻。再如"以意逆志"与"断章取义","文以载道"与"作文害道","写形传神"与"惟贵象形"等,其价值都不言而喻。命题之价值如何,要看所表达的思想观点。

强大的思想表达功能不但使命题凝聚了古代美学的思想精华,而且也使其成为古代美学思想世代传承的有效载体。特别是美学史上的经典性命题,一旦提出,总能为后人所接受,如"尽善尽美""立象尽意""以形写神""言尽意余""外师造化,中得心源""境生象外""文以载道""诗画一律"等,都是美学史上影响至今的命题。古代美学理论命题以简短的语言形式高度浓缩了丰富深刻的美学思想,易于理解,便于运用,不但对于古代美学理论建构意义重大,而且对于当代美学的创建发展也意义重大:既是当代美学可以吸收的重要思想资源,又是可资利用的重要话语方式。

中华文学生命精神及创生的审美进路 *

盖 光 **

（山东理工大学文学院新闻传播学院　山东淄博 255000）

摘　要：中华文学中由"生"及"生生"彰显着无尽的智慧，至深体悟着"生"的不竭，执守诗意性并调协着循生而创生特有的生命精神。循"生生"的有机律动，植生有生有脉，有物有形，有情有理，有律合韵的生命精神，含蕴着"和"的审美创生。解道逐"本"：既接根之本，更理生之本，其"本"非静止及凝定的，而呈过程性、动态性。多向融"和"：其必要条件为"冲气以为和"，循"道生"而尊"道法"，舒"气韵"。觉知行"韵"：悟解并植生新意，更觉识"真意"，"真意"并非单指对自然物摹写的客观之实，更包含自然与主体身心共参的"实"。聚象含"意"："象"本就是一种生命现象，既因于实在的物与体，又非独体的自然及生命之物象合成的"体"，其物之形及生之态的通联承象而蓄意、生意、显意。

关键词：中华文学　生命精神　"生生"　审美创生　有机—过程

经由文学审美而丰厚中国话语体系，"生""生生"的体认及情意性审美书写是基础性的。中华文化/文学精神中满含"生生"的创生性理路，文学精神、生命精神似互为表里，不只在一定意义上可互为替代，由此而植生的审美精神总会依生命，乃至"生生"的节奏而行韵，塑"象"，有机性地调制虚实、有无，且既动气韵，蕴情意，抒德性，明理趣，更充境界。宗白华曾指明："中国哲学是就

　＊ 本文为山东省社会科学规划重点项目"中华文学传统的自然审美问题研究"，项目编号：16BZWJ01。

　＊＊ 作者简介：盖光，男，山东理工大学文学与新闻传播学院教授，研究方向：文艺学、美学及生态文化。

'生命本身'体悟'道'的节奏"，"中国人与有限中见无限，又于无限中回归无限"，"我们的宇宙是一阴一阳、一虚一实是生命节奏"①显然，宗白华所指称的"中国哲学"必然含蕴着美学、艺术及文学。朱良志称这是一种"生命的态度"，是"一种用'活'的态度'看'世界的方式"，"一个'活'的'呈现'世界的方式"，"是要还归于'性'，还归于'天'，由世界的对岸回到世界中，回到共成一'天'的生命天地中。在这个世界中，一切都与我的生命相关。"②当我们建立"文化自信"，要运行"人类命运共同体"，其共有的基础和条件实际是对"生"、生命及"生生"的有机体认，对中国人本有的生命精神、创生品性给予认同及张扬。这是为人类输送中华智慧，疏通人类共有的依"生"而就的审美进路，以解决世界、人类的共有问题，协调人与自然万物有机和谐的永续发展的问题。如金惠敏所言："中国的眼光是拥抱整个世界！真正的文化自信要为解决世界问题、乃至人类问题提供中国智慧和中国方案。"③"活"的态度使得中国人对"万物一体""化生化育""道法自然""有无相生"等，关于"生""生生"的智慧及由"生"而串接着清晰的生成线路。"生生"是有机性、过程性的，笔者不只常用"有机—过程"来指称这种事实及学理性存在，而且对"生生"之态及"生生"之和从生命存在形态、话语结构特点到价值论构成等八个层面给予解析④。对"生生"的指认不只是中华智慧的精义，更在其号到了人与万物存在，上至宇宙空间，下至细微生物细胞的本有的存在状态。这里，不论是老子的"道生"论，是《周易》所指的"太极"之生，还是郭店楚简所言的"太一生水"，皆从根性及本体之脉上切准了"生生"之脉。中华智慧中对"生生"及审美创生的体认策略不只极为丰富，实际对生命及生命赖以存在的基础与条件也是明晰的。这其中，不只呈现万物的生命激越，情意畅扬，诗性韵律鸣奏，且更具精神品性；执守文学及审美的创生性及诗意性，其实践性及现实的体验性、操作性也非常强。"天地人"三者一体，以"生"为根、为本、为脉、为迹、为势，且如生命机体那样有机关联、多向交织，继而通"和"，蓄"意"。由"和"而成的一体性存在，人不只居其"一"也，而且具备调适、协同、互助创生之力，同时也并生、延伸且创生出诸多智慧性内涵，如天道、地道、人道；天大、地大、人大；天籁、地籁、人籁；天时、地

---

① 宗白华：《艺境》，北京大学出版社 1997 年版，第 168 页、第 229 页。
② 朱良志：《生命的态度——关于中国美学中的第四种态度的问题》，《天津社会科学》2011 年第 2 期。
③ 金惠敏：《人类文化共同体与中国文化复兴论》，《人文杂志》2019 年第 2 期。
④ 参见盖光：《生态境域中人的生存问题》，人民出版社 2013 年版，第 7—12 页。

利、人和等,可并生出阴阳、柔刚、仁义等。当其由"天文"向"人文"转换,刚柔交错,疏通像生命之血脉那样,在行文、融情、抒意的言语表达中,还可疏通着血脉、人脉、文脉的动势及互渗。三者的气氛融聚及内在接通皆因于"生"而成于"生",既为有机合成的,也呈审美创生性的"生生"。

一、解"道"逐"本"

文学艺术之审美创生中张扬人的情感、意志以及德性品质,这总会在人与自然的多层次交往互动中,尤其是置入山水体验,在物与物,人与物之间的转换中确立其根基,继而游刃于"道"之本。解道先要体"道"、识"道"、知"道",或曰循"法",行"道法"而明晰"道生"何为,"道"缘何能由"一"生"多",继而有机——过程性地行进"生生"。中华文学精神始终伴生着这种对"道"及"生生"的体认及知解,且依律行韵而续节奏,从中而循其本、立其本、境其本。

道为本,生为本,"道生"为本。这里所言"道生",源自老子的"道生""道法"①。宗白华说:"'道'具象于生活、礼乐制度。道尤表象与'艺'。'灿烂的'艺'赋予'道'以形象和生命','道'给予'艺'以深度和灵魂。"②事实上,我们之所以言解"道"逐"本",其意是因"生"而论,其必缘"生",韵"生生"而行,继而由"生"而明。故其"本",既接根之本,更理生之本。生及"生生"是有机——过程性的存在,所言其"本"同样缘此。《列子·天瑞》云:"道终乎本无始,进乎本不久。有生则复于不生,有形则复于无形。不生者,非本不生者;无形者,非本无形者也。生者,理之必终者也。终者不得不终,亦如生者之不得不生。"③在中华文化传统及审美的行运过程中,尤其是运行在文学艺术创生中,"生"不只关乎"道"之本,更指有机生命的参与及体验,是融情、蓄意、镜映且塑境的。对于生及"生生"之为本,除了对人与万物生命的有形叙事外,中国古代人执守"生生"律动,总会放在天地、日月、山水、四季交往及运行中,在诸多的自然生物的互动转换中"体"与"悟",有时还给予"比德"式的体认。当万物以生及生命现象而存在,或者呈现"生生"之状,万物间以及万物与人之间的关联性就极

① 参见盖光:《"法自然"与中华文学的自然审美体悟》,《陕西师范大学学报(哲学社会科学版)》2016年第4期;《"道生":中国生态智慧的哲性基础》,《南京林业大学学报(人文社会科学版)》2015年第4期。
② 宗白华:《艺境》,北京大学出版社1997年版,第168页。
③ 杨伯峻撰:《列子集释》,中华书局1979年版,第19页。

为明显，其所联必依生、融情、塑境，其意、其德性观照也全然溶解在其中。这样，不论何种自然生物，何种生命现象，古人们往往通过直接品解其实有的存在而入内，比如天地雪雨，春夏秋冬，江河湖溪，花鸟虫鱼，梅兰竹菊等等。人们既叙述其实在、实体、实象之本，又特别调协其生的关联及递接，注重氛围及境域创设。比如品悟梅兰竹菊，除了极尽挥洒其与人的德性、品质的有机关联，往往将其放置在时序及季节转化中，或在日月的转换而深化其意涵，其中满含实与虚、情与景、情与境的交织。宋代王安石《咏梅》云："颇怪梅花不肯开，岂知有意待春来。灯前玉面披香出，雪后春容取胜回。触拨清诗成走笔，淋漓红袖趣传杯。望尘俗眼那知此，只买夭桃艳杏栽。"①梅的跨季节性极为明显，故咏梅不可离开雪及春，每至瑞雪及晚冬，万生皆期盼梅之艳。故王安石意欲"有意待春来"，且又紧缠"雪后春容"，其情、其韵"走笔"且"传杯"，尽展"淋漓红袖"。此时的"梅"并非孤立存在的自然物，而是伴行季节之生态，与"雪后春容"，与诗人情意之姿态，且欲除却"望尘俗眼"而识美之真面，于此尽显春之态。这显然是"生生"连绵而动，互通、互助、互生，既呈道之本，又以多种姿态循生之本。王安石另一首绝句《梅花》云："白玉堂前一树梅，为谁零落为谁开。唯有春风最相惜，一年一度一归来。"②此诗中由春而转换的季节性"生"之本是关键，不只是春风珍惜梅，实际更珍惜春，因只有春来奏鸣，梅之生方可灿烂，方可有万物的生生互动，梅之"德性"方可彰显，方可年年复年年。

解道逐"本"及循道韵"生"必然因于"生"的实在，亦显其"道"的实在性转换及韵律化的"实"。"生"的实在既指个体物的生命活动实在，又为多向关联、多样交合的生命机体（万物的，人的）之间成就的有机性及过程性实在，所依循的有机、过程之规律的实在同样因于"道之本"或"道生"之本。由此，不只是文学性体验中畅扬生命精神，其创生理路的疏通及厘清，即便是非纯粹的文学言说中，古代人也会给予这种有机、过程及关联性阐释，尽展"生"的多样风貌、情态及创生机理。《管子·水地》就云："水者，地之血气，如筋脉之通流者也。""水者何也？万物之本原也，诸生之宗室也，美恶贤不肖愚俊之所产也。"③汉代董仲舒推崇"人之人本于天"，也极力表现人之生命律动，与时序、季节的对接及互证，四季更迭与人的情感活动的相互映衬及联系，从中释解这一切之间

---

① 傅璇琮等主编：《全宋诗》第十册，北京大学出版社 1992 年版，第 6871 页。
② 同上书，第 6756 页。
③ 黎翔凤撰，梁运华整理：《管子校注》，中华书局 2004 年版，第 813、831 页。

缘何能"化天"而促"生"的本有形貌。董仲舒《春秋繁露·为人者天》云："为生不能为人,为人者天也。人之人本于天,天亦人之曾祖父也。此人之所以乃上类天也。"①于此,董子细数了人天关系的多重关联及比衬。《淮南子》也云:"天有四时、五行、九解、三百六十六日,人亦有四支、五藏、九窍、三百六十六节。天有风雨寒暑,人亦有取与喜怒。故胆为云,肺为气,肝为风,肾为雨,脾为雷,以与天地相参也,而心为之主。是故耳目者日月也,血气者风雨也。"②由此,我们会明晰古代人的文学情意及叙事体验对生命有机——过程的实在及关系的悟解,对这种"生"之本氛围创设,阐发万物一体如何沿着这个"本"而行,创生、创意而塑德并境生。

历史与文化本就是"生生"韵律而成,也为有机——过程性呈现;同样源于道生,由生之脉,成人之脉,继而跃动文之脉。其中流动着"生生"的多样多态,也必显文之本相及诗之本相。清代叶燮《原诗》开篇即言:"诗有源必有流,有本必达末;又有因流而溯源,循末以返本,其学无穷,其理日出。"③叶燮基于对诗的生之脉及文之脉既成的"流"而给予这种综论,不论是学还是理皆因于本,继而固于本并解其本。"生生"行进也生成着万物与人的相互对接、融合的必然条件,促使文学艺术在审美创生中激越生命情意,调协机能,提升德性,结晶审美的境界。因于"道"之本,寻"一"而"多","境界"亦非"虚"性存在,更昭示有生有脉,有物有形,有情有理,有律合韵的生命精神。畅扬"道"的生命精神既依循"生生"且有机律动,内里则包含"和"的创构精神、"生"的融合精神,"德"的品性精神,"艺"的情意精神及"美"的创化精神。

二、从"多"而"和"

"道生"的有机——过程的超越性进路是由"多"而节律性行至"冲气以为和",亦即无限之"多"的"合"即为"和",即多样、有机之"和",故为"和而不同"。如果无法生"和",故"多"就不能归"一";"多"不能成"和","多"就会走向极端、会繁乱,也会无节制,无规律,继而会变异"道生""道法"而行进的有机——过程,

---

① (清)苏舆撰,钟哲点校:《春秋繁露义证》,中华书局1992年版,第318—319页。
② 《淮南子·精神训》,见刘文典撰,冯逸、乔华点校:《淮南鸿烈集解》,中华书局1989年版,第220—221页。
③ (清)叶燮:《原诗·内篇》,见王夫之等撰:《清诗话》,上海古籍出版社1978年版,第565页。

万物间的关联,人与万物间的和谐及情意融融就会发生扭曲,会发生变异。融"和"是"生"的根本。文学艺术中韵"和",既需心物同构、物我相通,进而有机体悟"生"在自然天地、阴阳转换、万物一体中的"天性",尽情挥洒、品悟、吟咏情性,生命之美、之魅,由此生成。

在老子那里,由"一"而"多","冲气"方能"和"。故"气"不只是物性的原发存在,天地万物及其生命存在皆不离"气"。"气"更在畅舒,在融通,在运力,在塑形。当"气"冲"和",必通血脉,健筋骨,强力度,即可韵"生生"而呈万千气象。多样跃动的生命机体及行文、诗吟,疏通文脉皆承理气、输气。宋代姜夔《白石道人诗说》开篇即云:"大凡诗,自有气象、体面、血脉、韵度。气象欲其浑厚,其失也俗;体面欲其宏大,其失也狂;血脉欲其贯穿,其失也露;韵度欲其飘逸,其失也轻。"[①]由此,古代人言"气"必言由和而生及因生而和。事实上,中华智慧中,"和"带有"中心"意义,既求天地之和,天地人之和,更求人之和。循和、趋和、求和,乃至情和、德和、意合,直至交互作合而和。这不只是文学审美创生的基本机理,是艺术寻求的基本规制,更是追寻生命之快慰及最大乐事。《庄子·天道》云:"夫明白于天地之德者,此之谓大本大宗、与天和者也。所以均调天下,与人和者也。与人和者谓之人乐;与天和者谓之天乐。"[②]显然,在庄子这里,人乐与天乐之本,之宗必然因于天地之和,更为天地人之和。作为中华智慧,对于"和"不只是学人表述之多,更是从艺、畅情的知行之趣。知天地、知性情需"和",对"和"认知、蓄意需要不断地丰富,修身、明志、立德时讲"和"更聚人格机制及精神品性。文学艺术中讲虚实、情理、情景,乃至认知"真",品悟善与美,甚至升意境,趣美魅,皆因于"和",并趋向"和"。

学界有论,中华文化实际是"和"文化,此言并不为过。但如前述,言和,并非是"同"而"和",也非整一性之和,而是多样、多向而成就的"和",是"一生二,二生三,三生万物"而走向的和,是由合而和。《左传》、《国语》及《论语》皆言及这种"和而不同"的形态。《中庸》则云:"致中和,天地位焉,万物育焉。""和"生于万物之本、之根及多样性,即便是"道生"、"道法"及阴阳、刚柔,万物化生、万物一体、天人合一,所依循及运行的都是由多与异而"和"。"和而不同"实际是自然万物,天地互荣,阴阳交合,化生化育之有机—过程的"本样"。人类活动

---

① (清)何文焕辑:《历代诗话》,中华书局 2004 年版,第 680 页。
② (晋)郭象注,(唐)成玄英疏,曹础基、黄兰发整理:《庄子注疏》,中华书局 2011 年版,第 250 页。

之状,文化多样性之状,乃至文学艺术创生之状皆因于此"本样",生命精神及创生理路也必因其多而"和"。在人的活动中,甚至文学艺术之审美中,人之多样,文之多样或许会更复杂,会常常越界,会主动变异,或飞驰想象而重新组合并构合自然、生命的有机一过程的状貌。"生生"之根脉不可偏离,故趋和是必然,因人类必然是在"命运共同体"中行事,且与自然、天地,与万物生命聚居于共荣共生的"共同体"中。这或许是最终无法越界的"共同体",但凡是艺术及创生美的多样之状也同样是运行在,且言说及美韵着"生命共同体"。《尚书》有言:"诗言志,歌永言,声依永,律和声,八音克谐,无相夺伦,神人以和。"①这里的"和"不只昭示多样性与共存性的"和",而且必然源自"共同体"的本样,无论是其情态、姿态,乃至美态无限变幻,其根与本显然不可别离"本样"。这里的"神"何谓,或许古人有特定言说,但其"本样"又是作何呢?还如《中庸》所言:"致中和,天地位焉,万物育焉。"这里强调了"中节"之"和",其中"中"为"大本","和"为"达道",这就形成"中和"的最终规定。如果继续推演"致中和",亦可见"中"与"和"既并行,也可互构、同释。《周易》就多处显示了"中",如中正、得中、时中、中行、中直、中心、中道、中节、位中等。此处释"中",实质是天地万物顺乎天性,居中守序、合和共生。董仲舒《春秋繁露·循天之道》云:"天有两和以成二中,岁立其中,用之无穷。"这里的"两和"、"二中"分别指春分、秋分与冬至、夏至,而年复一年的时节更替,以至永久无穷,实际表征着自然、生命有机一过程的无穷态。董仲舒接着言:"起之不至于和之所不能生,养长之不至于和之所不能成。成于和,生必和也;始于中,止必中也。中者,天下之所终始也;而和者,天地之所生成也。"②这就系列性论述了天地、生命因"和",成"和";"和"成就"生"的平和,必然是"中"。宋代邵雍《观易吟》有云:"一物其来有一身,一身还有一乾坤。能知万物备于我,肯把三才别立根。天向一中分体用,人于心上起经纶。天人焉有两般义,道不虚行只在人。"③和由多而成,中由分而就,阴阳两仪转换,生生化化,而成更高的"和",趋近"致中和",其三才亦不例外。邵雍另有《中和吟》云:"性亦故无他,须是识中和。心上语言少,人间事体多。如霖回久旱,似药起沉疴。一物尚不了,其如万物何。"④回到人的

---

① (清)阮元校刻:《十三经注疏(附校勘记)·尚书正义》,中华书局 1980 年影印版,第 131 页。
② (清)苏舆撰,钟哲点校:《春秋繁露义证》,中华书局 1992 年版,第 444 页。
③ (宋)邵雍撰,郭彧整理:《邵雍集》,中华书局 2010 年版,第 416 页。
④ (宋)邵雍撰,郭彧整理:《邵雍集》,中华书局 2010 年版,第 507 页。

生命活动,性情也好,言语也好,林林总总践行万事,中与和必依,但终须因于或依循万物一体及生生化育。

从"和"与"中"进入文学艺术,我们可以看到中华文学所含蕴的自然、万物及生命韵味,所彰显的生命精神是如何的博而广、诚而真。尽就丰富的文学词语、概念及范畴系统,我们就能体认到那些关乎"生"而至"多向融'和'"的话语特点。如:道、气、性、势;韵、味、悟、神;太极、太一、生生、化生、化育;天道、天工、神工、化工等;如造化、造物、乾坤、阴阳、氤氲、刚柔、中和;如混沌、天籁,雄浑、含蓄、豪放等;如大道、大一、大化、大象、大音、大美等。就境而言,亦有物境、写景、造境、化境、神境、妙境、意境、境界、有我之境、无我之境等。这些无以尽数的话语模型,皆因于"和",行于"中",即便是两两合成的词语,也交融、互补、共生,且能够相互转换,并互镜、互通、互释。这些丰富的词语还有许多既对应又易于转换,衍生力非常强,又具浓重的创生性特点。如雅与俗、浓与淡、虚与实、隐与显、文与质、圆与方、情与景、理与情等。中华文学的生命精神及艺术创生中不仅讲求心与物、情与景、意与境的辩证转化,更讲情中有景,景中有情;虚中有实,实中有虚;显中有隐,隐中有显,甚至还有诗中有画,画中有诗,同时还主张情景合一,虚实合一,显隐合一。

"生"本是艺术的内质,缺乏"生",多样、有机难由"生"凝结文学,也可能"和"。无"和"的文学作品,也不能促成人之"生"的境界,也无以求天地之精神,至人的精神的价值呈现。

三、觉"知"行"韵"

广袤的自然山水,既为人循法"自然"提供无尽的资源和滋养,也使人对生命体验,有了独特的融入和识性及畅情方式。"生生"是动律、节奏及行韵的,故识山水必沿"生生"之运而行"韵"。知与行必有对山水"理路"及"真意"的品解,不只是人的情意通体贯通,更多还是身体的参与。

"生"循韵律而动的。人之"生"也不拘于物性肌体的动,更是有情的动,或为融情韵律之动。人需不断地畅抒感物生情,进而韵知心、知性、知天的天性。人只有真切感知天地的生命精神,启悟且形成生态谐和共振,才能使自己的生命活动与自然天地之"生"的韵与律合奏。"律"相应唱"和",进而"应物斯感","有触则动","望秋云神飞扬,临春风思浩荡。"山水自然的"生生"存在,促生了人与大地"生命"有机—过程的连接。至魏晋,山水体悟至盛,观山水、写山水不只必入山水,以山水本样为上,更需至深"体"与"悟",觉山水之灵性。得山水之"法",也不限于复现山水本样,必在"悟"中取法。这时,既取其与生命、情意共荣的"和合"之法,又植生满含"生生"之律与韵的诗性精神。山水诗本应是情意、生命的融入,悠然于生命机体,乃至身心共同参与"体悟"。这时的"自然"依"法"而复现自然节律、过程及有机状态,同人的身心融入。人能够悟解、植生新意,更觉识"真意"。"真意"非单指对自然物摹写的客观之实,更包含自然与主体身心共参的"实",因而是"体悟"性之实。山水体验必融入生命有机的状态及过程行路,也是"情"与"意"的韵化,又与"景"与"境"之自然实在因素共呈"生生"的一体化,且"妙造"既成。若"介入"山水,必然体验实在、实境、实景性的山水,而其知"法",首先需有身体对实在山水的依归,继而在观、望、行、游、居中既"悟"又超然;既驰思、怀情,更行走律韵。"悟",既觉识其实、境、景及山水、草木、动物的实有存在,更依生命有机—过程的节律性运演,而共通、连缀、共荣,并体悟"道"与"生"之韵。唐代王昌龄《独游》云:"林卧情每闲,独游景常晏。时从灞陵下,垂钓往南涧。手携双鲤鱼,目送千里雁。悟彼飞有适,知此罢忧患。放之清冷泉,因得省疏慢。永怀青岑客,回首白云间。神超物无违,岂系名与宦。"[1]诗律之游行四重"韵":一是自然变换、天地对话、山水互镜、季节转换而成的本有之韵;二是人和自然交往互动而运演的生命律动之韵;三是自然悟解,对生命的感知而起因,携程情意波澜而成情之韵;四是由言语而排列、润化并结晶、呈现的上述所有之韵。言语之韵不是无来处,而是语出且言自自然、生命及情意律动之韵,故王昌龄的"独游"足可遍揽这四重"韵"。"神超物无违"首先是觉知天地、山水及自然生物的有机互动,且随身体全方位投入的共感动势,情景涌动并携程共荣之律,而动态合成的一种韵化的超拔之诗境。唐代王维《青溪》同样韵化了这种山水、溪流动势。诗云:"言入黄花川,每逐青溪水。随山将万转,趣途无百里。声喧乱石中,色静深松里。漾漾泛菱荇,澄澄映葭苇。我心素已闲,清川淡如此。请留盘石上,垂钓将已矣。"尽管王维这里"我心素已闲",但并非闲游,而是有物、有镜、有象,是我心、我情、我意汇聚我体与自然山水互镜互像,而至互通互释。"二王"这里都构设

① 本文所引用唐诗,皆出自《全唐诗(增订本)》,中华书局编辑部点校,中华书局1999年版,只注篇名。

了古人独有的那种超然之象，有无之境，即"垂钓"。"垂钓"之镜像，一面可谓"冲气以为和"的超然，另一面亦可谓"道生"循"道法"的回复。

韵律因于并表现时间与过程，这是基于生命运演的有机与节律。中国文学艺术的生命精神畅扬及审美创生的行韵策略，总会以一种最为直接，最富情意体验及审美体悟的表达方式体现，即对季节的自然悟解及情意性审美体认。诸如对"春"的深度认知及审美创生性阐发，会使春成为一种包罗万象式的存在。春的自然演替节律蕴聚着对生及生命的无限作用及魅力。知春，不论是"一年之计在于春"，还是"春华秋实"，春总会与生命之繁育及生长紧密联系。故古今知春及诵"春"是一个永远也言说不尽的话题。这不只是因感念及跟进时节更迭的永无止境，更在于诵"春"总会跃动着生命的激情及精神，其中的快乐感受及审美的亢奋有时会溢于言表。古今由诗情而充蕴"春"，无不是动势的，无不情意满满且韵律悠然。当"春"被文人墨客们每每写之、诵之，甚至歌之舞之时，"春"也必然成为彰显无尽情意的自然生命的肌体，或有机——过程性的"载体"。唐代王建《春词》云："红烟满户日照梁，天丝软弱虫飞扬。菱花霍霍绕帷光，美人对镜著衣裳。庭中并种相思树，夜夜还栖双凤凰。"元稹《春词》云："山翠湖光似欲流，蜂声鸟思却堪愁。西施颜色今何在，但看春风百草头。"白居易《春词》云："低花树映小妆楼，春入眉心两点愁。斜倚栏干背鹦鹉，思量何事不回头？"施肩吾《春词》云："黄鸟啼多春日高，红芳开尽井边桃。美人手暖裁衣易，片片轻云落剪刀。"张若虚的《春江花月夜》被称为"孤篇盖全唐"，旨在以一种诗、画、舞共荣的唱诵形式，升腾出江南春夜的景色，绘就了一幅月光照耀下的万里长江画卷。之后历代至今，无以计数的乐舞、曲舞的艺术形式与伴以诗韵而审美升华着"春"。王安石对"春"也是每每言之，并感之生命定律及多样、繁复的万物征象。王安石《春日》云："柴门照水见青苔，春绕花枝漫漫开。路远游人行不到，日长啼鸟去还来。"《春风》云："春风过柳绿如缲，晴日烝红出小桃。池暖水香鱼出处，一环清浪涌亭皋。"《春雨》云："城云如梦柳傲傲，野水横来强满池。九十日春浑得雨，故应留润作花时。"《春江》云："春江渺渺抱墙流，烟草茸茸一片愁。吹尽柳花人不见，青旗催日下城头。"①生命体验的投射，情意迸发全览着春的林林总总，其觉知及行韵无不透射着春趣及人们的"乐春"之意。

---

① 傅璇琮等主编：《全宋诗》第十册，北京大学出版社1992年版，第6717、6687、6710页。

诗韵因"生"的动律而有源,觉"知"而畅,由知而成。知与言之所以能行韵,在于源自"生生","生生"印迹自然万物及万物与人的合和、共生及律韵。唐代皎然《诗式》即言:"夫诗者,众妙之华实,六经之菁英。虽非圣功,妙均于圣。彼天地日月、元化之渊奥、鬼神之微冥,精思一搜,万象不能藏其巧。"①明人陆时雍《诗镜总论》中言:"凡情无奇而自佳,景不丽而自妙,韵使之也。"陆时雍言"韵",又与神与韵,色与韵同论,同时还言:"诗贵真,诗之真趣,又在意似之间。"他在最后总结性表述中言:"有韵则生,无韵则死;有韵则雅,无韵则俗;有韵则响,无韵则沈;有韵则远,无韵则局。物色在于点染,意态在于转折,情事在于犹夷,风致在于绰约,语气在于吞吐,体势在于游行,此则韵之所由生也。"②应该说,陆时雍所言的"韵"是非常丰富的,尽管是基于为诗而言,但其中情与景、情与意,诗与真,色与韵的阐释,也表明他的"韵"能跃迁出诗之局限;其言景与真,而言韵,也旨在把握及体验"韵"的"本与根"。

事实上,我们所言的韵律,不是单指写诗填词的格律及语言掌控,而是循万物生命的有机—过程之动与脉,关注生命活动的节奏及韵律,因为这是韵律的本根,"生生"之韵,诗词之的韵律全在于以此而延伸、派生及参照。中华文学生命精神及审美创生性之所以畅舒着独有的诗情、诗境及诗韵,继而以神工妙造而聚万象,会超然之"大象",全在于循"生生"而就的韵与律呈现及极致化的表达。

四、聚"象"含"意"

文学艺术创生不离"象","象"在植生生命精神,创化生命之美中不可或缺。对缘何行文、从艺、抒情、体美的言说中,"象"是一个关键词,且为植生性及多向关联而含蕴丰富的词语。这只因"象"本就是一种生命现象,既因于实在的物与体,又非独体的自然及生命之物象,实际可为跃动、关联、过程性的生命有机体。五代人谭峭的《化书》在言"儒有讲五常之道"时而云:"变之为万象,化之为万生,通之为阴阳,虚之为神明。"③"象"与变与化与通而"生生化

---

① (唐)皎然撰,李壮鹰校注:《诗式校注》,人民文学出版社 2003 年版,第 1 页。
② (明)陆时雍:《诗镜总论》,丁福保辑:《历代诗话续编》,中华书局 2006 年版,第 1406 页,第 1420 页,第 1423 页。
③ (五代)谭峭撰,丁祯彦,李似珍点校:《化书》,中华书局 1996 年版,第 29 页。

化"着,知解着"生",且因生而变化、转化着。"象"既具有物性及形态的可观性,呈中介性、流动性、植生性特点,又不断地延伸至思想、情感及艺术审美的整体;既有语境性特点,凸显并串接人与自然,人对自然、天地的感发,致力情感体验及意识的构建,又似一种"镜像"映现着人与万物的多重交集。

"生生"创化必然过程性地观象、铸象、体象、言象,且蕴情象、感镜象,继而成意象。大凡述解这样一个"体",乃为蕴聚无限智慧性存在的生命有机体,其语出总不离《周易·系辞下》之言:"是故,易者象也。象也者,像也。"孔颖达称这是因于"写万物之形象","取象以制器","故云'易者,象也'。"而"谓卦为万物象者,法像万物",故称为"象也者,像也"。① "象"之所以可谓智慧性存在:其一,"象"有中介性、植生性及支撑作用;其二,"象"的流动性,更具包容性、聚合组合性及生发性;其三,"象"的符号、标识即镜像特点不只是指代的某物,并且只要成象就必含蕴意,且为智慧性之意;其四,不论是"象"作为智慧呈现,还是《周易》的"象""意"合成,当其最终走向审美化,所有环节、过程呈现的"象"都是艺术审美(包括审美感发、物化)之"象"的前在基础及条件。"象"本是一个动态性、关系性及过程性的存在,所以不会止于物的形态,而是在不断地生发、拓展开来,并被情意化、情境化,进而意境化,所以在古代中国人的审美及诗性表达中,常称象外有象,象外之象,味外之旨,境外有境。

在文学与审美体验中,"象"会成为"道"的化身及替代物。"象"之内涵的深化及外延拓展程度,更同于"道生"性作用。文学活动中,"象"可以呈自然之象、意中之象、情意之象,必然是充满艺味的"象",也可为"大象"。作为实与虚,多样统一,作为情性与意、与景、与境地"化"性转换及有机合成,极似"大美"之形象化。"象"有时是不断转换的,一面转向情意,一面又无限地指向"道"。两面合一,从有形进入到无形,从有限进入到无限。"象"的这种回转,使得"象"与"道"都形成无限的张力,不仅吸引着我们,引领着我们去探寻"道",接近"道",体味"道",解悟"道",迁想妙得,进而生发"道"的无尽意涵。"象"有时又像一个"核",向内其意蕴深含,向外容括"物"的多样存在,还成为情感活动的支撑体,并凝聚心灵现象,体现精神与思想特点。"象"如此丰实,使"意"有形与体且承实,还会呈现万物与生命的灵性。白居易《秋蝶》云:"秋花紫蒙蒙,秋蝶黄茸茸。花低蝶新小,飞戏丛西东。日暮凉风来,纷纷花落丛。

---

① （清）阮元校刻:《十三经注疏(附校勘记)·周易正义》,中华书局 1980 年影印版,第 87 页。

夜深白露冷,蝶已死丛中。朝生夕俱死,气类各相从。不见千年鹤,多栖百丈松。"秋之象是一个有机整体,而秋情、秋意由"象"蕴,由"言"出。因秋是收获季节,知秋不只蕴生、情、意,还需是智慧性的知秋之象,汇聚斑斓之色及万生涌动的多样物象。一个"生生"之动势被白居易接续了秋的满园繁盛,但又是万生、万象递接及转换的"化化"过程。"日暮凉风"必然带来花谢、叶落、蝶去,但天地之"大象"必然助推万物呈"气类各相从"。这里的"意"必然是生生转换、万物一体、天地共融的,更是季节的节律涌动和韵律协奏的。

《老子》言"大象",而其"大"且通于"无""一",或为"道"的另一种称谓,故"大象"亦为生及"生生"的另一种呈现。"大象"其义亦可延伸而为"无象""道象",或为"生象""象生"。后人也多有释解"大象"者,或言"道""大道",或言"无象之象"。魏人王弼则云:"大象,天象之母也。不炎不寒,不温不凉,故能包统万物,无所犯伤。"①近人钱穆阐释或更具整体性:"此因宇宙间万事万物,皆无所逃于道之外,亦即无所逃于此'大象'之外也。"②通联古今二说,"大象"同于"道",即"无"性之道,"天象"为"有"。因"天"已为实在,也显多样及繁复,且聚"中"而"和"。"天象"育就的万事万物,包括人的一切,皆由"大象"出。人的认知及智慧聚合,人的情意及灵性实际是在知解、体悟及超然"大象",邵雍《偶得吟》则韵"象"的这种通联性。诗云:"日为万象精,人为万物灵。万象与万物,由天然后生。言由人而信,月由日而明。由人与由日,何尝不太平。"③不只"象"富含认知性内涵,"象"生及"象"运/蕴/韵之"由"同样会呈认知性意义。所谓"太平",初看可为人生之安平,而要获得这种安与平,须信须明,实际就是悟"万象精",知"万物灵",解"万象与万物"缘何"生生"。邵雍《人灵吟》云:"天地生万物,其间人最灵。既为人之灵,须有人之情。若无人之情,徒有人之形。"④人的灵性意欲体象、知象,实际也是对自然、社会、人之情意及心灵之象的体验及解析。"象"内存的情感,乃至生命体验形式的"和"与"度",需要融进主体的"知"性体验,要有"情意"定位,由"心"知解,使人的"生生"呈现无目的且合目的性。宋代张载云:"由象识心,徇象丧心。知象者心,存象之心,亦象而已,谓之心可乎?"⑤这如"心统性情"那样,在人这里,在文学的生命精

① (魏)王弼撰,楼宇烈校释:《王弼集校释》,中华书局1980年版,第88页。
② 钱穆:《庄老通辨》,九州出版社2011年版,第190页。
③ (宋)邵雍撰,郭彧整理:《邵雍集》,中华书局2010年版,第357页。
④ (宋)邵雍撰,郭彧整理:《邵雍集》,中华书局2010年版,第486页。
⑤ (宋)张载撰,章锡琛点校:《张载集》,中华书局1978年版,第24页。

神传导中,情意、心与思必然是导引的,是求解目的性的。

"立象以尽意"同样依循"生生"律韵且具体验性,当趋意且生意时则具创生性。《周易·系辞上》云:"子曰:书不尽言,言不尽意;然则圣人之意,其不可见乎? 子曰:圣人立象以尽意,设卦以尽情伪,系辞焉以尽其言,变而通之以尽利,鼓之舞之以尽神。"①"意"在此言中有明确的目的性,"立象"与"尽意"实为有机——过程性的,或许"意"曾具内隐性,但"意"需要赋形并外化。"象"是纽带与桥梁,也是标识、符号及镜像,象的有机整体使意显形。"象"不可完结,也非最终,象与意合而外化,就是"言"的赋形/型。学界常引述魏人王弼《周易略列·明象》所言:"夫象者,出意者也。言者,明象者也。尽意莫若象,尽象莫若言,言生于象,故可寻言以观象;象生于意,故可寻象以观意。意以象尽,象以言著。"②"象"出"意"并尽意,"言"明"象"并尽象;寻言观象与寻象识意,即为"意以象尽,象以言著",这时"言"完成了终端。事实上,"言"之义,一方面带有思维与逻辑之义,能够观物、取象、尽意;另一方面,有外在形式的意义,即"象"与"意"组合、生成、转换而成的"意象"需要有外显的手段与形式,这是就语而言及文字而言的。文学创生通过"言"的认知性和思维活动及其指"象"性,知解了"象"与"意"的本来意义,并为之赋予形式外观,用以成就意、象、言的"生生化化",且融知、畅情、著美,其生命精神得到真正展示,"创生"性真正付诸了现实。白居易有二首《早蝉》诗,一首云:"六月初七日,江头蝉始鸣。石楠深叶里,薄暮两三声。一催衰鬓色,再动故园情。西风殊未起,秋思先秋生。忆昔在东掖,宫槐花下听。今朝无限思,云树绕涤城。"另一首云:"月出先照山,风生先动水。亦如早蝉声,先入闲人耳。一闻愁意结,再听乡心起。渭上新蝉声,先听浑相似。衡门有谁听,日暮槐花里。"二诗思情达意的言语尽显苏诗特点,五言诗的韵情、协律的短节奏或许更易于表达秋声里的万千景色,便于物象、景象、情象的"生生"融合及达意。蝉为自然生物,蝉出、蝉鸣表征秋至,所以两首诗作皆布满秋色,感念秋生,有秋情、秋思,亦有秋愁,显然"秋意"是为本,这种季节性引导必然将故园乡思之意设为"根"。季节性的秋之象与生物性蝉之象组接了秋色中多样跃动,多重姿态的生生及物物的群"象"有机连接,山水草木、西风薄暮、故园乡情相携且在诗律言辞规整,情韵协

---

① (清)阮元校刻:《十三经注疏(附校勘记)·周易正义》,中华书局 1980 年影印版,第 82 页。
② (魏)王弼撰,楼宇烈校释:《王弼集校释》,中华书局 1980 年版,第 609 页。

奏下共作意象言的合成。

　　中华智慧的生命精神深蕴美学之魅,其文学以诗性韵律而至深体悟着"生"的不竭,也审美创生并活化着特有的生命精神。中华文学艺术的功力其至关重要性不只情意畅扬、情理构合,更在于律韵调协、思接千载、言语丰富,并且对应准确,根性坚执,理路顺通。其在历代传承中,在人类共有的智慧融通及命运携程中不断发扬光大,也在不断切准并有机通联着万物生命的实在及实象,由此而创生着人与自然共生共荣的"大美"之境。

魏晋玄学演变辙迹与士人精神呈现样态*

张文浩**

（长江师范学院文学院　重庆 408100）

摘　要：魏晋玄学在演变中融合道家、儒家、佛教思想，形成了自己独具特色的自然观、历史观、人性论、认识论和方法论。循着玄学演变辙迹，魏晋士人精神的呈现样态也大致经历了六个互动相成的阶段：清谈玄学化与士人阶层的政治分化及学术冲突，政治身份归属与玄学精神的殊途同归，名士风度从竹林到元康的解放和解构，永嘉玄学的学理建设与士人生存方式的合法性解释，玄道儒融通与士人精神的家族化呈现，佛玄合流与魏晋士人精神的余波荡漾。从玄学演变的阐释史多维视野，反省魏晋士人精神底蕴的固存缺陷及其成因，开掘魏晋士人精神不同时段里的呈现样态，剖析其差异性、矛盾性、断裂性甚至悖论性，指向了价值评判的立体化、整体化和动态化。如此，或许能够纠偏弹正当代人过度美誉魏晋名士风流的倾向，也或许能够更加理性地对待魏晋士人精神的深情色彩和审美属性。

关键词：魏晋玄学　士人精神　演变辙迹　呈现样态

魏晋玄学融合道家、儒家、佛教思想，形成了自己独具特色的自然观、历史观、人性论、认识论和方法论。它以《周易》、《老子》、《庄子》等"三玄"为理论依据和注释对象，或者以老解玄，或者以庄解玄，或者以儒解玄，或者以佛解玄，探讨一些共同的理论主题，如有无之辨、情礼之辨、群己之辨、名理之辨、言意

*　基金项目：教育部人文社会科学研究项目"中国游艺观念的审美文化史观照研究"（项目批准号：19XJA751010）。

**　作者简介：张文浩（1972—　　），男，江西于都人，长江师范学院文学院副教授，主要从事中国文艺思想史研究。

之辨、本末之辨等等。通过群居切磋和互相攻难驳对，魏晋士人阶层表达了对社会人生的独特思考，涵养了颇具时代特色的理想人格和士人风度，铸造了一个时代的审美趣味和生活品位，高扬了人性自觉的独立价值和人文精神，也促成了魏晋文艺世界的充满玄思的艺术精神。可以说，"玄学作为魏晋时期划时代的哲学思潮，是在反思传统和观照现实中对人生命运的一种终极关怀。它以新颖的理论形式与思维方式影响了这个时代的各个社会层面，形成一种新文化范式。这种文化范式以更加重视和关心人的个体内心体验，更加关注和思考超现实的本体世界为特征，从而影响到哲学、文学、艺术理论和审美理想等诸多方面，直至澄清了文学艺术领域中许多内在的问题。"[①]这种玄学思潮是构成魏晋六朝时期的文化背景的重要因素，甚至其方法论和问题意识对后来的隋唐佛学与宋明理学的理论建构有着渊源关系。因此，中国哲学发展到魏晋时期可以说进入了一个新的阶段；在文学艺术方面，玄学思潮的渗透融通也是显而易见的，诸如文艺本体论、社会功能论、创作思维和审美意识等方面都有了玄学的影子和肌质。

一、"三玄"学术时尚与玄学的发生表征

从字面上解，"玄"有玄妙、玄虚、玄远、玄深、玄默等含义，而玄学是一种形而上学，是对幽昧不可测之世界的探寻，是人对代表黑色、代表天的玄道的思索，是对现实人生境界的一种恬静追求。以玄学时代来指称一个特定的时代，说明魏晋六朝的精神风貌：思想神奇、清妙幽远，生活任性、洒脱高蹈，魏晋人的言行举止营造了玄意幽远的文化意境。魏晋玄学包括立言与行事两个方面，既指时人以立言玄妙，也指涉行事玄远旷达。所谓玄之又玄，意为远离具体事物，而致力于讨论"超言绝象"的本体论问题。从人物群体来看，玄学家大多是当时的名士，代表人物有何晏、王弼、阮籍、嵇康、向秀、郭象等。从发生情况来看，它是在两汉经学衰落，为弥补儒学之时弊而应运产生的，又是由汉代道家思想、黄老之学演变发展而来的，由汉末魏初的清谈直接演化而来的产物。自正始之音一起，玄风大畅，影响整个社会的思想风气。

玄学兴起最直接的表征是社会上突然流行起对三玄著作的学习热情和研

---

① 卞敏：《魏晋玄学》，南京大学出版社 2009 年版，第 13—14 页。

究热点。南齐王僧虔《诫子书》说:"汝开《老子》卷头五尺许,未知辅嗣何所道,平叔何所说,马、郑何所异,《指例》何所明,而便盛于麈尾,自呼谈士,此最险事。设令袁令命汝言《易》,谢中书挑汝言《庄》,张吴兴叩汝言《老》,端可复言未尝看邪?谈故如射,前人得破,后人应解,不解即输赌矣。且论注百氏、荆州《八帙》,又才性四本、声无哀乐,皆言家口实,如客至之有设也。"(《南齐书·王僧虔传》,卷三十三)从这里可以看出,要成为一个合格的谈士,首先要广学博洽,精通《老》《庄》《易》才能出入士林获得谈席,否则没有参与的资格。《世说新语》记载名士殷仲堪"三日不读《道德经》,便觉舌本间强",如此看重老子著作,不是孤例。《世说新语》又记载清谈名家王衍指教少年英俊的成长门径:"诸葛玄年少不肯学问,始与王夷甫谈,便已超诣。王叹曰:'卿天才卓出,若复小加研寻,一无所愧。'玄后看《庄》《老》,更与王语,便足相抗衡。"为什么三玄著作在此时流行起来呢?考汉魏间学术思想之流变约略观之,汉武帝之前的学术气候尚存战国百家争鸣之遗韵,但自汉武帝采纳董仲舒意见而定儒家为一尊,奉《易经》、《诗经》、《尚书》、《礼记》、《春秋》为必读和必考经典,并掌握了儒家话语解释权,限定了士人实现阶层升进的必由之路。读书人升进的路径狭窄,特别是思想空间和文化环境逼仄,却欲争锋出头有所创新,就顺势滑入穿凿附会、哗众取宠的极端境地,五经原典被注释得支离破碎或繁琐冗杂;其后又"尚公羊春秋,推阴阳,言灾异,刘向继之,治谷梁之学,更陈五行阴阳休咎之应,自是儒家经典,遂与纬谶阴阳五行灾异之说相结合,在政治上发生极大之影响,终始五德及符命之说,开中世禅代之风"①;儒学发展至此,面临虚妄处境,无怪乎王充、桓谭等激进人士"疾虚妄",把充斥于社会的虚伪浮诈之风归结到儒家思想身上。

儒学独尊后,庞大的读书人群体皓首穷经,越读越茫然黯淡,在严守家法师法的规定下放弃了创造的能动性,放弃了独立思考,此所谓"师之所传,弟之所受,一字毋敢出入,背师说即不用"(皮锡瑞《经学历史》)。经学的研究方法是对儒家经典进行文字的训诂解说或者对其意旨进行阐述发挥,两汉今文经学和古文经学两派长期进行争夺话语权的论战。经学两派古今之争反映了不同政治利益集团之间的诉求,推动了政治与神学结合的知识体系的建立,展开了义理和才气结合的学术竞技;就两种学风而言,其充满政治意识形态特色的

---

① 贺昌群:《魏晋清谈思想初论》,商务印书馆 2000 年版,第 3 页。

解经体系,都对两汉的时政发生了实际的影响,而其学术力量的起落则与官方的抑扬态度开始直接互动;就其历史贡献而言,古文经学派对于保存先秦典籍的文字训诂工作有重要贡献,而今文经学派如董仲舒的春秋繁露则结合天道神学与阴阳五行说,及易学官学结合天文气象学知识,亦是不乏理论创造力的。然而,各自的弊端也很明显,"今文学以孔子为政治家,以六经为致治之说,所以偏重于'微言大义',其特色为功利的,而其流弊为狂妄。古文学以孔子为史学家,以六经为孔子整理古代史料之书,所以偏重于'名物训诂',其特色为考证的,而其流弊为烦琐。"①到了东汉末期,皇权微弱,统一的王朝也分崩离析,与之相应的官方意识形态"天人感应"神学大厦也坍塌。如何面对社会危机和信仰危机,尽快消除分裂割据现状,恢复正常的统治秩序,生构新的理论体系,是东汉末期各派势力共同面对的问题,更是士人群体思考的问题。"魏之初霸,术兼名法"(《文心雕龙·论说》),曹操这样的政治家依靠法术在诸侯争霸中胜出,但名法之术毕竟是适应动乱局势才取得了最大成效,待北方统一魏朝稳定之时,则需要新理论资源来支撑。当然,曹操不事浮华而崇尚简易作风,与其后的清虚简易的玄学理论风格有相通之处。这为曹丕时代玄学产生设下伏笔。魏国初建,需要的是各派势力同心同德,共同维护一个相对安定的政权秩序。故曹丕采取黄老之术,以道家无为的政治思想打理朝政,同时"备儒者之风,服圣人之遗教",实施休养生息政策,"广议轻刑,以惠百姓"。魏明帝曹叡对名法之治的遗留问题更是大胆调整修正,"优礼大臣,开容善直,虽犯颜极谏,无所摧戮,其君人之量如此之伟也"(《三国志·魏书·文帝纪》);"选用忠良,宽刑罚,布恩惠,薄赋省役,以悦民心,其患更深於操时"(《三国志·吴书·张顾诸葛步传》)。这个时候,老子著述及其思想像汉初一样再次流行。《老子》给人清新通透的感受,令厌倦了儒学经典的士人群体耳目全新,一个"无"字令他们卸下精神世界不能堪承受之重。

当然,魏初玄学建构之始选择了《老子》,既有汉代黄老思想系统的历史延续原因,又有儒家名教不振代之以道家无为之治的时代现实原因。说到底,老子的人生哲学是思辨与实用兼容的处世哲学,是低调式的进取,是迂回式的前进,是示弱式的刚强,也就像朱熹所指出的,"老子犹要做事在";"老子之术,谦冲俭啬,全不肯役精神";"老子之术,须自家占得十分稳便,方肯做;才有一毫

① 周予同:《周予同经学史论著选集》,上海人民出版社1983年版,第9页。

于己不便,便不肯做"(《朱子语类·老释庄列附》,卷一百二十五)。这种将宇宙之道与人生之道结合起来的思想,落实到现实世界就成了一种实用的政治哲学,即所谓"君人南面之术",在魏初正始年间风行应该是各方面合力的结果。像何晏、王弼、向秀、郭象等人,既是政治圈里的人物,又是清谈玄言界名士,他们对老子思想的推崇,正表达了对政治前景和现实人生进行平衡的一种努力。

据《隋书·经籍志》载,魏晋南北朝时期关于老子的注疏类论著有四十一种,作者身份五花八门,有硕学鸿儒,有九五之尊,有佛门僧人,有道教门徒,有政治高官;写作形式除"注"外,有解释、集解、义疏、义纲、音、论、序决、指趣、幽易、私记、玄谱、玄示等,异彩纷呈,显示出对老子思想方方面面的关注热情。就正始之音而言,何晏《老子道德论》二卷;王弼《老子道德经注》二卷、《老子指略例》二卷;夏侯玄《本玄论》;钟会《老子注》。此期人们发挥老子"以无为本"的思想,不啻一股新鲜风气,使沉陷在繁琐的五经之学里的读书人为之振奋,心境开阔起来,放下一辈子钻头觅缝、立奇造异而为稻粱谋的功课,转而把研读经典当成关乎性情的自己的事情,甚至可以"好读书,不求甚解",当成进入玄谈场所的训练手段。《晋书·王衍传》说:"魏正始中,何晏、王弼等祖述老庄,立论以为天地万物皆以无为本。无者,开物成务,无往而不存者也。阴阳恃以化生,万物恃以成开,贤者恃以成德,不肖恃以免身,故无之为用,无爵而贵矣。"(卷四十三)从现实政治状况看,老子之学的兴盛,与人们希求社会安宁、寻求清静宽松的生存环境紧密相关,其再次成为一种政治理论而得到运用;其老子淡泊名利、任其自然成为士人群体解释自己人生意义和价值的主要理论依据。在何晏、王弼稍后的阮籍、郭象、王导、谢安、张湛、葛洪等人政治学说和处世策略,都离不开老子之学的互动影响。

紧接着就是《庄子》登场,而庄子思想注重的是个体精神对于现实世界的真正超越,特别是在心灵上获得自由,是"物物而不物于物",腾世独游,也就像朱熹所指:"庄周是个大秀才,他都理会得,只是不把做事";"老子收敛,齐脚敛手;庄子却将许多道理掀翻说,不拘绳墨"(《朱子语类·老释庄列附》,卷一百二十五)。庄子思想相比老子更具超越性和诗性智慧,更具一种宇宙情怀,对于忧郁不得志的士人群体颇具精神慰藉和家园象征的意味。竹林时期的嵇康、阮籍等名士在理论和实践两方面弘扬了庄子思想,使庄学在沉寂数百年之后又一次走进人们的内心,对魏晋人物的精神面貌、生活形态和风俗民情,甚或言行、举止、嗜好、服饰、礼仪等细节,都影响甚巨,并且从此以后浸透到历代社会日常生活之中。闻一多先生情不自禁说:"一到魏晋间,庄子的声势忽然浩大起来,崔撰首先给他作注,跟着向秀、郭象、司马彪、李颐都注《庄子》。像魔术似的,庄子忽然占据了那全时代的身心,他们的生活、思想、文艺,——整个文明的核心是庄子。他们说:'三日不读老庄,则舌本间强。'尤其是《庄子》,竟是清谈家的灵感的源泉。从此以后,中国人的文化上永远留着庄子的烙印。他的书成了经典。他屡次荣膺帝王的尊封。至于历代文人学者对他的崇拜,更不用提。别的圣哲,我们也崇拜,但哪像对庄子那样倾倒、醉心、发狂?"①查《隋书·经籍志》目录,魏晋南北朝时期约计有十七种关于《庄子》的注疏本;而郎擎霄先生在《庄子学案》中作了一个较详细的名单列举:"如魏王弼、何晏、山涛、阮籍、嵇康、向秀、郭象,晋王济、王衍、卢谌、庾敳、庾亮、桓石秀、司马彪、崔撰、李颐、宋戴颙、李叔之、齐祖冲之、徐白珍、梁红纾、伏曼容、贺场、严植之、刘昭、庾曼倩、陈周弘正、徐陵、全缓、张讥、陆瑜,北魏程骏、邱晏,北齐杜弼等其最著者也。"②庄子由两汉潜行到魏晋而受捧,并以此契机,成就了竹林玄学。魏晋人们读老庄不是简单地理解老庄原意,更多的是阐释并表达自己的思想。他们表达思想的方式如注疏,本身也是一种表达自己思想的方式,注疏者的思想可能与老庄保持一致,也可能很不一致,毕竟注疏者有自己生存的独特的历史语境所在。

二、清谈玄学化与士人阶层的 政治分化及学术冲突

魏晋玄学由清谈之风演化而来,而清谈之风承袭东汉清议风气,是何晏、王弼这批名士对一些玄学问题析理问难、反复辩论而形成的文化现象。汉武帝时期儒术独尊,官方经学造就了士族研究队伍。但儒家的学说、原则、思想服务于官方政治统治,就成了一种统治策略的思想基础,此为儒术;但儒术毕竟不等于儒学,儒学保留了更多的批判性,主要是一种为己之学,通过道德教育、理想教育去引导人们自觉遵守道德规范、追求理想社会;当儒学变成儒术

---

① 闻一多:《闻一多全集》第 9 卷,湖北人民出版社 2004 年版,第 7 页。
② 郎擎霄:《庄子学案》,商务印书馆 1934 年版,第 320 页。

而被政治制度化以后,它就成了必须遵守的外在规范,无论自觉与否,其自我修养意义和作用大为弱化,发展到极端就难免表露出表演性和虚伪性。这样,儒学制度化方面的成功,恰恰造就了它在道德修养功能方面走向衰危的契机。

表现之一,就是士族阶层分化成清流和浊流两派,清流一般喻指德行高洁负有名望的士人,如"陈群动仗名义,有清流雅望"(《三国志·魏志·桓阶陈群等传评》);宦官和依附宦官集团的人物往往被视为浊流。东汉末年品评人物的"清议"之风盛行,反宦官的官僚和太学生郭泰、贾彪和大臣李膺、陈蕃等皆以气节之士自命为清流,对宦官专权乱政进行猛烈的舆论抨击,对皇权控制下的官僚政治活动中违背六经的现象加以挞伐,结果搅动了政局,自身被边缘化,还招来了党锢之祸。但党锢之祸的悲剧性也反过来成全了清流名士家族的精神威望,清流集团领袖荀淑、钟皓、陈寔的后代荀彧、荀攸、钟繇、陈群为曹魏政治集团贡献很大、地位显赫之辈,华歆、王朗、崔琰等北海清流后代都是曹魏的重要文官。"东汉末受党锢之禁的清流集团在在东汉政府瓦解后恢复了活力,他们通过与曹操的合作,试图积极创建一种新的秩序"①,所谓新秩序也就是他们祖辈所追求的能够包容士人尊严和社会责任感的政治环境。"他们发扬其清言议政的传统,以道家哲学为出发点,摈弃汉儒的神学思想,对儒学重新阐述并展开争鸣,掀起了清谈热潮,促进了社会各方面的发展变化。清谈的深远意义,不仅在于品评人物,更在于先秦以降的人文精神的发扬,并促进了先秦儒道两家哲学思想的发展。"②魏晋清谈保留了清议之品评人物气质、品性、才干的遗风,且扩展至关于人物评价标准的论辩。

曹操为统一大计而对人才之名实相副的要求,使社会对人物的品评和察举也注重名实相副;此风延至曹丕时期,刘劭撰成《人物志》,总结一整套循名责实地评议和拔擢人才的经验方法,在名实相副原则要求下,研究出鉴识人才和任用人才的一般标准,又在关于人物才性关系讨论中,提供了颇具引导意义的辨名析理的思维方法论。这些总结性和引导性的论述,"围绕评价人物标准问题而展开的清谈论辩须掌握一定的技巧、方法和避免发生错误,其就此所作的阐述完全以对名理的独到的深入辨析为基础,这不仅为名理学的研究拓开了新的思路,也使得源于汉末清议的魏初清谈在发展中更加注重从对个别现

---

① [日]川胜义雄:《六朝贵族制社会研究》,上海古籍出版社 2008 年版,第 6 页。
② 周满江等著:《玄思风流:清谈名流与魏晋兴亡》,济南出版社 2002 年版,第 52 页。

象的讨论,从而进入对一般理论的探索,从而对正始玄学的产生起到了承上启下的作用。"①如此按照《人物志》的学理模式,魏晋哲学思想自然演进为形而上的抽象理论之途,也就是说,《人物志》是一个过渡环节,如汤用彤先生所言,《人物志》为正始前学风之代表作品,此后一方面由于学理内部的自然演进,一方面由于政治时势所促成,"遂陷于虚无玄远之途,而鄙薄人事"②。清议遂转而为清谈,名士谈论主题由具体事实变为抽象原理,由切近人事至玄远理则,进而沉浸于《老》、《庄》、《易》的玄学义理讨论之中。

魏晋士人陷于玄远之途而鄙薄实际人事,当然有其不得已的苦衷,最大的苦衷就是面对政治动态不能自信地把握。司马迁作《史记》时,将老子与韩非同传,说"申子卑卑,施于名实;韩子引绳墨,切事情,明是非,其极惨核少恩,皆原于道德之意"。苏轼言其"尝读而思之,事固有不相谋而相感者,庄、老之后,其祸为申、韩"(苏轼《韩非论》),正是看到两者的共同点,深知由权术而发家者,其政必兼营道法,只不过在不同形势下略有侧重。王昶《诫子书》言:"欲使汝曹立身行己,遵儒者之教,履道家之言,故以玄默冲虚为名,欲使汝曹顾名思义,不敢违越也"此番戒语道出了其时政治阴刻猜忌状况,才智之士避祸全身之所,咸归于道家之渊静玄默,连皇室曹植也深有感触并履行之。

再者,曹魏皇室与司马家庭势力的明争暗斗云波谲诡,伴随着整个正玄改制的进程,清谈玄学化也随之完成。魏齐王曹芳受明帝遗诏由曹爽和司马懿共同辅佐,曹爽任用黜抑的何晏、夏侯玄等人,纠集不满司马氏集团的士族青年,结成正始名士利益共同体,改革明帝时期的被司马氏集团控制的九品中正制,调整台阁、官长、中正的职权,扩大吏部在选官任官的决定作用,发挥清议在举荐人才上的作用;同时,对司马懿等元老派推崇的儒学进行了贬抑,抵制司马懿取法三代的主张,跳出明帝期的"五行""三统"说而"追踪上古",从而引发学术文化形态的变革。

政治斗争往往伴随着意识形态的斗争。正始玄风的出现就是在政治斗争中应运而生的。代表人物何晏、王弼的思想核心是"贵无",通过改造道家思想来解释儒家思想,扬弃了汉代的宇宙生成论而发展成宇宙本体论。比如成就

① 邹锡鑫:《魏晋玄学与美学》,贵州教育出版社 2006 年版,第 6 页。
② 汤用彤:《魏晋玄学论稿》,世纪出版集团 2005 年版,第 11 页。

最高的王弼,创造性地从方法论上阐发"执一统众""崇本息末""以无为本""因物自然""贵无全有"等思想,又从认识论上提出"寻言以观象""寻象以观意""得意在忘象""得象在忘言"等思想观点,其实是不拘泥于经典的文辞和形象,要用道家理论注疏儒家思想,并在注疏过程中阐发玄学新义。因此,正始改制通过政治运作的方式促成了玄学的兴起,而玄学的兴起反过来为正始改制提供了理论支持,也为曹爽为代表的曹魏利益集团营造了舆论气候。然而,此时真正控制朝政大局的是崇奉儒家名教礼制的司马懿政治集团。如果说正始初期以曹爽集团稍占上风,此时何晏、王弼为代表的玄学派与名教派没有公开的政治利益冲突;那么到了正始后期特别是高平陵事变(249)后,曹爽事败,何晏、丁谧、邓扬等八家三族均遭屠戮,天下名士减半,玄学派名士被视作异己分子遭受司马氏集团镇压、打击和分化。竹林名士在政治身份上偏向曹魏集团,但与司马集团也有千丝万缕联系,所以他们的处境很尴尬,总是在面临政治抉择关头感到焦灼不安,他们的精神世界隐藏着太多复杂晦涩的心曲,思想和行动常常不一致甚至完全相悖。

三、政治身份归属与玄学
精神的殊途同归

值得注意的是,并不是说偏向曹魏集团者就是玄学派,偏向司马氏集团的就是名教礼制派,实际上那只是政治利益集团的划分,玄风所至乃至时代思想发展使之然。司马氏集团成员中也有不少玄学名士。就像正始年间,何晏与司马师都在玄学问题上有过心心相吸的时候。"初,夏侯玄、何晏等名盛於时,司马景王亦预焉。晏尝曰:'唯深也,故能通天下之志,夏侯泰初是也;唯几也,故能成天下之务,司马子元是也;惟神也,不疾而速,不行而至,吾闻其语,未见其人。'盖欲以神况诸己也。"(《三国志·魏书》卷九注引《魏氏春秋》)魏晋诸名士虽在许多问题上的具体观点殊途异味,但在抽象思辨的玄学精神上则同归一致。寄身司马氏集团的钟会亦然,曾著《老子注》,又总结傅嘏关于才性问题的探讨,"傅嘏常论才性同异,钟会集而论之"(《三国志》卷二十一注引傅子曰)集而论之的成果很可能是《才性四本论》。"会论才性同异,传于世。四本者:言才性同,才性异,才性合,才性离也。尚书傅嘏论同,中书令李丰论异,侍郎钟会论合,屯骑校尉王广论离。文多不载"(《世说新语·文学》注引《魏书》)。

自魏明帝太和六年(232)清谈开始直至253年以庄解玄阶段结束,钟会汇集并论述这一段时期的四种具有代表性的才性论思想。它运用了名理学的逻辑思辨方法和玄学本体论的哲学思维方式,对魏晋玄学之才性观、价值观和人格理论探究活动是个重要的总结工作。"性言其质,才名其用"(袁准《才性论》),名士们对才性名理思想的研究,从思考质用关系开始探索玄学"体用"、"有无"、"言意"、"情礼"、"群己"等诸多抽象思辨的问题。

正始玄学以何晏、王弼为代表,更以傅嘏、荀粲、裴徽、刘邵等为先导。太和初年,"嘏善名理,而粲尚玄远,宗致虽同,仓卒时或有格而不相得意。裴徽通彼我之怀,为二宋骑驿,顷之,粲与嘏善"(《三国志·荀彧》注引何劭《荀粲传》)。傅嘏本身善言虚胜,长于名理逻辑论辩,体现出先秦道家与名家思想的结合;而荀粲家族以儒学传家,援道释儒形成玄远趣尚。裴徽则妙解道家玄远思想,突出傅粲两人思想的共同部分以调解其分歧。刘邵的《人物志》着眼于政治哲学,采用名家逻辑分类法,以儒家经世致用为宗旨,引入老庄的君子、小人、圣人思想,重点辨析人性与才能,为政府选拔人材和任用官吏服务,是著名的才性论作品。太和期间的玄学萌芽,归结起来就是产生了才性与玄理之辨的问题。到了正始之音,何晏(190—249)和王弼(226—290)将"才性与玄理"关系问题转换成"圣人是否有情"、"言是否尽意"等形而上的问题。何王的视线已由宇宙生成运行投向万物的本体,特意以"无"执驭万物,"无"既为世界本源而生成万物,亦是世界万物的本质,故被称为"贵无"派玄学。简要概括其思想是:"魏正始中,何晏、王弼等祖述老庄,立论以为天地万物皆以无为为本,无也者开物成务,无往而不存者也。阴阳恃以化生,万物恃以成形,贤者恃以成德,不肖者恃以免身,故无之为用,无爵而贵矣。"(《晋书·王衍传》)"以无为本"思想的出现,标志着魏晋玄学正式形成,中国哲学从汉代经学探讨天人、阴阳、五行等形态论思维层次,进而提升到黜天地而究本体的思维水平。

何晏在政治场域的形象是党同伐异,热衷功名,轻改法度并强吞政府财富,以失败告终;在人生场域的形象是好修饰美容,耽迷情色,服五石散引领服药风潮,浮华处世。王弼在世俗领域"为人浅而不识物情",因其早逝而无甚人生事迹。然而,他们在思想领域却改变了一个时代,形塑了一个时代的士林风貌。现象与本质,特殊与普遍,实践与理论,种种矛盾关系集合在他们身上。何晏的著作有《论语集解》、《周易解》和《道德论》,后二者已佚,只在张湛《列子注》残留若干片断。王弼的著作有《周易论例》、《老子注》和《周易注》传世，另有《老子微旨略例》、《论语释疑》部分内容保存下来。何晏充当玄学的组织者和领导者角色，突破汉儒师传家法的陈规，发现和推介思想奇才。《世说新语·文学》记载多条关于何晏叹服王弼、管辂之事，比如"何晏注《老子》未毕，见王弼自说注《老子》旨。何意多所短，不复得作声，但应诺诺。遂不复注，因作《道德论》。"学术场域中的胸怀大度与政治场域中的党同伐异，真是迥然有别。何晏指出"道"就是"自然"，"无"在所有事物中具体为"道"，故圣人"虽处有名之域而没其无名之象，由以在阳之远体，而忘其自有阴之远类也"（《列子·仲尼篇》注引何晏《无名论》）。何晏写过《圣人无喜怒哀乐论》，主张"圣人无情"之说："若夫圣人，名无名，誉无誉，谓无名为道，无誉为大，则无名者可以言有名矣，无誉者可以言有誉矣。然与夫可誉可名者，岂同用哉？此比于无所有，故皆有所矣。而于有所有之中，当与无所有相从，而与夫有所有者不同。"（《列子·仲尼篇》注引何晏《无名论》）何晏从老子思想中延伸出"有无"之辨的问题，启示王弼进一步探讨体用、本末、言意等概念关系问题。

何晏的贡献主要在于提出问题，而王弼的贡献在于将理论深化且系统化。针对何晏的"圣人无情"说，王弼主张"圣人有情"说："何晏以为圣人无喜怒哀乐，其论甚精，钟会等述之。弼与不同，以为圣人茂于人者神明也，同于人者五情也。神明茂，故能体冲和以通无；五情同，故不能无哀乐以应物。然则圣人之情，应物而无累于物者也。今以其无累，便谓不复应物，失之多矣。"（《三国志》裴松之注引何劭《王弼传》）圣人神明之处是有情而通无，即能够超越五情，应物而无累于物，进入一种体无的精神境界。后来的嵇康提出"情不系于所欲"、"物情顺通"的观点，实际是将王弼的观点延伸到现实社会如何看待名教的问题上，所谓"越名教而任自然"，指的是像圣人一样不执着于名教却又不废名教。那么，圣人是如何做到应物而无累于物的呢？王弼认为情有普遍性，也有正邪之分，故"不性其情，焉能久行其正？此是情之正也。若心如流荡失真，此是情之邪也"（《论语释疑》）。概言之，即"性其情"，以人的自然本性来约束规范情的发展，才能应物而无累于物。在这里，性是本体，是无；情是功用，是有。圣人的神明在于能够做到"体用一如"，达到性与情统一，而凡人总在两端游移不定，结果陷于偏执。至于它的意义，余敦康觉得，"王弼的这个论点把圣人变成了真正的人，填平了圣人与常人之间的鸿沟，从而也为当时广大士族知识分子树立了一个理想的人格的形象。凡人皆有情,因而'应物'是谁也不能免的,但是,'无累于物'却是一个理想的境界,未必人人都能做到,这就要求人们尽量把自己由特殊性向普遍性提升,努力参究玄理,净化自己的情感。"①除竹林名士吸取王弼这个思想精义之外,元康名士、永嘉名士及东晋名士都以各自的方式响应了这一思想。

四、从竹林到元康:名士风度的解放和解构

竹林时期的玄学主要体现在名士风度的实践活动中。嵇康、阮籍等人思想上转向老庄之学,倡导人的自然本性的重要性,实际是以一种超然物外的姿态,借放浪形骸来表示政治立场,同时表达追求精神自由的意愿。嵇康在《释私论》里设置一种君子人格:"夫称君子者,心无措乎是非,而行不违乎道者也。何以言之? 夫气静神虚者,心不存乎矜尚;体亮心达者,情不系于所欲。矜尚不存乎心,故能越名教而任自然;情不系于所欲,故能审贵贱而通物情。物情顺通,故大道无违;越名任心,故是非无措也。是故言君子,则以无措为主,以通物为美。言小人,则以匿情为非,以违道为阙。何者? 匿情矜,小人之至恶;虚心无措,君子之笃行也。"这种"越名任心"的君子人格显然以庄子为师法对象;"越名教而任自然"成为竹林名士心性情怀和人格境界,其中有活泼的生机和圆融的灵气。阮籍则在《达庄论》里认为天地生于自然,万物生于天地,那么人处于什么位置呢? "人生天地之中,体自然之形。身者阴阳之精气,性者五行之正性也,情者游魂之变欲也,神者天地之所以驭者也。以生言之,则物无不寿;推之以死,则物无不夭。自小视之,则万物莫不小;由大观之,则万物莫不大。"赞扬庄子"自然一体"的思想,其实隐含着对儒家"分外之教"的非议,也暗示自己在极不情愿的社会政治环境下采取顺其自然的态度。嵇康的越名任心的生活态度隐括了尚侠任气和刚强疾恶,最后留下广陵绝唱的传说,为士人阶层树立一个狂放旷达而自由不羁的人格典型;阮籍则放诞纵情和佯狂肆酒方式与险恶环境周旋,既自保生命又跟现实政治拉开距离。然而,嵇康、阮籍等实际上并不反对真正的名教,他们反对的是早已异化的名教。至于山涛、向

---

① 余敦康:《魏晋玄学史》,北京大学出版社 2004 年版,第 79 页。

秀、王戎等迫于政治形势剧变,在司马氏集团的威逼利诱下走出竹林,投向名教乐地,且发展出新的理论依据以支撑他们的生存选择。

竹林七贤中向秀的思想经常处于时代前沿,这与他的生存策略有关。他曾与嵇康一起在树下锻铁,配合默契,相对欣然,还能以自赡给;经常去吕安家帮他侍弄菜园子,三人可谓情投意合。在学术上,他曾与嵇康互相问难养生之道,注《周易》《庄子》。向秀早年淡于仕途,颇有隐居之志。只是见证嵇康被司马昭杀害,为避祸计而随波逐流,入洛任散骑侍郎、黄门侍郎等职,但持"在朝不任职,容迹而已"的为官态度。应该说,竹林之游才是他最喜欢的生活方式,这从他的《思旧赋》的自序可以看出:"余逝将西迈,经其旧庐。于时日薄虞渊,寒冰凄然。邻人有吹笛者,发音寥亮。追思曩昔游宴之好,感音而叹。"向秀的玄学思想力求融合儒家主张,认为两者并没本质的区别,所以他是玄学之"崇有"论者,主张"任自然而不加巧",对世俗观念唱出反调:"世以任自然而不加巧者为不善于治也,揉曲为直,厉驽习骥,能为规矩以矫拂其性,使死而后已,乃谓之善治也,不亦过乎。"(《庄子集释》卷四中《外篇·马蹄》注八)向秀的《庄子注》"妙析奇致,大畅玄风",尤其在解释《逍遥游》时有超越前人的感悟,从大鹏与鷃雀的反差中发现本质的平等,认为自由逍遥只需要性分自足,得其所待,凡人与至人均可"同于大通"抵达自由逍遥之境。《庄子注》实现了向秀贯通儒道的学术理想,也获得广大士人阶层的认同。

这种基于万物"自生自化"本体论思想的逍遥新义,后来被郭象改造为"名教即自然"的观点,更成为那些"身在庙堂心在山林"的士人阶层的处世哲学。"秀为此义,读之者无不超然,若已出尘埃而窥绝冥,始了视听之表,有神德玄哲,能遗天下外万物,虽复使动竞之人顾观所徇。皆怅然自有振拔之情矣。"(《世说新语·文学》注引《竹林七贤论》)在"天下多故,名士少有全者"的时代,魏晋士人的精神世界被焦虑、迷茫和失落占据,向秀、郭象《庄子注》出,使之精神大为解放,生存进退不再失据。

司马氏建晋后,太康时期的社会政治也相对稳定繁荣,士人阶层的政治归属已分明,玄学家们各谋出路,政治热情和现实关怀明显减弱,探究事理以匡扶道义的社会责任感也随之减弱。然而,西晋的奢华和表面的繁荣在惠帝元康年间被"八王之乱"破坏了。晋人孙惠叹息:"自永熙以来,十有一载,人不见德,惟戮是闻。公族构篡夺之祸,骨肉遭枭夷之刑,群王被囚槛之困,妃主有离绝之哀。历观前代,国家之祸,至亲之乱,未有今日之甚者也。"(《晋书》卷七十一)诸王内乱,不仅黎庶遭殃,士人阶层也不堪其忧,只能各投其主,无所谓正义信仰,也无所谓道德节操。田余庆评价说:"西晋统治者进行的八王之乱以及随后出现的永嘉之乱,既摧残了在北方的西晋政权,也毁灭了几乎全部西晋皇室和很大一部分追随他们的士族人物。"①毁灭既指众多士人在诸王内乱中肉体生命不保,也指士人的精神生命行无准的。故元康名士如山简、阮瞻、阮孚、阮修、阮简、王澄、谢鲲、胡毋辅等效仿竹林名士的纵情放诞,他们把庄子式的人生观与传统炼形保身的方术混杂一起,结果只得竹林之形而失竹林之神,流于肆情纵欲、放浪不羁的境地,从而解构了名士风度的正当性。"贵游子弟阮瞻、王澄、谢鲲、胡毋辅之徒皆祖述于籍,谓得大道之本。故去巾帻,露丑恶,同禽兽。甚者名之为通,次者名之为达"(《世说新语·德行》注引王隐《晋书》)如果概括这批玄学名士的行为举止,则或可以"元康之放"来蔽之。

如果说元康之放主要表现在行为方面的玄学家气质,那么另有一批玄学名士如乐广、王衍、郭象等企图调和儒家和道家,将玄理与名理整合,在言语清谈方面张扬了玄学家的精神风貌。乐广曾嘲笑放诞派名士的行为:"名教内自有乐地,何必乃尔!"(《晋书》卷四十三)乐广是清谈名家,可是不擅长写文章,在辞河南尹职时便与潘岳合作,自己讲述辞职原因,潘岳据其意形诸笔端。时人都说:"若乐不假潘之文,潘不取乐之旨,则无以成斯美矣。"(《世说新语·文学》)这就是潘文乐旨的佳话。王衍同为清谈领袖和"中朝名士",每次清谈会上都手捉玉柄麈尾,与手同色。义理有所不安,随即改更,世号"口中雌黄"(《晋书》卷四十三)王衍颇感自信,常自比子贡,"妙善玄学,唯谈《老》《庄》为事";"后进之士,莫不景慕放效";整个社会都弥漫着"矜高浮诞"的玄风。正所谓成也玄谈败也玄谈,后人常把西晋亡国归因于玄谈风气,"晋初,天下既一,士无所事,惟以谈论相高,故争尚玄虚,王弼、何晏倡于前,王衍、王澄和于后。希高名而无实用,以至误天下国家"(刘祁《归潜志》)贺兰进明、苏辙、王夫之、蔡东藩等都表达过相似的看法。由此可见,无论是阮瞻等放诞派还是王衍等清谈派,其实都是在效仿玄学前辈的风采,前者效仿的是竹林嵇阮,后者效仿的是正始何王,然在学理建设方面都很欠缺,无所进展,学理建设必待永嘉时期的郭象来完成。

---

① 田余庆:《东晋门阀政治》,北京大学出版社 2012 年版,第 16 页。

五、永嘉玄学的学理建设与士人
生存方式的合法性解释

在自然与名教关系问题上，王衍曾称圣教与老庄同，乐广也曾称名教中亦有自然乐处，但他们都未予以学理的论证，故而只是信口说说而已。况且，何晏、王弼"崇本息末"的政治思想与嵇康、阮籍"越名教而任自然"的人生观有着必然联系；而它的极端末流便是导向纵欲颓放行为的合理化；玄学的政治功能也由治弊求偏转为世族高官的身份符号或者肆欲纵情的遮羞物。

朝廷中精通玄学名理的裴𬱃以"内圣外王"之道弥合了自然与名教的裂缝。裴𬱃本人也是"言谈之林薮"，但他"深患时俗放荡，不尊儒术，何晏、阮籍素有高名于世，口谈浮虚，不遵礼法，尸禄耽宠，仕不事事；至王衍之徒，声誉太盛，位高势重，不以物务自婴，遂相放效，风教陵迟，乃著崇有之论以释其蔽。"①（《晋书·裴𬱃传》）在《崇有论》里，裴𬱃提出自己的世界观："夫总混群本，宗极之道也；方以族异，庶类之品也；形象著分，有生之体也；化感错综，理迹之原也"。意指宗极之道不是何王所言之"无"，而是有形有象且错综复杂的事物，它是客观规律的总根源。他否认"无"生"有"，提出万有之始生者乃"自生"论，认为"有"才是绝对的，且是运动变化的，万物以"有"为本体："夫至无者无以能生，故始生者自生也。自生而必体有，则有遗而生亏矣。生以有为已分，则虚无是有之所谓遗者也。故养既化之有，非无用之所能全也；理既有之众，非无为之所能循也。"②裴𬱃的"有"一方面指本体论之"有"，包括自然界和人类社会界中的一切事物，每个具体事物都是"万有"的一部分，"所禀有偏"，而"偏无自足，故凭乎外资"，事物之间互相联系并互相依凭。

另一方面，裴𬱃的"有"还指方法论上的"有"，即宗极之道，君子必须有积极有为，"崇济先典，扶明大业，有益于时"；"居以仁顺，守以恭俭，率以忠信，行以敬让，志无盈求，事无过用，乃可济乎"；"由此而观，济有者皆有也，

---

① （唐）房玄龄等：《晋书》，中华书局1974年版，第1044页。
② （唐）房玄龄等：《晋书》，中华书局1974年版，第1046—1047页。

虚无奚益于已有之群生哉"。① 他由此批评"贵无"论以虚无为本,导致现实世界的一切伦理纲常和社会秩序都被毁弃了,"于是文者衍其辞,讷者赞其旨,染其众也。是以立言藉于虚无,谓之玄妙;处官不亲所司,谓之雅远;奉身散其廉操,谓之旷达。故砥砺之风,弥以陵迟。放者因斯,或悖吉凶之礼,而忽容止之表,渎弃长幼之序,混漫贵贱之级。其甚者至于裸裎,言笑忘宜,以不惜为弘,士行又亏矣。"可见裴頠是出于维护儒家名教礼制目的来批评贵无派名士的"任自然"之举。但他对何晏、王弼之"无"的概念理解偏执,以为"无"就是"空无",就是"不存在"。事实上,何晏、王弼之"无"和"有"不仅指存在和不存在的关系,更是现象和本质的关系,也没有否定"有",只是从体用角度主张"崇本息末"。

向秀认为:"得全于天者,自然无心,委顺至理也。圣人藏于天,故物莫之能伤也。"②郭象在注解《庄子·齐物论》时进一步提出"玄冥之境"概念:"是以涉有物之域,虽复罔两,未有不独化于玄冥之境者也。"玄冥之境是"物各自造"、"自化"的场域,是通过自为而相因的关系达到的一种精神境界。"至于玄冥之境,又安得而不任之哉!既任之,则死生变化,惟命之从也";"知天人之所为者,皆自然也;则内放其身而外冥于物,与众玄同,任之而无不至者也。"③(《大宗师注》)这就颇有"无心而任自然"的意味了,总的原则便是"游外以冥内,无心以顺有",把自然和名教合一,等同起来,故玄冥之境不是彼岸世界,而是指现实世界的一种精神状态。汤一介据此评价说:"如果人能把自己看成是绝对的独立存在,就可以在任何时候、任何地方随遇而安,有了这种认识和生活态度就是'独化于玄冥之境';如果用此种认识和此种态度进行统治,那就是行了'内圣外王之道';如果以此治天下,而使所有的人都能依其本性随遇而安,那么此社会就是最理想的社会,即行了'内圣外王之道'的社会。"④魏晋玄学至此可谓完成了它的历史使命,也即从学理建设方面解释了士人阶层的生存方式的合法性和合理性,郭象哲学的现实意义正在此处彰显。

郭象把庄子的思想拉回现实世界,名教即自然,人生必须游外冥内才能顺

① (唐)房玄龄等:《晋书》,中华书局1974年版,第1047页。
② 杨伯峻:《列子集释》卷二《黄帝篇》注"而况得全于天乎",中华书局2012年版,第49页。
③ 郭庆藩:《庄子集释》,中华书局2012年版,第229页。
④ 汤一介:《郭象与魏晋玄学》,北京大学出版社2000年版,第147页。

应剧变的社会现实。郭象的代表作是《庄子注》和《论语体略》,分别以儒解道和以道解儒。其儒道双向互解旨在以道家的自然哲学与儒家的伦理名教相融合,实现玄学由政治哲学向人生哲学的转化。郭象的思想观点,调和何王"贵无"论和裴頠"崇有"论思想,在本体论上认为万物"自生独化";在人生论上提出"足性逍遥"说,又以"名教即自然"说贯通其思想观点。他是崇有论者,修正何晏王弼"以无为本"的本体论和生成论,但是借用了贵无论的"有"、"无"概念,否认现象万有之上存在一个本体性的"无","无"也不能生"有",因为"无"就是空洞无物,从而主张"独化于玄冥"之境;万物是自生自化,互不相依,"物各自造而无所待焉,此天地之正也。故彼我相因,形景俱生,虽复玄合,而非待也"(《齐物论注》)。万有事物互相联系着,相因去不相待,相因是现象,无待是本质。那么,具体到个体的人生观则是"足性逍遥"。"夫小大虽殊,而放于自得之场,则物任其性,事称其能,各当其分,逍遥一也,岂容胜负于其间哉?""苟足于其性,则虽大鹏无以自贵于小鸟,小鸟无羡于天池,而荣愿有余矣。故小大虽殊,逍遥一也。"①(《逍遥游注》)郭象在这里以大鹏和小鸟为喻来强调万物各按其性而行事,满足于自身状况和既定的秩序,不羡慕本性之外的东西,便能自得其乐而自在自如。这种观点若推及人生态度,则是"足于天然而安其性命"(《齐物论注》),彼我玄同,物我为一。"足性逍遥"之说对于士人群体的人生取舍是具有理论支撑的作用。"郭象足性逍遥追求心灵自由,其真实用意莫过于要求人们在观念上忘却社会中的贵贱高下贫富,面对艰难时世、生命困境泰然自若且心安意足"②。这种顺性安命的态度若真成为士人阶层的人生理念,那么统治阶层也是很愿意接受的,这对于维持其统治秩序的稳定是很有现实意义的。

"夫圣人虽在庙堂之上,然其心无异于山林之中,世岂识之哉?徒见其戴黄屋,佩玉玺,便谓足以缨绂其心矣;见其历山川,同民事,便谓足以憔悴其神矣;岂知至者之不亏哉。"③(《逍遥游注》)玄学家在对待自然与名教关系的态度,往往是其政治前途和人生命运的理论寓示,郭象能够在八王之乱和永嘉之乱的时局中"任职当权,熏灼内外"并泰然一生,俯仰万机而淡然自若,不能不说是他秉持其学说的结果。

---

① 郭庆藩:《庄子集释》,中华书局 2004 年版,第 9 页。
② 孙以楷主编:《道家与中国哲学·魏晋南北朝卷》,人民出版社 2004 年版,第 12 页。
③ 郭庆藩:《庄子集释》,中华书局 2004 年版,第 28 页。

六、玄道儒融通与士人
精神的家族化呈现

永嘉之乱后,士族南迁,玄学南播。在政治上,"王与马,共天下",东晋门阀制度兴盛,琅琊王氏、陈国谢氏、太原温氏、汝南周氏、颍川庾氏、谯国桓氏、高平郗氏、陈郡殷氏、河东卫氏、琅琊诸葛氏、泰山羊氏、彭城刘氏、太原孙氏等世家大族崛起并与皇权共执朝政。这些侨姓士族的冠冕在政事和玄谈之间游刃有余,比如王导既是创立和稳定东晋朝廷的重臣,又是善谈玄理的士林领袖。过江诸人新亭对泣时,王导是安抚民心、克复神州的精神支柱,温峤把他比作管夷吾就是赞誉他的政治和精神领袖的鼓舞作用。同时,王导面对东晋政局复杂情况,采取了镇之以静的政策。

在此政治背景下,王导过江左后,"止道声无哀乐、养生、言尽意,三理而已,然宛转关生,无所不入"①(《世说新语·文学》),晚年更是"略不复省事,正封箓诺之",只是签字盖印而已。周顗雍容文雅有竹林风采,却说效仿的是王导而非嵇阮,可见王导清谈的威望很高。总的来说,由于东晋清谈名士大多是新朝重臣,为维护朝政或家族利益计,不得不参预朝政活动以保证纲常名教的正常运行;同时借助清谈玄理,鼓励人民安于现状而回归本性之乐,完全体现了郭象"名教即自然"的价值取向。换言之,他们在延续向郭、裴頠等名流实施儒玄合流的主张。王导、谢安等都是集实干家和玄谈家于一身,其人格形象是名教与自然的凝聚体。所以,东晋初期的玄学进入儒玄合流时期,主要表现方式是政治事功与精神气度的双向追求。在实践上,儒玄互补型的名士除王导、谢安外,桓温也是个代表,庾翼评价说:"桓温有英雄之才,愿陛下勿以常人遇之,常婿畜之,宜委以方召之任,必有弘济艰难之勋。"(《晋书·庾翼传》)确实,桓温出镇荆州、平灭成汉、兵临长安、收复洛阳,对东晋政权之稳固是作出了很大功勋的。同时,他也经常参与清谈活动,与清谈名流刘惔、王濛、王述、谢尚、王导、殷浩等都有密切交往。孙绰评说:"刘惔清蔚简令,王濛温润恬和,桓温高爽迈出。"②(《晋书·王濛传》)桓

---

① 余嘉锡:《世说新语笺疏》,中华书局1983年版,第211页。
② (唐)房玄龄等:《晋书》,中华书局1974年版,第2419页。

温旁听王导和殷浩共谈析理，心迷神驰，次日感慨说："昨夜听殷、王清言，甚佳，仁祖亦不寂寞，我亦时复造心；顾看两王掾，辄翣如生母狗馨。"①（《世说新语·文学》）后来名望渐隆，常以殷浩为超越对象。总之，桓温等人的文武识度就是东晋玄学名士的榜样，他们那种不废事功，不浮华虚放的进取精神，给玄学注入新气息和新活力。

在理论著述方面，张湛《列子注》，韩康伯《辩谦》和《周易注解》，袁宏《竹林名士传》和《三国名臣传》等较有影响。张湛《列子注》吸收玄学诸家思想，大有综合兼容并超越的雄心。"大体言之，张湛在本体论、名教学说方面主要吸收了玄学正统派的思想，其中尤以正始玄学的代表王弼、西晋玄学的集大成者郭象为最；张湛在人生论方面主要吸取了玄学异端竹林玄学的合理成分；至于张湛哲学所依附的《列子》，张湛对其吸收已不限于内容，甚至包括哲学结构和哲学建构的方法。"②当然不仅吸收这些思想成分，道教和佛教思想也在《列子注》里时时泛现。张湛在《列子序》说："其书大略群有以至虚为宗，万品以终灭为验；神惠以凝寂常全，想念以著物自丧；生觉与化梦等情，巨细不限一域；穷达无假智力，治身贵于肆任；顺性则所之皆适，水火可蹈；忘怀则无幽不照。此其旨也。然所明往往与佛经相参，大归同于老庄。"这是张湛对《列子》原旨的解释，其实是自己融合儒释道思想的愿望反映。张湛接受郭象"性分自足"的观点，主张"应理处顺"："禀生之质谓之性，得性之极谓之和；故应理处顺，则所适常通；任情背道，则遇物斯滞。"③（《黄帝注》）因为"生各有性，性各有所宜者"（《天瑞注》），所以人处社会环境皆须遵循本性才能畅通无阻，"万品万形，万性万情，各安所适，任而不执，则钧于全足，不愿相易也"④（《汤问注》），其实是号召人们乐天知命。

那么如何乐天知命呢？张湛是反对修养的，个人"任而不养"则性命自全，治世者"纵而不治"，则天下自安。张湛引用《论语》、《中庸》等儒家经典资料来阐释其玄学思想；也借用了"众生"、"无常"、"报应"等佛教基本概念，还认同"神不灭论"；他言养生，言吐纳，言服药等既与嵇康养生思想有联系，也与道教炼养之术颇多相合。韩康伯是殷浩的外甥，殷浩称赞："康伯少自标置，居然是

① （南朝宋）刘义庆：《世说新语》，凤凰出版社2010年版，第77页。
② 孙以楷主编：《道家与中国哲学·魏晋南北朝卷》，人民出版社2004年版，第167页。
③ 杨伯峻：《列子集释》，中华书局1979年版，第39页。
④ 同上书，第159页。

出群器。及其发言遣辞,往往有情致。"①(《世说新语·赏誉》)他有著名的《系辞》、《说卦》、《序卦》、《杂卦》等注,综合发展了王弼的"得意忘象"、"举本统末"、"执一御众"、"无知守真"等思想;又在人生处世哲学上提出"顺应天下之理"的主张,强调安分守己:"理必由乎其宗,事各本乎其根,归根则宁,天下之理得也。若役其思虑以求动用,忘其安身以殉功美,则伪弥多而理愈失,名弥美而累愈彰矣。"②(《周易注解·系辞下注》)如是,在纷纭变局中才不会迷失自我。郭象讲"独化于玄冥之境",而韩康伯讲"独化于大虚","原夫两仪之运,万物之动,岂有使之然哉? 莫不独化于大虚,欻尔而自造矣。造之非我,理自玄应;化之无主,数自冥运,故不知所以然而况之神。是以明两仪以太极为始,言变化而称极乎神也。夫唯知天之所为者,穷理体化,坐忘遗照。至虚而善应,则以道为称;不思而玄览,则以神为名。盖资道而同乎道,由神而冥於神者也。"③(《周易注解·系辞上注》)大虚和玄冥,都是一样的意思,在大虚之境里独化、自造,也就是要在现实世界进行准确的自我定位。韩康伯一生清静平和,留心文艺和思辨,故其殷浩说"康伯能自标置,居然是出群之器"(《晋书》卷七十五),看来是很有眼光的。

结语:佛玄合流与魏晋士人
精神的余波荡漾

　　玄风随着东晋偏安而南移,正当东晋朝野把西晋灭亡归咎于玄学清谈之际,这时佛教文化随着五胡铁骑一起东传并兴盛起来。佛学与玄学都以人生解脱为根本宗旨,两者具有思想的交集,佛学渐渐融进士人阶层的精神生活。佛教为了尽早在中土站稳脚跟,主动依附玄学,从社会交往和理论传播两个方面渗透中国传统文化。它首先选择融通士人阶层的路线,效法名士风度,参与玄学清谈活动,佛教僧人说逍遥,深入士人阶层的精神生活领域。"四海习凿齿,弥天释道安",讲的就是名士名僧之间的机智应对的故事。道安传播佛教有两个办法,一是"教化之体,宜令广布",遍及南北各地,

---

① 余嘉锡:《世说新语笺疏》,中华书局 1983 年版,第 471 页。
② (清)阮元校刻:《十三经注疏》,中华书局 1980 年版,第 87 页。
③ 同上书,第 78 页。

广纳僧众;二是深明"不依国主,则佛事难立",寻求掌握文化话语权的士人阶层的支持和加入。

竺法深视朱门如蓬户,常与简文帝、王导、庾亮诸公交往对谈,不知不觉地影响了江左名士的精神生活。支道林是般若学大师,而般若学谈空论无,析理深微,其"缘起性空"观念,在玄学名士当中注入新鲜空气。支道林对郭象"适性逍遥"的质疑及提出"新逍遥"义,使玄学名士无不叹服。《高僧传》卷四支道林本传记载:"遁尝在白马寺与刘系之等谈《庄子·逍遥篇》,云:'各适性以为逍遥。'遁曰:'不然,夫桀跖以残害为性,若适性为得者,彼亦逍遥矣。'于是退而注《逍遥篇》,群儒旧学,莫不叹服。"支道林提出"至足无待"和"物物而不物于物"的新逍遥义。在他看来,鹏与鷃只知"物物"而未做到"不物于物",为物所得,不能自得。更重要的是,其"至足逍遥"论成功否定郭象的"适性逍遥"论,把郭象逍遥境界中的等级差别拆除了,一律衡之以圣人标准,重新唤醒士人阶层隐藏于心中的圣人情结,为扭转日渐衰颓的士林风气起着鼓舞作用。支道林的说法,弥合了向秀、郭象以来东晋玄学名士"适性逍遥"的道德缺陷;其新义其实糅合了佛、道的义理,比如其"即色义":色不自色,虽色而空,色复异空。

这就涉及佛教徒融入玄学的另一个途径,即运用本土的"格义"法,以玄学术语解释大乘《般若经》。《般若经》义理在中国传播过程中,形成了六家七宗:1. 本无宗,代表为道安;2. 本无异宗,代表为竺法深、竺法汰;3. 即色宗,代表为支道林;4. 识含宗,代表为于法开;5. 幻化宗,代表为道壹;6. 心无宗,代表为支愍度、竺法蕴、道恒;7. 缘会宗,代表为于道邃。本无异宗是从本无宗分化而出,故合之称"六家"。此为"六家七宗"名目。支道林的即色宗主张"色不自有",讲的是由无而有,有复归无,万物的存在都是暂时的,最终都要消灭,有"物不恒空"的意味,已经接近大乘中观学派"非有非无"的思想。这与郭象主张万物自化、独化并且生生不断的观点是不同的。后来,僧肇提出"物不迁论"与"不真空论":"欲言其有,有非真生;欲言其无,事象即形。象形不即无,非真非实有";"夫至虚无生者,盖是般若玄鉴之妙趣,有物之宗极也"。僧肇的"不真空论"泯灭了本体和现象的差别,消除了魏晋玄学的物我差异和对立,主客两忘,真俗无别,物我俱一,从而对士人阶层进行山水游赏的审美活动造成了影响,自然美的发现,山水诗画的兴起。庐山慧远则提出"法性论",包容两端又超越两端,"至极以不变为性,得性以体极为宗",远离不可验证的长生不死之说,而设定一个理想人格去追求精神的永恒。这种佛教的人生道路非常适合士人阶层去追求。追求精神不朽,正是士人阶层永远的理想。总之,东晋中后期玄佛合流,最终消融在佛学思想里去了,此后是儒教、佛教、道教在南北朝分分合合的历史。

学界一直致力于在魏晋清玄的观念世界中探究士人精神的哲学史价值和文艺史功能,结合玄学的内涵、特征、方法、场域、关系、价值、影响等,展示逻辑结构的情理统一性和社会现实性,以及内在矛盾的深刻性和复杂性;以士人阶层的人格精神为核心论题,对其总体特征展开多层维度研究,又经由个案分析来考校其演变史,更好呈现精神气质的丰富性和鲜活性、历史性和现实性。魏晋士人阶层奉献了很多值得借鉴的精神品质,也暴露了很多应该批判反省的精神元素。本文从玄学演变视角进入具体的历史语境,融合阐释史的多维视野,反省魏晋士人精神底蕴里的固存缺陷及其成因;同时开掘魏晋士人精神不同时段里的呈现样态,更细致入微地剖析差异性、矛盾性、断裂性甚至悖论性,以及其指向价值评判的立体化、整体化和动态化。如此,或许能够纠偏弹正当代人过度美誉魏晋名士风流的倾向,也或许能够更加理性地对待魏晋士人精神的深情色彩和审美属性,在中华民族精神史坐标中更为客观理性地将其定位。

再论唐诗钟声意象
对诗境的拓展

刘亚斌 *

（浙江外国语学院中文学院　浙江杭州 310023）

摘　要：唐代诗人对钟声意象的钟爱和运用是跨文化文学书写的重要现象，既有传统文化的影响，又受到佛教观念的洗礼，有力地拓展了古典诗歌的境界。在唐诗创作中，钟声意象所开掘出的诗境意涵有通神祈禳的政治意涵、礼乐教化的政治意涵和情志抒发的世俗意涵。在个体情志方面，钟声意象传达出闲适静谧、羁旅遭际和离别多事的心绪。钟声意象对诗境拓展的结构模式可分为神与物游的感知模式、思接千载的时间模式和视通万里的空间模式，呈现出唐诗创作在物我、时空和品性等方面的特色，体现了艺术真实的超越性、自然大化的美学性追求和异质文化的意象性融合的诗学价值。在异质文化的对接、沟通和融合的基础上实现文学创作的新发展，唐诗钟声意象的广泛运用和诗境拓展具有重要的启示意义。

关键词：唐诗　钟声意象　诗境　拓展

唐代是中国古典诗歌的鼎盛期，也是诗歌意象营造的成熟期。在唐代诗歌作品中意象繁多，其中钟声意象的运用特别明显。根据《全唐诗库》(《全唐诗》电子版)的搜索和统计表明，在内容检索中输入"钟"，所得结果共计 1 320 条；题目检索则有 90 首，抛开少数用于驿站、楼院、药材名称、引用典故和形容年龄、数量、喜爱等其他功能外，其数量惊人。李白、杜甫、王维、白居易等唐代著名诗人都写过钟声，白居易就约有 40 首，而贾岛笔下亦达 29 条。历史上，钟器种类众多，材质各不相同，既有大小长短之别，亦有圆扁含舌之差；还有乐

---

　* 作者简介：刘亚斌，文艺学博士，浙江外国语学院中文学院副教授。

钟、报时钟、祭祀钟和梵钟，以及楼台、道观、家庭、庙堂和皇宫等各种处所的钟。唐诗中的钟声往往与其他意象关联，形成诸如闻钟、听钟等行为；钟声、钟磬等名称；晓钟、暮钟、晨钟、曙钟、晚钟、夜钟等时间之钟；微钟、残钟、霜钟、寒钟、国钟、歌钟、远钟、孤钟、疏钟、幽钟等情思之钟。据统计，以"钟"为词根所派生的偏正词语就达 20 多个。唐代诗人对于钟声的钟情与书写既有传统文化的影响，又受到外来文化的洗礼因此呈现出文化大融合的迹象，有力拓展了古典诗歌的境界，突显其自身的特色，并产生了深远的影响。

一、钟声意象的意涵开掘

钟器是人类文明的产物，是中国古典音乐的代表，其强大的艺术表现力和丰富的文化意蕴赢得了世人的青睐。傅道彬先生曾分析艺术世界中"钟鼓道志"有四种情况：宗教意义的祭祀和神秘理解，礼乐之治的政治追求，人生品格的文化象征，时间区分和历史意义；并总结出唐诗钟声意象的梵意禅思、时间的意蕴和时间意义及其艺术品格，其本质规定性展现的不仅是整个时代，更是民族文化与艺术的精神①。中国铸钟史可追溯到早期先民，《山海经》、《吕氏春秋》和《管子》等都将其定格在炎帝或黄帝时期，与中华民族存在始源关系；钟器主要由青铜铸造而成，商代早期就掌握了火法炼制技术；《周礼》则详细记载着钟声的祭祀礼节及相关安排；作为首部诗歌总集的《诗经》中出现各式名称的乐钟就有 17 首，其历史可谓源远流长。因此，钟声作为文学创作的重要意象，并饱含民族文化精神，自然也是水到渠成，不难理解。

在某种程度上说，钟声意象既是中国诗歌史上重要的书写对象，亦是其文化精神史上有力的符号表征。钟声意象在诗歌文本中的运用有其社会现实的价值和精神世界的意义，即现世性的世俗意涵和超越性的宗教意涵，其意涵具有延续性；考虑到钟声创作的政治性比重，故将其拓展出来的诗境意涵划分宗教意涵、政治意涵和世俗意涵三种，以对应中国文化中天、天子和子民的三重社会结构，实现历史和逻辑相统一的书写功用。具体来说，前者主要指人们铸造大钟用于祭祀，仪式中其声美妙可娱神，从而抵达神祇世界，以实现人神沟

---

① 傅道彬：《晚唐钟声——中国文学的原型批评》，北京大学出版社 2007 年版，第 192—230 页。

通,祈福禳灾,显其庇佑福祥;其政治意涵是说用钟声意象来宣扬等级制度和人伦秩序,表征超越个体本位的社会关系和各得其宜的政治价值;在世俗意涵中,诗人作为芸芸众生中的个体都有其社会身份、生活理想和人生困苦等,通过书写钟声来实现自我维度的情志抒发,包括对宗教救赎和社会政治的个体感知、态度与看法,由此透视出唐诗在诗境拓展上的担当和贡献。

从宗教世界、社会政治和个体生活的比重而言,率先出场的是其宗教意涵。早期人类因技术、能力等限制,将世界神灵化,对其神秘性心生好奇向往,试图去沟通理解,并祈求其保佑,而用于通神的工具就是能发出声音且有节奏旋律的乐器,音乐使人"惧"、"怠"、"惑","荡荡默默,乃不自得"(《庄子·天运》),沉浸在宗教性的迷醉中,从而与神灵沟通。音乐创造被誉为神赐力量,显其超越性和神圣性,钟便成为祭祀活动优先考虑的神器,其宗教意涵在文学作品得到体现与传承。《诗经》的《小雅·楚茨》、《商颂·那》、《周颂·执竞》、《大雅·灵台》;《楚辞》的《东君》、《大招》、《招魂》;汉乐府《惟泰元》和庾信《周祀方泽歌·登歌》等具体诗篇都有乐声通神的场景描写。《全唐诗》所载《郊庙歌辞》里祭祀钟声意象的诗篇有15首,其中《祀圜丘乐章·舒和》云:"叠璧凝影皇坛路,编珠流彩帝郊前。已奏黄钟歌大吕,还符宝历祚昌年。"[1]此篇透露出三点内容:其一是黄钟意象的互文性及其穿越历史的神灵祭祀意义,《管子》和《吕氏春秋》都言钟始为黄帝所铸,前者《五型篇》中说所造五钟,"一曰青钟大音;二曰赤钟重心;三曰黄钟洒光;四曰景钟昧其明;五曰黑钟隐其常"[2];《周礼·春官·大司乐》里讲宗教仪式中黄钟祭祀天神、应钟祭祀地祇、姑洗祭祀四方、函钟祭祀山川,具有浓厚的规矩意识;而在《小胥》中则讲到"乐悬"制度,钟的悬挂有数量、形状、方位和等级等具体规定,表征某种社会秩序;其二,诗中所绘乃是福祚昌年的景象,黄钟大吕传达出的是一种和谐美悦的气氛,切合祭祀活动的要义,祈求天下福瑞祥和,这在历代祭祀诗歌中并不鲜见,呈现出礼乐结合的文化精神;其三,诗中前两句描写了皇宫盛景,按照古代天人感应的说法,皇帝是天子,代表天神来统治世间,而其居所则仿制天庭,虚构和幻化出非人间的天上景象,皇帝依其天则在世间行事,天上、皇宫、社会和自然都是相互感应的,具有某种政教合一的意义。

---

[1] (清)彭定求等编:《全唐诗》,中华书局1960年版,第10卷,第91页。
[2] 黎翔凤:《管子校注》,中华书局2004年版,第865页。

钟声构建天上、人间两个世界的共在、感应和沟通,其中介好似皇宫天子,具有关键性的政治意涵,很容易与社会秩序相联。"钟磬竽瑟以和之,干戚旄狄以舞之,此所以祭先王之庙也,所以献酬酢酬也,所以官序贵贱各得其宜也,此所以示后世有尊卑长幼序也"①(《史记·乐书》)。随着儒家文化的兴起,怪力乱神之事均被舍弃,钟声的音韵和谐与悦纳作为礼乐教化的重要部分,已成为其伦理道德和社会秩序的建构来源。《诗经》的《小雅·彤弓》是首宴会雅歌,描述天子赏赐诸侯所举行的宴会场景,一幅友好和谐、其乐融融的君臣社会场景;有首直接命名的《鼓钟》则叙写聆听钟鼓声乐,怀念君子的美德懿行,最后是道德和音乐合拍的美妙境界;《国风·山有枢》则讽刺钟鼓不用,庙堂不扫的皇亲国戚,难逃政务荒废、权力被夺的下场;《小雅·宾之初筵》讽刺君臣上下酒醉失态,沉湎淫液而丧礼败德的做派。宫廷王公都是"击钟鼎食"(张衡《西京赋》)、"钟鸣鼎食之家"(王勃《滕王阁序》),充斥着权力、豪奢和秩序的话语运作。相传汉武帝在柏梁台上与群臣共赋七言诗,钟声与富贵昌盛相联,也与君臣伦理相益,此后梁武帝和唐中宗等都有所效仿,其歌辞被称为"柏梁体"。唐太宗诗《正日临朝》是钟声意象表现其政治意涵的典范之作,开篇呈现阳气初开的时令节日,百蛮供奉,万国来朝,国家祥和康富,车轨遍及天下,诏令传达四方:"赫奕俨冠盖,纷纶盛服章。羽旄飞驰道,钟鼓震岩廊"②,文治武功,治理有道。既有政治权力的中心地位,庄重威严镇四方;又有礼乐治理井井有条;军队威武雄壮,配以良辰美景、气候宜人以及冠盖华章,一派祥和,繁荣昌盛,其心情满足、惬意、鼓舞和洋洋自得,钟声关联并感应一切。

钟声意象的世俗意涵主要是作为尘世生活中的个体对其所环境的态度、情志的书写和建构。诗三百首篇《关雎》云,"窈窕淑女,钟鼓乐之",中国文学开端之开端就有钟声意象,指向男欢女爱的愉悦情感,注重诗歌创作的人情世故。随着魏晋时期文学自觉的转型,到唐代文化大融合的开放时代,诗人更重视自身情志的表达,将外来文化融入诗歌创作中。由此,唐代诗人借用钟声意象至少表达出三种态度和情思:

其一是闲适静谧的出世之心。东汉末年印度佛教传入中土,与儒道等文化传统相互融合,影响诗人的文学创作。钟声意象关联的通神、祭祀、祈禳的

---

① (汉)司马迁:《史记》,中华书局2010年版,第1952页。
② (清)彭定求等编:《全唐诗》,中华书局1960年版,第3页。

宗教意涵和社会秩序、人伦道德、祥和昌盛的政治意涵及其两者基础上所体现出来的道志乐心的情思，逐渐拓展到与梵思禅意融合所表现出来的空寂、恬淡和高洁的诗境。"古寺寒山上，远钟扬好风"（皎然《闻钟》）、"独在钟声外，相逢树色中"（朱庆馀《寻贾岛山居》）、"闻钟北窗起，啸傲永日余"（韦应物《道晏寺主院》）、"古木无人径，深山何处钟"（王维《过香积寺》），此类诗歌不胜枚举；孟浩然有志于仕却常怀归隐之心，"东林精舍近，日暮但闻钟"（《晚泊浔阳望庐山》），日暮将近，钟声响起，告别喧嚣的生活，万籁将归于寂静，为世俗所累的倦鸟将回苍苍竹林，而"我亦乘舟归鹿门"（《夜归鹿门歌》），遂成为山水田园诗派的代表。佛教认为世俗烦恼、生活苦难而力求心灵解脱，诗人借助于梵钟召唤着众生的回归和拯救，傲然独立于世，从而走向方外世界的生命体验，呈现自我的本真存在。

其二是羁旅遭际的思念之情。古代文人求学、为官、游玩、访友甚至为生活所迫而出门在外，诗人内心容易对时节环境的变化而敏感慨叹，倾吐乡愁、念人情思，这亦是古典文论中感物说的重要内容，"人禀七情，应物斯感，感物吟志，莫非自然"[1]（刘勰《文心雕龙》），唐代诗歌同样如此，地理气候、社会环境和自然景物等出现变化，便会激荡起诗人的心灵，形成歌舞吟咏。"钟尽疏桐散曙鸦，故山烟树隔天涯"（吴商皓《秋塘晓望》）、"何时最是思君处，月入斜窗晓寺钟"（元稹《鄂州寓馆严涧宅》）、"今来故国遥相忆，月照千山半夜钟"（许浑《寄题华严韦秀才院》）；唐德宗建中三年（783），韦应物出任滁州刺史，途经盱眙时客居未眠，忆起京兆杜陵老家，遂写下"独夜忆秦关，听钟犹未眠"（《夕次盱眙县》）；多作赠别应酬光景的诗人钱起亦有感伤时乱思念故国之作，"延颈遥天末，如闻故国钟"（《晚次宿预馆》），引颈遥望天末，忆闻故土钟声，时空交错，乡愁旅愁弥漫其间，可见人情之重要，诗人也难免思之苦痛。

其三是离别多事的茫然之绪。与前述恬闲、空寂、幽静和超尘出世相比，晨昏旦暮的离别被钟声催促，前路茫茫，孤苦伶仃，别有一番滋味上心头。"万古行人离别地，不堪吟罢夕阳钟"（韦庄《灞陵道中作》）、"羁旅长堪醉，相留畏晓钟"（戴叔伦《江乡故人偶寄客舍》）、"执手向残阳，分襟在晚钟"（顾非熊《舒州酬别侍御》）、"晓钟催早朝，自是赴嘉招。"（贾岛《送皇甫侍御》）；钟声唤醒、

---

① （南朝梁）刘勰著，范文澜注：《文心雕龙注》，人民文学出版社1958年版，第65页。

匆迫、催促行人离别上路,然而不知何时才相见,双方都走向未知的人生而难以自持,渐起对钟声的畏意;声声钟鸣同样迫使人们投入到忙碌喧嚣的世俗生活中,面对由此而来的生命沉沦的厌烦和畏惧,司马扎在《宿寿安甘棠馆》里写道,“坐恐晨钟动,天涯道路长”,这位生卒、籍贯和经历均不详的诗人留下诗歌 39 首,世人才得以窥见其生命存在的迹痕。翻开人类历史,黎民百姓的艰辛体验又有几人知晓与书写,困顿的人生,茫然的宇宙,晨钟暮鼓声声敲打,撞击心灵,生命的苦难、迁逝和衰败,落寞、颓唐和悲凉之情滋生,还有那死亡逼近时的颤栗和忧惧。

二、诗境拓展的结构模式

在诗人经常书写的三类意象中,中国古典诗歌擅长使用作为自然世界中存在的自然物象和人类创造的现实存在的社会物象,而非内心想象的、往往变形夸张的虚构之像,其创作立足于对事物感知基础上的生发和融合,即与世界的切己近身,并由此出发逐渐走向人生况味、历史回响和渺茫宇宙,这与传统文化上修身齐家治国平天下的格局相仿。无论在世俗社会还是宗教场院,钟声都有日常生活功用,如吃饭报时、工作唤醒和课业停息等;无论白天还是深夜,都能听到山林深处的寺庙传出来的响彻、传遍和回荡在广袤空间里的钟声;无论是现实世界还是历史文化,都会传来那阵阵表征物质昌盛和悠久文明的钟声。近取诸身,远取诸物,观象于天,俯察于地。钟声从切身存在出发,联结整个宇宙世界,上至神灵鬼怪的奥秘世界,中经王侯将相的昌盛世相,下到黎民百姓的穷苦世俗,穿透历史的黑暗,象征社会的秩序,传承文化的精神,因此钟声意象对诗境拓展可以分为三种模式:神与物游的感知模式、思接千载的时间模式和视通万里的空间模式。

在《诗经》开篇,诗人以“关关雎鸠”的自然物象起兴来逐渐引出情思,古典文论中的物感说就是指情思由物象兴起,同时随物象而深化、绵长和变迁,又能在变化中实现统一,不至于脱缰而去,一发不可收拾。权德舆《江城夜泊寄所思》写因路程遥远只能在塘船上休息,阵阵寒意袭来,“愁眠觉夜长”,随后依稀远钟敲响,看到木棒捣衣,月亮下沉天色泛亮,“此夕相思意,摇摇不暂忘”。韦应物《登乐游庙作》上半部分写暮色苍苍,微钟传来,市井繁华车水马龙,下半部分则是由此而生的感悟,“昔人岂不尔,百世同一伤。归当守冲漠,迹寓心自忘"。古典诗歌经过漫长的发展至唐代的鼎盛,诗歌中景物和情思,即象和意的结合技巧逐渐归于自然天成,通过心对物的感悟油然而生,并通过感官互通的手法,即通感来扩展诗歌的境界。钱锺书说通感"亦每通有无而忘彼此","即如花,其入目之形色,触鼻之气息,均可移音响以揣称之"①,视觉、听觉、味觉和触觉等感官互通,颜色、接触、声音和味道等感觉互联,共同建构出钟声意象的审美世界。诗僧贯休留下 18 首含钟声意象的诗歌,其诗喜欢将钟声与霜雪相联。霜钟其实早已出现在《山海经》中,其记载云丰山之上"有九钟焉,是知霜鸣",丰山九座大钟遇到霜降则感应而鸣;谢朓写过"霜钟鸣,冥陵起"(《齐雩祭歌·黑帝》),是时间季节的表征;唐代李白则说"客心洗流水,遗响入霜钟"(《听蜀僧浚弹琴》),运用通感手法洗涤心灵;贯休在《湖上作》、《早霜寄蔡大》、《冬末病中作二首》等诗作中更将梵钟的苍穆滤心和霜雪的白净高洁相联,来传递禅僧明心见性的感悟和空寂澄彻的情怀;元稹《玉泉道中作》为旅途所作,起首写楚地物候状况,接着想起玉泉寺的宁静,"微露上弦月,暗焚初夜香。谷深烟壒净,山虚钟磬长",月光、香气、钟声相结合,在不见烟尘的深山、钟磬声长的虚谷中,诗人感叹道,"念此清境远,复忧尘事妨",清幽之境太过遥远,还是匆匆赶路吧,不要耽误时光,在无奈中有所奋进,在奋进中有所忧伤。可以说,睹物兴念、景迁情移、感觉互通,开拓出唐诗流转生动、情思满溢的艺术世界,而钟声则起着关联、统一和生发的作用。

因时间与季节对农耕文明非常重要,且日出而作,日落而息,晨昏送别等生活习惯,使早期古典诗歌有其强烈的时间意识,《诗经》中运用自带季节感的植物来表达作者的生命体验,《七月》书写年初至年终的农活,反映出当时农业生产状况和农民的日常体验。《全唐诗》中早晨的钟声就有晨钟(23 首)、晓钟(33 首)和五更钟(7 首)等意象,傍晚的钟声有暮钟和夕阳钟,前者约 26 首,后者中比较著名的有韦庄《灞陵道中作》、齐己《赠张生》和郑谷《送司封从叔员外徽赴华州裴尚书均辟》等诗作,晚上的钟声则有晚钟 19 首、夜钟和夜半钟共有 38 首,钟声从早敲到晚,周而复始。从内容上看,晨钟多有催促、警醒的作用,并表现出某种畏惧的心理。李商隐有相思至五更的诗篇,其中羁旅忧愁、生离死别、伤逝怀远等都是暮钟的主题,有落寞和苦痛的心绪;夕阳钟、晚钟尤其是夜半钟声亦多有空寂、闲适、惬意和超然,"夜卧闻夜钟,夜静山更响"(张

---

① 钱锺书:《管锥篇》第 3 卷,中华书局 1979 年版,第 1073 页。

说《山夜闻钟》），钟声夜更幽，与白日的喧嚣事烦相比，透过夜晚的寂静往往传达出另类的体验，召唤着人生的新境界。

海德格尔曾经指出，"响亮的声音和声响，还提升到了'刺耳的'（夜莺）的意义上，是穿透着的（durchdringende）：它从自身发出，更多地还：穿透。沉闷的、迟钝的东西，几乎很难有能力去渗透"①，其穿透性使可听的向可见的转义，响亮和光明因其穿透本身而获得真理的逼近。响亮悠长的钟声穿越历史的隧道，点亮过去的暗角，传递着生活的真实，人生的真理，世界的真在。韦庄《春云》中感叹，"王粲不知多少恨，夕阳吟断一声钟"，又在《灞陵道中作》慨然，"万古行人离别地，不堪吟罢夕阳钟"，千古同然，概莫能外。过往和现在，愉悦和愁苦，相似的景物和别样的情思，交织重叠在一起，存在即时间，在手的创作文本有那沉甸甸的感觉，便是在阅读人生的厚重和历史的沧桑。李商隐在《忆住一师》中说，"无事经年别远公，帝城钟晓忆西峰。炉烟消尽寒灯晦，童子开门雪满松"，耳边似乎听见帝城的晓钟，却念起西峰寺的住一师，回忆当年的场景，而现在的"我"呢？留下一片空白而余味无穷，读者自行去填充和确定，去感悟越过时空的深情；皇甫冉在《小江怀灵一上人》中说，"江上年年春早，津头日日人行。借问山阴远近，犹闻薄暮钟声"，傍晚传来的钟声，想起友人，而此时江边渡口行人络绎不绝，年年如此，日日这样，寥寥数句便将繁忙的世俗生活、灵一上人的方外世界通过江津渡口、薄暮钟声关联起来，不经意间还增添了难以遣怀的岁月轮回的时间意识。

随着佛教传至中土，与传统文化碰撞、融合，钟声意象原有的宗教涵义被重新关联并植入新意，如佛国的描绘和空寂的体悟等，方外世界与世俗社会在诗歌文本中的交织、重叠和汇通，在诗境上拓展其空间。"鸣钟惊岩壑，焚香满空虚"（韦应物《寄皎然上人》）、"香随青霭散，钟过白云来"（刘长卿《自道林寺西入石路至麓山寺过法崇禅师故居》）等；其声仿佛从云外飘来，七宝楼台、莲花往生、天香散溢、梵音悠远，一片安宁祥和的方外之境，没有现实生活的喧嚣功利和烦恼仇恨。可是从地上飞升至天上、世俗转移到方外，其途阻隔重重，可望不可即。唯有道成肉身、神仙下凡，建造寺庙禅院作为佛境的人间居所，即神圣世界的世俗化，使其具有可视性、可感性和可操作性，反映到诗歌创作

---

① 海德格尔：《论真理的本质——柏拉图的洞喻和〈泰阿泰德〉讲疏》，赵卫国译，华夏出版社 2008 年版，第 54 页。

中,不仅有王维这样的居士诗人,还有诗僧的创作,《全唐诗》收录皎然诗 506 首,贯休 553 首,而齐己则有 783 首,当然实际数目可能更多,以及其他诗人在其创作文本中对佛教、寺庙生活的直观描述和点滴感悟。在唐诗中寺钟意象约近 40 首,梵钟、梵音等合计 14 首,俗钟与梵呗共鸣,凡俗与神圣交织,日常生活与超越世界融合。刘长卿《龙门八咏·石楼》,"水田秋雁下,山寺夜钟深",天空地上,山高寺远,前者阔大,后者景深,钟声在乾坤飘荡;诗僧皎然留有 8 首诗钟声余韵,"古寺寒山上,远钟扬好风"(《闻钟》),"古"是时间概念,"远"是空间概念,寒山是相对可见的近景,随风飘至的钟声,正是参禅悟道的好时机;而齐己 13 首诗钟声杳杳,"谁住西原寺,钟声送夕阳"(《夏日草堂作》)、"残更正好眠凉月,远寺俄闻报晓钟"(《移居西湖作二首》),夕阳晚归安息,早晨清爽寂静;刘言史《夜泊润州江口》中说,"千船火绝寒宵半,独听钟声觉寺多","千"表数量多,夸张中却见空阔无边,夜晚舟船熄火,半夜寒气袭人;旅客难眠,只觉寺钟声声入耳,孤苦悲寥。

由于寺庙大都建在山林深处,与喧哗的生活空间隔绝,而钟声却能隔山远递,其敲打似断似续,声声间隔,有种远距陌生的疏离感。《全唐诗》"疏钟"出现 55 次,并用"隔"字来表示钟声可听、目视不到的场景,可见唐代诗人对空间感的重视。"疏钟何处来,度竹兼拂水"(李嘉祐《远寺钟》)、"松花落尽无消息,半夜疏钟彻翠微"(郑启《邓表山》)、"楼台悬倒影,钟磬隔嚣尘"(孙鲂《过金山寺》)、"月影缘山尽,钟声隔浦微"(赵嘏《晓发》);如果说疏钟更多地表示空间的拉长及其所征示的情感绵延,那么"隔"钟则是异质空间或不同世界的隔离、冲突和转移,使诗歌展示其丰厚情韵和多重空间。随着佛教本土化的禅宗文化的兴盛,诗人更喜欢目击道存的自然形式,不再将空间异质对比和刻意描绘林静花台、天香梵音的方外景象,而是连同寺庙景象都作为自然化之物象,形成世俗和方外齐一的艺术世界,消除其间的疏离和区隔,使其意涵自行显现,或留给读者领悟。王维《过香积寺》写道黄昏时分山寺钟声,山林幽静、水清长流、人迹罕至,"薄暮空潭曲,按禅制毒龙",体悟到闲适空寂的禅意,祛除世俗生活的烦恼和苦闷;孟浩然《夜归鹿门歌》云,忙碌喧闹的世间生活,突然传来黄昏山寺的钟声,自己乘船回归鹿门,清幽静谧的隐居世界才是自己所向往的;常建《题破山寺后禅院》最后说"万籁此俱寂,惟闻钟磬音",现实的世俗风景夹杂在充满禅意的神圣空间内,一切都那么高妙悦性,万籁寂静,充满感性的钟声余音袅袅,引人驻足遐思,从而启悟人生。

三、钟声拓境的诗学意义

比较文学研究者刘小俊对中日古典诗歌中的钟声意象进行对比,发现被咏入诗歌的"钟"的种类和用途不同,古典和歌较为单一,绝大多数是梵钟,唐诗则具有多样性,宫钟、乐钟、梵钟都有;题材亦各异,和歌有很多恋歌,唐诗则几乎没有;在两者所表达的情思方面,前者主要是无常感,后者却喜欢清净,这与当时两国佛教文化背景有关,唐诗的清净及其禅宗思想,实则是被中国传统文化,如道家文化所本土化的结果,"同时也是一种审美追求,它作为一种理想的心境渗透到中国人尤其是文人墨客的审美意识当中"①。确实,道家文化从切身出发,不断辐射开去,漠视在地性的时空局促及其自我情思的狭隘,最终与天地大化、和万物同一,顺其自然之道而行,主体获得内心的安宁和满足;儒家文化也有类似特点,只不过更喜欢世间生活和政治性追求,所谓出世与入世之别;放在诗境的追求上,传统儒道文化影响创作文本的结构模式,其大音希声、大象无形的主张强化了诗境的清净品格,构成了唐诗创作的特色,也彰显出传统文化与诗学的优胜之处,其启示意义主要有三:

(一) 艺术真实的超越性存在

唐代诗人张继现存约 49 首诗歌,多为行事游记、临别酬赠之作,却为世人所忽视,唯有《枫桥夜泊》传唱至今。该诗在宋代还引发一场文学公案。欧阳修晚年所作《六一诗话》直言"句则佳矣,其如三更不是打钟时!"开启钟声考证的大幕,综观陈岩肖《庚溪诗话》、计有功《唐诗纪事》《王直方诗话》、范温《潜溪诗眼》等著作中所示的证据,甚至 90 年代中期作家刘风还撰文说夜宿九华山时确证过其事,和尚告诉他打钟是行佛事即开始早课②。无论是所谓的亲证其事,还是"以诗证诗"、"以史证诗"的考证其事,都无法说明是否寒山寺的钟声、是否夜半钟声、是否诗人所处的唐代确有其事等三个问题。换言之,所有证据都只是根据自己所得进行推演而已。当然找出历史真实给予科学客观的判断,"进入作者的心灵,理解作品的意义"③,其阅读范式既是宋代诗学的特质,也是其考证学

---

① 刘小俊:《无常的钟声——日本古典和歌歌语研究》,青岛出版社 2019 年版,第 223 页。
② 刘风:《"打钟是行佛事"——对"夜半钟声到客船"注释的新释》,《湖南师范大学社会科学学报》1995 年第 5 期。
③ 周裕锴:《宋代诗学通论》,上海古籍出版社 2007 年版,第 444 页。

问的发明和求实尚理学风的体现，有助于作家作品的理解和文学史的书写。

但是对于作家来说，对于艺术真实性的回答并非来自于生活本身的事实性，作家创作诗歌是在现实基础上通过虚构或想象进行再造，而联结两者的中介是作家对社会现实的心理体验。也就是说，诗人往往不受对象及其时空的具体限制，以自我心灵的真实体验为中心，使历史、现在和未来纷至沓来，宇宙、远方和在地相互聚集，情志、意象和万物缠绕交织。现已失传的王维《袁安卧雪图》就是将大雪与芭蕉置于同一画面而不拘四时，形成寒暑季节的鲜明对比；其诗《鸟鸣涧》中山涧春色，桂花盛开，亦是不同时节并置；王昌龄说"秦时明月汉时关"（《出塞·其二》）、李商隐言"何当共剪西窗烛，却话巴山夜雨时"（《夜雨寄北》）等，都是古典诗歌中超越时空的常见例句；清初王士禛说王维《同崔博答贤弟》诗句"九江枫树几回青，一片扬州五湖白"，接下去"连用兰陵镇、富春郭、石头城诸地名，皆寥远不相属"，对此他评论道"大抵古人诗画，只取兴会神到，若刻舟缘木求之，失其指矣"（《池北偶谈》），其所谓"兴会神到"无非创作者真实的心灵体悟，而不是在地性及其时空关系的事实性，唯此才能"观古今于须臾，抚四海于一瞬"，然后"笼天地于形内，挫万物于笔端"（陆机《文赋》），宇宙天地、历史长河和自然万物因诗人之心而聚集、而展开、而绵长。用后期海德格尔的话说，天地神人四重整体出场，"物物化之际，物居留大地和天空，诸神和终有一死者；居留之际，物使在它们的疏远中的四方相互趋近，这一带即是近化（das Nähren）。近化乃是切近的本质"[①]，由切身近己的物象引各方到来，形成异质交汇的整体氛围，其自身存在穿越古今、跨越时空和越出物我所呈现出来的本真世界。

（二）自然大化的美学性追求

艺术的真实性表明，诗歌意象已脱离其现实存在，成为文本内部的要素而允其虚构性，现实、自然跨越到想象、虚构，外在物象延展到内心情思，世俗世界转换到方外世界，使诗歌境界不断拓展。读者阅读《枫桥夜泊》，感知内部文字弥漫着愁绪，寒山寺的钟声却惊起方外世界的安宁，从而跳出文本，觉其余韵无穷，钟声勾连起作者和读者，以及文本内外。同时，出水芙蓉、天然去雕饰和自然天成等古典审美原则又要求切身感物出发，自然而然，随物流转，移步换景而情思油然，这就是自然大化的美学性追求。所谓自然其义有三：第一，

---

① 海德格尔著，孙周兴译：《演讲与论文集》，北京三联书店 2005 年版，第 186 页。

宇宙万物皆可入诗成为意象,情思多借自然万物来传达;第二,诗歌创作所用的意象、事件及其在此基础上的情思表达等内容也是自然生发的,无需穿凿附会,切忌生硬割裂,文本之内起承转合、节奏韵律和文本之外体悟起解、余韵遐思,按照自然自有自生的规律运作;第三,诗歌创作以自然万物按其规律运行,所得结果便是一切都如自然的样子,即以事物自身的模样存在和呈现,不用变形夸张,无法嫁接扭曲,避免斧凿修饰,拒绝非自然、非正常的形式;总之,自然万物、自然而然、自然如斯便是传统诗歌文化之自然含义。所谓大化是指诗歌往往表现出与万物互相孕育、生发和流转,充满自身的生命活力,追求诗境的不断拓展而实现与自然、历史、社会即宇宙的同一。

简要地说,自然大化就是以自然方式无穷地拓展诗境,其审美主张想象而不失自然,超越不失天成,虚构不失现实。寒山寺是能看到的,但是否在船上能看到;钟声是能听到的,但是否半夜三更能听得到? 姑苏是可以去的,但是否那时真的去过? 其实是无关紧要的,是允许且需要这样虚构和想象的,其实质就是一种超越时空的、诗境大化的表现。戴叔伦《晓闻长乐钟声》首句便是"汉苑钟声早,秦郊曙色分",不经意将秦汉并置,组构在同一画面中,具有历史时空的意味;"十年别鬓疑朝镜,千里归心著晚钟"(罗隐《抚州别阮兵曹》),晚钟联结着"十年"的时间和"千里"的空间,岁月的痕迹、漂泊的羁旅,一曲生命的感悟;晚唐诗人张乔约 6 首钟声诗,其《送僧雅觉归东海》写道,"鸟行来有路,帆影去无踪;几夜波涛息,先闻本国钟",诗境茫远辽廓,僧人东归,一叶扁舟,海上波涛汹涌,钟声传来,近乡情怯,人之常情;素有朦胧迷离、隐晦邈远诗风的李商隐更是时空交织穿梭的好手,上引其《忆住一师》篇,住一师是其好友,住在西峰寺,有注家说西峰指庐山,而诗里的"远公"本是净土初祖东晋时期庐山东林寺高僧慧远,帝城显然是指京城长安,李氏则在开成元年(836)被家人送往济源玉阳山学道;何时何处的钟声,何处何时的场景,历史的角落、回忆的场景、现时的情境和意识的隐微等共同构筑以诗人心灵所能触及的意象纷呈、时空交错却有顺其自然的艺术世界。

(三)异质文化的意象性融合

中国古典诗学中意象理论源远流长,从《周易》就有书、言、象和意的四格重奏,经过历史文化的积淀,其结构模式大体已确定,即意(主观情思)+象(客观物象)。但意象并非中国诗学的特殊之处,实际上诗歌本身就是通过语言所生成的意象来进行建构的。西方 20 世纪初叶有过著名的意象派诗歌运动,其主将庞德(Ezra Pound)接受过中国诗学的深刻影响,将意象定义为理智与情感的瞬间结合,为其情思找到客观对象物或物象组合。尽管西方诗学更强调主客对立的基础上为情思寻找合适的语像,从而更重视精神观念的理性表达,而非随物流转的物感说,但其诗学理论在意和象模式上区别不大,这也是诗歌创作自身普遍性要求的证明,也为跨越不同文化背景的文学写作及其批评理论提供交流、对话、碰撞、融通和创造的基础。

某种程度上说,唐诗钟声意象的兴盛就是跨文化文学创作的结晶,而其基础就在于钟声自身的特质、作为诗歌意象的历史以及与各自传统文化意涵的关联。从传统文化上看,钟磬及其发声很早就成为祭祀、与神交流的工具,同时作为权力象征和人伦道德、礼乐秩序的教化力量,其宗教意涵和政治意涵得到了相应的传承和延续,而其世俗意涵则逐渐兴起,至唐代发展到高峰。同时,钟声亦是印度佛教不可缺少的工具,有其诵经、斋食和休息等报时的寺庙日常功用,还有其息苦、警醒、转念和召唤等佛法价值,甚至钟声的出场就意味着自说佛法、菩萨显世以及对众生自性本空的启悟。对于作家而言,通常在阅读大量前辈文学作品的基础上从事创作活动,具有相当程度的文化修养,这种互文性的影响关系使作家在钟声意象使用上就具有穿越时空的厚重感,与外来佛教文化实现有效的对接、体验和创造。佛教强调烦恼痛苦尘世中的个体救赎,而文学创作经过魏晋时代的滋润,个体意识逐渐增强,被世俗生活的功利、困苦、伤悲和恐惧等压得喘不过气来的个体,虽不能像僧人那样寺庙修行,但也急需某种精神心态去面对和化解现实的重担,由此,从宗教文化上说就有了佛教本土化的禅宗派别,就诗歌创作而言就有了钟声意象所传递的清心静谧、空寂安闲的人生体悟和方外态度。陆九渊提到古人的观点,天地四方曰宇,往古来今曰宙;随后自己又说,宇宙便是吾心,吾心即是宇宙(《杂说》)。以个体自身的感知范围为起点,却与整个宇宙关联一体。宗白华说中国人的宇宙概念和庐舍有关,前者是屋宇,后者是从宇中出入往来,其农舍就是其世界,"空间、时间合成他的宇宙而安顿着他的生活"①,这样的生活是切己的、有节奏的、从容的。其实农舍就是小宇宙,吾心也是小宇宙,而钟声更是小小的宇宙,跨越时空的交织、生命活力的展现和自然化育的功能等都具有同构性,从而实现诗境的不断拓展,催生出皎然的"文外之旨"、司空图的"三外说"以及刘

---

① 林同华主编:《宗白华全集》第 2 卷,安徽教育出版社 2008 年版,第 431 页。

禹锡"境生象外"等唐代诗学理论,宋人以钟声为例总结说,"盖尝闻之撞钟,大音已去,余音复来,悠扬婉转,声外之音,其是之谓矣"(范温《潜溪诗眼》),它们之间互相影响、相互生发。也就是说,钟声自身作为器物所拥有的性质、深厚的文学文化传统和所具有的文化意涵,及其实现诗境拓展的审美性和理想性,一方面既是异质文化互通中文学创作的基础,一方面也其跨文化下文学书写和创造的结果。因此,在异质文化的对接、沟通和融合的基础上实现文化文学新的书写和创造,唐诗钟声意象对诗境拓展这个典型事例具有重要的启示意义。

(本文曾得到《中国文学批评》编辑范利伟老师的指点,在此深表谢意!)

"欲望化身体"的生成：晚明
士人阶层的审美转向
——以《长物志》居室艺术为例 *

丁文俊**

（中山大学中文系　广东广州 510275）

摘　要： 晚明美学的基本形态受到政治、思想和经济状况的深刻影响，相比于宋代士大夫在经营以闲适为特征的日常生活的同时保留对思想、政治问题的关注，晚明士人的审美活动将"物"作为主题并且导向对物欲的追求。结合晚明"大礼议"事件对士人群体"得君行道"的政治信仰的打击，兼及考虑王学占据主导地位的思想状况和商业发展的经济状况，"欲望化身体"成为士人阶层新的身体范式，并且在审美活动中和物欲结合在一起。以《长物志》的居室艺术为例，文震亨宣称以精神体验为根基作为最高审美价值，然而在实际上则遵循纯粹的物性进行审美规划，演绎为一种以物为核心的制式化审美风格，注重身体感官经验的满足。"欲望化身体"从而在晚明审美思潮的转向中成为新的身体范式。

关键词： 物　欲望化身体　《长物志》　居室艺术　制式化审美

晚明通常被视为一个剧变的历史时段，晚明的历史开端可以上溯至嘉靖皇帝继位开始的"大礼议"事件，嘉靖皇帝在权力的体制和运行两个方面完成对以内阁为首的士大夫群体的压制，士人阶层实现"得君行道"的政治理想的通道不断缩窄，后续相应发生在思想场域的事件则是王学成为儒家思想的主流，阳明心学日益强调个体的主体性并且将庶民社会纳入知识思

---

　* 基金项目：高校基本科研业务费中山大学青年教师培育项目"让—吕克·南希的'审美—共同体'理论研究"的阶段性研究成果，项目号：20wkpy116。

　** 作者简介：丁文俊，文学博士，中山大学中文系科研博士后，助理研究员，研究方向为文艺社会学。

考和社会实践的视野,与之同时发生的则是经济场域中商品贸易的规模不断扩大和交易机制的渐趋完善。在当前晚明美学研究中,晚明美学的新变及其社会影响得到了学界的关注,中国学界和西方汉学界立足于美学史内部审美思潮的变动①、生活美学或趣味区隔的文化社会学视角②等研究视野,深入阐述晚明美学的审美趣味的变动及其社会影响。笔者试图进一步将晚明美学的变动和士人群体的政治实践前景的变动紧密结合在一起,考虑到"身体"作为古代中国士人群体展现自身智性和德行以及回应皇权的整合收编的场所,有必要引入"身体"作为阐发晚明美学的视角,将对士人群体的审美实践的考察和阐释和士人群体在社会空间的位置变动紧密结合在一起,在"身体——空间"③的文化社会学视野下进一步思考,晚明士人阶层的审美趣味发生了何种范式性变化,身体观念如何因应呈现审美趣味的变动而发生新变,从而为进一步全面考察晚明士人群体的精神世界和晚明社会的变动提供美学视角。

一、晚明美学的新转向：
"物"作为审美主题

晚明时期的突出社会现象之一是商品经济的规模不断扩大和完善,士人群体的生活方式和审美趣味受到市民社会的深刻影响,正如张翰的观察："洪武时律令严明,人遵画一之法。代变风移,人皆志于尊崇富侈,不复知有明禁,群相蹈之。"④然而这种影响的发生又因为朝局动荡而具有时代特质,和宋代时期繁荣兴盛的市民社会现象具有差异,有必要将晚明美学和宋代美学进行

---

① 美学史著作在图绘晚明时期的政局变动和城镇的商业化转向等总体背景的基础上,以雅俗的张力性互动、艺术市场的兴起、推崇物态美等不同角度全面考察了晚明审美意识的变动,参见朱忠元等：《中国审美意识通史：明代卷》,人民出版社 2017 年版；肖鹰：《中国美学通史(明代卷)》,江苏人民出版社 2014 年版。

② 代表性研究参见赵强：《作为尺度的"物"：明清文人生活美学的内在逻辑》,《江苏行政学院学报》2018 年第 4 期；赵强：《"物"的崛起：前现代晚期中国审美风尚的变迁》,商务印书馆 2016 年版；刘千美：《日常与闲适：小品散文书写的美学意涵》,《哲学与文化》2010 年第 9 期；毛文芳：《晚明闲赏美学》,台湾学生书局 2000 年版；J. P. Park, *Art by the Book：Painting Manuals and the Leisure Life in Late Ming China*, Seattle and London：University of Washington Press, 2012；Wai-yee Li, "The Collector, the Connoisseur, and Late-Ming Sensibility", *T'oung Pao*, 1995(4/5)：269 - 302.

③ 丁文俊：《作为方法的"身体——空间"视域——从文化社会学视野进行中国美学研究的可能性》,《美育学刊》2020 年第 1 期。

④ 张翰撰,盛冬铃点校：《松窗梦语》,中华书局 1985 年版,第 140 页。

对比。

和晚明社会的经济现象相似,宋代的商业发展进入兴盛阶段,市民阶层群体不断扩大。潘立勇从"休闲文化"的理论视野进行评述:"一方面,宋代士人开始自觉地追求闲适、自然的生活,他们通过玩游山水,亲近林泉,构建私人园林,游戏文墨等方式展现出潇洒飘逸而又极具才情的休闲生活;但同时,在这种看似玩弄风月的生活方式下,休闲的人生诉求包含了士人对政治出处、显隐、得失,以及对人生情性之道、人生意义与价值乃至宇宙天地意识的深入思考和体悟。"①可以从两个层次予以理解:其一,士大夫的审美活动是一种以休闲为主要特征的生活方式,展现了士人阶层对以闲适为特征、以表现才情为立足点的人生境界的追求;其二,这种以休闲为特征的审美文化又和士大夫的政治追求和思想界的理学思潮密切相关,审美活动包含对宇宙的总体认知以及对伦理道德的思考。参见余英时的观点:"总之,与皇帝'同治'或'共治'天下是宋代儒家士大夫始终坚持的一项原则。"②再结合贡华南的论述:"宋儒追求克己、涵养工夫,都指向对理会者的约束与规范,而成为天理之化身无疑是其最高目标。"③宋代士人阶层以皇帝的合作者和引导者自居,政治主体的自我认知和家国责任的意识得以确立,因而士人阶层一方面拥有闲暇时间和情致参与文化交流和娱乐活动,而另一方面宋代士人在休闲活动中通常遵循规训身体的节制原则,身体享受和诗意情感的抒发均控制在适度范围,避免因沉溺欲望而损害体悟天理的精神体验。

晚明和宋代相区别的社会情况在于,"大礼议"事件让士人阶层普遍对获得皇权的信任和器重感到悲观。正如亲历明清易代的张履祥所言,"《大诰》虽以君臣同游为第一条,其实终三百年未之有也。"④由于立足自身的德行和智性践行"得君行道"的政治信念已经不再可能,审美活动日渐独立于以纲常伦理体系为根基的社会空间。肖鹰指出晚明美学发生了从推崇教化功能向重视情感表达的转变,"然而,晚明艺术思想的一个新趋向,正是去雅就俗、尚情避

---

① 潘立勇,陆庆祥等:《中国美学通史·宋金元卷》,江苏人民出版社 2014 年版,第 314 页。

② 余英时:《朱熹的历史世界:宋代士大夫政治文化的研究》,生活·读书·新知三联书店 2004 年版,第 229 页。

③ 贡华南:《理、天理与理会:论"理"在中国古代思想世界的演进》,《复旦学报(社会科学版)》2014 年第 6 期。

④ 张履祥撰,陈祖武点校:《杨园先生全集》(下),中华书局 2002 年版,第 1122 页。

教。"①晚明审美思潮的发展趋势日益背离以"得君行道"为核心的传统士大夫的仕途模式，不再自觉将自身的情感表达以及文化活动局限在纲常伦理体系允许的范围，那么晚明审美思潮的新变具体体现哪些方面？

根据《万历野获编》对晚明社会的观察，"嘉靖末年，海内晏安。士大夫富厚者，以治园亭、教歌舞之隙，间及古玩。"②士大夫的富有者在建造园林和欣赏歌舞的同时，将古玩视为日常生活的重要关注点，考虑到他将古玩和以享乐放松为特征的歌舞活动相提并论，并且特意指出古玩主要属于士大夫群体中富有者的喜好，由此看出晚明美学开拓了物质文化的新视野。当代学者赵强的研究具有代表性，在"物——生活美学"的理论视野指出："在这种'生活美学'的引导下，晚明时代的日常生活呈现出空前的艺术化、审美化特征。"③晚明审美思潮围绕着对"物"的迷恋，日用之物和艺术之物的边界不再明晰，日常生活和审美设计、艺术鉴赏相互渗透，"物"成为士人阶层日常生活所必须面对的存在，由于"物"的占有、评鉴和以功利性为特征的商业逻辑紧密关联，士人阶层在参与评鉴和赏玩的过程中和审美对象均陷入了物化的情境。在意识到"物"成为审美主题的同时，进一步思考审美活动中的"物"又包含了哪些具体的对象？作为审美主体的个人，是如何将"物"纳入日常生活的审美活动中。

以文震亨所著的《长物志》为例，这是晚明时期一部以"物"为主题的百科全书式的著作，对士大夫日常生活的起居生活和审美鉴赏所能接触的各种物事均纳入关注范围。从物所关涉的范围看，长物包含了"室庐"、"花木"、"水石"、"禽鱼"、"舟车"、"蔬果"等十二大类，涵盖了几乎所有日常生活相关的事物，日常生活所关联的诸多事物已经成为士人阶层欣赏、品味的对象。以具体内容为例，"帐"隶属"衣饰"大类，床帐这种常见的生活日用品也转化为审美对象，"有以画绢为之，有写山水墨梅于上者，此皆欲雅反俗。"④对于以画绢作为床帐，并在其上描绘山水墨梅的设计，文震亨批评为"欲雅反俗"，认为这是一种试图以人为的方式营造雅致意境的艺术造型，却因意图过于明显而显得俗套，质料和色彩需要与季节、外部环境自然融洽，这同样是一种审美批评。通

---

① 肖鹰：《中国美学通史（明代卷）》，江苏人民出版社 2014 年版，第 381 页。
② 沈德符：《万历野获编（下）》，中华书局 1959 年版，第 654 页。
③ 赵强：《"物"的崛起：前现代晚期中国审美风尚的变迁》，商务印书馆 2016 年版，第 276 页。
④ 文震亨撰，陈植校注：《长物志校注》，江苏科学技术出版社 1984 年版，第 333 页。

过例证可以看到,文震亨将生活中所需要面对的衣食住行均纳入"长物"的范畴。这种趋势同样可以从高濂关于闲时清赏的描述中得到体现,"故余自闲日,遍考钟鼎卣彝,书画法帖,窑玉古玩,文房器具,纤悉究心。"①列举的物事涵盖仪典、文化、工艺等各个范畴的物品,表明作为审美对象的物所涉及的范围和种类非常广泛。

晚明审美思潮的新变不仅体现在审美活动所涉及的对象范围不断扩大,而且在审美体验的价值观念也发生了新的变化。在中国古代思想传统中,"不役耳目,百度惟贞。玩人丧德,玩物丧志。志以道宁,言以道接。不作无益害有益,功乃成。不贵异物贱用物,民乃足。"②"物"及其相关联的听觉、视觉的经验被视为降低个人品行和影响决断能力的负面因素,这是从如何提升个体在社会空间中的实践能力做出的判断,对物以及由物激发的身体经验的沉溺影响他们在社会空间中贯彻"得君行道"的政治信仰的忠诚度和专注力。将"物"视为一个和身体经验和欲望密切关联的范畴,这种观点延续到明清时期,王夫之指出:"且夫物之不可绝也,以己有物;物之不容绝也,以物有己。已有物而绝物,则内戕于己;物有己而绝己,则外贼乎物。物我交受其戕贼,而害乃极于天下。"③王夫之关于"物"和"己"之间的关系的阐述,展现晚明士人阶层的普遍看法,"物"和"己"二者处于相互渗透的状态,这既是对《尚书》关于玩物丧志的论述的延伸,同时也展现了对物我关系的重新理解,既然物和人们的日常饮食起居、言行已经无法彻底分离,继续以道德理想主义的名义试图将物从生活中驱逐,变得不具备现实可行性。纵观晚明时代士人阶层的精神世界和审美生活,王夫之对物欲的警惕和反思并没有得到广泛的重视,而是在承认物和个体不可分离的基础上,日益增加对于物和由其引发的相关身体经验的认可和接受。

总结来看,和宋代美学推崇精神和情志范畴的审美观念相比,晚明审美趋向于围绕"物"而展开,作为审美对象的"物"所涵盖的范围大幅扩展,以"物"为中心审美活动往往指向个体的身体欲望的满足,身体欲望不仅体现在奢侈的生活方式和纵情的享乐活动,还包含了对感觉的舒适度、视觉的美观等多方面的提升和享受。

---

① 高濂:《高濂集》(第三册),王大淳整理,浙江古籍出版社 2015 年版,第 583 页。
② 李学勤编:《十三经注疏·尚书正义》,北京大学出版社 1999 年版,第 328—329 页。
③ 王夫之:《船山全书》(第二册),岳麓书社 1996 年版,第 239 页。

二、身体范式的新变：
从"规训"到"欲望"

晚明时期审美活动的对象范围、鉴赏标准的新变围绕着"物"及其关联的欲望展开，同时审美思潮的新变也和社会结构的变动密切关联。在晚明时代之前，身体作为士人阶层介入伦理政治空间时候表征自身德行和智性的载体，展现了士人阶层的知识信仰和政治热情，构成了连接个体和社会空间的中介，那么有必要思考如何在晚明的政治、社会的变局中理解审美活动中日益增长的物欲所具有的意义。

在晚明之前的历史时期，身体正是士人群体体悟天道的重要场所。陈立胜认为，"儒家的主体性不是封闭于纯粹意识领域之中的存在，而是透过身体的'孔窍'而与他者、天地万物相互感应、相互应答的身心一如的存在，这种主体性本身就在身体之中"。[①] 在传统儒学中，身体的重要功能在于作为通道，促使个体的心性和自然世界、社会空间相互结合。具体来说，在士人群体试图介入以皇权为顶端的社会空间并试图谋求更高的权力位置的过程中，身体具有表征自身德行和智性的功能，展现他们不仅具备领悟天理的智性能力，而且具备践行天理的道德责任意识。这正是"得君行道"的政治理念的彰显，即张载所言，"为天地立志，为生民立道，为去圣继绝学，为万世开太平。"[②]士人阶层往往将来源于对天道的体悟、修习而获得精神体验和知识积累转化为以"为万世开太平"为诉求的政治实践，而修身正是个人体悟天道、增进自身道德修养和智识的重要方式。士人阶层的主流做法是从得体、节制和诚心这三个方面对身体进行自我规训，以使自身的德行和智性达到获得统治者起用的标准以及践行自身政治理想的要求，因此晚明之前士人阶层的身体是伦理政治性质的身体，这是一种"规训的身体"的范式。[③] 虽然此前不同时代的士人阶层也耗费一定的时间和精力经营闲情雅致的业余生活，但是这种娱乐生活更主要被视为伦理政治空间的从属，或是以陶冶性情为宗旨，例如通过讨论研习书

---

① 陈立胜：《"身体"与"诠释"——宋明儒学论集》，台大出版中心 2011 年版，第 69 页。
② 张载撰，章锡琛点校：《张载集》，中华书局 2006 年版，第 320 页。
③ 丁文俊：《作为方法的"身体——空间"视域——从文化社会学视野进行中国美学研究的可能性》，《美育学刊》2020 年第 1 期。

画以增进对道和理趣的体悟，即贡华南所言："在这个意义上，'玩'既是一种修养身心的方式，也是一种通达物理的认知方法。"①简而言之，在社会空间中以圣人之学辅助君王治理国家，不仅是士人阶层的人生理想，也是他们唯一具有正当性的行动模式。而到了晚明时代，"大礼议"引起朝堂环境恶化，"自史道发难而朝堂之衅隙始萌，曹嘉继起而水火之情形益著，至大礼议定，天子视旧臣元老真如寇仇。于是诏书每下，必怀愤疾，戾气填胸，怨言溢口。"②晚明时代皇权和大臣之间的关系走向破裂，皇帝和士人群体互相视为仇敌，朝堂充溢"乖戾之气"，君臣之间缺乏以相互妥协的方式缓和对抗，这正是明代转向衰落的重要节点。"大礼议"事件后朝局继续恶化，"大抵由帝独断，而严嵩辈成之"③，士人群体对一直笃信"得君行道"的政治理念日渐失去信心。再参见吴孟谦结合晚明政局对思想史演变的考察："王阳明以致良知为宗旨，不寄望从政治之途建立秩序，而改行师友讲习、社会教化，即是经学更加子学化的表征。在此过程中，儒者政教伦理的关怀转淡，身心安顿的关怀转强。"④"大礼议"事件完全打破了士人阶层和皇权分享权力、共治天下的人生理想，和实现"得君行道"的政治理想紧密关联的规训身体的模式有必要进行调整，而工商业扩展和完善开拓了足以吸引士人阶层介入的庶民空间，同时在思想领域王阳明及其后继者泰州学派对本心和日用两个主题的关注和拓展，为士人行动的转向提供了正当性的论证，为士人阶层身体范式的新变创造了可能性。

诸多以晚明审美文化为主题的研究已经指出，对"物"的赏玩和迷恋已经成为晚明士人阶层日常生活的主题。这种物欲生活又是以崇雅的名义而进行，陈宝良对晚明士人生活的审美生活的描绘展现了物欲和雅致的结合："在晚明，士大夫中流行一种避俗之风，于是以耽情诗酒味高致，以书画弹棋为闲雅，以禽鱼竹石为清逸，以嚎谈声伎为放达，以淡寂参究为静证。"⑤士人阶层始终凸显自身审美的品位和商人阶层相异，然而他们对书画弹棋、禽鱼竹石等对象的迷恋已经超出陶冶性情的范围，不自觉地将身体欲望的满足置于精神满足之上。在审美思潮以崇物和沉溺物欲为主要特征的新变中，士人阶层不再严格遵循得体、节制和诚心原则主动对身体进行严格规训，建基于"物欲"的

① 贡华南：《说"玩"——从儒家的视角看》，《哲学动态》2018年第6期。
② 万斯同：《万斯同全集》（第八册），宁波出版社2013年版，第251页。
③ 孟森：《明史讲义》，江苏文艺出版社2008年版，第195页。
④ 吴孟谦：《晚明"身心性命"观念的流行：一个思想史观点的探讨》，《清华学报》2014年第2期。
⑤ 陈宝良：《明代社会生活史》，中国社会科学出版社2004年版，第659页。

新身体范式生成,因此有必要考察这种新的身体范式如何在审美活动的物欲享受中得以建构及其在社会结构中的位置。

《长物志》作为晚明物质审美文化的代表性著作,将物欲和审美鉴赏紧密结合在一起,可以将其作为代表性例证,考察欲望化身体在审美思潮中的生成逻辑。尽管文震亨的审美趣味宣称以崇雅、崇古为主题,并试图通过系统地论述器物的布置和居室的规划,为士人阶层重新制定区别于庶民阶层的审美规范,然而当推崇物欲、崇尚身体的社会思潮已经渗透到士人阶层,而士商互动的范围和深度不断推进,有必要对《长物志》推崇的审美原则进行重新审视,思考沉迷物欲和享乐的社会无意识如何被归纳在审美趣味的建构中获得合法性。

三、欲望化身体的审美生成逻辑

建立在崇古和去俗基础上的雅致品位常常被视为《长物志》重要的审美法则,对雅致品位的追求正是晚明士人阶层的主要审美趣味以及实行阶级区隔的首要尺度。那么,考虑到对物的崇拜和对物欲的迷恋已经成为晚明士人阶层的新风尚,那么《长物志》的雅致审美原则在晚明审美的新思潮中具有了何种特有内涵?

试以《长物志》的居室艺术为例,文震亨所推崇的居室布置效果,可以从"故韵士所居,入门便有一种高雅绝俗之趣"①得到简明扼要的说明,文震亨及其所代表的士人阶层往往以韵士自居,与以唯利是图、缺乏文化品位的商人群体相区别。通过"高雅绝俗"的语词组合可以看出,《长物志》所推崇的高雅的审美原则的对立面是庸俗,雅致审美原则的确立需要建立在祛除庸俗品位的基础之上。处于高雅对立面的行为则是诸如在大堂前饲养家禽家畜,迷恋后院的园艺工作等行为,以及在具体分类论述书架、瓶器的摆设时候所批评的类似书肆、酒肆的布置场景,这体现了晚明士人阶层对繁杂、热闹、忙碌的生活氛围的反感与排斥。为了凸显士人阶层更为高级的审美品位,文震亨批评了以热闹和忙碌为特征的生活场景之后,以对"萧寂气味"的崇尚作为凸显以其自身为代表的士人阶层的雅致审美原则。构建萧寂意境的居室布置是"凝尘满

---

① 文震亨撰,陈植校注:《长物志校注》,江苏科学技术出版社 1984 年版,第 347 页。

案,环堵四壁",这是一幅简朴而疏于打理的居室图景,却被文震亨视为具有和繁杂和热闹的生活场景所缺乏的高雅品位。从这个对比出发,"萧寂气味"之所以被士人阶层视为自身在审美品位范畴优越于从事于另外三业的庶民阶层,在于这种审美意境所体现的精神优越,即士人阶层可以无需为生计事务和日常事务忙碌,得以通过品味简朴的环境提升自身的文化审美修养。

然而,正如柯律格关于《长物志》是具有"自我颠覆"、"自我解构"①特性的文本的评价,《长物志》的文本不仅包含了对商人阶层的奢侈审美品位和生活习性的鄙视,以精神体验为根基的雅致性审美法则在论述中被作者自己予以颠覆和解构。文震亨对于居室的布置方案是落实在园林式建筑之上,这种理想型的居家建筑涵盖了厅堂、亭榭、各类居室、庭院等多重组成结构,需要考虑如何安排布置的对象包括画作、书籍、瓶器、祭器、座椅、屏风、床榻等士人阶层的居所一般会拥有的物件,涵盖了艺术藏品、仪式礼器、生活家具等各个范畴的物件。文震亨使用"风致"描述理想居室布置的审美效果,似乎和"萧寂气味"一样以精神体验为指向,但是不能忽视的是,对"风致"趣味的塑造不仅建立在以耗资不菲的广阔居室作为布置场景的基础上,而且文震亨的论述重点集中在如何对各种日用或装饰性器物从选材、数量到摆放的多个方面的极致讲究的基础之上,例如关于如何进行卧室布置,文震亨对卧室内衣架、书灯、橱柜、玩器等各式重要程度不等的器物的择取和摆放进行了规划,然而却缺乏了对提升个人的精神体验的考究。

文震亨所展示的雅致性审美原则所包含的精神体验和器物崇尚二者之间构成表里关系,晚明士人阶层需要通过对精神体验的推崇以维系自身在占有文化资本方面的优势地位,以维系阶级区隔,然而实际上正如《长物志》关于居室布置的策略所呈现,对器物的占有和展示成为构建雅致性居室风格的核心内容。这种转变可以透过晚明士人处理道德和金钱的轻重关系中予以理解,卜正民写到,"那些讲求实际的儒士们已经不能平静地满足于通过上述的道德提示以扭转道德和金钱间的不平衡"②。晚明士人已经无法通过自我确立的道德优越感缓解由金钱财富的弱势引起的焦虑感,同理在审美维度,享乐的欲

---

① [英]柯律格著,高昕丹,陈恒译:《长物:早期现代中国的物质文化与社会状况》,生活·读书·新知三联书店2015年版,第142页。

② [加]卜正民著,方骏,王秀丽等译:《纵乐的困惑:明代的商业与文化》,生活·读书·新知三联书店2004年版,第239页。

望已经无法通过精神体验的优越感予以压制。雅致性审美原则的立足点，事实上已经从精神转向器物，那么在这种转向中，士人阶层的欲望性身体又是如何在崇雅的审美趣味中得以建构？从文震亨对于居室艺术的具体布置谈起。

关于画的悬挂，"悬画宜高，斋中仅可置一轴于上，若悬两壁及左右对列，最俗。长画可挂高壁，不可用挨画竹曲挂。画桌可置奇石，或时花盆景之属，忌置朱红漆等架。堂中宜挂大幅横披，斋中宜小景花鸟；若单条、扇面、斗方、挂屏之类，俱不雅观。画不对景，其言亦谬。"①

文震亨对于如何在居室中悬挂画作，从悬挂位置、悬挂工具、画桌布置、画作的内容等方方面面进行细致详尽的说明和规定，试图通过实现画作和居室景致相匹配，以达到凸显高雅、祛除庸俗的审美效果。再参见文震亨关于花瓶的选用和布置的说明，"随瓶制置大小倭几之上，春东用铜，秋夏用磁；堂屋宜大，书室宜小，贵铜瓦，贱金银，忌有环，忌成对。"②瓶器的材料、大小都需要根据具体的季节、摆放位置做出相应的选择，款式则避免采用过于凸显人为设计意图的"有环"和"成对"的样式。综合《长物志》对画作和瓶器布置的论述，文震亨追求制式化的审美风格，针对画作、瓶器等器物的物性选取和布置方案进行严格细致的规定，以求提出一套为士人阶层提供指引的居室布置方案，这是一种以物的崇尚为根基的审美方案。

柯律格针对性地指出："通过与那些满壁皆是'名家山水'，却以粗鄙的方式加以悬挂的门户保持必要的距离，'雅趣'至少能减轻一些因'过度'而引起的社会焦虑。"③"社会焦虑"正是文震亨设计制式化审美方案的直接原因，由此为理解雅致性审美原则和欲望化身体之间的关系提供了思考路径。晚明商人阶层随着社会地位的提高，愈加热衷以购买名画、名人字帖等文化艺术作品的方式提升个人声望，然而他们在居室布置上以推崇对称性、尚金银修饰著称，士人阶层一方面认为商人阶层的审美趣味是对其所占有的珍贵文化作品和器具的糟蹋，另一方面也担心自身文化话语权被商人阶层所攫取，这正是柯律格所描述的"社会焦虑"。士人阶层的社会焦虑引起以器物为主要对象的制式化审美风格的产生，尽管制式化的规范以实现雅致性审美原则为目标，然而

---

① 文震亨撰：《长物志校注》，陈植校注，江苏科学技术出版社 1984 年版，第 351 页。
② 同上书，第 352 页。
③ ［英］柯律格著，高昕丹、陈恒译：《长物：早期现代中国的物质文化与社会状况》，生活·读书·新知三联书店 2015 年版，第 142 页。

制式化的规范以物性的特质为准绳，因此雅致性审美原则的指向发生了置换，审美活动不再立足于以个人经验为核心的精神体验，而是转变为立足于器物的特性和用途。文震亨对雅致性审美原则的重构，实质就是身体的情感焦虑向欲望满足的转移，他所赞许的"萧寂气味"以为简陋的居室布置和生活条件和基础，而处身困顿的境况正是传统儒家士人培育德行的契机，通过限制个体的身体对名利追求和物欲享受的欲望，起到端正本心的作用，然而以精神体验为根基的审美经验最终在文震亨的论述中自我解构，被以物为核心的制式化审美风格所取代。

实际上，这种细究物性的做法已经远远超出了实用的需要，以雅致的名义为士人的身体感官提供了舒适的体验。不仅如此，身体感官的舒适体验并没有转化为精神的反思和道德的思考，身体的感受本身就是制式化审美方案的最终指向，这表明雅致性审美原则被运用在为士人的身体欲望的满足提供了参考方案。

总的来说，通过对《长物志》居室艺术的审美法则的探讨可以看到，雅致性审美原则的构建建立在以物的崇尚为根基的制式化审美风格之上，晚明士人阶层不再满足在陋室中以修身的方式提升精神体验和体悟天道，不再以精神体验范畴的优越性维持阶层区隔，而是转为从处于环境中的身体感受出发针对器物的物性进行考究、选择，并在具体布置过程中兼顾个体的视觉效果和身心体验，以达到雅致品位，士人阶层通过改善居住环境以追求身体欲望的满足，在崇尚雅致的审美规划的名义下得到了实现，表明"欲望化身体"的范式在晚明士人群体的审美活动中得以生成。

美学理论

朱光潜早期美感经验
理论中的概念与问题

冀志强*

（贵州财经大学文法学院　贵州贵阳 550025）

摘　要：在朱光潜早期美感经验理论中，他一方面认为，"意象"的主要内涵是指美感经验中直觉到的纯粹形式，另一方面又试图以"情趣"来克服形式主义美感经验的局限性。但是，由于情趣并不是美感经验的必要条件，所以他这个方法并不成功。同样，他也试图通过扩大艺术活动的方法消解美感经验的孤立绝缘与艺术需要联想之间的矛盾，但这也没有达到理想的效果。在"美"的界定上，朱光潜认为这是事物形象的一种特性与价值，但他在对"美"的理解上却并没有保持内涵的同一性。尽管朱光潜美学中存在着不少矛盾，但也正是这些矛盾的观点促使我们在美学思考上采取审慎的态度。

关键词：朱光潜　美感经验　意象　情趣　孤立绝缘　美

美感经验，无疑是朱光潜早期美学中的核心问题。对这个问题的重视，充分体现了朱光潜早期美学直接与西方现代美学的接轨。诚如他所言，西方现代美学首先关注的是美感经验问题。在这样的背景下，朱光潜综合了多种西方美学理论，对美感经验做了较为全面的考察，提出了许多远超时人的美学见解。但是同时，他也给我们留下了一些探究美学的重要问题，需要我们做进一步的思考。近些年来，尽管对朱光潜美学的研究成果层出不穷，但是对其美学中的几个基本概念与相关问题还需要进一步的梳理与推敲。

---

* 作者简介：冀志强（1972—　），男，河北宁晋人，贵州财经大学副教授，硕士生导师，哲学博士。主要研究方向：美学与艺术理论。

一、意象：主要作为直觉
中的对象形式

对于朱光潜"意象"概念的讨论，我们从《文艺心理学》中的"作者自白"说起。他在其中说："从前，我受从康德到克罗齐一线相传的形式派美学的束缚，以为美感经验纯粹地是形象的直觉，在聚精会神中我们观赏一个孤立绝缘的意象，不旁迁他涉，所以抽象的思考、联想、道德观念等等都是美感范围以外的事。"①我们现在看到的《文艺心理学》是朱光潜在写完初稿后五六年以后修改的版本，这个"自白"显然就是修改后的产物。他在"自白"中也说到，《文艺心理学》中有一章是"克罗齐派美学的批评"，这一章就是他改变以前形式美学态度的结果。同时，在这本著作中，有一章讲"美感与联想"，有两章讲"文艺与道德"。结合他前面一段话，这些内容也应该是后来修改时加上去的。

但我们这里重点想说的是，朱光潜在《文艺心理学》中对于美感经验的基本观点事实上仍然没有脱离"形象的直觉"。这也是他讲得非常明确的。当然，他在阐述美感与联想的关系时将整个美感活动扩大，在阐述文艺与道德的关系时将整个艺术活动扩大，表现出了与克罗齐的重大差异，因为克罗齐是完全将艺术界定在直觉范围内的。尽管如此，朱光潜还是认为形式主义美学中的许多原理是不可磨灭的。所以，最后他坚持的是一条"调和折衷"的路线。

朱光潜早期对美感经验的分析，首先体现为他在《文艺心理学》中对西方美学的借鉴与融合。他在这本著作中对美感经验的分析集中在前四章，分别运用了直觉说、距离说、移情说、内模仿说这些理论来加以说明。就整体而言，朱光潜对于这四种学说做到了较好的融通。不过，在这四个方面中，他的理论核心还是从克罗齐直觉说而来的"形象的直觉"理论。他的"意象"概念，大多都是在这样的理论背景中使用的。所以，分析朱光潜对于"意象"的使用，必须要结合他的"形象的直觉"理论。

在《文艺心理学》中，朱光潜明确讲到，他所说的"美感经验"中的"美感的"(easthetic)是与"直觉的"(intuitive)意义相近的。美感的经验就是直觉的经验，而直觉的对象就是一个"形象"。所以，美感经验就是一种"形象的直

---

① 朱光潜：《朱光潜全集(第一卷)》，安徽教育出版社 1987 年版，第 197—198 页。

觉"。它的特点可以从"直觉"与"形象"这两个方面得到说明。

首先,美感经验就是直觉,是"心知物"的一种活动。当然,这个"知"不是理论的知,而是对一个形象所产生的直觉。并且,这种经验是一种物我两忘的凝神观照,是一种"无所为而为的观赏"(disinterested contemplation)。其次,美感经验的对象是一个无沾无碍、独立自足、孤立绝缘的"意象"(image)。这个"意象"只是对象对我呈现出来的一个形象。我们要知道,朱光潜在描述美感经验的时候,他的措辞尽管很多来源于中国古典美学,但是他的观点仍然保留了从康德到克罗齐的基本特点。

对于美感经验,克罗齐说:"艺术是纯粹的直觉或纯粹的表现,它不是谢林式的智力直觉,不是黑格尔式的唯逻辑论,也不是像历史思考中的判断,而是完全没有观念和判断的直觉,是认识的原始形式。"①在这样的理论背景下,朱光潜早期美学对于"意象"的阐述,一直带有很浓的形式主义色彩。朱光潜翻译克罗齐的《美学原理》一书是在 1947 年,但他对于克罗齐文本的翻译,并没有影响到他对于"意象"一语的使用。克罗齐认为,直觉的知识(intuitive knowledge)产生的是"image"。朱光潜将这个"image"译为"意象",并且他也将"intuition"称为"意象"。

克罗齐说:"直觉的行为,只有在表现直觉(intuition)的意义上才拥有直觉。"②朱光潜把"intuition"翻译为"直觉的形象"。并且,他将克罗齐此句译为:"直觉的活动能表现所直觉的形象,才能掌握那些形象。"③既然朱光潜将美感经验界定为"直觉的形象",所以克罗齐所说的"intuition"就是朱光潜理解的美感经验。所以,他也将克罗齐的"intuition"译为"意象"。再者,克罗齐认为:"审美的事实就是形式,而且只是形式。"④这里的"形式",就是"form"。所以,朱光潜所说的"意象",就是这样一种"综合杂多为整一"的"形式"。

对于"意象",朱光潜在《文艺心理学》中还有一个较为明确的界说。他认为,意象是得自于外界的,是客观事物所转变成的主观观念。他还说:"意象是所知觉的事物在心中所印的影子。"⑤他在翻译克罗齐《美学原理》时仍然保持

① [意]克罗齐著,黄文捷译:《美学或艺术和语言哲学》,百花文艺出版社 2009 年版,第 63—64 页。
② Benedetto Croce, *Aesthetic*: *As science of expression and general linguistic*, trans., Douglas Ainslie, The Noonday Press, 1965, p. 8.
③ [意]克罗齐著,朱光潜译:《美学原理》,商务印书馆 2012 年版,第 9 页。
④ 同上书,第 19 页。
⑤ 朱光潜:《朱光潜全集(第一卷)》,安徽教育出版社 1987 年版,第 386 页。

着这样的理解。甚至,他在翻译克罗齐《美学原理》时还在注释中将克罗齐所说的"idea"解释为"心眼所见的形象(form)",并且认为它大致相当于意象(image)。① 我们知道,"idea"这个词语是在柏拉图那里获得了形而上的内涵。在朱光潜看来,这个概念本身就包含着视觉的因素。所以,他将柏拉图的这个概念译为"理式"。

朱光潜还讲到"想象"与"意象"的不同。他在《文艺心理学》中说:"就字面说,想象(imagination)就是在心眼中见到一种意象(image)。"②又在《谈美》中说:"什么叫做想象呢? 它就是在心里唤起意象。……这种心镜从外物摄来的影子就是'意象'。……这种回想或凑合以往意象的心理活动叫做'想象'。"③这两处文字的基本旨意是一样的。由此,我们可以清晰地看到朱光潜视野中想象与意象的关系:意象是一种直觉外物的心理产物,而想象则是产生、回想、综合这些意象的心理活动。也就是说,意象是形成于内心的静态形象,想象则是对意象进行组合构造的心理活动。这样的"意象"正是他所说的"形象的直觉"中的"形象"。不过,"意象"有时就是指眼睛直观到的形式。不管怎样,这样的"意象"或"形象"当中是没有情趣蕴含其中的。

有了这样的认识,我们就不会对朱光潜的美感经验理论产生多大的误解。朱光潜在《谈美》的"开场话"中说:"美感的世界纯粹是意象世界,超乎利害关系而独立。"④国内很多学者以朱光潜这句话为依据,提出中国古典美学中的"意象"是全部审美经验的对象。显然,这样的观点是没有说服力的。尽管朱光潜这里使用了中国古典美学的"意象"这一术语,然而它的内涵却是西方形式主义美学性质的。

在朱光潜早期美学中,《诗论》是一本重要的著作。这本著作是在 1942 年出版的抗战版,1947 年又出版了增订版。但在这两版中,他都没有对直觉的内涵做本质性的更改。在美感经验方面,他在《诗论》中仍然坚持着克罗齐的直觉说。在他看来,我们凝神注视梅花,只是专注于花的形象,而不会思考它的意义以及与其他事物的关系。他说:"这时你仍有所觉,就是梅花本身形象(form)在你心中所现的'意象'(image)。"⑤这里的"觉"就是克罗齐所说的

---

① [意] 克罗齐著,朱光潜译:《美学原理》,商务印书馆 2012 年版,第 32 页。
② 朱光潜:《朱光潜全集(第一卷)》,安徽教育出版社 1987 年版,第 386 页。
③ 朱光潜:《朱光潜全集(第二卷)》,安徽教育出版社 1987 年版,第 61 页。
④ 同上书,第 10 页。
⑤ 朱光潜:《朱光潜全集(第三卷)》,安徽教育出版社 1987 年版,第 51 页。

直觉。其实,朱光潜这里以看梅花为例就是要说明诗的境界。他认为,诗的境界需要"见",这个"见"就是"觉",也就是克罗齐的"直觉"(intuition)。这与他在《文艺心理学》中的基本观点是一致的。

他在《文艺心理学》中说:"美感经验只限于意象突然涌现的一顷刻。"①在这一顷刻涌现的,只是对象的形式。所以他坚持认为,无论创作还是欣赏,美感经验中的心理活动都是单纯的直觉,心中只是一个"完整幽美的意象"。在这一顷刻,没有名理的判断与道德的考虑。当然,我们不知道他会如何看待我们对于如罗丹《欧米哀尔》这种对象的美感经验。我们看到这个雕像的瞬间,是否能够产生一个"完整幽美的意象",这是值得怀疑的。或许,他只是阐述美感经验的直觉性特点,而并没有考虑对象还有一个美丑的区分。

但是,如果我们仔细分析,朱光潜这里其实有两种意象:一种是美感经验中的意象,它就是一个直观到的形象;另外一种是艺术作品中的意象,它则是指融"情"于"象"的艺术成果。其实,这后一种含义在他写作《文艺心理学》时就有所涉及。他说:"诗的精华在情趣饱和的意象。"②在《谈美》中,他也说:"情感是生生不息的,意象也是生生不息的。换一种情感就是换一种意象,换一种意象就是换一种境界。"③由此可见,诗的意象与情感是密不可分的。他称艺术作品中的"意象"为"境界",并且认为艺术作品中的境界就是人情与物理相融合的产物。这种观点应该是与王国维有承接关系的。

朱光潜认为,在文艺创作中,情感把原来散漫零乱的意象融合成为一个整体;在文艺作品中,诗人是把一种心情寄托在一个或一些意象里。在他看来,艺术的任务就在于创造意象,但这种意象必然是要饱含情感的。但我们要知道,他说的艺术,主要还是指文学作品。他认为,诗人要根据情感进行创作,但是在创作中却又不能沉溺于这种情感,而必须要把情感客观化为一种意象。也就是说,诗是意象的客观化。但是,对于诗的美感经验,朱光潜的态度仍然带有克罗齐的理论色彩。他在《谈美》中说:"纯粹的诗的心境是凝神注视,纯粹的诗的心所观境是孤立绝缘。"④由此看来,在美感经验(包括对诗的美感经验)上,朱光潜始终是坚持"孤立绝缘"一说的。问题是,如果我们写诗或读诗

---

① 朱光潜:《朱光潜全集(第一卷)》,安徽教育出版社 1987 年版,第 315 页。
② 同上书,第 314 页。
③ 朱光潜:《朱光潜全集(第二卷)》,安徽教育出版社 1987 年版,第 67 页。
④ 朱光潜:《朱光潜全集(第三卷)》,安徽教育出版社 1987 年版,第 49 页。

时,心如何能够保持一种孤立绝缘。如果真的孤立绝缘,我们如何能够理解一首诗呢? 这是一个问题。

总而言之,我们在"接着说"朱光潜"意象"理论的同时,必须要面对他所使用的"意象"概念中存在着的这种内涵上的复杂性。对于这种复杂性,我们可以看作是他所给予"意象"概念的双重内涵;也可以视为他在沟通中西美学过程中出现的矛盾与冲突。在我看来,朱光潜应该是并没有将"意象"作为美学的一个核心概念,所以也就没有特别对它作一种内涵上的明确界定。这就使得他对意象的使用带有了一定的随意性,而这又导致了他在以"意象"解释美感经验与艺术作品的过程中缺乏一种理论的一贯性。

二、移情:是否构成美感 经验的必要条件

朱光潜早期美学对美感经验的一个基本界定就是"形象的直觉"。不过,他早在《悲剧心理学》中,就批评了从康德到克罗齐的形式主义审美经验的观点,而他克服这种形式主义观点的主要办法就是以移情说对美感经验进行阐释。但事实上,他并没有通过引入移情说而从根本上解决他所批评的形式主义问题。这主要原因有两个:其一,他认为移情并不是美感经验的必要条件。其二,他没有区分开外射作用的两种情形。这也是他在"调和折衷"的路线上给我们留下的问题。

朱光潜在阐发布洛的"距离"说时,将"情感"问题引入了美感经验。在对"距离"的理解上,他整体上接受了布洛的观点。这种心理距离,有消极和积极两个方面的内涵。从消极方面说,它抛开了实际功利的目的和需要;从积极方面说,它形成了对对象形式的无所为的观赏。所以,"距离"就是对对象保持一种孤立与超脱的态度。朱光潜认为,美感经验虽然"超脱",却又是一种"切身",这种切身的方式就是情感。在美感经验中,正是由于情感专注在物的形象上面,所以我忘其为我,达到一种物我两忘。朱光潜认为美感经验的对象就是一个孤立绝缘的直觉的形象,那么这个形象上有没有我的情趣呢? 如果移情作用不是发生美感经验的必要条件,那么这个情趣就可能是没有的,这个形象就会是一个纯粹直观的形式。但在美感经验中的情趣问题上,朱光潜的阐述却是有矛盾的。

他一方面认为,美感经验中对象形象的形成依赖于情感与情趣,移情使得物的形象成为人的情趣的返照。他强调说:"因我把自己的意蕴和情趣移于物,物才能呈现我所见到的形象。"①还说:"在观赏这种意象时,我们处于聚精会神以至于物我两忘的境界,所以于无意之中以我的情趣移注于物,以物的姿态移注于我。"②在他这里,美感经验就是一种"凝神",所以它就会达到"物我两忘"、"物我同一"。在聚精会神的观照中,由于移情作用,物我同一,物我交感,我的情趣和物的情趣往复回流,人的生命与宇宙的生命互相回还震荡。这正如刘勰所说:"目既往还,心亦吐纳。……情往似赠,兴来如答。"③所以,朱光潜在阐述美感经验中的情趣问题时,他的观点又颇有中国古典美学的意味。他说:"美感是性格的返照,是我的情趣和物的情趣往复回流,是被动的也是主动的。"④情趣的往复回流,当然是移情了,而这就是美感形成的条件。

但是另一方面,朱光潜对于移情说并不是全盘接受。他同意德国美学家弗莱因斐尔斯(Müller Freienfels)的提法,将审美者分成两类:一类是"分享者"(participant),一类是"旁观者"(contemplator)。"分享者"式的美感经验,一定会有移情作用;"旁观者"式的美感经验,通常不起移情作用。这种"分享者"式的美感经验,就是把主观因素投射于物,设身处地地分享自我对象化的活动与生命;然而"旁观者"式的美感经验,能够分明地察觉到物与我的区分,但却仍能静观物的形象而觉其为美。也就是说,不起移情作用也能产生美感经验。所以,他说:"移情作用与物我同一虽然常与美感经验相伴,却不是美感经验本身,也不是美感经验的必要条件。"⑤如果移情作用不是美感经验的必要条件。那么,移情理论就不能充分地成为否定克罗齐式形式主义美学的方案。

朱光潜一方面认为美感经验中"我"的情趣与"物"的姿态往复回流,一方面认为移情不是美感经验的必要条件。这样,他关于美感经验中的"情趣"问题也就产生了冲突。不仅如此,关于模仿也有这样的情况。他说:"移情作用往往带有无意的模仿。"⑥也就是说,有的移情作用中没有模仿的因素。如果

---

① 朱光潜:《朱光潜全集(第二卷)》,安徽教育出版社 1987 年版,第 25 页。
② 同上书,第 26 页。
③ 刘勰:《文心雕龙》,上海古籍出版社 2015 年版,第 265 页。
④ 朱光潜:《朱光潜全集(第一卷)》,安徽教育出版社 1987 年版,第 273 页。
⑤ 同上书,第 251 页。
⑥ 朱光潜:《朱光潜全集(第二卷)》,安徽教育出版社 1987 年版,第 24 页。

移情只是美感经验的充分而不必要条件,那么模仿也就不会是美感经验的必要条件。但是他却又说:"人不但移情于物,还要吸收物的姿态于自我,还要不知不觉地模仿物的形象。"①这显然也是矛盾的。否则,他就要解释清楚在美感经验中普遍存在的我的情趣与物的姿态的往复回流,这与移情、模仿有什么样的区别。但是,他在讨论中显然没有意识到这个问题。

朱光潜在阐发美感经验理论中,之所以出现这样的矛盾,实质上是因为他没能分清两种投射。他也认为,移情作用是外射作用(projection)的一种。外射主要有两种,一种是知觉的外射;另外一种是情感、意志、动作等心理活动的外射。移情就是这后一种外射。朱光潜对于形式主义美感经验的批评,实际上是要用第二种外射去批评第一种外射。

我们说了,他认为移情并不是美感经验的必要条件。我们同意这样的观点。但是,知觉的外射却是美感经验的必要而不充分条件。也就是说,有知觉的外射,未必会有美感经验;而要有美感经验,必然要有知觉的外射。克罗齐讨论美感经验时所说的正是这种知觉的外射。在克罗齐看来,直觉就是一种外射,因为它是表现,是一种创造。他所说的"表现"就是在康德所说感性的构造意义上而言的。但朱光潜一方面认为艺术的创造就是形象的直觉,另一方面又认为艺术创造中的直觉就是凭借自我的情趣与性格在事物中所见出的形象。显然,他将源于克罗齐的这种"形象的直觉"理解成为情趣与性格的返照。这显然又是把两种不同性质的投射做了等价处理。因为,有了自我情趣与性格的参与,就能说是一种直觉,这是成问题的。

朱光潜对王国维的"有我之境"与"无我之境"做评论时,提出了一个奇怪的观点。但这却有助于我们更为深入地理解他说的"情趣"。他认为,王国维的"有我之境",实为"无我之境";而王国维的"无我之境"没有移情,实为"有我之境"。朱光潜的逻辑是,王氏"有我"实是移情,移情就是无我;王氏"无我"没有移情,没有移情就是有我。那么,移情到底是有我还是无我?

王国维与朱光潜二人不同的界说实则源自不同的角度。王国维说的是"我"在诗中的显隐,即诗人情趣在诗中是否有明显表现;而朱光潜说的是美感经验,即主体在审美时的一种状态。在朱光潜这里,美感经验中的物我界限被彻底消灭,我与对象相互融合,我的心中除了观照的对象之外别无所有。所

---

① 朱光潜:《朱光潜全集(第二卷)》,安徽教育出版社1987年版,第25页。

以,美感经验实现了物我两忘和物我同一,而这种两忘与同一就是"移情"。简单来说,移情就是因为忘我。这就是"无我"。

我们进一步讲,知觉的外射其实也是一种物我同一。因为我们对外物的感知,是符合我们的先验感性图式的。如果这样理解的话,物我同一则是美感经验的一个必要条件,因为美感经验必然要有知觉作为基础。甚至我们还可以说,知觉本身就有审美的基本特征。可能也正是这个原因,康德提出"先验感性"(Die transzendentale Ästhetik)时借用了鲍姆嘉通创造"美学"(Ästhetica)时所使用的这一表述,而不是使用通常意义的"感性"(Sinnlichkeit)这一词语。由此,那种"旁观者"的美感经验也不会一直是物我相分的,他们"静观"的那一瞬间也应该是物我两忘的。但是这种物我两忘,没有情感的投射和参与。没有将自己的意蕴与情趣移于物,物同样能够以一种形象呈现于我,旁观式的审美者只是在静观的间歇能够意识到物与我的不同。

以此,我们来简单分析辛弃疾《贺新郎》词中著名的一句:"我见青山多妩媚,料青山见我应如是。"词中的"见"当然首先是一个知觉,在我"见"到青山的刹那,我与青山在"见"中实现了同一。诗人的这句词其实倒是在"见"之后一个反思的产物,因而有了对此前"见"的判断。这个判断的标志就是"料"和"应"。所以,一个美感经验的完成,有时既包含了"介入",也包含了"旁观"。这个"旁观",类似于康德所说的趣味判断是一种反思判断。

三、联想如何突破美感
经验的孤立绝缘

朱光潜认为,美感经验中的直觉与形象都是孤立绝缘的。正如他要通过移情说来改变美感经验的形式主义路线一样,他也想突破这种对美感经验"孤立绝缘"的解释。他之所以要克服和突破这种解释,主要是由于美感经验的孤立绝缘与艺术活动通常需要丰富的想象与联想之间存在着冲突。在朱光潜这里,对"绝缘"的突破主要涉及了两个方面的关系问题:一个是美感与理性的关系,另有一个是美感与联想的关系。事实上,这两个方面是紧密相关的。因为他也讲了,美感的直觉不带思考,但是联想总会带有思考成分的。所以他以名理思考与联想来突破美感经验的孤立绝缘,所采用的方法是一致的。

首先,关于美感与理性的关系。朱光潜说:"我们只说美感经验和名理的思考不能同时并存,并非说美感经验之前后不能有名理的思考。美感经验之前的名理的思考就是了解,美感经验之后的名理的思考就是批评,这几种活动虽相因为用,却不容相混。"①朱光潜认为,美感经验就是欣赏形象时的这一个顷刻。但是,我们对于一个对象的欣赏,尤其对于文艺作品的欣赏,通常会借助于欣赏之前的理解。理解是欣赏的一个重要前提,如果不能理解,通常就不会实现很好地欣赏。由此可见,他不是就美感经验本身解决这个问题,而是通过美感经验的前后可能存在的名理思考来实现突破。所以也可以说,这个方案其实并没有改变他对于美感经验的基本理解。

其次,关于美感与联想的关系。我们知道,朱光潜对于美感经验的基本观点是形象的直觉。但他认为,这个观点与联想有助于美感这种情形并不冲突。在他看来,在美感经验中,我们聚精会神地观赏一个孤立绝缘的意象,这时是不能有联想的,因为联想容易使我们精神涣散,注意力会离开欣赏对象而旁迁他涉到许多无关美感的事物上面。但他又说:"这个意象的产生不能不借助于联想,联想愈丰富则愈深广,愈明晰。一言以蔽之,联想虽不能与美感经验同时并存,但是可以来在美感经验之前,使美感经验愈加充实。"②这显然与他解决美感与理性的关系问题,遵循一样的逻辑。

不过我们这里有两个问题:第一,美感经验中那个孤立绝缘的意象的产生为何不能不借助于联想?如果这个孤立绝缘的意象就是一个纯粹的形式,我们对它的美感经验是不需要联想的。但朱光潜并没有对此做出一些解释。第二,既然这个意象是孤立绝缘的,那么它如何与美感经验之外的联想发生关系?对于这个问题,他是有所解释的。这里我们看他是如何解决这个问题的。

朱光潜也依照布洛的理论,将联想分为"融化的"(fused)与"不融化的"(no-fused)两种。融化的联想就是想象,可有助于美感;不融化的联想就是幻想,它与美感无关。朱光潜举牛希济《生查子》词为例:"记得绿罗裙,处处怜芳草。"按照他对于联想的分类,词中的联想肯定是"融化的",这个联想能够丰富我们对于芳草的美感经验。但他又讲到,我们在对芳草的审美中只是聚精会神地领略芳草的情趣,而在联想中由芳草想到罗裙,并由此想到穿罗裙的美人,这样心思就不在芳草了。但问题是,既然心思已经不在芳草,那这个联想

---

① 朱光潜:《朱光潜全集(第一卷)》,安徽教育出版社1987年版,第277页。
② 同上书,第291页。

是如何进入那个孤立绝缘的美感经验而对其进行充实呢？

与此相关，还有一个问题。一方面他认为，融化的联想是想象；但另一方面，他又认为美感经验中独立自足的意象就是一种想象。我们知道，他所说的美感经验是一种纯粹的形象的直觉，并且这种"直觉是一种短促的、一纵即逝的活动"。这种一纵即逝的直觉是如何成为想象的，他也并没有说明。这个作为意象的"想象"和作为联想的"想象"是什么关系？这又是一个问题。在康德那里，先验感性是不需要想象的，它就是主体对于对象的一种先验的构造，克罗齐的美感经验其实也是这样一种赋形。

在《诗论》中，朱光潜以联想解释了关于诗歌的美感经验。他说："作诗和读诗，都必用思考，都必起联想，甚至于思考愈周密，诗的境界愈深刻；联想愈丰富，诗的境界愈美备。"①也就是说，关于诗的美感经验需要思考与联想的介入。显然，这种美感经验就不是克罗齐意义上的"直觉"了。但是，他说："直觉的知常进为名理的知，名理的知亦可酿成直觉的知，但决不能同时进行，因为心本无二用，而直觉的特色尤在凝神注视。"②这里仿佛协调了直觉与名理的关系。

但是，朱光潜实际上并没有真正解决问题。这是因为他没有区分开两种不同性质的"直觉"：其中一种就是克罗齐式的直觉，另外一种直觉其实相当于禅家的"觉"、"悟"。这原因就是他为了解决两种美感经验之间存在着的冲突：这冲突的一方面是他所始终坚持的美感经验的孤立绝缘，另一方面就是关于诗境的美感经验又不可能是那种单纯形式的直觉。当然，对于诗的美感经验与禅家的"觉""悟"是非常相似的。但是禅家的"觉"、"悟"与克罗齐的"直觉"是有极大差别的。我们可以这样说，克罗齐的"直觉"作为一种"知"，是在"名理"的"知"之下的。正像朱光潜所说，这种"直觉的知"通常要进入到"名理的知"。但是，"名理的知"所酿成的"直觉的知"是处于"名理的知"之上的。这两种直觉的"凝神"也是不一样的，一种是对于形式的沉醉，一种是超越形式之后的体验。譬如，《陌上桑》中行人看罗敷的凝神与《庄子》中佝偻承蜩的凝神是有极大差别的。

朱光潜认为，诗的境界必须包含情趣（feeling）和意象（image），或说情与

---

① 朱光潜：《朱光潜全集（第三卷）》，安徽教育出版社 1987 年版，第 52 页。
② 同上书，第 52 页。

景这两个方面。并且他又认为,景是人的性格和情趣的返照。但是这里他并没有讲清楚,意象是与情趣相对的一个方面,还是融入情趣之后的成果。但从他的理论整体来看,意象还是直觉到的形式。他说:"诗的境界是情趣与意象的融合。情趣是感受来的,起于自我的,可经历而不可描绘的;意象是观照得来的,起于外物的,有形象可描绘的。"①显然,"意象"还是相当于克罗齐理论中直觉到的"形式",因为它就是人观照外物而得来的。但是,他接着又说:"情趣是基层的生活经验,意象则起于对基层经验的反省。情趣如自我容貌,意象则为对镜自照。"如果意象是"对镜自照",我们就可以将其理解为对象形式融入主观情趣之后的产物。

国内很多学者也对朱光潜美学中的矛盾问题给予了关注,彭锋教授算是其中用力较多的。他曾先后在多种著作中对朱光潜美学中的矛盾问题进行了分析。对于美感与联想的矛盾,他说:"按照朱光潜对认识的心理活动的区分,应该是先有直觉,后有知觉和概念,直觉是知觉和概念的基础。但如果在欣赏之前需要了解,这不等于说知觉和概念成了直觉的基础了吗? 这种以知觉和概念为基础的直觉是如何可能呢? 换句话说,有了以联想为基础的知觉和概念的了解之后,还有可能发生纯粹的'形象的直觉'吗?"②这就指出了朱光潜美学面临的一个难题。

彭锋认为,解决这个矛盾的方法就是对"直觉"这个概念进行重新的解释。他的办法就是以胡塞尔现象学的"直观"概念来代替朱光潜的这个"直觉"概念。通过对现象学直观的阐述,他说:"直觉不再是对艺术形式的直觉,也可以是对艺术内容的直觉。这种同时以形式与内容为对象的直觉才是美感经验中的直觉。"③但他这个办法并没有完全解决朱光潜的问题。他只是解决了直觉与联想这两个概念的冲突,但在具体的审美经验中,某件艺术作品形式因何是与这样的内容,而不是与那样的内容发生关系,则还处于悬而未决的状态。在艺术欣赏中,需要与直觉发生关系的很多联想并不是靠现象学直观能够解决的。尤其是在文学作品的欣赏中,通常需要有概念与命题的联想才能完成。

也就是说,解决这个问题的关键是感性与理性之间如何能够发生内在的关系。也就是说,在美感活动中,与直觉相关的为何是这样一个联想而不是那

---

① 朱光潜:《朱光潜全集(第三卷)》,安徽教育出版社 1987 年版,第 62 页。
② 彭锋:《引进与变异:西方美学在中国》,首都师范大学出版社 2006 年版,第 117 页。
③ 彭锋:《引进与变异:西方美学在中国》,首都师范大学出版社 2006 年版,第 119 页。

样一个联想。从这个角度,朱光潜将联想分成"相融的"与"不相融的"倒是针对于直觉与联想内容之间的矛盾来的,还有一个问题就是,当直觉融合了一个联想之后,它就不再是纯粹的直觉。但是美感经验却通常是对于这样一种融入了联想后的"形象"而发生的。所以,根本原因是朱光潜把美感经验极端地缩小成了一个封闭的瞬间。

四、美的概念没有保持
同一性产生的问题

朱光潜对于西方现代美学的吸纳,使得他能够精辟地指出美学史上关于美的本质的理论错误。他说:"美的条件未尝与美无关,但是它本身不就是美,犹如空气含水分是雨的条件,但空气中的水分却不就是雨。"①在他看来,美学史上讨论的"物本身如何才是美?"的问题,其实问的是关于美的条件。他认为,我们首先要问:"物如何才能使人觉到美?"或者:"人在何种情形之下才估定一件事物为美?"这两个问题其实都是关于美感经验的问题。其实质是说:只有在美感经验的条件下,事物才对我们呈现出美丑的性质。所以,朱光潜反对那种认为美全在物或全在心的观点。他说:"美不仅在物,亦不仅在心,它在心与物的关系上面。"②这是朱光潜主客统一论的精髓。

在《文艺心理学》中"什么叫做美"一章,朱光潜总结了他关于美感经验的观点,并由此阐发了他对于"美"的理解。他说:"美就是情趣意象化或意象情趣化时心中所觉到的'恰好'的快感。'美'是一个形容词,它所形容的对象不是生来就是名词的'心'或'物',而是由动词变成名词的'表现'或'创造'。"③朱光潜这里指出,"美"就是一个形容词。这在当时来说,是一个非常超前的观点。我们知道,强调"美"只是一个形容词,这个观点因维特根斯坦的提出而对美学界产生深刻影响。维特根斯坦是在其《美学、心理学和宗教的演讲录》中提出这个观点的,这些演讲作于 1936—1948 年;朱光潜的《文艺心理学》写作于 1930 年代。所以,我们可以初步确定,朱光潜说"美"就是一个形容词,应该是他自己独立思考提出来的。这是一个非常重要的见解。宛小平和张泽鸿评

---

① 朱光潜:《朱光潜全集(第一卷)》,安徽教育出版社 1987 年版,第 341 页。
② 同上书,第 346 页。
③ 同上书,第 347 页。

价说："这个说法非常现代，可以说是现代美学和古典美学的一个分水岭。"①当然，这里说的"古典"与"现代"不是一个时间上的区分，而是美学性质的区分。古典美学通常认为有一个"美"的实体与本质，并试图给"美"下一个普适的定义。

朱光潜还指出："严格地说，我们只能说'我觉得花是红的'。我们通常都把'我觉得'三字略去而直说'花是红的'，于是在我的感觉遂被误认为在物的属性了。"②其实，这个观点更适合于我们说"花是美的"这种情形。按照朱光潜的说法，我们只能说："我觉得花是美的。""美"是我对于物的形象的一种感觉。美是一种价值，这是朱光潜关于"美"的自始至终的看法。他还指出，"美"与"丑"同样是美感经验的价值，它们的不同只是程度的不同，而没有绝对的差异。他认为这是解释美丑问题的唯一出路。在我看来，朱光潜这里对于美丑的解释是合理的。美丑都是美感价值，都是我们在美感经验中获得的。这样，所谓"美感经验"（aesthetic experience），就不只是对于"美"（the beautiful）的经验，也是对于丑的经验。

但遗憾的是，朱光潜在讨论"美"这个概念时，并没有保持其内涵的同一性。他还讲到了"美"的另一种含义。他在反对艺术模仿理论时说："如果艺术的功用在模仿自然，则自然美一定产生艺术美，自然丑也一定产生艺术丑。但是事实与此恰相反。"③他举出两种情形：首先是自然美化为艺术丑。如香水、纸烟广告上的美人图画，美人本来是很好看的，但被画到这广告上面却恶劣不堪。其次是自然丑化为艺术美。如莎士比亚的悲剧全是描写恶人恶事，莫里哀的喜剧全是描写丑人丑事，但这些作品在艺术上都是登峰造极的。他这里说的"美"其实有了两个意思：一个意思是指对象形式对于主体的一种价值，还有一个意思其实是指艺术家创作技巧的熟练。他还以《红楼梦》为例说，《红楼梦》中的刘姥姥本来没有什么风韵，但是"在艺术上却仍不失其为美"。但是他并没有解释，这个"美"和人物本身的"美"有无什么不同。他所说《红楼梦》中刘姥姥在艺术上的"美"实际上是指艺术技巧上的成功，也即鲍姆嘉通所说的"感性认识的完善"。

---

① 宛小平，张泽鸿：《朱光潜美学思想研究》，商务印书馆 2012 年版，第 5 页。
② 朱光潜：《朱光潜全集（第二卷）》，安徽教育出版社 1987 年版，第 21 页。
③ 朱光潜：《朱光潜全集（第一卷）》，安徽教育出版社 1987 年版，第 335 页。

在《谈美》中，同样存在这个矛盾。一方面，他认为自然美可以化为艺术丑。他除了再举《文艺心理学》中的例子外，还举例说，葫芦在藤上长着本来很好看，但是如果技艺不高明，画在纸上的葫芦就很不雅观。毛延寿有心要害王昭君，所以把她画的很丑。在这两个例子中，所谓的"艺术丑"，就是呈现在艺术作品中的形象的丑陋。在那个画葫芦例子中，丑是由于艺术技巧的笨拙而导致的形象丑陋，但是毛延寿的那个例子可绝不应该作这样的理解。他的画技是很高超的，那是他故意把王昭君画的很丑陋。朱光潜所说的这个"艺术丑"，仍然也是形象的丑陋。

但是另一方面，他在讲自然丑可以化为艺术美时，"美"的内涵就变了。他还是举《红楼梦》中的刘姥姥为例指出，乡下老太婆不会有什么风韵，但是我们都喜欢看醉卧怡红院的刘姥姥。依照上述毛延寿画王昭君的逻辑，《红楼梦》应该是把刘姥姥画漂亮了。但显然不是这样的。《红楼梦》中的刘姥姥依旧不会有风韵，但是写在小说里之后人们爱看刘姥姥的原因是由于故事的趣味，而不是因为刘姥姥更漂亮。朱先生这里说的"自然丑"当然是指刘姥姥丑的面貌，但"艺术美"却是指《红楼梦》作者在塑造刘姥姥时的艺术技巧了。显然，他在讨论艺术丑和艺术美时，没有遵循概念逻辑的同一律。他说："我们说'艺术美'时，'美'字只有一个意义，就是事物现形象于直觉的一个特点。"①但是，他在这里关于刘姥姥的讨论中并不是表达这样一个意思。在《谈美》的最后，他说："美之所以为美，则全在美的形象本身，不在它对于人群的效用。"②但《红楼梦》作者将刘姥姥这样一个人物写得引人入胜，这不是艺术技巧所实现的"效用"吗？这就与他对于"美"的基本理解相矛盾了。也就是说，他在讨论艺术美时，并没有保持"美"的内涵的同一性。

除此，朱光潜在反对罗斯金的时候，对"美"的使用也违背了同一性原则。他说："英国姑娘的'美'和希腊女神雕像的'美'显然是两件事，一个是只能引起快感的，一个是只能引起美感的。"③如果都是就"美"而言，这在英国姑娘与希腊女神雕像身上的体现是一样的。英国姑娘同样能够单纯通过形式引起美感，希腊女神雕像也可能引起生理方面的快感。他也说了："至于看血色鲜丽

---

① 朱光潜：《朱光潜全集(第二卷)》，安徽教育出版社 1987 年版，第 53 页。
② 同上书，第 94 页。
③ 同上书，第 27 页。

的姑娘,可以生美感也可以不生美感。"①对于希腊女神雕像也是一样的。艺术尽管在理论上是另一世界中的东西,但是如果以不恰当的方式来接受的话,同样也可能被引向实际的生活利益,就像他所批评的"分享者"式的美感经验可能出现的情况一样。

朱光潜对于"美"的矛盾观点,可能与克罗齐的影响有关。在克罗齐看来,直觉的行为与其结果是同一的。克罗齐认为:"审美的事实在对诸印象作表现的加工之中就已完成了。"②美就是成功的表现,也即直觉到的形式。对于朱光潜来说,尽管他认为"美"就是一个形容词,是事物形象呈现于直觉的特质,但他有时也认为这个呈现于直觉的形象就是"美"。

凡是将美与成功的表现相等同的美学,通常都会将丑从美学中排除。这样,在解释美丑时就会出现问题。克罗齐就是这样。在他看来:"丑就是不成功的表现。"③由于他的美学核心问题就是表现,而不成功的表现就不是表现,所以丑就不在他的美学思考范围之内。并且,他也不承认有所谓不成功的表现,而只承认有所谓不表现的。不表现就是反审美,它不是与丑相对立,而是与审美相对立。李斯托威尔批评克罗齐这种观点指出,如果直觉就是表现,就是知觉到的形象,就是美,那么我们在睡梦之中、在百无聊赖的日常生活中,都是直接与美打交道的。这个质疑是有道理的。但他对于"丑"的解释却仍然也是克罗齐式的。他说:"审美的对立面和反面,也就是广义的美的对立面和反面,不是丑,而是审美上的冷淡,那种太单调、太平常、太陈腐或者太令人厌恶的东西,它们不能在我们的身上唤醒沉睡着的艺术同情和形式欣赏的能力。"④

五、结语:解决朱光潜问题的一个思路

不可否认,朱光潜美学是中国现代美学的一个巨大宝藏。但是,我们在承接朱光潜美学的时候,还要正视他的美学在融合中西过程中呈现出来的问题与冲突。

---

① 朱光潜:《朱光潜全集(第二卷)》,安徽教育出版社 1987 年版,第 28 页。
② [意] 克罗齐:《美学原理》,朱光潜译,商务印书馆 2012 年版,第 61 页。
③ 同上书,第 92 页。
④ [英] 李斯托威尔著,蒋孔阳译:《近代美学史评述》,安徽教育出版社 2007 年版,第 242 页。

朱光潜美学问题的一个根源就是他认为美感经验是孤立绝缘的。这就使得他的美学产生了美感与联想等方面的矛盾。在我看来，对一个对象的美感经验，即使是对象形式打动我们的那一顷刻，也不会是绝对的或说极端的聚精会神。沿用波兰尼的理论，审美经验中总会或多或少地包含着对其他事物的附带觉知（subsidiary awareness），这些附带觉知随时有可能成为焦点觉知（focal awareness）。能够成为焦点觉知的附带觉知，可能会丰富已有的美感经验，但也有可能会破坏已有的美感经验。这也正如朱光潜先生所说的"融化的"联想与"不融化的"联想。

他在讨论美感经验时，之所以会产生直觉与联想、直觉与理性的矛盾，还有一个重要原因就是他没有将对自然的审美与对艺术的审美区分开来。很多美学体系产生内在矛盾，都是由于试图用一种关于审美经验的界定，将自然审美与艺术审美一网打尽。但是，自然审美与艺术审美之间存在着巨大的差异。自然审美可以是对一个孤立绝缘的形式的直觉，但艺术审美则通常不是这样的。当然，直接诉诸感官的艺术，如绘画、雕塑、音乐等，也可能会以孤立绝缘的形式使人产生美感。但是，对于文学的鉴赏，几乎从来不会是一种孤立的直觉，它更需要附带觉知的参与，并且还要依靠焦点觉知与附带觉知的不断变换才能实现鉴赏的完成。

形与画的思想起源

夏开丰*

（同济大学人文学院　上海 200092）

摘　要： 本文主要探讨"形"如何成为画的思想起源这个问题，"形"往往被理解为存在物的显形或外形，但这个理解是派生的，"形"在更原初的意义上被界定为"赋形"和"成形"，前者意味着划线的欲望和冲动，主动给出形式，后者意味着绘画是过程的展现，这个过程铭刻在绘画的写形之中。"形"也关涉"情"和"精神境界"的问题，在古代绘画中，"情"不仅仅指抒情，它也是指"感兴"；当绘画要形不可形者之时就体现出了精神境界，"萧条淡泊"是一种消散状态，因而找不到与之相契的形式，然而不可形者就在形之中。因为消散总是意味着可见者从可见者那里消散而去，"萧条淡泊"正是可见者从可见者那里消散之际的最后踪迹。形作为思想起源，就是指画是被开启、被再次开启的持续运作。

关键词： 形　赋形　成形　感兴　消散状态

"画，形也"[1]，这是《尔雅》给出的解释，考虑到这部字典之古老及其所享有的无上崇高的地位，这种天启式的定义是否隐藏着画之起源的讯息呢？什么又叫起源呢？如果说起源就是事物由之而起又由之而成的话，那么起源就已经是一种思想，所以更确切的表述："形"是画的思想起源。可我们又该如何解释"形"呢？或者我们根本上就乱了思路："形"的含义是如此不言而喻，竟至于还需要对其进行一番解释？[2] 但是这种不言而喻本身不正是首先应该被加

---

　　* 作者简介：夏开丰（1980—　　），男，浙江宁波人，同济大学人文学院副教授，博士生导师。研究方向：艺术理论与批评。

　　① 郭璞注，邢昺疏：《尔雅注疏》，《十三经注疏》下册，中华书局 1980 年版，第 2583 页。

　　② 远小近先生很早就指出过学界对"形的探讨相对薄弱甚至被忽视。这种不平衡导致了若干研究误区的形成，使早期画论成绩斐然的研究结论，存有不同程度的缺憾"。（远小近：《论中国早期画论中形的观念及其意义》，《美术研究》1992 年第 4 期。）这种被忽视的状况在今天也没有发生多大变化。

以怀疑的吗？在这种不言而喻性之中,我们会否错漏了对绘画天命的领会呢？一切都还是未知的,目前我们要做的就是深入到古代文本中考掘"形"所可能具有的含义,从中找到一条依于起源的小径,即"形"是如何成为画的思想起源的。

一、显　　形

我们首先必须承认在古代思想中"形",最直接地被理解为存在物的显形或外形,存在物显露出自身并给出自己的形状,我们看到存在物的形就等于看到了存在物本身。显形使存在物获得了边界,这个边界把存在物从未分化的混沌中分离出来,也把存在物与其他存在物区分开来,王弼说"有形则有分,有分者,不温则凉,不炎则寒"[1],分离和区分使存在物得到明示,但也限定了存在物。我们置身于一个显形的世界中,还有什么比这点更确定无疑的呢？

那么,绘画与存在物的显形是一种什么关系呢？颜延之曾区分过图的三种类型：

> 图载之意有三：一曰图理,卦象是也;二曰图识,字学是也;三曰图形,绘画是也。[2]

这里透露了三个关键信息：(1) 绘画是图,但是图不仅仅包括绘画;(2) 绘画所描绘的内容是形,这一点决定了绘画之所以为绘画;(3) 卦象、文字作为符号虽然也具有作为能指的形,但是颜延之强调这些符号是图而不是形,只有绘画以图载形。由此,我们可以进一步推论,颜延之所说的"形"不是纯粹的图形,与内容相对立的形式,而就是指存在物的显形。陆机也曾说"宣物莫大于言,存形莫善于画"[3],他把形与物并置再次证实了存在物的自身显形就是存在物本身,绘画的功能就是保存存在物的显形,而这点正是文字做不到的。

绘画如何存形呢？那就是摹画存在物的外形从而与其相似,即"形似",形似的本质是符合,那么一幅画的好坏就在于它是否成功地再现了存在物,参照它所摹画的存在物,看看是否"符合"那个存在物。这是一段往往被忽略甚至

---

[1] 王弼著,楼宇烈校释：《王弼集校释》上册,中华书局 1980 年版,第 113 页。
[2] 张彦远：《历代名画记》,人民美术出版社 1964 年版,第 2 页。
[3] 同上书,第 3 页。

被掩盖的历史，如方闻先生所言，早期中国的图画再现最初也关心形似，即图像与眼睛在现实中所见之物在形式上的相似性①。最早的画论谈的也是关于"形"或"形似"的问题，而未谈及"意"或对象的内在本质问题②。常常被作为引证的是《韩非子》中的那段话：

> 客有为齐王画者，齐王问曰："画孰最难者？"曰："犬马最难。""孰易者？"曰："鬼魅最易。"夫犬马，人所知也，旦暮罄于前，不可类之，故难。鬼魅无形者，不罄于前，故易之也。③

这论调简直就是瓦萨里的艺术史叙事，瓦萨里把绘画史看成是不断征服自然的技艺进步史，达到形似是每位优秀画家应该追求的目标。上面这段话也同样把形似作为最难实现的目标，是画家孰优孰劣的标准。因此，古代绘画也有认识上的诉求，如果真理意味着与存在物的符合，那么我们差不多就可以说绘画就是关于存在物的真理，绘画的真理在于形似。

这本身没什么可以大惊小怪的，没有哪种绘画是不关涉视觉对事物的渴望的，也没有哪种绘画是不想占有事物的，还有什么比"形似"在外观上更贴近对象的呢？我们不能为了在中西思想之间制造差异，而粗暴地把古代画家对"形似"的欲望强行抹去。不过，我刚才用的是"差不多"这个词，表明我对"绘画的真理在于形似"这个断言有保留态度，我们也需要对由此把形似的欲望简单地划归为摹仿论（mimesis）保持应有的谨慎，我们不能由画是摹形，进而就导向这样一个结论：绘画之形是指形相（Form）④。在柏拉图那里，如果本相（Idea）意味着真理⑤，意味着事物的本质，那么这种真理则是由看得以把握

---

① 方闻：《超越再现：8世纪至14世纪中国书画》，李维琨译，浙江大学出版社2011年版，第3页。
② 伍蠡甫：《中国画论研究》，北京大学出版社1983年版，第4—5页。
③ 王先慎：《韩非子集解》，中华书局1998年版，第270—271页。
④ Form普遍翻译为"形式"，由于我把idea翻译为"本相"，而西方学界也已开始用form来翻译idea，因而我相应地把form译为"形相"，尤其是在柏拉图的意义里使用该词的时候。不过，我也没有完全抛弃"形式"这个译法，尤其是在形式主义的意义上使用该词的时候。
⑤ Idea最流行的译法是"理念"、"理型"或"理式"，陈康先生把它译为"相"，因为它主要和动词"看"（idein）有关，由看所产生的名词即指所看的，所看的是形状，中文里表示相关的字是"形"或"相"，但"形"偏于几何形状，意义又太板，因而采用了"相"（［古希腊］柏拉图：《巴曼尼得斯篇》，陈康译注，商务印书馆1982年版，第39—41页）。实际上，陈康先生早期也曾用"形"来译idea，这与西人近来以form一词译idea的做法颇为一致（陈康：《柏拉图》，见《陈康：论希腊哲学》，商务印书馆2011年版，第3—6页）。这个译法近来逐渐得到了认同，不过，柏拉图所说的idea毕竟不同于现象意义上的，所以我从佛典中借用"本相"一词，该词既保留了与"看"有关的意义，也突出其不随现象界生灭增减、作为万物之本的意义。

的,正如海德格尔所说:"从相(idea)到看(idein)对于真理(aletheia)的优先地位中,就产生出真理之本质的一种变化。真理变成了正确性(orthotes),变成了觉知和陈述的正确性。"①因此,西方学界在翻译柏拉图时已经开始用 Form来翻译 Idea(就像中文学界开始用"相"来替代"理念"一样),形相即本相②。绘画是一种形相,意味着它是存在者本质的揭示,由于本相与看之间的关联,对本质的揭示变成了对事物外观的觉知的正确性。这样,艺术作品的优劣取决于描绘对象的忠实程度,这种表现模式就是摹仿。

颜延之把绘画解释为"图形",而"形"又意味着存在物的显形或外形,那么绘画自然是在摹形,它与"摹仿"这个概念存在着一些共通的属性。然而,两者表面的相似不能忽略其背后隐藏的差异。形相既可作为原型和典范,也可作为形态和轮廓,当这两层意思被混淆在一起时,摹仿事物的形态自然也获得了事物的原型或本相,形相即本相。摹仿既把图像和现实分割开来,又让图像抓住了事物的本质。但是,在中国古代思想中并不存在着一个超验的本相界,在本相和现象之间没有存在论差异,因此摹仿事物的显形或外形并不导向那个作为原型的本相,形不是本相,也不揭示本质。沈括曾无比鲜明地指出了形的这种特性:"书画之妙,当以神会,难可以形器求也。"③

在著名的"形神之辩"中,及其变体"形意之分"中,形的非真理性得到了强调,形的地位被大大削弱,形似的厌恶和鄙弃弥漫在文人画家群体中,形只是"神"暂时栖居的场所,是受到"意"支配的表面,亦步亦趋的摹仿把捉不了事物的真实,因为"神"或"意"才是真正关键的东西。这样,绘画就从图形转向到了传神和写意,有意思的是真正意义上的画论正是出现于这个转向之际,或者说具有自我意识的绘画艺术在这个转向过程中诞生了。

这样,"形"是存在物的显形,显形的背后不存在着原型,摹画事物的形态并不导向原型,论证进行到这里似乎已经难以再有进展了,我们不是在论证"形"是画的思想起源吗?非真理性的"形"如何能够担当起思想起源的重任呢?我们是不是从一开始就错乱了追问的方向?实际上,当我们把"形"和"形相"区分开来的时候就已经切中了问题的实质,我们由以越过存在物的显形而

---

① [德]马丁·海德格尔,孙周兴译:《路标》,商务印书馆,2000 年版,第 266 页。

② Jean-Luc Nancy, *The Pleasure in Drawing*, trans., Philip Armstrong, New York: Fordham University Press, 2013, pp. 5 - 6.

③ 沈括:《梦溪笔谈》,上海古籍出版社 2015 年版,第 107 页。

走向另外一条路径,一种在更为本源的意义上向我们开启出来的"形"——赋形和成形。

二、赋　　形

当我们从存在物的显形那里抽身出来之际,我们又该如何考察"形"呢?脱离存在物的"形",不是无形,而是指没有存在物的形状和轮廓,有这样的"形"吗?《说文解字》云:"形,象形也。从彡,开声。"①这句话给我们的一个最大困惑就是它没有给出"形"的解释,而只说"形"是个象形字,这在整部辞典中都显得非常奇怪,实际上误解也正是在这里,因为许慎根本就不是在说作为"六书"之一的"象形",而是在原始意义上表达了摹仿存在物的外形这个意思。因此段玉裁的说法并非没有道理,他依据韵会本把"象形"改为"象",又认为"象"应作动词"像"来理解,意为摹仿某物并与之相似②。

无论是把"形"解释为"象形"还是"像",都把"形"作为动词,作为"去形"这个更为根本的意义揭示出来了,虽然把"形"简单地等同为"像"并非无可挑剔。同时我们必须注意到"形"的原初意义是从右边部首"彡"引申出来,"彡,毛饰画文也"③,可以解释为用毛笔之类的工具画出来的纹理或文饰。"彡"就像划出来的三条道道,是划的痕迹,是划出来的纹理,"文,错画也,象交文"④。就是这种划的动作给出了形,因为"形"最初无非就是指纹理,如《庄子·天地》所云"物成生理,谓之形"⑤,这个"理"就是纹理的意思,进而被引申为事物的显形或外形,同时也有使存在物凸显出来的意思。这样,"画"与"形"之间天然的亲缘关系也被揭示了出来,"画"同样意味着划,划出的痕迹就成了画,所以在原初的意义上,形不是画所展现出来的表面,不是画的构成成分,也不是画要去描绘的对象,画就是形,两者是同一关系,都意味着划线这个动作,也就是说都是赋形行为。

从这个含义出发,"画,形也"的意思是说画不只是图画,而是"去画","去画"复又意味着给予形象的赋形行为、动作或姿态,画面上的形象正是这种赋

---

① 许慎:《说文解字》,中华书局 1963 年版,第 184 页。
② 许慎撰,段玉裁注:《说文解字注》,上海古籍出版社 1981 年版,第 424 页。
③ 许慎:《说文解字》,中华书局 1963 年版,第 184 页。
④ 同上书,第 185 页。
⑤ 郭庆藩:《庄子集释》中册,中华书局 1961 年版,第 424 页。

形行为的结果,是赋形姿态的铭刻,在形象显现在画面之前,赋形行为已经先行发动。石涛提出"夫画者,形天地万物者也"①,其实就是《尔雅》解释的翻版,只是补上了所要画的对象,但这种增补并没有多少实质含义,它的重点仍然在于"形",那个赋形行为。画要为天地万物赋形,而不是模仿天地万物的外观,这大概就是石涛想要告诉我们的。画面上的形象不是摹形的结果,因为摹形的关键在于使摹本与原型相似,摹形的衡量标准在于摹仿活动的忠实程度,为了实现画面自身的透明性而把我们的目光引向对象本身,它必须抹除赋形的行为和过程。赋形,则是一种没有原型的给予活动,它产生了形象,动作和姿势也同时保留了下来,它是对外在世界的过剩。

赋形首要的是"赋予"这个行为本身,它不仅是给予、因而使画作为感性物而诞生,而且也是一种开启、因而打开了一个世界。无论是给予还是开启,都是一种力,一种赋形力量,是一种划线的源初冲动和欲望。这种力量给出了形式,宣示了事物,开启了世界,却不能把形式、事物或世界还原为这种赋形力量,因为它是一种看不见的力量——气。它诞生了形式,自己又在形式的自我形成中而显露出来,然而我们在观看形式的同时往往忽略了那个力量,不知道那个力量是绘画的根本,是绘画之为绘画的东西。当吉尔·德勒兹说绘画的任务就是把不可见的力量揭示出来之时,就是说出了绘画根本的东西。

这里需要强调的是,刚才再次出现了"形式"一词,这是我为了和"形相"区分开来而有意使用的,虽然两个词都和英文 form 一词有关。这里所使用的"形式"一词不是与本相相关,也不是与质料相对立,我把由赋形行为所给出的形称为形式——形状和样式,所以它更接近于形式主义意义上的形式,它不再是存在者的形式,而是画本身的形式。形式的视觉构成与主体的愉悦感有关,考虑到主体判断力机能的"仿佛"性质,与其说形式是关于存在者的真理,毋宁说它是真理的类比。不过,由赋形给出的形式和形式主义的形式仍然存在着差异:第一,前者是由气的力量和身体的姿势涌动而出的显现,后者更强调画面的构成和摆脱内容而获得的纯粹性;第二,如果后者依然保留了视觉的渴望(在形式主义中,视觉从对事物的渴望变成了视觉自身的渴望,把外在视觉当作剩余物剔除了)和视觉的愉悦,那么前者在本质上是触觉的,身体通过画笔而触摸到画面,身体的图式、姿势和气势都铭刻于其上,线条的运动与形的

---

① 道济撰,俞剑华标点注译:《石涛画语录》,人民美术出版社 2016 年版,第 4 页。

显现是一体两面，身体触摸到事物；梅洛·庞蒂指出一切可见者都在可触者中被雕琢（taillé），一切可触的存在向可见性做出承诺，他甚至认为一切视觉发生于可触空间的某处①，迪迪-于贝尔曼接着梅洛·庞蒂指出"对看见这一行为只能通过触觉的经验来进行设想或最后的体验"②，在中国绘画中，看见同时也是触摸，因而看见会被形象中的势能所俘获。

"形"作为赋形力量，既规定了绘画也规定了文字，这不仅是因为两者都属于"文"，而且也是因为这种赋形力量是在"写"的过程中展露自身，而"写"又成了绘画和文字的共同基础。"写"关涉姿势，在写的动作或姿势中，"形"被展示出来，在摹形中，那种展示在形象显明之时而消隐了，但在"写"之中，赋形之力宣示出自己，作为"势"（气的运作）而在形式中展示出样式。在文字中，自然之势转移到文字之势，费诺罗萨指出汉字符号不仅仅是任意的，它是"基于自然运作的生动的速写图"③，体现出自然的势能，"像自然一样，汉字是有活力的、塑造性的，因为'事物'和'行动'在形式上没有被割裂开来"④。书法的目的无非就是要把潜藏在文字中的自然之"势"再次表现出来，东汉蔡邕《九势》有云：

> 夫书肇于自然，自然既立，阴阳生焉，阴阳既生，形势出矣。藏头护尾，力在字中，下笔用力，肌肤之丽。故曰：势来不可止，势去不可遏，惟笔软则奇怪生焉。⑤

书家通过下笔用力就能够把自然形势转化到字中来，融化在写的动作之中，宗白华先生说得好，"这字已不仅是一个表达概念的符号，而是一个表现生命的单位，书家用字的结构来表达物象的结构和生气勃勃的动作了"⑥。

绘画也试图把势纳入进来，顾恺之提出"置陈布势"⑦，已经在考虑画面形

---

① Maurice Merleau-Ponty, *Le Visible et l'Invisible*, Paris：Éditions Gallimard, 1964, p.177.

② ［法］乔治·迪迪-于贝尔曼著，吴泓缈译：《看见与被看》，湖南美术出版社 2015 年版，第 3 页。

③ Ernest Fenollosa, Ezra Pound, *The Chinese Written Character as a Medium for Poetry*, San Francisco：City Lights, 1983, p.8.

④ Ernest Fenollosa, Ezra Pound, *The Chinese Written Character as a Medium for Poetry*, San Francisco：City Lights, 1983, p.9.

⑤ 蔡邕：《九势》，王原祁等辑：《佩文斋书画谱》第二册，北京市中国书店 1984 年版，第 55 页。

⑥ 宗白华：《美学散步》，上海人民出版社 1981 年版，第 136 页。

⑦ 张彦远：《历代名画记》，人民美术出版社 1964 年版，第 116 页。

势力量的布局问题,王微开始重视运笔的变化所产生的动势("横变纵化,故动生焉")①,张彦远更是明确指出草书的体势和绘画的体势之间的相通性②,荆浩甚至把笔法作为他的主题,提出了"笔有四势"的见解③。由笔法而产生的气势是自我类拟、自我游戏的,然而它的势能则是来自自然,"势"就是能量游戏,如朱利安(亦译为于连)所说:"造型所追求的并不是将本质固定下来,而是记录持续相互作用的能量游戏,揭示这游戏的严谨性,并表征它如何进行。"④势把写和画结合在一起,而画的原义就是划线,那么写和画本来就是一体,赋形力量使势得以现实化,而这又需要在事物成形之际而得以实现。

三、成　　形

随着我们把"形"解释为赋形力量,一种更强调过程意味的涵义也被揭示了出来,那就是"成形"。赋形的目的是为了让某物成形,然而赋形并不意味着成形,这是我们首先必须加以申明的。在古代早期文本中,"形"往往包含着宇宙论含义。《周易·系辞上》曰:"在天成象,在地成形,变化见矣。"⑤这里描述的是天地分化形成的创世事件,自然事物得以成形。《楚辞·天问》云:"上下未形,何由考之?"⑥说的是天地还没有成形。在中国古代,"形"不是一种存在论上的客体,同时由于不存在实在与存在之间的截然对立,所以"形"也并非是"本相"的分有。毋宁说,"形"没有原型,也不揭示存在者的本质,而是"进行中的成形"⑦,它只表示一种运动的状态,一种生的过程。在事物能够被我们把握之前,事物首先要自我成形,成形是由于气的运作和势的现实化,气聚则有形,气散则无形,气推动事物的生成和衰亡,然而它只是作用,却不是那个"第一原因"。因此,在古代思想世界中,"形"的概念表示的不是物、存在者、一个空间上的广延,而应该是运动、过程、一个时间上的绵延。"形"首先意味着"成

---

① 王微:《叙画》,人民美术出版社2016年版,第3页。
② 张彦远:《历代名画记》,人民美术出版社1964年版,第23页。
③ 荆浩:《笔法记》,人民美术出版社1963年版,第4页。
④ [法]朱利安著,张颖译:《大象无形》,河南大学出版社2017年版,第228页。
⑤ 王弼注,孔颖达正义:《周易正义》,《十三经注疏》上册,中华书局1980年版,第76页。
⑥ 洪兴祖:《楚辞补注》,中华书局1983年版,第86页。
⑦ 从成形的角度解释"形"并将此作为中国思想和西方思想的根本差异的学者是朱利安(于连)。([法]弗朗索瓦·于连著,林志明、张婉真译:《本质或裸体》,百花文艺出版社2007年版,第80页。)

形"，事物的形状和外观就是成形的结果，是成形的衍生物，也就是说形状和外观是对"形"的含义的流俗理解，或者说是一种僵化理解，这种僵化理解的结果之一就是把事物理解为静止的、固定的实体，而不是理解为生成的、处于流变之中的生物或生命。

事物的成形在某种程度上宣告了一个生成的完成，物实现了自己，这样的实现称为"器"。《周易》说"形乃谓之器"①，又说"形而下者谓之器"②，这里的"形"就是"成形"的意思，成形之物就是"器"，成形的目的就是"器"，"器"表示物的完成状态。这种完成状态又该如何理解呢？是把它理解为"器具"吗？更确切的解释是事物在完成状态中获得其有用性，即在我们的生存世界中获得其价值和意义。道家思想是在另一个层面上揭示了未经雕琢的朴质依然可以有其大用，这样的事物才能称得上"大器"。"器"同样用来表示人的完成，人的完成不是从人的诞生上来理解，而是说人的发展是一个不断"成形"、不断"成器"的过程，它揭示了人实现了自身的目的。无论是事物还是人，"成形"并不表示过程的终结，它只是一个过渡，能量在慢慢地流逝，形逐渐衰朽最后化为无形，复归天地，在氤氲之中摄入于另一次生成乃至无穷。"成形"或"成器"表示的是演化过程中的一个阶段，或者说依照某个标准，这种"成形"可以说是一种生成的完成，甚至可以说某物在如此成形之中获得了它的本质。但是没有哪个标准是固定的，孔子说"毋必"、"毋固"就是在告诫他的学生不要固守一个标准，它是生存化的、历史化的，也就是说标准也是一个过程。"成形"是某个过程的完成，事物获得了它的本质，当我们跳出那个视域之后，就会发现过程仍然在继续，事物的本质也在变化。因此，事物的成形毋宁说是它在这个世界获得了一个位置，一个带有时间的位置，而位置的特点是它总是暂时的，事物在每个位置都会显示出不同的特性，我们通过位置来把握事物，但我们不能固守其中一个位置来似是而非地谈论一个事物，而事物的成形就是它在某个位置上的成形，没有这个位置我们就不能说一个事物已经成形了，尽管该事物可能也已经摆在眼前了。简言之，不存在永恒的、固定的形，事物的形都应该从"成形"的角度加以理解，物的性质并不在于它是有形式的质料，而应是从有形、无形之分中去把握，无形不是绝对无，而是意味着未成形，有形不是指分有

---

① 王弼注，孔颖达正义：《周易正义》，《十三经注疏》上册，中华书局 1980 年版，第 82 页。
② 同上书，第 83 页。

了作为原型的"本相",而是意味着成形,意指事物的分际。

"形"的这种宇宙论含义对绘画来说又意味着什么呢?赋形给出了形式,但是为了看到画面上要被观看的东西,也就是说我们看到的不是一些杂乱的线条,不是一堆炫目的材料,它就必须成形。成形意味着:1. 存在着不可见者、不在场之物;2. 不可见者使成形得以可能。那么画就不只是一种图画,它不一定是对存在者的摹仿,不一定要依赖于在场,因为"成形"意味着有尚未来临、尚未在场之物,绘画的目的就在于把这个尚未来临之物带入在场之中。曹植在其《画赞序》中最先指出了一点:"故夫画所见多矣。上形太极混元之前,却列将来未萌之事。"[①]在他看来,绘画并不局限于当下,不为眼前所封限,它甚至能够描绘宇宙尚未形成的时刻,也可以表现将来的事件。因此,真正的画家不是像画匠一样只注重眼睛看到的东西,只是一味地摹仿和抄袭在场之物,相反,在古代文人看来,绘画和文字都意味着文明的开启,意味着人对世界奥秘的把握与洞见,也意味着对人的独立人格的形成所具有的教化作用,陆机云:"丹青之兴,比雅颂之述作,美大业之馨香。"[②]

由于摆脱了在场之物的钳制,画不需要亦步亦趋地遵循先在对象所规定的感知,它以赋形的行为标示了划线的姿势、线条的痕迹,也就是说形式产生了,某某东西成形,从而展露在我们面前。这也正是朱利安忽略的一点,成形不仅仅是过程,事物变迁的一个阶段,成形也是展露和明示,某物必须成形,某物必须显明,这似乎成了一条律令。赋形必须依赖于成形而摆脱其在无尽的创造和赋予过程中的自身消耗状态,成形则必须依赖赋形而打破它的封闭状态。依靠于成形,真理才有可能显现出来,存在物的真理始终是后发的,植根于成形的真理,为了能够区分,我把成形的真理称为"真意"。真意在其呈现出来之时也在丧失自己,因而需要赋形再次发动过程。

四、情 之 感 兴

显形、赋形和成形关涉物质和身体、姿势和气势,然而令人意外的是,在古代思想中,"形"也可以表示情,表示精神状态,这一点在音乐中表现得最为明

---

① 曹植:《画赞序》,俞剑华编著:《中国画论类编》上卷,人民美术出版社 1986 年第 2 版,第 12 页。

② 张彦远:《历代名画记》,人民美术出版社 1964 年版,第 3 页。

显，《礼记·乐记篇》云：

> 凡音者，生人心者也。情动于中，故形于声；声成文，谓之音。①

按照最通俗的理解，音乐是情感的表现，而按照我们的说法，情在声音中成形而显现出来，不可见之情就像有了外形一样而变得可感了。这就是抒情传统的起源，这种观念影响了文学的观念。相比之下，抒情对绘画的影响要晚得多，当绘画逐渐转向"写意画"的时候，情才随之得到凸显，对一幅画来说，它要表达画家的情感或情绪，倪瓒的荒寒，八大的愤怒，石涛的孤绝，齐白石的闲适，绘画就是把自我的情感表露出来。

即使我们跳开写意画的抒情性，也能发现又有哪幅画是能离得开情呢？何止是画，李泽厚先生提出情本体，分明是世界也离不了情。画中之情并非指特殊的情感，而是指作为本体的情，作品只有通过情才有意义，情唤起了作品，并且成为作品的构成因素。情又与个人的情感有联系，或者说情不可避免地带有独特的主体的特征，这样，画家就把一个经验对象的世界变成了主体表现的世界。

然而，仍然悬而未决的问题是情如何能被赋予形式？当绘画从写形转向写意的时候，情显露出何种特征？

情与形式的关系往往可以被概括为两类，科林伍德虽然现在几乎被遗忘了，但他曾敏锐地区分开了表现情感和唤起情感，后者感动观众，他本人则并不必然被感动，前者是以同一种方式对待自己和观众②，因而我们把第一类关系理解为形式是情的符号，它唤起情感，但并不意味着它一定是画家情感的流露，第二类关系是情直接作用于形式，它必然是画家情感的自然流露。这又是怎么做到的呢？前文已经论述，作为赋形和成形，形不是被眼睛观看，而是被触摸，形关乎眼睛触摸事物，手触摸事物，笔触摸事物③。在触摸中，划线的欲望和冲动得到了满足和释放，这里，一种独特的情也就被揭示出来了，这种独特的情就是"乐"。"乐"区别于一般的愉快，甚至也区别于康德意义上的美感

---

① 孙希旦：《礼记集解》下，中华书局1989年版，第978页。
② ［英］罗宾·乔治·科林伍德：《艺术原理》，中国社会科学出版社1985年版，第113—114页。
③ 沃尔夫林区分过线描和涂绘，前者是触觉的，后者是视觉的。（［瑞士］沃尔夫林，潘耀昌译：《美术史的基本概念》，北京大学出版社2011年版，第49—54页。）

愉悦,存在着一种形之乐,划线之乐,写之乐。形之乐该如何理解呢?这方面南希对素描的愉悦的分析可能有助于我们论题的推进,他认为素描作为形式的诞生就是欲望的姿态,欲望是张力的快感,"它恰恰只是那个将自身归诸于自身的东西,它寻求自身并想要自身"①。"形"作为划线的冲动和欲望所引发的就是赋形的快感,是气势的涌动和释放的节奏而展现的写之乐,这个可以从张璪的绘画实践中反映出来,虽然张璪的画没有留存下来,但好在符载记录了他作画的过程:

> 员外居中,箕坐鼓气,神机始发。其骇人也,若流电激空,惊飙戾天。摧挫斡掣,扬霍瞥列,毫飞墨喷,捽掌如裂,离合惝恍,忽生怪状。及其终也,则松鳞皴,石巉岩,水湛湛,云窈眇。投笔而起,为之四顾,若雷雨之澄霁,见万物之情性。②

作画的神机就是由鼓气而发动,在这种气势的强度和释放中形式自我成形,而画家在此中获得快感。然而,这种形之乐并没有排除掉事物,只是事物与画家产生了混合,形之乐就是主体之气与对象之气彼此触摸引起的混合而带来的乐之感触,这是一种"孤姿绝状,触毫而出,气交冲漠,与神为徒"的状态③,这在"庖丁解牛"的寓言中得到了很好的诠释。起初,庖丁和牛处于彼此排斥的状态,从而降低了庖丁解牛行动的效力,随着技艺的提升,两者以神相遇,庖丁极其顺利地完成了解牛行动,这种不再排斥的状态使庖丁获得了"踌躇满志"的乐之感触。

正是在这里,事情得到了某种程度的反转,虽然情或乐是受到外部事物对心灵的影响或对身体的作用而产生的感触,但是情和乐的极致却往往是主体诸机能所具有的自由度而引发的,我把这种积极而主动的感触称为"感兴"。陈世骧先生指出"兴"的原义是初民合群举物旋游时所发出的声音,带着神采飞逸的气氛,虽然该词有了演变,但最重要的还是感情精神方面激动的现象,

---

① Jean-Luc Nancy, *The Pleasure in Drawing*, trans. Philip Armstrong, New York: Fordham University Press, 2013, p.28.

② 符载:《观张员外画松石图》,何志明、潘运告编著:《唐五代画论》,湖南美术出版社 1997 年版,第 70 页。

③ 符载:《观张员外画松石图》,何志明、潘运告编著:《唐五代画论》,湖南美术出版社 1997 年版,第 70 页。

纯粹而且自然①。但是感兴既是精神的也是身体的,这让我们再次回到《乐记》"情动于中,故形于声"这句话中,情在内心主动地感兴,并直接而自然地在身体上表现出来,乐就与这种感兴相关,感兴所产生的愉悦才是乐。由于感兴包含了身体,所以感兴并不排除对象世界和外在契机,就像庖丁的"目无全牛"也不是要对牛的存在视而不见,而是说在感兴中主体与对象达到了最大程度的混合,因为是以神相遇,但同时也是身体的相遇,并且这种相遇是彼此契合的,因而才能达到"气交冲漠"的状态。在这种状态中,人便获得了雄浑的强度,才有可能踌躇满志,才能体验到一种极致的乐。

五、形不可形者

我们处在一个显形的世界中,但并不意味着所有的事物都已经显现出来,"成形"之所以发生是因为存在着尚未到场之物,然而尚未到场之物并非是不可形的,绘画有能力把这些未显现者带入到在场之中。"情"是不可见的,然而并不表示它是不可形的,一方面,情与形可以有一种约定俗成的联系,形是情的符号;另一方面,情直接作用到形之上,在彼此触摸中获得了强度,一种形之乐。这些都不是不可形者,然而,存在着不可形者,不可形者不在超验界之中,毋宁说,不可形者就在形之中。

不可见者就在形之中,这切不可理解为不可见者在形之中显现出来,就像理念在感性之物中显现出来那样,而是首先应该被理解为不可见之气在可见之形中的凝聚。形是由凝聚而产生,却不能把凝聚还原为形或对象,为了让存在物能够成形,能够显现出来,气之凝聚——显现原理,就不能是存在物,它自身不能显现出来,为了让形得以成形,气之凝聚就不能作为形而成形。

但是如果没有成形,气之凝聚仍然在赋形力量中,在气的涌动中,却没有达到气的涌现。凝聚,让形式成形,凝聚贯穿于成形的过程,但凝聚自身不成形、不展现,它是不可形者。知其然而不知其所以然,我们只能知晓和把握现成的形式或表象,因为它已经展现了出来,却无法知晓使成形得以实现的显现原则——气之凝聚。然而,在绘画中,气之凝聚的显现原理在写的动作和过程

---

① 陈世骧:《原兴:兼论中国文学的特质》,柯庆明、萧驰编:《中国抒情传统的再发现》上册,台大出版中心2009年版,第31—33页。

中被感受到,对画家来说,他直接参与到造化的过程中,对观者来说,他在不可还原的痕迹上感触到能量的游戏,显现的游戏。

不可形者就在形之中,我们将面临一个更为复杂的问题,那就是可见者从可见者那里被减弱和消散的状态,这种消散状态在宋代欧阳修那里也被称为难画之意或难形之心:

> 萧条淡泊,此难画之意,画者得之,览者未必识也。故飞走迟速,意近之物易见,而闲和严静,趣远之心难形。①

"萧条淡泊"、"闲和严静"或者"趣远之心"在很多时候都被理解为人的情感或情绪,或者更高一个层次被理解为心境,这并没有什么错,"萧条淡泊"的确是能够被人可以实实在在经验到的情感或心境,然而它为什么难画或难形?我们刚刚不是论述过了情感可以通过符号甚至直接作用于形式而被表现出来吗?事实上,难形不只是说难以表现,难以为它找到形式,欧阳修真正想表达的是这是一种不可能,文人画的理想就是要表现这个不可能,所以即使画家能够做到这一点,而对观画者来说却不一定领会到这种不可能,因为这种不可能找不到与之相契的形式。

至此,我们已经陷入了一个吊诡:不可形者找不到与之相契的形,不可形者就在形之中。这个吊诡该如何调解呢?

这个吊诡听起来很接近利奥塔的崇高概念,我们现有的形式无法呈现理念,由于这种不可呈现而产生了崇高感,这就是呈现不可呈现者,我们刚才提到萧条淡泊往往被看成是一种情感和心境,它是难以描绘、难以表现的,这里就有一种崇高感,然而,欧阳修为何要在这么多心境中独独重视萧条淡泊呢?在欧阳修的这段话中,有一个隐微的联系常常被忽略了,欧阳修把萧条淡泊也叫作趣远之心,"趣远"就是渐渐向远处退隐消失的过程,在我看来,萧条淡泊就是意味着一种消散状态,宗白华先生非常贴切地把"萧条淡泊"界定为精神境界,它是"艺术空灵化的基本条件","艺术境界中的空并不是真正的空,乃是由此获得'充实',由'心远'接近到'真意'"②,不过宗先生没有把它也理解为

---

① 欧阳修:《欧阳修论鉴画》,王原祁等辑:《佩文斋书画谱》第二册,北京市中国书店1984年版,第381页。

② 宗白华:《论文艺的空灵与充实》,《美学散步》,上海人民出版社1981年版,第23页。

是一种崇高。不过,由"萧条淡泊"的难形而产生的崇高也不同于利奥塔的后现代崇高,因为后者是与某物发生有关,而前者是与消散有关,因而是一种"境界式崇高"。如果存在着气聚则有形、"势来不可止"的凝聚和成形状态,那么我们也就无法避免气散则无形、"势去不可遏"的消散状态。

划线的欲望在面临自身实现——成形——的不可能时而遭受了挫伤感,只能通过正言若反的方式迂回地实现,即极其绚丽者却以淡泊至极的方式表现出来。淡泊,是从绚丽那里减去的,是要把绚丽排除出去的,然而,淡泊却又是最绚丽的。欧阳修所说的难形之处就是在这一点上。淡泊是减去的,是在消失的,它当然找不到与之相契的形,然而,淡泊又分明不在我们这个世界之外,它就在形之中,消散并不意味着空无一物,因为消散总是意味着可见者从可见者那里消散而去,消散本身就暗示出可见者的踪迹。这样,吊诡的调解也得以可能了,"萧条淡泊"正是可见者从可见者那里消散之际的最后踪迹。

"画,形也",这是《尔雅》给出的解释,这个解释如此促迫,几乎无以通达,然而它作为起源在历史地层不断衍生和展布而形成的根茎,让我们得以形成一个诠释的循环。本文对这个解释的再解释差不多变成了对它的解构,我们貌似从存在物的显形或现成的外形的开始考察,可是很快笔锋一转就把它抛置一旁,跳到了《说文解字》给出的定义,从"毛饰画文"中推论出"形"是一种划线的欲望和冲动,是主动给出形式的赋形力量。这个解释可以说是本文得以展开的基调,是本文寻找起源的过程中首先锚定的思想根据,从这里出发,形的世界才得以开启出来。没有赋形力量,成形就是不可想象的,但如果没有成形,赋形也就成了自我消耗。成形是过程,这个过程铭刻在绘画的写形之中,成形也是展露和明示,绘画作为形式而显现出来。从赋形和成形的涵义来看,古代绘画要脱离"形似"也就变得可理解了,张彦远就已经明确指出:"夫画物特忌形貌、采章历历具足,甚谨甚细,而外露巧密。"①既然物的形貌、样子如其所显的那样一目了然,又何须画家费力描绘?描绘得逼真肖似又有何益?在苏轼那里形似成了一个品味高低的问题:"论画以形似,见与儿童邻。"②因为"形"不是关于存在物的本质,它属于过程,揭示了成形的过程,因此,对物形的逼真描绘并没有把事物之本然性(或本真性)揭示出来,也没有把画之所以为

① 张彦远:《历代名画记》,人民美术出版社 1964 年版,第 26 页。
② 苏轼:《书鄢陵王主簿所画折枝二首其一》,王文浩,孔凡礼编:《苏轼诗集》,中华书局 1982 年版,第 1525 页。

画一并表露出来，反倒是在这种摹仿中，那种本然性则愈行愈远了。此后，要求超越形似，以形似为末道的呼声在整个文化传统中形成了萦回激荡的共鸣。

"形"不仅仅是物质和身体、姿势和过程的问题，它也关涉情和精神境界的问题。在古代绘画中，情直接作用于形式，并产生一种独特的情感——形之乐，就是主体之气与对象之气彼此触摸引起的混合而带来的乐之感触，积极而主动的感触就是"感兴"，乐就是由感兴产生的。当"形"上升为精神境界的时候，这是因为绘画是要形不可形者，"萧条淡泊"就是这种不可形者，因为它是一种消散状态，它找不到与之相契的形式，所以这是一种崇高感，然而不可形者就在形之中，因为消散总是意味着可见者从可见者那里消散而去，"萧条淡泊"正是可见者从可见者那里消散之际的最后踪迹。我把它称作"境界式崇高"。

本文一路跌宕起伏，至此才算完成了一个诠释的循环，然而循环的特点就是何为起源何为终点变得模棱两可了，那么本文一开头信誓旦旦地把形作为画的思想起源不就成了空话？不过我们所说的起源本来就并非历史时间意义上的，从事物由之而起并由之以成的意义上理解起源，那么形是作为赋形力量而成为画的思想起源，这个起源并没有被湮没在时间的流变和积压中，它甚至一直伴随绘画成形的过程之中，每一次作画都是一个起源，每一次划线都是一次开启。因而，形作为思想起源，就是指画是被开启、被再次开启的持续运作，起源的遗忘也就意味着画的终结。

身体审美幻象理论建构初探

——对当代中国马克思主义美学研究的新思考

覃守达*

（广西外国语学院　广西南宁 530222）

摘　要：从身体的维度来开展当代中国马克思主义美学研究是当代中国美学建构的重要视角，当代中国马克思主义美学研究一个全新的学术架构和发展之路是身体审美幻象理论建构。建构马克思主义的身体审美幻象理论，必须基于马克思和恩格斯的经典论述，针对当代中国实际问题，结合古今中外的相关理论以解决现代美学危机以及如何重建现代美学的学术难题。最终，能够有效地贯通和整合古今中外的美学资源，为更好地为建构中国特色的马克思主义美学话语体系做出贡献。

关键词：当代中国马克思主义美学　身体审美幻象　理论建构

　　长期以来，当代中国美学研究都没有离开过马克思主义的指导，反过来说，当代中国马克思主义美学是当代中国美学研究的主流，更好地体现了中国特色社会主义建设的正确方向和在意识形态领域的特有优势。从 20 世纪 50、60 年代的"美学大讨论"，到 20 世纪 70 年代末、80 年代初的"美学热"，再到 20 世纪 90 年代末、21 世纪初的跨学科或交叉学科复合研究热潮，时至今日，各种新型学说层出不穷，虽然各有主张，但都不约而同自觉地在马克思主义指导下，结合古今中外有关的美学资源的挖掘、收集、提炼和整合，从不同的视角和范畴来丰富并促使当代中国马克思主义美学研究。

　　从身体的维度来开展当代中国马克思主义美学研究是当代中国美学建构

---

　　* 作者简介：覃守达(1974—　)，男，广西上林县人，广西外国语学院副教授，研究方向为当代美学与审美人类学。

的重要视角。自 20 世纪 80 年代,即改革开放以来,当代中国逐渐从传统的马克思主义美学研究理念中走出来,纷纷吸收古今中外不同的美学资源中有用的优秀的成果,从不同方面发力,产生出后实践美学、新实践美学、环境美学、生态美学、身体美学、审美幻象理论、审美人类学、神经美学、悲剧美学等丰富多彩的理论建构。如果把这些理论建构加以贯通起来进行研究,就会发现,当代中国马克思主义美学研究一点都离不开"实践",尤其是指属"人"的身体性实践,这就意味着,一点也离不开属"人"的身体维度。在笔者看来,当代中国马克思主义美学研究一个全新的学术架构和发展是身体审美幻象的理论建构。建构马克思主义的身体审美幻象理论,必须基于马克思和恩格斯的经典论述,针对当代中国实际问题,结合古今中外的相关理论,以解决现代美学危机以及如何重建现代美学的学术难题,最终有效地贯通和整合古今中外的美学资源,更好地为建构中国特色的马克思主义美学话语体系做出贡献。

一、马克思和恩格斯美学思想的启示

马克思主义经典作家马克思和恩格斯共同缔造了马克思主义哲学、美学、人学、政治学、经济学等等的基础理论,即历史唯物主义和辩证唯物主义,成为了无产阶级革命和建设的根本理论,以这一理论为基础所建构的美学,自然形成了马克思主义美学。在恩格斯看来,整个庞大的马克思主义及其指导下所构建的各门学科理论体系,需要无数代无数人来共同建设,但马克思的贡献是最大的,这是因为马克思比我们大家都站得高些,看得远些,观察得多些和快些。因此,我们现在开展当代中国马克思主义美学研究,应当齐心协力,始终不能忘记从马克思那里寻找理论的基础和指导,其次更是从恩格斯那里寻找理论的基础和指导。马克思和恩格斯的经典论著十分丰富、深刻、复杂,其关于美学研究的思想均分散于这些论著当中。本文限于篇幅,不可能一一作出探究和论述,但在笔者看来,有两部著作中的美学思想应当首先成为我们进行当代中国马克思主义美学研究的理论基础和指导:一是马克思的《1844 年经济学哲学手稿》;二是恩格斯的《路德维希·费尔巴哈和德国古典哲学的终结》(内含附录——马克思的《关于费尔巴哈的提纲》)。

(一)马克思基于身体及其身体性实践关系的美学思想

马克思《1844 年经济学哲学手稿》,又称为《巴黎手稿》,是马克思美学思想及其开创的马克思主义美学思想的诞生地①，一直以来受到国内外学术界的高度重视，并被不断地阐发和研究。这部充满哲学智慧的著作，大量存在着对真正意义上的"人"的存在与发展问题的思考和探究，试图弄清楚人是如何建构或建造自己和社会及其历史和现实的奥秘。值得重视的是，该著作实际上已论及人的身体作为人的生存和发展的物质基础和中介基础的内涵、作用、价值和意义。基于这一身体及其身体性实践关系，该著作提出了"劳动创造了美"、"人的本质力量的对象化"、"美的规律"、"人的自我异化的积极的扬弃"等具有唯物史观和辩证法内涵的人的审美建造美学思想。

人、人的类存在以及人本身凭什么能够成立？为什么人会这样或那样地生存和发展？为什么人能够创造美？——这些都是马克思首先要思考的问题，实际上都是关于人的审美建造的问题。在马克思看来，解决人的审美建造问题的物质基础和中介基础是人的身体。因为人作为一种类存在物，人本身的实现最为重要的是靠自然界生活，而身体，正好是其唯一的最为根本的处理人靠自然界生活的基础、途径、手段、方式、方法等，可以统称之为"基点"、"中介"或"介质"，一般从物质（肉体，属生理机制）到精神（意识、心灵或灵魂，属心理机制）来不断地建造人本身。马克思一再强调指出，这一建造过程，是基于身体并从实践方面来进行的。也就是说，人与自然界之间的关系是一种身体性实践关系。在笔者看来，这就是马克思基于身体的关于人的审美建造的理论逻辑起点、基点和依据。

既然如此，那么我们就需要进一步地理解和把握马克思如何论证人的审美建造基于人的身体及其身体性实践关系而实现的。从整部《巴黎手稿》来看，马克思始终将人和动物分别与自然界之间产生的关系进行了深刻的人类学式地比较分析和探讨。他发现人作为一种类存在物，其身体性实践是一种有意识的生命有机体的活动，即依靠意识的作用，人能够把任何一个种的尺度以及人内在固有的尺度运用到对象上去，以此建造人本身及其社会并生产出各种产品以供消费。人在实践的各种对象上获得人的本质力量的对象化，在对象上获得人的本质力量如智慧、技巧、理想、情感、欲望、话语等等的观照、体验和欣赏，从而使人的本质力量获得了表现和确证并由此产生了精神上的无

---

① 邢煦寰：《马克思主义美学的真正诞生地和秘密——学习〈1844 年经济学—哲学手稿〉札记之一》，《新疆大学学报（哲学人文社会科学版）》1987 年第 2 期。

限快乐与自由,因此人也能够按照美的规律来建造。

马克思再三强调了"实践"的作用。根据手稿中有关马克思基于身体的"实践"的描述、分析和论述,这一"实践"内涵实际上是基于身体的人的身体性实践内涵,是指从物质到精神的人与自然界不断交互作用的身体性对象化活动,其最终目的就是人的审美建造的实现,也就是人本身的实现或者人的本质力量的对象化的感性完满地占有。

具体而言之,在马克思看来,人类劳动一开始就是属"人"的文化活动,懂得如何在劳动过程中、在劳动对象上复现人类的类特性或人的本质力量,因此,劳动创造了美。社会与自然界一样,无非是人在劳动基础之上的人的身体的复现。这就说明了人类总是按照身体内在的本质力量或类特性要求,即所谓的"内在固有的尺度",去进行对象化地、感性现实地身体性地审美建造(包括生活生产等一切身体性实践活动)。笔者视之为人类的身体"内在尺度"的具体运用,即马克思所说的"按照美的规律来建造"。这时候,人类的身体"内在尺度"应该和身体"外在尺度"(即物种需要及其直接地外在地表现)是一致的,这样,人本身及其身体才是完整的自由自觉的感性现实存在。由此可见,人的身体是处理人和人、人和自然、人和社会之间的关系的物质基础和中介基础,也是人的审美建造的物质基础和中介基础。

马克思从具体分析人和人所需要的欲望对象之间的自然而现实的对象化关系角度切入,论述了人和人之间、人和人所需要的欲望对象之间发生的关系是一种身体性对象化关系,彼此之间能通过这种关系自然地真实地实现人的类本质力量的对象化(其中包括欲望的对象化)——一方面是能动的,另一方面是受动的——这就是人的类本质力量对象化实践存在着的两种相反相成的方式。在马克思看来,人作为一种类存在物,他欲望的对象是作为不依赖于他的对象而存在于他之外的他所需要的对象,是表现和确证的本质力量所不可缺少的、重要的对象。[①]"不依赖于他的对象"中的"对象"应该是指"实际存在的欲望对象",在劳动中就是指"实际存在的劳动对象";而"不依赖于他的对象而存在于他之外的他所需要的对象",应该是指他所需要的独立的审美对象,因为这个对象是表现和确证的本质力量所不可缺少的、重要的对象。这时候

---

① 中共中央马克思恩格斯列宁斯大林著作编译局:《马克思恩格斯全集》第 42 卷,人民出版社 1979 年版,第 94 页。

的他的"需要",应该是指"审美需要"。显然,在马克思看来,要求人自然感性现实地存在,就必须建立在人的类本质力量的对象化关系基础之上,即要求身体性实践关系现实地存在,按照基于身体内在属人的审美需要来达成真实感性完满的人的类本质力量的占有或实现,这应属于马克思基于身体的关于人的审美建造或建构的审美人类学思想,其所涉及到的概念是内在于人的身体的审美需要、审美欲望、审美交流、审美变形、审美话语、审美幻象、审美理想等。

在对人与动物进行比较分析中,马克思指出,动物只是停留在其"种的尺度"自然肉体需要限制范围之内,被其"种的尺度"所制约、束缚和控制,因此完全是一种被动或受动的低级生存与发展状态。相反地,人却能够自由运用任何尺度到对象上去,这明显表现出人已经摆脱了"种的尺度"所制约、束缚和控制而造成的被动或受动的低级生存与发展状态,成为能动的自然存在物——即能动地按照基于身体的内在属人的审美需要,来达成真实感性完满的人之本质力量的占有或实现的自然存在物。因此,人也按照"美的规律"来建造。实际上,马克思揭示了人类如何基于人的身体及其身体性实践关系来按照"美的规律"进行建造的奥秘,其内在理论推理逻辑是:如果没有人的身体,也就没有人的类本质力量的对象化;如果没有人的类本质力量的对象化,也就没有人的身体性实践关系;如果没有人的身体及其身体性实践关系,那么所谓按照什么样的"尺度"或什么样的"美的规律"来建造也都是不可能的,更别提什么"人的本质力量的表现和确证"了。由此可见,基于人的身体及其身体性实践关系,人类首先必须按照"美的规律"来处理人和自然之间的关系问题——这也就是人的审美建造的最为根本问题。

综上所述,在笔者看来,马克思关于人的审美建造的美学思想是基于身体的审美人类学思想,集中体现为基于人的身体及其身体性实践关系,即人通过人的身体性实践关系,来实现人的本质力量的对象化,从而按照美的规律来建造或建构人自身、自然和社会。这一思想涉及到基于人的身体及其身体性实践关系的人的审美需要、审美欲望、审美交流、审美变形、审美话语、审美幻象、审美理想等审美机制的运用。

(二)恩格斯基于身体性实践的历史的辩证的唯物主义美学思想

学术界只看到恩格斯的《路德维希·费尔巴哈和德国古典哲学的终结》(以下简称《哲学终结》),是阐述马克思主义哲学基本原理的重要著作,这是因为:"在这部著作中,恩格斯论述了马克思主义哲学形成和发展的历史过程,具体说明了它的理论来源和自然科学基础,详细阐述了马克思主义哲学同德国古典哲学、主要是同黑格尔辩证法和费尔巴哈唯物主义之间的批判继承关系和本质区别,深刻地分析了马克思主义哲学诞生在哲学领域中引起革命变革的实质和意义,系统地阐述了辩证唯物主义和历史唯物主义的基本原理。"①

细心的读者会发现,恩格斯 1888 年《哲学终结》内在的美学思想与马克思 1844 年《巴黎手稿》、1845 年《关于费尔巴哈的提纲》等的美学思想保持一致,而且还特意在《哲学终结》最后附录上马克思 1845 年《关于费尔巴哈的提纲》,可见恩格斯对这份提纲有多么重视。恩格斯为什么要这样做? 隐含在《哲学终结》中的美学思想又是怎样的? 也就是说,恩格斯隐含在《哲学终结》中的马克思主义的美学研究思想是怎样的? ——这显然一经提出,就立即成为一个谜。

在笔者看来,要解开这个谜,我们不妨从马克思 1845 年《关于费尔巴哈的提纲》(以下简称《提纲》)中隐含的马克思主义美学研究思想开始解读:

1. 对对象、现实、感性,要把它们当作人的感性活动和实践去理解,即从主体方面去理解,把人的活动理解为对象性的活动,把握"革命的"、"实践批判的"活动的意义。

2. 人的思维是否具有客观的真理性是实践问题。

3. 环境的改变和人的活动的一致是变革的实践。

4. 世界被二重化为宗教的、想象的世界和现实的世界,把宗教世界归结于它的世俗基础,对于这个世俗基础首先应当从它的矛盾中去理解,然后用消除矛盾的方法在实践中使之发生革命。

5. 感性是实践的、人的感性的活动。

6. 在现实性上,人的本质是一切社会关系的总和。

7. "宗教感情"是社会的产物,个人是属于一定社会形式的。

8. 社会生活是实践的,神秘事物都能用人的实践来解释。

9. 直观的唯物主义是不把感性理解为实践活动的唯物主义。

① 恩格斯著,中共中央马克思恩格斯列宁斯大林著作编译局译:《路德维希·费尔巴哈和德国古典哲学的终结》,人民出版社 2018 年第 3 版,《编者引言》,第 2 页。

10. 新唯物主义即历史唯物主义和辩证唯物主义的立脚点是人类社会或社会化的人类。

11. 哲学家们只是用不同的方式解释世界,而问题在于如何改变世界。

以上共计十一个观点,均从《提纲》中所列的十一个方面的论述中总结出来,恩格斯肯定比我们更加深刻地理解和把握好这些隐含的思想,并且在他的《哲学终结》中清楚地表达出来,但如何表达出来,我们先不急于去解读,在这里先进一步地理解好《提纲》中隐含的马克思的美学研究思想是怎样的?

首先,从《巴黎手稿》到《提纲》,时间相隔不到一年,马克思的美学思想应该都是一致的,那就是十分重视基于人的身体及其身体性实践关系来研究人的审美建造,尤其是特别强调身体性实践的作用。《提纲》中所点到的对象、现实、现实性、感性、人的感性活动、主体、实践、对象性的活动、人的本质、社会关系、社会形式、社会化的人类、革命、改变世界等等,其内涵及其各自之间的内在关联,都可以在《巴黎手稿》中找到相应的分析和论述,这就意味着《提纲》中所隐含的仍然是关于人的审美建造的美学思想,而这一思想实际上也就是人类身体性实践的历史和现实的辩证唯物主义美学思想。

其次,《提纲》中所隐含的马克思主义美学思想可以集中表述为:人作为一定社会关系的总和,在现实性上是实践的审美建造的主体,必然与审美建造对象之间产生感性的对象性活动或对象化活动,即身体性实践活动,这些活动都是具有一定的社会形式的能够改变世界的革命变革的活动;由这些活动所构成的一切社会关系的总和就是人的本质;在感性、现实的个体(人)的具体实践活动中,这些关系明显表现为身体性实践关系。——这就是人的身体性实践的本质和规律,由此可以引申理解为:人如何改造自己然后改造世界,或者说,人如何建构自己和社会,这些改造或建构活动必须从本质上被理解为历史的、感性的、现实的、社会的身体性实践活动;否则,人及其所建构的一切包括神和宗教甚至审美和艺术、政治和国家、经济和制度、文化和习俗等等,就会被视为神秘的或直观的凝固抽象物。

最后,对照前文有关马克思《巴黎手稿》基于身体及其身体性实践关系的人的审美建造美学思想,可以把《提纲》中隐含的美学思想统一理解为:基于人的身体及其身体性实践关系的人的审美建造美学思想。人的身体及其身体性实践关系始终是面向未来的,不断进行革命革新的感性现实的活动,其表现形式是一定社会形式的否定的否定发展,或"自我异化的扬弃",因此最终必然需要的是改变世界,而不仅仅在于解释世界。

恩格斯肯定不可能不领会到马克思的这些隐含的美学思想,因此他必然也会把这些思想隐含到《哲学终结》之中。不但如此,这部重要的著作还进一步地阐明了这些思想的历史哲学基础,总共分为四大部分来表述。相应地,恩格斯的美学思想也分别表现为四大方面:

1. 实践的历史的辩证哲学及其对身体审美幻象的批判

在第一部分中,恩格斯在批判黑格尔哲学基础后指出——认识即思维的东西,不管是感性思维还是理性思维,同历史一样,处于绝对的革命性的由低级到高级发展的不断过程,所谓完美的理想状态、完美的社会、完美的国家,都只有在幻想中才能存在,①这就是历史的辩证唯物主义基本原理。这就告诉我们:所谓认为是"完美"的一切东西,包括思维、认识及其所对应的现实社会、国家等,都是一种基于某种意识形态的审美幻象,即审美的乌托邦,是不现实的存在。费尔巴哈同黑格尔一样都犯了这样的错误:把人的世界归结为宗教性的永恒完美的"爱",天真地以为只有这样,人类异化才能够扬弃。人类任何"宗教感情",即所谓的"爱",从来都不是永恒不变的抽象物,也不是依靠这种"爱",人类才能获得真正的自由和解放。只有基于身体及其身体性实践关系的人的感性现实的实践即对象性活动或对象化活动,只有这种实践的不断地革命变革,才是人类自由解放的唯一途径。同样地,任何"审美感情"也都不是永恒不变的抽象物,必然通过基于身体及其身体性实践关系的人的感性现实的实践即对象性活动或对象化活动,处于由低级升到高级的不断革命变革的过程之中,这一点是绝对的真理。人的审美建造活动作为这样一种感性现实的实践即对象性活动或对象化活动,也必然是处于由低级升到高级的不断革命变革的过程之中,在人类从必然王国走向自由王国的过程中起到关键的作用,因为只有这样,人们的审美和艺术才不会出现所谓神秘的、神圣的或"完美"的说法,一切有这种观念的审美和艺术将不是真正的有价值的审美和艺术。

但是,正如恩格斯所说的,费尔巴哈的《基督教的本质》直截了当地使唯物主义重新登上了王座,人们终于欢欣鼓舞地看到,自然界是人类赖以生长的基

---

① 恩格斯著,中共中央马克思恩格斯列宁斯大林著作编译局译:《路德维希·费尔巴哈和德国古典哲学的终结》,人民出版社 2018 年第 3 版,第 9—10 页。

础,宗教幻象所创造的最高存在物只是人类本质的虚幻反映。① 马克思热烈欢迎这样的观点,并在他后来的《神圣家族》中表现出来。这种宗教幻象指的是宗教意识形态,是一种基于人的身体及其身体性实践关系而产生的审美幻象,集中表现为宗教的仪式和艺术。在《巴黎手稿》中,马克思早就指出,人的自我异化导致了人的身体内在丰富性——各种欲望和激情、想象和幻象等不断地产生出来,还被表现为各种审美和艺术。事实上,这种基于身体及其身体性实践关系而产生的审美幻象,只能是人的身体审美幻象,即只是人类的本质的虚幻反映,人类的本质是指人本身,也就是人的本质力量,人的本质力量本来要求对象化地实现出来才会是美,现在却因为来自现实的宗教意识形态的异化,变成了人的自我异化的幻象存在,因为人对这样的"虚幻反映"顶礼膜拜。不难看出,以上这些是费尔巴哈的唯物主义哲学最为宝贵的思想表现。

与此同时,费尔巴哈的两个弱点也表现了出来,那就是采用美文学和对于爱的过度崇拜,恩格斯严厉地批判了费尔巴哈的两个弱点及其所造成的审美幻象。

2. 美学研究的基本问题——身体审美幻象问题

要解决费尔巴哈唯物主义的严重缺陷所造成的哲学的偏见,似乎其效果也等同于康德和休谟等主观唯心论或黑格尔客观唯心论的批判,即这些哲学家们都被哲学的重大的基本问题搞得晕头转向,最后被来自现实的扭曲的意识形态所变形产生了身体的审美幻象。

恩格斯指出,全部哲学的基本问题是思维和存在的关系问题。显然,全部美学的基本问题也应当是思维与存在的关系问题,因为美学属于哲学,在黑格尔那里称为"艺术哲学",直到如今还保留着这样的称呼。恩格斯为什么这么肯定地下这样的判断呢?他的学理依据不仅仅基于对人类全部哲学的研究和总结而产生的,而且是对人类最初的观念行为进行历史的人类学式的哲学思考和总结。这个最初的观念就是原始人在愚昧无知的状态下,把人的思维和感觉同人的身体相互分开来对待。② ——从恩格斯的这个哲学思考、判断和总结的反方面来看,恩格斯的隐含的意思是人的思维和感觉同人的身体是相

① 恩格斯著,中共中央马克思恩格斯列宁斯大林著作编译局译:《路德维希·费尔巴哈和德国古典哲学的终结》,人民出版社 2018 年第 3 版,第 14—15 页。
② 同上书,第 17—18 页。

互融合为一体的,不是相互分开的,因此原始人的灵魂观念是错误的。这就是说,原始人所谓的"灵魂",即人的思维和感觉,本来就属于人的身体的活动,寓于身体之中,质言之,人的思维和感觉是人的身体的内在组成部分,是人的身体性实践活动之一。

从这一意义上来说,恩格斯客观地分析和论述了人类最初的产生的思维与存在之间的关系问题,就是要论证人类实践一开始就已经表明了这样的事实——人类的存在必须以身体为基础来开展人的身体性实践活动。思维和感觉的活动属于内在于人的身体的精神性活动,本质上也是人的身体性实践活动。然而,原始人把人的思维和感觉的活动视为具有永恒不死的超世界即超自然的力量和形象,并且采用人格化的手法来进一步想象和虚构之为"神",产生了宗教。人类在灵魂观念的基础上加以想象和虚构出来的人格化的神灵观念,具有引人向善、向真、向美发展的功能,因为人类所创造的神,一般都是对人类有帮助的。这些神实际上是人类基于身体及其身体性实践关系而构建出来的身体审美幻象,是所有宗教的根本基础。在这里,恩格斯所隐含的基于人的身体及其身体性实践关系的美学研究,其基本问题是身体审美幻象的问题。这种幻象与人类同时诞生,伴随着人类及其社会的发展变化而发展变化,其存在的特征是多样叠合、流动变幻,正如恩格斯在这里所揭示的灵魂观念如何变化为神的观念,最初的神的观念又如何变化发展出多神的观念,多神的观念又如何变化发展一神的观念。

根据恩格斯的论述,灵魂不死的观念应该被视为人的最初的身体审美幻象,给人带来的是一种不可抗拒的命运、一种真正的不幸,这命运和不幸是指人的悲剧。因此,从原初的意义上来看,悲剧是指人的一种不可抗拒的命运、一种真正的不幸。也就是说,人的身体审美幻象注定具有悲剧性。在恩格斯看来,人类是在从猿到人的转变过程中,在学会直立行走后才诞生的,也就是说,人类的诞生是建立在人学会直立行走的身体及其身体性劳动的基础之上。如果没有这一身体及其身体性劳动实践,人类不仅不可能诞生,也不可能产生出后来的各种思维和感觉,真正的人也就不可能存在,因此,人的存在是以属人的身体及其身体性劳动为根本前提和基础的。①

---

① 请参阅恩格斯:《劳动在从猿到人的传变中的作用》,载于《自然辩证法》,中共中央马克思恩格斯列宁斯大林著作编译局译,人民出版社 2018 年第 3 版,第 303—316 页。

3. 身体审美幻象的虚幻性——欲望的无法表达

恩格斯指出，费尔巴哈把人和人之间的关系或联系视为宗教①，即成为抽象的所谓"爱"的关系。"在费尔巴哈那里，爱随时随地都成为一个创造奇迹的神，可以帮助克服实际生活中的一切困难——而且这是在一个分裂为利益直接对立的阶级的社会里。这样一来，他的哲学中最后一点革命性也消失了，留下的只是一个老调子：彼此相爱吧！不分性别、不分等级地互相拥抱吧！——大家都陶醉在和解中了！"②

从恩格斯对费尔巴哈哲学的要害批判来看，过去的宗教实际上属于人的身体审美幻象的一种表现，而现在，费尔巴哈的新宗教提出"爱"即宗教的基础，"爱"的关系构成了宗教，其道德基础是人生来就有追求幸福的欲望③——费尔巴哈"爱"及其新宗教，实际上也表现为一种身体审美幻象，因为这些幻象基于身体的"爱"的欲望需要，不切实际地要促使人和人之间各种矛盾关系彼此消融在"爱"里面，最后达成人人都拥有幸福美满的欲望生活。这显然是不现实的宗教式的身体审美幻象。因此，费尔巴哈的"爱"，同康德的"绝对命令"或"自在之物"以及黑格尔的"绝对观念"、"绝对精神"或"理念"，在异化现实面前、在历史前进的道路上、在具体的活生生的个人生活实践中，都一样是软弱无力的身体审美幻象，明显具有虚幻性，直接导致人的真正的欲望无法满足及表达，只有在哲学美学、审美艺术中获得虚幻的体验，其结局注定是悲剧的。

如何解决费尔巴哈的身体审美幻象虚幻性问题？在恩格斯看来，关键是要从其抽象的人转到现实的、活生生的人，就必须把这些人作为在历史中行动的人去考察。但是，费尔巴哈没有走这一步。实际上，马克思早在《巴黎手稿》的序言中明确地指出，不学无术的评论家（暗指布·鲍威尔等青年黑格尔派，即后来被马克思、恩格斯称之为"神圣家族"的主观唯心主义批评家），企图用黑格尔的现象学和"绝对精神"来完全批判地批判一切——包括法、国家、道德、市民社会和大批群众，他们核心谬论是凡是一切存在只有经过绝对批判地改造，才能使其苦难灵魂获得拯救。假如有碍于批判的批判的一切欲望和需要，都要统统毁掉。这种欲望和需要明显是围绕着人的身体而衍生出来的，所

---

① 恩格斯著，中共中央马克思恩格斯列宁斯大林著作编译局译：《路德维希·费尔巴哈和德国古典哲学的终结》，人民出版社 2018 年第 3 版，第 29 页。

② 同上书，第 35 页。

③ 同上书，第 35 页。

以为了灵魂得救,就应该灭绝身体的一切欲望与需要。在稍后的《神圣家族》这部著作中,马克思尖锐地批判这种谬论,他指出:可怜的玛丽花那符合人性需要的身体由于不能适合修道院的生活而死了,这被看作批判的批判家们的拯救苦难灵魂的伟大胜利,却恰恰道明了资产阶级利用文化和意识形态的有害性来剥夺人的身体符合人性的存在,以削弱革命群众的斗争力量的险恶用心。

诚然,马克思和恩格斯并不是因为宗教问题而完全否定人类的身体审美幻象,人类伟大的艺术家及其许多优秀的艺术作品,也都是在虚构和传达出人类的身体审美幻象,但不是如同宗教一样,颠倒或扭曲现实地去虚构和传达,而是从历史的、现实的、感性的、具体的人及其身体性实践去虚构,因此绝不会那么轻浮焦躁地表达莫须有的虚幻意识或虚假意识,这就是现实主义地创作,例如莎士比亚及其戏剧作品正是如此。

4. 身体审美幻象的动力和根源——人及其物质生活生产的需要

在恩格斯看来,我们要唯物地把我们头脑中的概念看作现实事物的反映,那么,同样地,我们也应该把我们头脑中基于身体及其身体性实践关系而形成的审美幻象——即身体审美幻象,视为人及其物质生活生产的需要的表现,整个庞大的意识形态大厦由此构建起来了。然而,人类一开始就很倒霉,由于身体机能的作用,造成了意识形态的生活,用意识形态的方式看待生活就显得十分错综复杂和难以弄清楚人本身及其社会生活的本质面貌,这是因为意识形态采取的根本存在方式和机制是基于身体及其身体性实践关系而产生审美幻象——即身体审美幻象。

艺术和宗教一样,是离开物质生活最远的,好像同物质生活最不相干。从表面上看起来,除了宗教艺术是基于宗教而产生的意识形态属于人们关于他们自身的自然和周围的外部自然的错误的、最原始的观念中产生而发展起来并对这些材料进行加工而成的,其他各种艺术也基于某种意识形态而产生和发展起来,但归根结底是由人们的物质生活条件决定的,对这些人来说必然是没有意识到的,否则全部意识形态就完结了。[①] ——这就是说,全部意识形态具有审美的虚幻性、虚构性,一旦人们意识到这些意识形态原来是由人们的物

---

① 恩格斯著,中共中央马克思恩格斯列宁斯大林著作编译局译:《路德维希·费尔巴哈和德国古典哲学的终结》,人民出版社 2018 年第 3 版,第 51 页。

质生活条件决定的,那么意识形态就失去了存在的价值和意义,人们将会抛弃它们。然而,人们已经习惯在意识形态中生活和生产,全部意识形态围绕和渗透着人们的身体,成为构建人的身体审美幻象的强大的话语机制。即使原来的意识形态随着人们的物质生活条件改变而消失了,人们也会依各自遇到的生活条件而独特地发展新的意识形态来,那么,各种关于神的艺术,作为宗教审美的意识形态,同样地,必然是创造这些艺术的人们的物质生活条件的基础上才会产生和发展起来,因此,全部意识形态从来都不是无缘无故地产生和发展,也不是独立地发展的、仅仅服从自身规律的独立存在。

毫无疑问,人们的物质生活是属人的身体性实践过程,人们从出生到死亡,必须依靠物质世界即自然界来生活,因此,人们的全部意识形态所构建的身体审美幻象,不管其目的如何、方向怎样,其动力和根源只能在于人及其物质生活的需要。

综合以上论述可见,马克思主义经典作家马克思和恩格斯,其经典著作中的美学思想内容十分丰富、深刻,具有科学的正确性,融合或渗透于其各种经典的论述之中。从身体维度考察这些美学思想,可以看到马克思和恩格斯在基于身体及其身体性实践关系的美学基本问题的思考和论述方面是一致的,即都隐含着身体审美幻象的理论建构思想。

二、身体审美幻象理论建构的学理依据

在笔者看来,从身体维度来探讨和研究美学问题,已经成为自美学诞生以来的一个成熟的基础理论研究维度,而在美学诞生之前,这方面的探索早已经存在了。在这一身体维度的美学研究基础上,如果我们以马克思主义美学思想为基础和指导,结合现代美学审美幻象理论范式来加以研究人类的审美建造问题。那么,所必然推导得出的身体审美幻象理论将会是当代中国马克思主义美学建设的一个新理论。为了使这一理论建构具有规范而严谨的学术之风,下面我们不妨探究一下身体审美幻象理论建构的学理依据。

1750 年,德国哲学家亚历山大·戈特利布·鲍姆嘉滕(Alexander Gottlieb Baumgarten)创立了哲学领域里的一门新学科——"美学",命名为 Aesthetics,含义为感性认识学,即对人的身体感知觉及其所形成的认知、感受和情感等方面进行理论分析与研究的科学,从而填补了哲学对形而下方面的研究空白。

鲍姆嘉滕从大陆理性完善原则来考察人的身体感性认识方面,发现那种被人称为"美"的事物,给人感受是"混乱"的但又具有具体生动而明晰的外形,亦指向认识的完善,于是得出结论:美是人对事物感性认识的完善。可见,鲍姆嘉滕早已经敏锐地给我们揭示了美甚至是审美和艺术的本性特征,首先是属于人"混乱"的感性认识方面,其次是属于这些感性认识方面的完善——给人感性认识方面的"具体生动而明晰的外形",这一切都必须建基于人的身体感知觉之上才能发生。无疑,鲍姆嘉滕这些关于身体的美学理论构成了西方后来出现的我们称为"身体美学"的最初范式,却深刻影响到后世哲学家、思想家、美学家谢林、康德、黑格尔、费尔巴哈、席勒、叔本华、尼采、马克思等,尤其是精神分析学派、现象学学派、法兰克福学派和后现代语境中的哲学家、思想家、美学家,以上所有这些哲学家、思想家、美学家的著作中都可以找到有关身体的美学论述。

鲍姆嘉滕对人的感性认识方面研究的美学思想或身体美学最初范式,实际上已经开始把美、审美和艺术跟人的身体结合起来论述,可以说是历史上最早的身体美学思想萌芽,但是很可惜被理性哲学的"完善"观念所牵制,没有能够再勇敢地往前走一步,确认美学根基在于人的身体。这给后世的哲学家、思想家、美学家有了不同的美学理论阐发与设想,总体上越来越重视人的身体在美、审美和艺术中的作用。直到20世纪末,西方才出现了当代著名的哲学家、思想家、美学家舒斯特曼,传承鲍姆嘉滕的美学思想,区分了人的肉体(Body)和身体(Soma),进一步提出并论证了美学之基在于人的身体(Soma),赋予"身体"新的内涵,并提出了"身体意识"这个核心概念,正如他所说的,他建构的是"身体感性学",命名为 Somaesthetics,即研究人的身体感性方面的科学。[①] 2002年被介绍到中国以来,却被翻译成了"身体美学",容易引起误解,实际上,他的这门学科主要探讨的是身体本身的内在感知与意识能力,这是与鲍姆嘉滕所主张的美学一脉相承。在我看来,舒斯特曼虽然明确区分出"肉体"和"身体",标举"身体意识",规定了身体美学学科任务是身体感性方面的理论研究与实践训练,以达到人以身体意识方式生存于世的完美与幸福,但这样一来,他跟鲍姆嘉滕一样,仍然把美学研究局限在人体感性范围,没有注意

---

① 〔美〕理查德·舒斯特曼著,程相占译:《身体意识与身体美学》,商务印书馆2011年版,中译本序,第1、3页。

到人的身体在复杂的意识形态和文化语境中如何被审美建造以及如何成为人们审美和艺术活动的对象和机制。另外,把"身体"从"肉体"或"肉欲"状态中脱离出来,以免遭受基督教文化中的负面联想,虽然说为美学研究寻找一种可行可靠的基础和根由,但这也是不妥当的,无论如何,"身体"不可能脱离"肉体"或"肉欲"的,这是人生命本能需要,与人们实际的日常生活生产密切相关。把"身体"抽象出来,然后标举所谓的"身体意识",这样的美学学科研究范围过于狭隘,但我们不妨称之为西方的"身体美学范式"发展之一。

由此可见,鲍姆嘉滕给美学学科的界定还是值得重视的,因为他的界定并没有排除"肉体"或"肉欲",这一点十分重要。因此,伊格尔顿明确指出:

> 美学是作为有关肉体的话语而诞生的。在德国哲学家亚历山大·鲍姆嘉登所作的最初的系统阐述中,这个术语首先涉指的不是艺术,而是如古希腊的感性(aisthesis)所指出的那样,是指与更崇高的概念思想领域相比照的人类全部知觉和感觉领域。18世纪中叶,"审美"这个术语所开始强化的区别不是"艺术"和"生活"之间的区别,而是物质和非物质之间,即事物和思想、感觉和观念之间的区别,就如与我们的动物性生活相联系的事物对立于表现我们心灵深处的朦胧存在的事物一样。哲学似乎突然意识到,在它的精神飞地之外存在着一个极端拥挤的、随时可能完全摆脱其控制的领域。那个领域就是我们全部的感性生活——诸如下述之类:爱慕和厌恶,外部世界如何刺激肉体的感官表层,令人过目不忘、刻骨铭心的现象,源于人类最平常的生物性活动对世界影响的各种情况。审美关注的是人类最粗俗的,最可触知的方面,而后笛卡尔哲学(post-Cartesian)却莫名其妙地在某种关注失误的过程中,不知怎的忽视了这一点。因此,审美是朴素唯物主义的首次激动——这种激动是肉体对理论专制的长期而无言的反叛的结果。①

伊格尔顿在其著作中多次强调指出美学是关于肉体的话语,这个肉体就是我们原初意义上的身体(body),是美、审美和艺术的物质承担者,是人类所有一

---

① [英]特里·伊格尔顿著,王杰、傅德根、麦永雄译,柏敬泽校:《美学意识形态》,广西师范大学出版社1997年版,第1页。

切的起点和终端,也是所有一切后现代主义幻象的"战场"。正因为这样,人的所有情感、欲望等会在此聚集并寻求满足,美学和文学艺术也正是通过它来获得实现,因此美学在此表现为一种矛盾性——个体肉体情感与欲望表达是来自自己内在意识和话语对抗外在世界各种权力和话语的压制,但又必须形成自己的自律性——完全自我控制、自我决定的存在模式,从而构建一种主体性的意识形态模式和自由选择模式,造成一种审美幻象,促使个体肉体即身体自己满足自己的情感、欲望等的同时,与社会现实保持一种美好和谐的感知关系。

在这里,伊格尔顿努力证明,美、审美和艺术乃至美学本身,从根本上来说,必须以个体肉体即身体方式存在,通过身体的意识形态和文化机制获得表达。因此,它们都是关于肉体的话语或者身体的审美幻象。毫无疑问,伊格尔顿深刻揭示了各种美学和艺术的真正奥秘,在个体的人主体性自律的肉体生存与发展方式中,原初意义上的身体(body)即活生生的个体的肉体充满各种情感和欲望等,所有美、审美和艺术乃至美学均围绕或浸淫于其中。那实际上也还是肉体本身情感和欲望等的表达,其中所构成的话语或者审美幻象,逐渐形成了人的身体自律性的自由模式,构筑起满足其自身的情感和欲望等意识形态和文化的审美幻象,不仅成为各种伟大而崇高的阶级斗争、性别斗争、权力斗争等造成的审美场域,而且也可以成为各种渺小卑下意识乃至动物性欲望疯狂展开与自我满足的审美场域。很显然,这样的肉体或身体(body),已经不再是鲍姆嘉滕简单直观的感性认识的对象,这才是当代美学学科应该建设的理论对象。于此,我们可以把伊格尔顿关于身体的美学意识形态或审美意识形态建构的理论,称之为"身体审美幻象理论"。这一理论已经不是简单的"身体美学范式"所能含括的,而是立足于当代全球性人类的各种危机以及美学危机而提出的全新的美学重构理论,也可以说是属于回归鲍姆嘉滕和马克思的美学思考之后西方第一次提出的对当代"身体美学范式"发展的纠偏,不妨称之为"身体美学范式"发展之二。

无论是伊格尔顿的关于身体审美幻象理论抑或身体美学意识形态还是舒斯特曼的身体美学,其思想均产生于 20 世纪,20 世纪末以来先后被引进中国后,均引起国内学界高度重视,引发了当代中国美学、诗学和文艺理论与批评研究的"身体转向"。21 世纪以来,中国学者却自觉不自觉地标举"身体美学范式",并从不同角度加以阐发,分别形成了不同的理论,王晓华成为其中最典型的代表。

主张个体哲学的王晓华悬着一个更高的学术追求：使美学回到身体——主体本身，并因而建构原创性的汉语美学体系：一是整合中西自古以来存在的身体——主体性思想，纳入主体论身体美学体系之中；二是从身体——主体性概念出发，重新解释审美的起源、发生学机制、归宿，敞开艺术活动的本性；三是推动美学研究的全面转型。与此同时，他力图建构全新的身体诗学，并且指出：人是身体，所谓的"我"也就是身体本身，首先属于主体性范畴，因此身体就是个体的人本身，也就是主体"我"本身，由此进入美学话语重构成为最可靠的入口。他力图证明的主体论身体美学，已经跳出了鲍姆加滕和舒斯特曼主客体认识论范畴，进入了完全主体性甚至主体间性的身体美学框架中，努力证明美、审美和艺术乃至美学本身，实际上是指身体——主体的人本身，这似乎切近伊格尔顿的说法。但不管怎样，王晓华建构了当代中国美学、诗学批评的"身体美学范式"。——从全球性视角看，不妨称之为："身体美学范式"发展之三。

与此同时，国内学界均在如火如荼地建构当代中国的身体美学话语的时候，一直处于主导地位的马克思主义美学和实践美学也不甘落后，在不断论争中，产生了新实践美学和后实践美学，此二者都在第一时间认真审视了身体美学，结合自身的理论话语，各自形成了有关身体的美学理论。

正当王晓华在其主体论身体美学建构中努力去论证主体间性的身体美学范式时，主体间性理论早已经无孔不入：哲学、美学、伦理学、心理学、教育学、文化学、民俗学、文艺学、艺术学乃至社会学、管理学等等，都渗透了主体间性的思想，一时之间，哈贝马斯的交往理论成为最理想的主体间性实现的成功典范，而这种现象，也很快在当代中国文学批评话语中产生和发展起来。在杨春时看来，标举主体性的实践美学理论早已经过时，因此他标举主体间性美学理论来超越实践美学，从而走向了他所谓的"后实践美学"时代。①

杨春时不遗余力地批判实践哲学和美学，认为标举主体性的实践哲学和美学，无法克服主客对立和达到真正的审美境界。因此，他标举主体间性，主张哲学的主体间性理论，变相地改造主体和客体的关系为主体和主体的关系，同时否定了哈贝马斯的交往理性的现实性——即在现实中无法实现，也否定

---

① 杨春时：《走向后实践美学》，安徽教育出版社 2008 年版，第 277、282 页。

了美学的主体间性的现实性——即在现实中无法实现,认为只有在审美中才能实现。反之,也只有这样的主体间性,才能真正做到审美。他把这一主体间性的美学称之为后实践美学。在他的主体间性哲学美学中,"实践"这一关键的马克思主义哲学和美学概念内涵似乎已经不再是主体与客体的关系的概念,而是变相为主体与主体的关系。然而,即使如此,正如他所说的,这也只有在审美中才能存在,也无法抹掉现实中的主体和客体的关系,其实也就是一种变相的主体性哲学和美学,我们不妨称之为纯粹主体性哲学和美学,即在审美或者艺术想象境界,一切的一,一的一切都化为想象中的主体,互相对话与交流。依笔者观点根据杨春时的理论逻辑,全然否定了现实中存在主体间性,脱离现实去追求虚无缥缈的审美中的主体间性,这种主张不妥。特别是在个体真实的现实生活中,在后现代社会境遇中,主体间性到处在现实生活中生动具体地展现着,这是因为迫于各种危机感,人与人之间希望创造一种融洽和谐的社区环境,甚至要求构建人类命运共同体,即要求整个地球上的人凝聚为一体,若能成功,真正的地球上主体间性理想也将会实现。这种人类命运共同体,才是真正的实现主体间性理想的纯粹主体!这样一来,同样不可避免的是我们必须面对纯粹主体性到来之前的身体美学革命,因此杨春时想用他的主体间性的美学范式去超越身体美学,跨越这一阶段的身体美学革命,直接进入纯粹主体性理想审美体验式地存在,这是不现实的一种美学理论幻象。然而,由其主体间性美学出发,杨春时最终对身体美学展开了批判,认为"身体美学反对传统的理性主义的意识美学,肯定审美的身体性,从而为满足感官欲望的大众文化的合理性提供了依据。……存在着思想上的偏颇和实践上的消极作用。因此,应当超越身体美学与意识美学的对立,既承认审美的精神性,也承认审美的身体性,并且肯定精神性的主导地位,建立身心一体的现代美学。"[1]但同时,他也肯定了身体美学的合理性,这是因为身体美学的理论根据在于审美体验的身体性,即在审美体验中,主体成为一种身心一体的存在状态,审美主体被升华为身体,"人的全部感觉、欲望都没有被抛弃,而是被升华,变为审美的激动、快感",而审美对象成为与审美主体同一的另一个主体,"它不仅有生命、有感情,而且也与自我的身体融合为一,成为我的另一个身体;我的身体感觉就是审美对象本身,审美对象就是我的身体。正是由于审美中自我主体

---

[1] 杨春时:《走向后实践美学》,安徽教育出版社 2008 年版,第 375 页。

与世界主体的身体性,才能使二者相融合,形成所谓身体主体间性。否则,如果自我仅仅是一种意识,世界仅仅是一个客体,它们之间的对立就无法消除,审美也就无法发生。"①可以说,这是他主体间性身体美学理论合理性的推理,为其提出的建立身心一体性现代美学服务,而他主体间性美学合理性也正表现于此,这也是身体美学最合理的学理内核。

与杨春时相反,力图把实践美学进一步创新发展的新实践美学代表张玉能认为,马克思实践美学思想中应该包含有人对自身的审美关系、人对社会的审美关系、人对自然的审美关系等三大维度的研究,美学学科的建构就可以派生出一些新的美学分支学科:人体美学,服饰美学等,研究人对自身的审美关系;交际美学,伦理美学等,研究人对社会(他人)的审美关系;生态美学,则是专门研究人对自然的审美关系。所谓研究人对自身的审美关系,具体而言就是人同自己的身体与自我的关系,正如身体美学所强调要求的人的身心一体——这也正是杨春时所主张的,但关键是张玉能坚持在身体实践中来看待人同自身的审美关系,由此他引证了马克思相关的论述来证明这一点,认为实践美学过去忽视了这方面的研究,而新实践美学要重视起来。

关于这方面的理论论争,促使当代中国身体美学范式在"身体转向"和"图像转向"等当代中国后现代语境中,被迅速扩散到文学批评、艺术批评、文化批评、时尚批评、女性批评、媒介批评、电影批评、审美资本主义批评的话语潮流中,激发不少学者逐渐发现并认可了身体作为各种批评话语产生的基础性地位,而在当代中国文学批评领域内,也就逐渐形成了当代中国文学艺术批评的"身体美学范式",即基于当代中国人的身体,对文学艺术作品和现象进行切身性审美话语批评。

具体而言之,如上文所述,王晓华建构了当代中国美学、诗学批评的"身体美学范式",并以此来重构美学。实际上,这也就说明了当代中国文学艺术批评中早已经出现了不同的"身体美学范式",而在他这里,获得了集中地阐发与论证。在王晓华看来,不仅当代中国文学和艺术存在中国式的身体美学范式,而且在近现代乃至古代中国传统诗学、文论和哲学中早就已经存在中国式的身体美学范式,这一点在舒斯特曼那里也一样得到认同与肯定。舒斯特曼非常明确的说明了古代中国传统文献、哲学以及各种文学艺术等,都大量存在着

---

① 杨春时:《走向后实践美学》,安徽教育出版社 2008 年版,第 382 页。

能够非常精彩地传达他所理解的"身体"。① 这一点足以证明：中国自古至今一直存在着中国式的"身体美学范式"！——当我们认识到这一点的时候，情不自禁地为我们中国——伟大的祖国母亲——感到无比自豪和骄傲，但当我们看到舒斯特曼作为一个外国人都能够说出这些话语的时候，我们却感到很内疚、很自责，因为一直以来，我们当中的很多人就根本没有想到我们自己就具有了我们自己中国式的"身体美学范式"！我们继承着这样伟大的文化基因和美学基因而不自知，却每天跟在国外许多大师后面亦步亦趋地学习别人的"身体美学范式"！

　　显然，从现在起，我们不能再迟疑了，中国美学的复兴或许可以通过对当代中国文学批评中的"身体美学范式"的建构而达成，只是值得注意的一点是，我们不能为了复兴而去做复古的工作，而是以舒斯特曼为例反证过来，我们需要在继承和阐发中国自古以来的"身体美学范式"思想时，应该放眼世界，也同样探讨西方自古以来的"身体美学范式"思想，以求东西方文化和学术互鉴互证互促互进，融合成追求实现人类命运共同体的全球性人类"身体美学范式"的构建。为此，王晓华指出，进入 20 世纪以后，身体—生活世界的意义迅速凸显，由此产生的身体转向延续至今，而随着转向后的西方理论传入中国，汉语学术不得不直面新的挑战；汉语诗学中存在强调身体、践行、生活世界的线索，如果充分敞开这个理论维度，那么，中西方理论建构将会进行创造性对接，一个令人欣喜的学术生长点会出现，"随着研究的深入，我发现东西方文化中都存在重视身体的线索。于是，梳理、揭示、阐释之。这些工作都指向一个终极目标：推动美学和文艺理论走上归家之路，最终引导世界文化完成转型。"②他所谓"推动美学和文艺理论走上归家之路"，是指推动美学和文艺理论回归身体来重建，这里所谓的"家"，是指"身体"。他要做的工作就是让美学和文艺理论回到这个"家"来重新建构，让文学研究和诗学回到这个"家"来重新建构。为此，他全面深入地考察了中西方文献和文化中关于身体及其生活世界的描述或论述，从全球高起点地重构身体诗学，并写成了专著《身体诗学》。他在书中这样写道：

---

　　① ［美］理查德·舒斯特曼著，程相占译：《身体意识与身体美学》，商务印书馆 2011 年版，中译本序，第 2、4 页。
　　② 王晓华：《身体诗学》，人民出版社 2018 年版，第 301、302 页。

　　……为了使文学研究"回家"，必须进行根本性的重构。由于汉语文化中存在大量重视身体的思想资源，因此，"回家"或许意味着诗学研究重新出场的机缘。虽然上述研究尚未被主流学术所充分重视，但它却揭示了一种重要的研究范式。如果充分展开内蕴于"身体转向"中的基本逻辑，那么，我们就会发现"重建"诗学研究的必要性：到了21世纪，肯定身体仍属出位之思，意味着间断、逾越、挑衅；在通常的文学理论中，身体的意义非但没有彰显，反倒被遮蔽了；敞开文学与身体的原初联系，乃是待完成的工作；对于所有从事文学研究的人来说，这是必须迎接的挑战。

　　本书显现了迎接这种挑战的努力。它试图建立以身体为基础的诗学体系，证明、阐释、弘扬一个基本命题：身体（而非所谓的"灵魂"）是文学活动的主体。或者说，回到其起源的文学研究必然落实为身体诗学。……①

由此可见，王晓华的身体诗学并非空穴来风，也并非心血来潮，更非盲目跟风，其学理性和历史性学术探究十分到位，因此一反所谓"身体写作"的文学主张，因为他的身体诗学研究的重点并非身体如何在诗中获得表现，而是身体怎样通过诗来表现自己，不是把身体当作窥探、规训、重塑的对象，而是力图重塑其主体形貌。这就必须首先论证切身性体验，即身体与世界原初之关系，从最原初起，身体要吃喝住行，就必须行动，这就形成了最原初意义上的"文"和"诗"，身体是作者，身体的行动就是写作，后来运用符号来写作，仍然也是身体在行动，此时身体的力量被吸收到话语中，形成了一种话语的实践，其中所产生的情感、意象等一切，均只能属于身体本身。这种原初意义上的身体行动实际上属于身体性劳作，这就意味着从事文学艺术或诗的人首先也是必然进行切身性体验和想象，如果没有这些身体性的劳作，甚或没有身体，那么一切的文学艺术或诗都将不会存在，世界的意义也就不存在。无论在诗或文学艺术创作之中，必须有身体在行动，交互主体或主体间性的审美理想才会产生，一切美、审美和艺术才会存在。以上这些就是身体—主体论美学和文学艺术或诗学的新型理论话语，是当代中国文学艺术批评中的"身体美学范式"。

　　按照这一范式，可以对中国自古以来所有诗或文学艺术进行正确地批评

---

① 王晓华：《身体诗学》，人民出版社 2018 年版，第 96、97 页。

与总结,具有中西方深厚的文化底蕴和知识的共通性,也具有马克思主义实践的品格和勇气,始终没有违背马克思主义实践的观点。马克思在1844年哲学经济学手稿中所论证的人的类本质力量的对象化必须基于人的身体之实践的观点,在王晓华身体美学范式中始终处于主导的地位,因此王晓华的身体诗学或文学创作观和文学批评观,已经大大不同于各种身体美学、身体写作、身体展示乃至于肉体欲望赤裸裸描述和论证的理论,它基于当代中国人的身体,对文学艺术作品和现象进行切身性审美话语批评,从而严厉击溃了所有企图利用身体而又辱没身体尊严或遮蔽身体的一切行为和学说,消除有史以来覆盖在人们心中所有一切令人胆战心惊而又神秘莫测的审美心理,特别是倡导一种切身性的体验和想象来践行人本身的身体审美需要,这些在当代女性作家中获得最为明显的表现。

现在的女性作家大都注重女性觉醒之后,如何在父权制话语中表达自我真实的体验。王安忆的《长恨歌》中的王琦瑶,不就是在城市民间和时尚精神中展示自己身体的切实体验吗?——确实,女性作家在描写生活的时候,总是受到来自父权制话语的制约,但正是在注视这种制约之中,现实迫使她们在一间自己的屋子里进行深入反思和自省,激发她们对自我身体的经历和审美表达的深刻体验。王抗抗不就是在呼吁女性作家摆脱以往的性别对立的写作,而要求打开自己那一间屋子的门窗,让女性敏感的心灵飞出来融入无限复杂矛盾的现实生活体验中吗?——毫无疑问,池莉的"新写实"在这方面给予女性最为贴切的审美话语方式,一种引导女性进入无限复杂矛盾的现实生活的情感性话语实践方式。

真的女性,敢于直面惨淡的人生,敢于正视淋漓的鲜血,因此总是生活在现实中的活生生的个体,而这些个体的体验基础总是在紧紧保持女性身体的特异感觉和体验的话语冲突中,建立在女性身体及身体性实践关系上。对于女性作家来说,女性最大的现实莫过于女性身体的真实存在及其直接感受,在任何文化话语中,它们总是明显不同于男性身体的存在及其感受,这就是为什么《看麦娘》中女主人公易明莉总是表现出有那么多的不同于、也不可能被她的丈夫于世杰理解的预感、沉默与难言之语,并且最后因为不能与于世杰"合力挣钱"而发生话语的激烈冲突。

综上所述,我们不难看到:王晓华已经为我们构建起当代中国文学艺术及其批评的身体美学范式,这一范式要求从身体的切身性体验和想象出发,重塑当代人的身体审美需要，特别是对于当代女性作家的创作及其批评而言，就会出现女性身体及其审美话语实践的真实诉求，这一点构成了当代中国文学艺术及其批评的女性身体审美幻象。

如前文所述，伊格尔顿早已证明，身体（Body）成为了所有一切的起点和终端，也是所有一切后现代主义幻象的战场，美、审美和艺术乃至美学，实属关于肉体的话语。具体而言之，来源于人的活生生的充满欲望和想象的人的肉体即身体本身的一切情感性话语实践，缠绕着意识形态和文化，最终构成了人的身体审美幻象或身体审美意识形态（身体美学意识形态），这可能只是一种乌托邦幻象。而王晓华构建的当代中国文学艺术及其批评的身体美学范式，最终也应该回到这一理论原则要求上来：要在这样的战场实现由身体美学或消费主义带来的新的欲望及其符号的乌托邦幻象，就必须坚持马克思主义身体实践的观点——切身性体验与想象。为此，我们必须思考：人如何通过自己的身体来把控这些切身性体验与想象？如何寻找到这些幻象的现实并且能够把握其审美制导的规律与特点，以防人"回家"了却又"离开了家"？——这将成为当代中国文学艺术批评和美学理论话语架构中必须考虑的问题。而这一问题，正如伊格尔顿所论证的，实际上还是属于身体审美幻象问题。

20世纪90年代末，王杰就已经睿智地指出：现代美学问题实际上是审美幻象问题，而中国当代美学的危机与重建也必须通过解决这一问题来获得理论的表述。这就是说，当代美学基本问题实际上是审美幻象问题，同样地，当代中国文学艺术及其批评的基本问题实际上也是审美幻象问题，关键是我们如何在历史和学理上对当代中国的审美幻象问题做出理论的把握和分析，那么以上所存在的基本问题也将会得到解答。

5G时代已经来临，在当前云计算、大数据、区块链、人工智能、人机合一、超级人类、生命科技、生态养生、生态文明、网络空间命运共同体、人类命运共同体以及文化经济、后现代时尚产业、审美资本等语境中，身体成为了新时代的聚焦点，由此产生了当代美学学术研究新的生长点，期望由此能够走出中国当代美学的危机并重建当代中国美学。在王杰看来，新时代以来，后现代所带来的各种欲望化断裂、混乱、恐怖、不可表达、荒败绝望等等文学艺术和社会文化现实，导致传统的审美交流阻断、贵族式文化破碎，恰恰有力地表达了当代中国文化转型内在的呼声和希望。主体是在各种文学艺术和社会文化、意识形态话语等语境中综合性地被塑造，也就是在各种意识和幻象叠合中被塑造出来后,带着这样的意识和幻象叠合的身体状态来认识、改造主观世界和客观世界,这些世界定然也是各种意识和幻象叠合存在的状态。在这种情形和语境下,那些文学艺术和审美活动方面所造成的意识和幻象,由于从主体内在的审美需要出发,引导主体足于抵抗现实巨大的诱惑和压力、超越现实残酷的竞争与片面性,因而可以让主体站在现实的入口处,审视现实,思考未来,求真向善,依然可以看到或感受到未来是美好的。——这种现象,王杰先生概括之为"审美幻象"。他指出,审美幻象是一种意识形态的情感性话语实践,即"把审美幻象看作是一种物质性的力量和意识形态实践,在理论研究方面就从审美主体转向主体心理的物化形态,从而定量研究和实证分析成为可能。在实证研究和总体把握相统一的基础上,可以通过剖析审美幻象的复杂层次和繁富组合进一步深入到社会关系的理论说明。""审美幻象从个体心理的角度看是主体内在世界与外在文化现实关系相互作用的产物;从社会和文化的角度理解审美幻象的内在矛盾,我们可以看到它是意识形态不同话语实践相互冲突的结果。"①——由此出发,王杰先生对审美幻象展开了独到地研究,形成了现代美学审美幻象理论范式。

根据这一理论范式,从历史和实践方面可以看到,审美幻象实际上一点也离不开主体(人)的身体,是主体(人)身体内在世界与外在文化现实关系相互作用的产物,即意识形态不同话语实践相互冲突的结果,这种话语实践是情感性的。根据前文论述,从身体美学范式来看,所谓主体(人)的肉体欲望、情感、内在世界以及各种意识等,都是主体(人)身体内在的组成部分,或者说是其本质力量的表现,通过话语实践方式来获得表达,也就是通过身体外在(言行、书写、表演等)形式来表达,因此这些话语实践方式实际上也是身体性的物化实践方式。由此可见,审美幻象从根本上来说,其实质是主体(人)的身体审美幻象。关于这一公理式认识,早在中国古代典籍《毛诗序》中已经有了著名的论述:

> 诗者,志之所之也,在心为志,发言为诗,情动于中而形于言,言之不足,故嗟叹之,嗟叹之不足,故咏歌之,咏歌之不足,不知手之舞之,足之蹈之也。

这里所讲的"诗",可以泛指今天的文学艺术。这段论述告诉我们:文学艺术,

---

① 王杰:《审美幻象研究——现代美学导论》,广西师范大学出版社 1995 年版,第 20、21 页。

是表达内心之志的，基本表达的话语实践方式是"情动于中而形于言"，但如果语言不足表达的话，就嗟叹之；再不足于表达的话，就用歌唱的方式来表达；最后还是不足于表达的话，就会不知不觉地（情不自禁地）"手之舞之，足之蹈之"。志、心、中、情，属于主体（人）身体内在的组成部分；形、言、嗟叹、咏歌、手、舞、足、蹈，属于主体（人）身体外在的组成部分。这就是说，诗或文学艺术，其创作或欣赏的主体（人）身体由内到外地展开审美活动而造成的。这才是真正意义的诗或文学艺术，而那文本或文字符号以及艺术载体本身并非诗或文学艺术。此外，这段论述还告诉我们：各种文学艺术和日常审美活动是可以融通的，这是因为它们融通的基础都是主体（人）身体，诗（诗歌）、言（书面语言表达艺术，口头语言表达艺术如演讲或诵读）、嗟叹（日常审美活动感受）、咏歌（歌唱艺术）、"手之舞之，足之蹈之"（舞蹈艺术），都是通过共同的基础——主体（人）身体来融通的。在这种融通的身体性审美体验和想象当中，体现出各种文化和意识形态话语情感性实践的审美幻象也就不断产生、发展、演化、叠合、流动、反复，集束性地对主体（人）身体进行圆融贯通式陶冶、洗练和提升（主要是情感情操和审美感知能力上的提升），因提升便能突破现实各种意识的壁垒和各种残破幻象，激发主体（人）自由全面发展的无限潜能，获得一种似乎神圣纯真的优美或崇高的审美境界。这足以证明：文学艺术和各种审美活动产生的审美幻象，其实质是身体审美幻象。据此，我们不妨给身体审美幻象界定为：基于主体（人）身体及身体性实践关系而产生的文化和意识形态的情感性话语实践。由此我们还可以得出关于主体（人）身体的界定：从审美人类学和哲学人类学的高度上说，所谓人的"身体"是指在一定的社会历史阶段中受一定的文化话语和审美话语塑造而成的人的生命有机体。可以认为，当今人类的身体如此高级发达，如此具有文化蕴味的美，就是因为身体性实践不断地经历史文化积淀生成的。它不断丰富、完善人的身体的各种感觉器官，而这些感觉器官又是人与外在世界的联系点。人凭着这些感觉器官（包括大脑）来生动地把握世界（包括人本身），而身体审美话语亦即身体审美幻象就是在这一历史过程中生成、发展的。

历史和实践一再表明，从审美幻象或身体审美幻象来分析当代中国文学艺术的生产和消费是正确的、科学的，具有实践上的可操作性。在具体分析当代中国文学艺术的审美幻象问题时，自然与处于主流地位的审美意识形态分析产生了密切关系，如何处理这种关系呢？王杰写道：

关于审美意识形态问题,在现实的理论研究中,由于研究视角和研究方法的不同选择,可以有不同的理论概括和表达。考虑到中国文学传统和当代中国文学问题的特殊性,我曾建议把审美意识形态问题表述为审美幻象问题,在理论上主要基于以下两个理由:其一,审美幻象这个概念可以把以形象为表达媒介的造型艺术,以语像为媒介的文学,以音像为表达媒介的音乐和以影像为表达媒介的电影等不同艺术门类所提出的理论问题统一起来。审美幻象理论偏重于美学变形机制的文化研究,相对于以语言学为基础的文本研究来说,具有更大的理论普适性;相对于何国瑞先生提出的"艺像"概念,则突出了艺术与审美意识形态的复杂关系。其次,审美幻象这个概念以对象化理论为基础,通过研究对象化的欲望和体验,以及关于对象化机制的研究,在文化的层面上研究人与他人、个体与社会的复杂关系。由于现实、文化传统以及西方文化的投影,审美幻象内部必然包含复杂的矛盾和丰富的叠合性关系,这是美学和文学理论应该认真研究的。从学理上说,在理论上把这种叠合着的东西充分展开来研究,唯一的方法就是在结构分析的基础上引入历史分析。①

根据这段论述,在我看来,从审美幻象本质和特征看,审美意识形态本身是审美幻象中各种意识形态话语通过主体(人)身体的审美体验和想象加以变形和叠合来达成的,因此其实质是身体审美幻象。在对当代中国文学艺术和各种审美活动中的审美意识形态进行分析时,只要对基于身体的审美幻象进行结构分析和历史分析,就能够确切地剖析出其中的审美意识形态的本体、结构、特征、规律和作用,其中关键因素在于情感性的话语实践。对当代中国文学艺术和各种审美活动——可以统称为审美意识形态活动来说,一定历史条件下的主体(人)身体的感觉结构或情感结构,是构成其中的审美幻象变形与交流的主要原因,我们必须在结构分析的基础上导入历史分析方法,才能科学准确地把握它。根据这样的理论操作方法,王杰对当代中国文学艺术进行了广泛地考察和深入地研究,分别提出了余韵风格②和"双螺旋结构"③。关于这方面

① 王杰:《审美幻象研究——现代美学导论》,广西师范大学出版社 1995 年版,第 62、63 页。
② 关于"余韵风格",可以参阅王杰:《审美幻象研究——现代美学导论》(广西师范大学出版社 1995 年版,第 65 页)以及《现代美学的危机与重建》(上海人民出版社 2019 年版,第 94 页)。
③ 关于"双螺旋结构",可以参阅王杰:《现代美学的危机与重建》(上海人民出版社 2019 年版,第 292—326 页)。

的理论阐述,读者可以参阅相关文献,这里就不再一一赘述。

总起来看,"身体美学范式"最初由鲍姆嘉滕创立之后,经由舒斯特曼和伊格尔顿的不同发展,均被引进到当代中国来,又经王晓华的集大成地阐发,终于建构了当代中国文学艺术批评或诗学批评的身体美学范式,本选题研究致力于把这一范式同王杰现代美学重建所倡导的审美幻象理论范式相互结合运用,以形成当代中国文学艺术的身体审美幻象批评模式,从而建构当代中国身体审美幻象理论。这可以说是当代中国文学艺术批评和美学特色的理论话语整合建构的科学探讨和创新型美学研究方法论,目的是抛砖引玉,促进理论不断进步发展,保持理论创新的青春活力!

三、身体审美幻象理论
研究的范畴体系

以马克思和恩格斯有关美学思想——也即以马克思主义美学思想为基础和指导,根据以上的学理依据,我们提出当代中国身体审美幻象理论建构,即体现为以下的范畴体系:

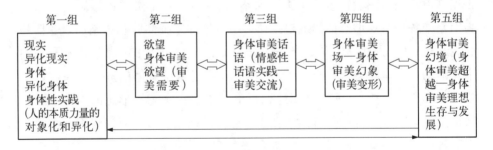

以上图示具体内容说明如下:

(一)第一组概念范畴:现实、异化现实、身体、异化身体、身体性实践(人的本质力量的对象化和异化)

现实是指属人的身体及其身体性实践所造成的感性的生活与社会关系。

异化现实是指主体(人)的身体所处的现实反过来束缚、压迫、控制人本身并成为人本身的异己力量。人的三大异化现实是自然界、社会、人本身。人诞生时起,自然界作为人的强大的力量束缚、压迫、控制人本身。人本身是指原本能够自由自觉自在自为地感性实践即能让人的类本质力量自由自觉自在自为地对象化实现状态中的人的自我。人为了生存和发展即为了谋生,建立了社会,因此,社会是指人为了谋生而建立的一切现实关系,包括人与自然的关系、人与人的关系、人与人本身(人的自我)的关系。这一切关系显然必须以人的身体为物质基础和中介基础,没有人的活着的正常的健康的感性实践的身体,这一切关系都不可能发生。由于人一开始遭受到自然界的束缚、压迫、控制,因而人已经被强大的自然界神秘力量所异化,异化表现为对灵魂、神灵、鬼魂、上帝以及自然神秘力量等顶礼膜拜并按照由此所形成的宗教观念和神的意志去生活生产。为此,人建立了社会,意图是在自然异化现实中谋生,由于经济利益关系的左右,因而社会行为了继自然界之后的束缚、压迫、控制人本身并成为人本身的第二大异己力量。在自然界和社会双重异化现实中,主体(人)之间很难互相真诚地沟通、理解和信任,甚至人本身和人自己相互对立,人本身即人的自我之间互相成为了异己力量,正如马克思所说的"人的自我异化"。

身体是指在一定的社会历史阶段受一定的文化话语和审美话语塑造的属"人"的生命有机体。[①] 异化身体是指在异化现实中被异化了的属人的身体。身体性实践是指基于属人的身体的人的本质力量对象化和异化活动。一方面是对象化,人的能动性大过受动性,能够让人本身及其身体处于自由自觉自在自为地感性实践即能让人的类本质力量自由自觉自在自为地对象化实现,例如劳动及其劳动成果的实现和享受,让人从中感受到本质力量的自我确证和表现,因此劳动创造了美。另一方面是异化,人的受动性大过能动性,在强大的自然异化现实和社会异化现实中,人的劳动及其劳动成果交给自然界神秘力量和社会统治力量来占有、分配和控制,由此反过来束缚、压迫和控制人本身,因此劳动创造了美,但使人产生了畸形和不幸,即人的悲剧。

(二)第二组概念范畴:欲望、身体审美欲望、审美需要

欲望是指属人的活着的身体所蕴含的自然属性需要和社会属性需要的要求之满足和表达。人的肉体和灵魂融合为一体构成了人的活着的身体,从根源上来说均来自自然又回归自然,因此人的自然属性需要满足成为了人活着的最为根本的需要,鲁滨逊一个人漂流到荒岛上去生活,虽然被马克思批判为资产阶级的个人英雄主义的浪漫主义的幻象,但这一故事情节说明了人离开

---

① 请参见覃守达:《黑衣壮神话研究》,广西师范大学出版社 2005 年版,第 94 页。

了人类社会,那种来自人的身体的最为根本的需要——自然属性需要,例如吃喝拉撒、衣食住行以及性行为等等,便会表现得十分鲜明,我们称之为"自然欲望"。一个人呆在黄岛上靠自然界生活,这时候,他就会慢慢地跟周围的自然界中的动植物乃至原始人、野人等,建立起稳固的现实生活关系,这就是人面对的最为根本的与自然之间的关系,按照恩格斯的话来是以一定的社会形式来展开的,鲁滨逊正是这样做的。即使这个人从荒岛回到了人类社会,集中于他的身体对社会现实生活需要的满足与表达,便会更加鲜明突出,表现为对金钱、权利、地位、人际交往和社会理想生存与发展等等的追求和拥有。总之,在异化现实中,人的欲望会激发人的想象和激情,导致了人的身体审美欲望的产生和发展。

身体审美欲望是指在身体异化和断裂的文化和意识形态话语构成的对象化世界中,主体把身体(肉体)复杂多变的欲望经过一定的审美幻象机制作用而转化成幻觉性欲望。这里所讲的"一定的审美幻象"是指意识形态的情感性话语实践。在马克思看来,人的身体经过劳动的磨炼和社会历史文化的层层积淀,现在变成为异化劳动状态下必须把有意识的身体性实践即对象性活动当作一种被迫的谋生的身体性活动,也就是说,资本主义社会的人们,必须在真实的肉体欲望和需要之外用资产阶级意识形态来构筑一个能够谋生的理想自我的身体,即以身体审美幻象的方式生存和发展。相似地,资本主义社会之前或工业化革命之前的人们,在强大的自然和社会现实双重作用之下,用来自自然的神灵力量或灵魂观念以及来自社会的统治力量所形成的意识形态,构筑一个能够谋生的理想自我的身体,即以身体审美幻象的方式生存和发展。由此可见,从古至今,身体审美幻象是指基于人的身体及其身体性实践关系而产生的审美幻象。在资本主义社会,如果人们不得不如此想象着身体欲望处于如同资本家那样的美好的充分满足的存在状态而去奋斗或去革命的话,那么,这就决定了无产阶级革命势在必发,促使私有财产的自我异化必然走向扬弃,到那时,人的身体一切感觉终将获得完全感性现实地解放,即身体审美欲望才能真正地和真实的肉体的欲望和需要一致起来,在审美人类学和伦理学高度上使欲望审美感性地回归人本身。

审美需要是指人的身体审美欲望满足和表达,构成人的审美和艺术乃至构建人本身及其社会的一种具有历史必然要求的内在机制。作为人活着的精神内驱力,审美需要表现为无论何时何地都会存在并主导人的身体性实践,化为一种实践理性或理想事业,产生出非凡的勇气和坚强的意志,推动主体(人)去创造出惊人的伟业和为人类做出卓越的贡献。例如,工人阶级长期受到资本家的剥削、压迫和统治,一旦唤醒和激发起身体审美欲望,就有可能激发潜藏在身体里面的对美好生活的审美需要,最后接受了马克思主义思想的指导,自觉以共产主义理想事业为终生奋斗目标,产生了先锋战士——共产党员,即使在艰苦的斗争环境下,共产党员都会身先士卒、大公无私、视死如归,表现出非凡的勇气和坚强的意志,推动主体(人)去创造出惊人的伟业和为人类做出卓越的贡献。毫无疑问,中国共产党人正是这方面的楷模!

(三)第三组概念范畴:**身体审美话语、情感性话语实践、审美交流**

身体审美话语是指主体想象的、审美的情感性意识形态话语,能曲折地表征或把握身体异化和断裂的现实关系。

情感性话语实践是指身体审美话语通过文化和意识形态的方式来获得情感性的审美交流。没有一定的文化机制和意识形态机制,身体审美话语即使在人的身体里面生成,也不可能获得实践。当身体审美话语通过人们认可和接受的文化和意识形态方式来实践时,例如文学艺术的创作,采用文化和意识形态的话语材料来生产文学艺术作品的创作文本,创作主体(人)就进入了与实践对象进行审美交流的状态之中,这一切过程均属于情感性话语实践。欣赏者欣赏这一创作文本,在一定的文化机制和意识形态机制作用之下。一样是采用大家所认可和接受的文化和意识形态的话语材料来进行二度创造,产生了文学艺术作品的欣赏文本,这一切过程均属于情感性话语实践。

审美交流是指情感性话语实践过程,是审美主体和审美客体之间通过一定的文化机制和意识形态机制的作用进入自由平等对话和融洽愉悦的交流融合的过程。

(四)第四组概念范畴:**身体审美场、身体审美幻象、审美变形**

身体审美场是指围绕着审美主体的身体及其身体性实践而产生的内在于主体身体的审美交流的场域,其内在机制是身体审美幻象,实质是身体审美话语交流和身体审美欲望表达。

身体审美幻象是指基于身体及其身体实践关系而产生的审美幻象。

审美变形是指在身体审美幻象作用下主体(人)自我形象的变化。

(五)第五组概念范畴:**身体审美幻境、身体审美超越、身体审美理想**

身体审美幻境是指在身体审美幻象和审美变形基础上主体(人)的自我审

美想象境界。

身体审美超越是指主体身体在审美想象境界中获得审美熏陶而超越现实。

身体审美理想是指主体身体在审美超越中获得理想的生存与发展。

以上五组概念范畴之间环环紧扣、交互作用、彼此互相依存并互相制约，形成一个以身体审美幻象为核心的内在封闭式审美循环流程系统。这些范畴及彼此之间的理论关系，因限于篇幅，本文就不在此加以论述了。

综合起来看，从身体维度来对当代中国马克思主义美学研究做出了可贵的新思考，形成了以马克思主义美学思想为基础和指导，以身体审美幻象为核心的当代中国马克思主义美学理论建构，以期能够有助于中国特色的哲学美学学术话语体系的构建，为我国哲学美学学科建设做出贡献！由于笔者水平有限，因而做出这样的理论建构肯定会存在诸多问题与不足之处，期待学界同仁多多指点，共同探讨并加以完善！

尼采的情感虚无主义
及其自我克服

孙云霏*

(华东师范大学中文系　上海 200241)

摘　要：尼采的情感理论长期为学界忽视,其最为人熟知的"意志"就是一种命令情感,其先于意识"自我",是能动的无意识冲动的自行肯定,这可追溯至斯宾诺莎。情感作为一种估价感在塑造一个人对世界的经验和解释的过程中发挥重要作用,消极的情感会削弱、抑制个人的感觉和驱力,这也就是"情感虚无主义"。情感虚无主义的本质是对生命的否定,具体表现为诸种消极情绪和身体虚弱。情感虚无主义具有超个人性,要提升情感必须返回个人。当个人获得情感的充分原因时,就从被动转向主动,情感虚无主义也由此自我克服。

关键词：尼采　情感　虚无主义　自我克服

尼采的"情感"(Affekt)理论长期被"意志"(Will)或"生命"(Life)所遮蔽,隐于其下而不受关注。随着情感转向(the affective turn)及情感理论(affect theory)研究的持续升温,近年来部分国外研究者,如 Robert C. Solomon、Werner Stegmaier、Brian Leiter、R. Lanier Anderson、Kaitlyn Creasy 和 Alan D. Schrift 等开始重视这一议题,致力于从尼采这一现代思想转折处开掘出对于当今情感研究颇为重要的内容,包括情感与道德的关系、情感的身体/生理维度、情感的类型和影响等。情感虚无主义及其自我克服,既关乎尼采对时代弊病的诊断和治疗,又关乎与浪漫主义、法西斯等的关系,可视作尼采情感理

---

　* 作者简介：孙云霏(1994—　),女,辽宁海城人。华东师范大学中文系文艺学在读博士研究生,研究方向为当代西方文论。

论的重要组成部分。

一、尼采的情感理论及与
斯宾诺莎关系的新探

尼采哲学最为人重视的即是"意志"概念,在《善恶的彼岸》第一章"论哲学家的成见"第 19 节中详细论述了意志的三个属性:

> 意志……首先是一种感觉的杂多,也就是说,对离某处而去的状态的感觉,对自某处而来的状态的感觉,对这种"去"和"来"本身的感觉,然后还有一种相伴随的肌肉感觉……其次,则正如应该认可意志中掺和的感觉,确切说是多种多样的感觉成分,思考亦然:每个意志行动中都有一个思想在发布指令……第三点,意志不只是感觉和思考的杂合体,首先却还是一种情绪:确切地说是下指令的情绪(Affekt)。被称为"自由意志"的东西从本质上说就是着眼于必须服从的一方的优越情绪。①

可以看出,意志首先,是一种与身体相关的感觉杂多;其次,思想起决定作用;最后是命令情感(Affekt)。换言之,在尼采看来,仅仅是身体感觉和思想作用是不够的,意志还必须是命令情感。由此,情感在尼采意志学说中的地位不言而喻。那么,什么是"命令情感"呢?据芝加哥大学法学教授、尼采研究专家 Brain Leiter 所言,"尼采的'命令情感'所指的是这样一种感受:一种引起其他肢体感觉的思维……且这种命令意味着我之所是。通过辨认出命令性思维——通过将其视为我之所是——我们感觉到了优越之处,我们经验到了这种优越性的情感(affect of superiority)"②,也就是说,思想命令身体,并且思想在这一命令过程中获得一种优越性的意志感受,即命令情感。因而,命令情感既不是身体感觉、也不是命令思想,而是思想下命令时所体验到的优越性。举个例子来看,当"我会起身离开桌子然后下楼",我(要下楼)的思想在命令、支

---

① ［德］尼采著,赵千帆译:《尼采著作全集(第五卷)》,商务印书馆 2015 年版,第 34—35 页。
② 邓安庆主编:《重返"角力"时代——尼采权力意志的道德哲学之重估》,上海教育出版社 2017年版,第 70 页。

配身体移动(离开和趋向),这时我体验到我能按照自身的意志来行事,这种优越性体验就是命令情感。

然而,并非所有"命令的"情感都是命令情感。上述例子中,如果我正在做事情不想离开桌子,但有突发情况迫使我不得不离开桌子、下到楼下去,那么即使我的思想命令身体移动,我也不能获得优越性体验。尼采举出至少五种虚假的命令情感,也就是思想虽然下了命令,却并未获得真正的优越性。前四种即《偶像的黄昏》中列出的"四大谬误"。第一,混淆原因与结果,将结果误认为原因。尼采以科尔纳罗为嘲讽对象,科尔纳罗的畅销书《实现健康长寿的秘诀》鼓吹节食是长寿的诀窍。表面上看节食是原因、长寿是结果,人拥有节食的意志、做出节食的行动就能体现人的自由和优越性,但实质上是因为长寿的先决条件是异常缓慢的新陈代谢和微小的消耗,所以人才去节食。第二,宗教和道德所提倡的"做这个,别做那个——这样,你就会幸福"。尼采认为,这是在道德领域的科尔纳罗主义,并非做什么或不做什么导向幸福,而是轻快、必然和自由的生命要去做什么。第三,虚假因果关系。尼采在此否定了行动者的动机是事件发生的原因。尼采之所以否定行动者的动机,主要是有意揭穿宗教、道德作为动机而让人产生虚假的自由意志。第四,虚构原因,也就是事后为了解释经验现象或自身行为而回溯性地创造原因①。从前四点可以得出,尼采认为不存在有意识的精神原因(至少不存在有道德目的的精神原因),但他是否认为无意识的命令情感就是真实的呢?第五,尼采同样不认为主体无意识的心理和生理事实就是命令情感。

在揭示虚假意志或虚假命令情感的同时,尼采也从正面直接论述在他看来怎样的意志或命令情感才是真实的,他认为,"当'我们'以为是我们自己在抱怨某种冲动的亢进时,实际上却是一种冲动在抱怨另一种冲动;这也就是说,我们之所以能够意识到某种冲动亢进的痛苦,是因为另外一种同样亢进甚至更为亢进的冲动存在,是因为一场战争已经在即,而我们的心灵不得不加入其中一方"②。这意味着,首先,并不存在一个先于诸种力量的、有意识的"自我",仿佛这个"自我"能够有意识地对诸种力量进行判断和选择,相反,心灵中只有各种无意识的冲动在相互斗争,"自我"不过是冲动间相互斗争的结果。

---

① [德]尼采著,孙周兴、李超杰、余明锋译:《尼采著作全集(第六卷)》,商务印书馆 2015 年版,第 108—114 页。

② [德]尼采著,田立年译:《朝霞》,华东师范大学出版社 2007 年版,第 147 页。

其次,正如德勒兹指出的,力的内在是权力意志,权力意志作为力的内在原则。权力意志一方面是力与力的区分性因素,在不同的力间产生量差,另一方面又在力与力的关系中确定原则,也就是确定何为能动力,何为反动力。能动与反动指力的本原性质,肯定和否定则指权力意志的本原性质。换言之,从力的起源来看,是权力意志确定力与力之间的关系,但从它表现自己的角度看,权力意志又取决于相互关联的力。权力意志既决定何为能动、何为反动,但权力意志作出的评价本身取决于力本身①。由此,命令情感先于意识"自我",是能动的无意识冲动的自行肯定。这不得不让人联想到斯宾诺莎在《伦理学》中对情感的描述和界定。

应当说,尼采对斯宾诺莎的态度是矛盾的,他既反对斯宾诺莎将本能归入"神圣的、'永自安眠'的东西"②而将自我保存视作生命的根源,反对斯宾诺莎仅从道德意义上而非力量和意志的角度去看待身体,但也从斯宾诺莎那里获得了一个审视德意志文化的深刻视角。尼采在 1881 年书信中写到:"斯宾诺莎现在带给我的是直觉的指导。不仅是他整个的趋向与我相似——去使最强力的激情得到认知——而且,在他的教义中,我发现了我具有的五条教义;简单来说,这位非同寻常和孤独的思想家与我在下面几点最为接近:他否定自由意志、目的、道德世界的秩序、非自我主义、罪恶;当然,不同是巨大的,但不同更多是在时代、文化、认知领域"③。在 1886 年底至 1887 年春这一时期,尼采阅读斯宾诺莎相关著作,并写有 6 段关于斯宾诺莎的读书笔记,可以看作对斯宾诺莎的一个集中思考。近来 Alan D. Schrift 在《斯宾诺莎 vs.康德:我已被理解了吗?》(*Spinoza vs. Kant:Have I Been Understood?*)一文中明确指证尼采的情感理论与斯宾诺莎的情感学说二者间的关系。依循 Schrift 的思路、参照斯宾诺莎的情感学说或许能够更为清晰地界定尼采的情感内涵。

斯宾诺莎在《伦理学》中将情感定义为"身体的感触,这些感触使身体活动的力量增进或减退,顺畅或阻碍,而这些情感或感触的观念同时亦随之增进或减退,顺畅或阻碍"④。斯宾诺莎认为,"努力"是人类一切情感的基础,"努力"

---

① [法]德勒兹著,周颖、刘玉宇译:《尼采与哲学》,河南大学出版社 2016 年版,第 110—117 页。

② [德]尼采著,黄明嘉译:《快乐的科学》,华东师范大学出版社 2007 年版,第 306 页。

③ Christopher Middleton (ed.), *Selected Letters of Friedrich Nietzsche*. Chicago and London:The University of Chicago Press,1969, p. 177.

④ [荷兰]斯宾诺莎著,贺麟译:《伦理学 知性改进论》,上海人民出版社 2009 年版,第 84 页。

的拉丁文 conatus,原意指一种本能的冲动。情感就是使身体的自我保存的冲动增加或减少、进而促使观念的自我保存的冲动增加或减少。换言之,在斯宾诺莎看来,第一,情感既是广延属性的样态,也是思想属性的样态,但前者更为基本。第二,情感可以分为主动的情感和被动的情感,如果能知道情状的完全充分的(即正确的)原因便是主动的,否则便是被动的。德勒兹在万塞讷斯宾诺莎课程中对"情感"(affect)和"情状"(affection)进行区分,指出情状是一个物体在承受另一个物体作用时的状态,着眼于被施加作用的物体,情感则不是被影响或被改变,而是影响或改变的身体本身,由此突出情感的身体性和主动性①。可见,在强调(命令)情感的主动性以及情感所伴随的身体性上,尼采与斯宾诺莎具有明显的相似之处。但不止于这一相似,正如 Schrift 指出,情感理论在斯宾诺莎和尼采那里都具有重要的伦理(与基督教的道德相对)作用和社会意义。对斯宾诺莎来说,伦理学的问题是我们在这个世界上的行为能力是增强了还是减弱了?并通过克服阻力、增强力量、获得幸福,从而让拥有能力的个体在政体中发挥作用。尼采的积极目标也是创造一种文化,类似于斯宾诺莎想象的社会,其中每个个体都能增强自身的力量,政体的角色是促进个体做他们能做的事②。概言之,在斯宾诺莎和尼采的情感理论中,关键之处就是促进从被动到主动的转换,并且这一转换会产生整体性的效用。

那么,情感究竟占据怎样的位置、能够产生怎样的效用,才使得斯宾诺莎和尼采对此如此关注? R. Lanier Anderson 认为,在尼采哲学中,情感结构包括:(1) 刺激物;(2) "默认的行为反应";(3) 一种特殊的化合价或情感色彩,它决定体验中遇到刺激对象的方式③。也就是说,情感处于外界刺激和行为反应之间,既决定人以怎样的方式感知外界事物、形成对外在世界的看法,又使得人以某种确定的方式而非其他方式来行动或施加影响。这样,情感作为一种估价感(evaluative feeling)在塑造一个人对世界的经验和解释的过程中发挥重要作用,积极的情感或命令情感能够提升个人的感觉和驱力,提高个人对目标的价值估算,消极的情感则会削弱、抑制个人的感觉和驱力,让人对世

---

① 汪民安主编:《生产(第 11 辑):德勒兹与情动》,江苏人民出版社 2016 年版,第 8 页。

② Keith Ansell-Pearson (ed.), *Nietzsche and Political Thought*. London:Bloomsbury, 2013, pp.116 - 120.

③ Christopher Janaway and Simon Rpbertson (eds.), *Nietzsche, Naturalism, and Normativity*, New York:Oxford University Press, 2012, p. 218.

界和自身产生悲观的看法,进而否定人的生命、使人身心虚弱,后者也就是尼采所谓的"情感虚无主义"(affective nihilism)。

二、情感虚无主义:从否定 生命到身心虚弱

学界普遍认为尼采学说的核心之一是虚无主义问题,但尼采虚无主义的内涵究竟是什么却众说纷纭。其中,Bernard Reginster 的《生命的肯定》(*The Affirmation of life*)一书影响颇大,他认为,"在最广义的描述中,虚无主义是对生存毫无意义的信念……我们可能首先将有意义性作为众多特定价值之一,根据这些特定价值可以评估生命。通常,意义的属性是关系性的……意义是一种通用的评估属性"①,换言之,Reginster 的核心观点在于意义缺失就是虚无主义的所在。然而,这一观点是否过于强调意义要素而排除或忽略其他要素,以及意义要素是否是首要的、因其缺失而直接导致或标示虚无主义,都存在可疑之处。如果说,Reginster 的观点因明确涉及意义和由意义而来的价值判断,这可被概括为一种认知虚无主义,那么近来诸多理论家恰恰反对 Reginster 的认知独断。如 Maudemarie Clark 提出尼采所关注的虚无不是或至少不主要是一种哲学立场,而是一种文化条件②,Peter Poellner 提出"通过这些情感状态,我们遇到了价值"③,Ken Gemes 指出虚无主义最深刻的表现是情感而不是认知障碍,"是关于一个人最深层次的驱动力构成,而不是一个人的公开信仰"④,Christopher Janaway 指出尼采对虚无主义的诊断从根本上说是对疾病的诊断,这使得对价值进行实质性重估是必要的,其中最根本的需要不是新的价值,而是态度的转变⑤。可以看出,情感而非认知被推至虚无主义的主要标示。

---

① Bernard Reginster, *The Affirmation of Life : Nietzsche on Overcoming Nihilism*. Cambridge : Harvard University Press, 2006, p. 23.

② Maudemarie Clark, "Nietzsche's Nihilism", *Monist*, 2019, 102(3): 369.

③ Brian Leiter, Neil Sinhababu (eds.), *Nietzsche and Morality*, New York: Oxford University Press, 2007, p. 228.

④ Ken Gemes, "A Review of and Dialogue with Bernard Reginster", *The European Journal of Philosophy*, 2008, 16(3), p. 461.

⑤ Christopher Janaway, "A Review of *The Affirmation of Life : Nietzsche on Overcoming Nihilism by* Bernard Reginster", *Mind*, 2009, 118(470): 522.

　　自然,尼采对虚无主义最广为人知的论断即是"最高价值的自行贬黜"。但什么是尼采所谓的最高价值? 是自柏拉图至叔本华以来形而上学所言说的基础本体? 还是以基督教为代表的宗教所允诺的上帝、来世和幸福? 尼采自然反对这些。什么又是最高价值的自行贬黜? 仅是因形而上学和宗教提供的超感性领域被戳穿后,世人丧失生存的目标和意义了吗? 在尼采1888年5—6月的手稿中,他列出虚无主义历史的四个发展阶段,并将虚无主义概括为"虚无主义本能说不;它最温和的断言是:不存在比存在更佳,求虚无的意志比求生命的意志更有价值;它最严格的断言是:如果虚无是最高的愿望,那么这种生命,作为虚无的对立面,就是绝对毫无价值的——变成卑鄙无耻的……"[①]从这段话中可以明显看出:第一,在尼采这里最高价值是生命,而非形而上学或宗教提供的超感性领域;第二,最高价值的自行贬黜指的是生命受到否定、生命的力量被抑制。我国学者汪民安区分出尼采哲学语境中虚无主义的两层含义:一是因为上帝所代表的形而上学的最高价值存在,才导致了尼采意义上的生命价值的贬黜,换言之,生命因上帝的显赫存在而受到抑制;二是正因为上帝所代表的形而上学的最高价值不存在,生命失去目标和意义、变得无所适从。汪民安得出结论,"尽管是两种完全不同意义上的最高价值的贬黜,但是它们导致了一个近似的结果,即生命失去了刺激,没有得到肯定"[②],也就是说,无论是哲学(和宗教)盛行或衰落,生命都可能遭受否定和贬抑。Kaitlyn Creasy认为,这种"形式多样,导致意志薄弱的驱力结构和组织问题即是一种情感虚无主义(affective nihilism)","情感虚无主义根植于人的动力以及情感的一种否定世界和生命的态度"[③]。

　　Creasy将否定生命与情感虚无主义关联起来不无道理,情感虚无主义不仅是生命遭受否定和贬抑的具体表现,而且展开与深化了否定生命的内涵。她认为尼采的情感虚无主义:(1)是一种涉及"世俗厌倦"或"意志软弱"的情感状况;(2)具体表现为形式多样的负面情绪,如耗尽、厌恶、疲倦、自我失望等;(3)与生理机能的下降密切相关。由此,不妨依循Creasy的思路,来看尼采的情感虚无主义具体有怎样的心理生理表现,这不仅涉及形而上学和宗教

---

　　① 　[德]尼采著,孙周兴译:《尼采著作全集(第十三卷)》,商务印书馆2010年版,第625页。
　　② 　汪民安:《尼采与身体》,北京大学出版社2008年版,第172页。
　　③ 　Kaitlyn Creasy, *The Problem of Affective Nihilism in Nietzsche*. Cham：Palgrave Macmillan, 2020, p. 86.

对人生命的长期压抑，也涉及"上帝死了"之后，人并不能自行提升生命力量（换言之，否定后不一定产生出积极的建构）。

情感虚无主义首先指形而上学和宗教对人生命力量的否定和抑制。尼采花大量篇幅批判柏拉图对超感性领域的设立，批判叔本华将意志形而上学与悲观主义强行结合①，批判基督教提供虚假的宗教安慰，许诺一个带有补偿的、能够减轻罪孽并走向伟大正义的彼岸世界②。以尼采与瓦格纳间的一段公案为例，在《瓦格纳事件》中尼采认为比才的音乐"它是丰富的，它是准确的，它进行建造、组织、完成；它因此与音乐中的复多赘余、与'无尽的旋律'构成对立"③，这直接指出了尼采所赞扬的（比才的）音乐与所反对的（瓦格纳的）音乐。尼采反对瓦格纳音乐的原因在于：第一，他认为瓦格纳的音乐充满了细枝末节，既包括精心雕琢于音响、动作、色彩、音乐等感性元素，也包括舍弃真正的情节冲突、而代之以观众对片段情节的特异反应。这样，瓦格纳过于激活、强调和揭示细小单元，并把互不搭界的东西放置一处，而不能塑造出有机的形象。尼采着重批判瓦格纳这一点，将之称为戏剧性的。第二，每个细小单元都是独立的、不再有一个完整的有机形象，从生命的角度来看，也就意味生命不再寓于整体之中，生命的活力、激荡和茂盛不再能够凝聚，相反被拆解为零碎的部分和细节，最终只能走向瘫痪、僵化或者混沌。第三，细小单元在瓦格纳那里，呈现为"幻景"，呈现为千百种的象征，其目的正如瓦格纳所说的，他的"音乐不知意味着音乐，而是有无限多的意味"，即用幻景般的细节暗示出其背后的理念或无限。最后，因为瓦格纳的音乐致力于暗示无限，所以音乐本身成为一种否定的音乐，并且要求听众具有德性，也就是驯顺、自动以及自我否定。这样，当听众沉浸于幻景、并通过幻景感受无限时，实际上是对自身精神和意志的放弃，并在这种自我否定和弃绝中感受宗教般的安宁、寂静或陶醉、眩晕。

其次，情感虚无主义指一种既对世界厌恶、也对自己厌恶的负面情感反应，并且具有明显的生理特征（或者说是由生理疾病所导致的），这一情感主要体现在憎恨、妒忌、忌惮、狐疑、怨气、复仇、厌世当中。如果说权力意志或生命本能是一种主动性（aktive）情感，是追求权力、扩张力量，让自身"有能

---

① ［德］西美尔著，朱雁冰译：《叔本华与尼采》，上海人民出版社2009年版，第64页。
② ［德］萨福兰斯基著，卫茂平译：《荣耀与丑闻》，上海人民出版社2014年版，第320页。
③ ［德］尼采著，周国平译：《瓦格纳事件》，上海译文出版社2017年版，第259页。

力于某样东西",那么情感虚无主义则是一种反动性(reaktive)情感,以他者作为自身存在依据,"总是首先需要一个对立和外部的世界,才得以产生","需要外面的刺激才能有所动作——它的动作从根本上说是反应"①,并且被迫地向自身内回返式地发泄、自我折磨。尼采将情感虚无主义与人的生理特征明显关联起来,有时认为生理疾病或身体虚弱是导致情感虚无主义的根本原因,"这类推论是所有病态者所特有的,而且他们感觉差的真实原因,生理性的原因,便越发掩藏不露了(这原因可能是比如一种交感神经系统病变或者一次过度的胆汁分泌,或者由于血液中国硫酸钾和磷酸钾的贫乏,或是下腹坠胀使血液循环堵塞,或者是卵巢退化或诸如此类者)"②,有时也认为情感通过发挥抑制作用来支配心理生理构造,并且这种支配持续时间长、具有相对稳定性。

再次,在尼采看来情感虚无主义具有一定传染性。尼采不止一次地提出要将健康者、强健者与虚弱者隔离开来,"应该更严格地保护那些发育良好者不受最恶劣的空气、致病的空气之害。人们这样做了么? ……患病者于健康者是大危险;强健者的祸害不是来自最强健者,而是最虚弱者"③。这表明,第一,尼采认为情感是超个人的、社会性的,情感在社会环境中流通和传播,具有传染性。第二,个人外部的社会文化环境、价值观和规范等会影响个人情感体验的质量和强度,这反过来又会塑造个人与社会文化环境、与特定对象的相遇方式。第三,健康和强健易受疾病和虚弱的影响。由此,尼采强调情感的社会性,从而打破情感体验仅来源于个人心理生理状况的误见。情感虚无主义的诸种表现也为尼采寻求从内部克服的可能路径标明了方向。

三、情感虚无主义的自我克服

既然情感具有影响认知的重要作用,情感虚无主义又主要体现在意志软弱及其所带来的负面情绪,那么是否只要采取措施来提升人的情感,进而促使人对世界产生的积极看法就可以了呢? 这自然是过于简单了。如前所述,尼

① [德]尼采著,赵千帆译:《尼采著作全集(第五卷)》,商务印书馆 2015 年版,第 343 页。
② 同上书,第 461 页。
③ 同上书,第 453 页。

采特别关注情感所具有的超个人特性,如果情感在社会层面进行煽动,那么这种情感提升也是虚假的、为尼采本人所反对。应当说,尼采认为情感不仅限于个人心理生理特征,而且具有超个人性,这一点具有重要意义:后继法国哲学家福柯在政治领域继承尼采的权力哲学,就在于"它第一次不受政治理论限制分析权力问题"①,情感超出个体范畴而与整个社会(包括政治)密切关联;然而,这也导致许多战后理论家反思二战时,将尼采的权力意志视为法西斯反犹主义的源头,认为尼采将精神贬低为一种生命的纯粹功能,只有自我维护的野蛮逻辑,而生命要实现自我只能以牺牲弱者利益为代价②,在法西斯向外扩张的过程中,个体生命就成为群体生命的附庸。部分理论家为尼采的意志哲学辩护,指出纳粹如何征用尼采的思想,其中有一种反驳思路值得参考,即言说尼采的虚无主义必须先确立针对的主体,进而提出尼采针对的主体并非全知全能的神,而是感性、有死、有缺陷但也有努力作为的人③。将这一参考转至情感提升上,也就是说,既然情感具有超个人性,那么如何避免虚假的社会性情感煽动,真正提升个人的情感? 由此必须返回个人,"必须要从心理结构出发,来梳理人们的情感,重新评估以往的价值,并进而给'未来哲学'奠定基础"④。

从个体的心理生理学(phychophysiology)着眼,Creasy 概括出尼采哲学中三种克服情感虚无主义的方法:第一,将自己置于各种可能刺激的气候和环境中来"试验性地生活"。尼采提出,"我们必须学会不同的思想方式——以便最后,也许是很久之后,有可能收获更多:不同的感觉方式"⑤,换言之,克服情感虚无主义需要培养不同的感觉和思维方式,运用各种新的策略、新的方式与个人的世界进行互动,从而获得更多肯定人生的情感取向并形成更为积极的价值判断。第二,通过自我叙述形成一种自我认知的实践。尼采将自我叙事视为以自身经历和体验来认识事物的方式,他要求自我发问"我到底经历了什么? 当时在我的内心、在我周围发生了什么? 当时我的理智清醒吗? 我的

① 汪民安、陈永国编:《尼采的幽灵——西方后现代语境中的尼采》,社会科学文献出版社,2001年版,第 143 页。
② [德]萨福兰斯基著,卫茂平译:《荣耀与丑闻》,上海人民出版社 2014 年版,第 397 页。
③ 刘森林:《何为尼采"虚无主义"的隐微义》,《学术月刊》2020 年第 1 期,第 32—33 页。
④ 邓安庆主编:《重返"角力"时代——尼采权力意志的道德哲学之重估》,上海教育出版社 2017年版,第 91 页。
⑤ [德]尼采著,田立年译:《朝霞》,华东师范大学出版社 2007 年版,第 139 页。

意志是否排除了感官的迷惑,勇敢地抑制了幻想?",并且达至"要严格体察自身的经历,像对待一项科学试验,时刻体察!"①。这样,自我叙述通过理性的方式祛除宗教式幻想,从而既可以摆脱激情的奴役,又可以摆脱遭受阻碍或抑制的状况。第三,形成一种"自我谱系"(self-genealogy),即以沉思和诚实的方式来思考一个人的信仰、价值观和情感生活的整体过程。福柯对尼采的谱系学予以详细阐释,他认为谱系学拒绝寻求起源,因为一旦预设起源存在就意味事物已经是它所是的样子、意味我们已对事物形成一定看法并以此种看法去审视事物,与之相反,谱系学在拒绝任何终极因的情况下考察事件的独特性,考察事件的偶然发生和事件的外部。Creasy 提出"自我谱系"无疑是针对情感的超个人性,因为情感极易受他者和外界社会的影响而走向享乐或狂热。因而,对一个人的情感进行谱系学的调查研究,可以减少一个人既有的社会文化背景对其情感的影响,推动个人去发掘、发现自身情感的偶然发生及外部要素,从而获得情感和行为的更为充分的原因②。

当个人获得情感的充分原因时,也就从被动转向主动,这也是尼采情感理论的关键。但可以进一步追问,这表明情感虚无主义被克服了吗?或者说情感虚无主义被克服后转向了什么?是什么取代了情感虚无主义?可以说,尼采从不认为虚无主义能够从外部被克服,因而也不会认为虚无主义之后会转向哪里,相反,虚无主义只能自我克服。正如洛维特所说,"虚无主义自身意味着两种东西:它既可以是最终没落和对存在的厌恶的征兆,但也可以是强大和一种新的存在意志的第一征兆。一种孱弱的虚无主义或强大的虚无主义"③,正因为以往的最高价值贬黜,从而打开一个可能的重新估价的缺口,如果虚无主义不走向自我否定的悲观主义、人们也不陶醉于自我满足的幸福中,那么在虚无主义内部会孕育出新价值、孕育出超人。同样,情感虚无主义也不能够从外部被克服,只能从否定生命、消极情绪、身心虚弱中自我克服,最终将被动转化为主动,从而获得坚强、有效和统一的意志,自觉地认可与内化肯定生命的信念。

---

① [德]尼采著,黄明嘉译:《快乐的科学》,华东师范大学出版社 2007 年版,第 297 页。
② Kaitlyn Creasy, *The Problem of Affective Nihilism in Nietzsche*, Cham: Palgrave Macmillan, 2020, pp. 127 - 128.
③ [德]洛维特著,李秋零译:《从黑格尔到尼采》,生活·读书·新知三联书店 2006 年版,第 256 页。

艺术美学

新实践美学的雕塑艺术观

张玉能*

（华中师范大学文学院　湖北武汉 430079）

摘　要：新实践美学的雕塑艺术观是以马克思主义的艺术生产论、审美意识形态论、"实践——精神"的掌握世界论的整体艺术观为基础的。雕塑是一种以雕刻家为主体的实体造型生产的艺术。它以木、石、泥、金等实体性材料塑造三维空间的立体形象，来反映社会生活并表达雕刻家的思想感情和审美意识，改造世界。它是一种视觉和触觉相结合的立体形象感受的艺术，可以给接受者一种特殊的审美感触。

关键词：新实践美学　雕塑艺术观　实体造型生产　三维立体形象　可触性艺术

　　新实践美学的雕塑艺术观是以马克思主义的艺术观为基础的，马克思主义美学和文艺理论关于艺术本质的观点是世界美学和文艺理论史上最具多维性、开放性的理论观点。马克思主义的艺术本质论具有三个维度：艺术生产论，把艺术视为一种特殊的生产方式；审美意识形态论，把艺术视为社会构成中的一种审美意识形态；"实践——精神的"掌握世界论，把艺术视为一种"实践——精神的"掌握世界的特殊方式。马克思主义的艺术本质论全面、系统、科学、开放地揭示了艺术的本质，给新实践美学的雕塑艺术观奠定了坚实的美学和文艺理论基础。

一、雕塑是一种实体造型生产

　　新实践美学根据马克思主义美学和文论的艺术生产论，把雕塑艺术当作

---

　　* 作者简介：张玉能（1943—　　），华中师范大学文学院教授，南京大学、华中师范大学文艺学博士生导师，主要从事新实践美学、西方美学、文艺美学、文艺心理学。

一种"按照美的规律来构造"来实现造型实体的生产。简言之,雕塑是一种以雕刻家为主体的实体造型生产的艺术。

马克思在《1844年经济学哲学手稿》中说:"宗教、家庭、国家、法、道德、科学、艺术等等,都不过是生产的一些特殊的方式,并且受生产的普遍规律的支配。"同时指明了人类的生产"是按照美的规律来构造"的自由创造的活动[①]。雕塑艺术生产由于石头材料的易得和坚固,大约在旧石器时代晚期就已经有产品遗留至今了。雕塑作品究竟最初是怎样产生出来的,这个问题已经无从详细考证,但是,从现有的原始艺术的遗迹来看,雕塑似乎应该是人类打磨石器生产工具的副产品,后来才逐渐成为原始人类用来进行自然崇拜、性崇拜、祖先崇拜、死亡崇拜等原始宗教的器物。美国视觉艺术史家帕特里克·弗兰克的《视觉艺术史》指出:"在约100万年前的非洲和稍晚一些的亚洲、欧洲,人们从石块的反面削下许多薄片,形成锋利的切削刃,制成了比之前更精致的工具。此后又经过了约25万年,人类发明了形状更为细致对称的切刀或手斧。人类开始认识到形式与功能的关系,以及形式本身可以带来娱乐,凭借这一认识,人类跨出了艺术发展史的第一步。"[②]美国雕塑史家雷·H·肖拜尔等著的《世界雕塑史》也说:"人类先制造工具,后创造形象,实际上任何削制的石头工具已是一种雕塑形式。许多世纪中人类用石头或较软材料如木、骨或角制造工具供实用,当人类意识到他们心中的形象该有具体形状时,他们其实已经具备某种创造性的表现能力了,从石斧到石像仅是一小步。而当他们知道可以把思想和愿望用固体的实物来表现时,那才是一大步。"[③]我们可以想象,一位制作石器工具的原始人,在用石斧和石刀加工一块石头过程中,他突然发现被砸碎的石头小块中有一些像人形或者动物形,于是,在休息时刻他就可能进一步把这些石块雕刻制作成一种人形或者动物形的东西,并从中感到了自己的本质力量,于是就有了一种特殊的构造和创造对象世界的愉悦感。这种愉悦感,既是对人的本质力量的一种确证,也是一种创造世界的愉快感,或者说是特殊的超功利的审美感的雏形。这也就是马克思在《1844年经济学哲学手

① 中国作家协会、中央编译局编:《马克思恩格斯列宁斯大林论文艺》,作家出版社2010年版,第24、21页。
② [美]帕特里克·弗兰克著,陈玥蕾译:《视觉艺术史》,上海人民美术出版社2008年版,第9页。
③ [美]雷·H·肖拜尔等著,钱景长,钱景渊译:《世界雕塑史》,中国美术学院出版社1989年版,第1页。

稿》中所说的人"在他所创造的世界中直观自身"①的愉悦。这就是雕塑艺术的第一步。于是,接下来就有了用于性崇拜的奥地利"维伦多夫的维纳斯"以及其他地方的"维纳斯"雕像,这些维纳斯雕像是人们对于生育人类的母神的赞美和性崇拜祈祷的神灵。从外部造型来看,它们几乎都是丰乳肥臀的,突出女性特征和生育能力。"这类雕像在体积方面只有人拳大小,供原始人随身携带。它们看来是原始部落的神圣的生育神,它们曾经在整个欧洲世世代代地流传过很长时期。"②类似的这种维纳斯雕像还有法国"劳塞尔的维纳斯"、中国辽宁红山文化的女性裸体小雕像等等。红山文化的女性裸体小雕像,"尺寸上有微型的,也有真人大小或更大的雕像的碎片。躯干造型一般化,但几个腹部隆起的东西被塑成孕妇。"③此外,还有了祖先崇拜、死亡崇拜的墓葬雕塑,比如埃及的金字塔和狮身人面像,就是埃及法老的陵墓和纪念雕像,表示了人们对祖先的崇敬和怀念,也对死亡表示了敬畏和崇拜,以雕塑来纪念死者和祈祷冥界的幸福。"埃及人早在公元前三千年左右,就已用浅浮雕来装饰他们的陵墓和庙宇的墙壁了。"④以后就是法老的陵墓——金字塔,庙宇也是举行法老葬礼和供奉祭品的场所。同时,也有了图腾崇拜的各种动物雕塑。"有些史前洞穴的顶部和壁上雕刻着和描绘着形状逼真的野兽,这显示了旧石器时代人类具有敏锐的观察能力。原始人惧怕这些野兽。他们一方面猎取这些野兽,另一方面也许还崇拜这些野兽。原始'美术家'们雕刻和描绘得最多的是一些巨大的哺乳动物:猛犸象、野牛、马和鹿。有时还有狮和熊。这些野兽通常被处理成侧面状态,在石壁上被制成浅浮雕,或被刻画在骨制或兽牙制的祭器上。"⑤陶器制作和玉石制作中的动物形象在新石器时代晚期的中国仰韶文化、大汶口文化红山文化等原始雕塑中似乎也是这种图腾崇拜的表现,像鸟形玉、玉猪龙(红山文化)、陶猪(大汶口文化)、陶鸟(仰韶文化)等器皿就是典型的表现。到了农耕文明兴起之后,雕塑就更加广泛地运用在以上这些性崇拜、

---

① 中国作家协会、中央编译局编:《马克思恩格斯列宁斯大林论文艺》,作家出版社 2010 年版,第 21 页。

② [美]雷·H·肖拜尔等著,钱景长,钱景渊译:《世界雕塑史》,中国美术学院出版社 1989 年版,第 2 页。

③ [美]杜朴、文以诚著:张欣译:《中国艺术与文化》,后浪出版社 2014 年版,第 29 页。

④ [美]雷·H·肖拜尔等著,钱景长,钱景渊译:《世界雕塑史》,中国美术学院出版社 1989 年版,第 17 页。

⑤ [美]雷·H·肖拜尔等著,钱景长,钱景渊译:《世界雕塑史》,中国美术学院出版社 1989 年版,第 2 页。

祖先崇拜、死亡崇拜、图腾崇拜等原始宗教发展而来的宗教活动之中，成为人们寄托思想感情，表达文化意识，宣泄宗教信仰的实体造型生产。像秦始皇兵马俑、汉代霍去病墓、历代皇陵等等的雕刻，无论是圆雕的人物、动物，还是浮雕的墓主人的生活场景，都是运用雕塑艺术的实体造型生产来构筑出一个表达人们的思想感情、文化意识、宗教信仰的实体世界。特别是宗教在世界各地的传播流行，也就大大地促进了雕塑艺术生产的发展。无论是基督教在欧洲的传播流行，还是佛教在东南亚的传播流行，或者是伊斯兰教在中东地区传播流行，都促进了神像、圣器等雕塑艺术生产的发展。在原始手工业的发展的基础上，形成了大规模的洞窟雕塑、墓葬雕塑、礼器雕塑的行业化的生产机制和行会组织。这样，雕塑艺术就越发成为了一种人类社会生活不可或缺的器物生产的表现，即使到人们更多强调雕塑艺术的审美特征的时候，雕塑艺术仍然是一种制造实体造型的生产活动。像金字塔、狮身人面像、商周青铜器、古希腊罗马的神话英雄雕刻、秦始皇兵马俑、霍去病陵墓、云冈石窟、龙门石窟、敦煌石窟、历代皇陵的建造，就完全依靠着石匠、青铜匠、铁匠、陶工匠等手工业者的行业合作生产。因此，在人类保持着对祖先、死亡、性、自然的敬畏和怀念，坚守着某种宗教信仰或者非宗教的信仰的条件下，雕塑艺术就会作为人类的一种精神文化生产，继续存在下去，并且成为人类文明的重要组成部分继续扩大再生产下去，以认识、反映、改变人类的物质世界和精神世界。

雕塑艺术的生产性质是如此明显，可是，西方近代认识论美学和艺术学和苏联正统马克思主义庸俗社会学美学和文论却仅仅把雕塑艺术当作单纯的认识，忽视了雕塑艺术创造实体造型的生产性质。这就是一种片面的雕塑艺术观。在雕塑作品的制作过程中，除了那些玉器、木雕、泥塑、牙雕、骨雕等小型的工艺品以外，大多数雕塑艺术制品并不是简单的手工业个体的产品，而是需要一个比较完整的工匠合作过程才能够完成的。即使不算中型和大型的墓葬的建筑工程，就是其中的雕刻部分，也是一个比较复杂的生产流程：制作墓碑、明器、陪葬物品、雕刻各种石兽、墓主雕像、纪念雕像等等，从选材到材料加工，再到因材施技或者按设计加工，从粗加工到精雕细刻，直到雕刻作品完成，就是一个许多工匠精心合作的生产过程。因此，忽视了雕塑艺术的生产环节，实际上也就是忽视了雕塑艺术的最关键的部分。如果没有这个生产实践的过程，那么，仅仅停留在认识和反映对象的层面上，雕塑艺术就永远不可能真正存在于实体世界之中。因此，雕塑艺术的最本质属性应该是它的生产性质，不论是单个工匠的小型个体生产,还是许多工匠的通力合作,比如青铜器、铁器、石膏制品、陶器等制品就需要冶炼、浇注、烧制等生产环节,应该都是雕塑艺术制品的关键之所在。而且,雕塑艺术生产,并不像文学、音乐等艺术生产那样是生产出一个个符号形象或者形象符号,而是直接生产出一个个人物、器物、动物、植物的实体造型,而其艺术符号意义却是由这些实体造型显现出来的。因此,这是我们今天特别强调雕塑艺术的生产性质的缘由和背景。我们必须把雕塑艺术特别视为一种"实践—精神的"生产、审美意识形态的生产,而不应该仅仅把雕塑艺术视为单纯的认识和反映社会生活的纯粹精神活动。

二、雕塑是塑造立体形象的艺术

作为一种生产,雕塑艺术还是一种物质性、器物性特别强的生产实践活动。雕塑以木、石、泥、金等实体性材料塑造三维空间的立体形象,来反映社会生活,表达雕刻家的思想感情和审美意识,改变世界。

艺术的存在,像世界上的万事万物一样,都存在于一定的时间和空间中。不过,不同的艺术形式的存在,在时间和空间的存在方式上并不是完全一样的,而是呈现出不同的时间性和空间性。像文学和音乐的艺术生产就主要是在时间中展开的,所以被叫做时间艺术;而建筑、雕塑和绘画等造型艺术,则主要是在空间中展开的,因而被叫做空间艺术;而像戏剧、电影、电视等艺术是兼有时间性和空间性的综合性艺术。然而,在绘画、雕塑这样的空间艺术和造型艺术中,二者的呈现方式或者存在方式也是有差别的:绘画艺术生产主要是一种塑造二维平面形象的艺术生产,而雕塑艺术则是塑造三维立体的形象的艺术生产。因此,雕塑艺术生产的产品,就物质存在而言与原型的社会生活和现实世界是一种同质的实体世界,不过雕塑艺术生产使用泥、石、木、骨、角、金等物质材料来生产出一个类似于现实世界和社会生活的实体世界,比如人体雕像的存在与现实世界中的人体的存在是同质的立体的实体世界,不过,人体的肌肤的质感却是由泥、石、木、骨、角、金等物质材料来表现的,像人体肌肤的温度感、光泽感、柔韧感,都是要运用大理石、泥土、木料、骨头、角质、金属的物质材料的特殊处理才能达到的,而不是这些物质材料本身性质的直接呈现,有时候还需要通过生产制作者和消费欣赏者的想象才能够实现。但是,就立体的、三维的存在这一点而言,雕塑艺术产品与它所表现的事物是相同的、同质的。这是雕塑艺术生产应该高度重视的问题,因为雕塑艺术生产所制作出来的人物、事物、动物、植物等等,都是与现实世界的万事万物一样的三维的、立体的存在,然而雕塑艺术作品的质地却与现实世界的万事万物并不一样的,而是要顾及到雕塑艺术生产的物质材料的具体物性的。比如,同样是表现人体,大理石人体雕像的质感就不会完全同于青铜雕像人体、木雕人体、泥雕人体,不同质地的木材、泥材、石材、金材的表现也不尽相同。所以,雕塑艺术家和雕塑工匠应该充分了解自己所用的雕塑生产的物质材料的物性,扬长避短,尽可能完美地发挥自己所用的雕塑物质材料的物性,以适当的方式来表现出人物、事物、器物等现实对象的真实质感,当然,同时也可以充分发挥自己所用的物质材料的物性特点,表现出对象事物的不同特点,从而显示出各种不同的雕塑材料的独特物性性质,以表现出人物、事物、器物的不同特点或者不同方面的特征。比如,古希腊罗马雕塑的大理石的物性特点就可以比较充分地表现出女性人体的柔韧感、光滑感、圆润感,比如《米罗的维纳斯》,而花岗岩的石材就可以更充分地表现出男性人体的粗犷感、力量感、坚强感。当然,像米开朗基罗的《大卫》大理石雕像,却又从另一个角度凸显出男青年人体的柔韧感、光滑感、新鲜感,也是颇具大理石质感的雕像。此外,各种不同的木料、铜料、骨料、角料、泥料的不同质感也可以区分出各种不同的事物、人物、器物的质感特点,从而既显示出对象的某些特点,也可以显现出雕塑材料物性的特点,从而形成不同的雕塑艺术的独特性。

同是空间艺术和造型艺术的雕塑和绘画,在塑造空间的造型形象时,由于所塑造的造型形象一个是立体的三维的空间形象,一个是平面的、二维的空间形象,因此,它们在构成造型形象时,在观念和技巧上是有差别的。绘画艺术的平面二维形象,为了能够逼真地再现现实世界的万事万物,就必然想方设法在二维平面上让人产生三维立体的错觉和印象。因此,在人物、事物、器物的描绘上就必然运用透视方法来塑造平面二维形象,通过空气透视、焦点透视、明暗处理来让人产生立体三维的形象的错觉和印象。即使并不讲究"形似"的中国绘画也要通过高远、平远、深远的散点透视来构成对象世界的立体三维的错觉和印象。因此,透视就成为了绘画艺术生产,特别是以写实、形似为主要表现手法和特点的西方绘画艺术,特别讲究运用透视的特点,从而形成了以科学技术为基础的绘画透视学,并且把透视学作为绘画的造型和构图的科技基础。中国绘画虽然并不像西方绘画艺术那样执著于透视学的科技基础,但是,也在实践经验中总结了许多相应的化二维平面为三维立体的技法,比如线条的粗细曲直、墨色的浓淡洇浸、视线的俯仰和平直等等。然而,雕塑艺术生产,由于本身就是塑造出一个个立体三维的形象,所以并没有化平面为立体的需要,而是应该直接用一定的物质质料来塑造出相应的立体三维形象就可以了。当然,像有些浅浮雕、群体圆雕等的造型过程中也应该注意构图的透视关系,不过,那种讲究透视并不是从对象的表现来着眼的,而主要是从观赏者的角度出发,以构成逼真、形似的印象,而不至于影响到观赏者的实际感受,而不是为了对象本身的化平面为立体的要求。比如,法国雕塑家罗丹的《加莱义民》在人体体量的大小安排就是以视线的远近高低为基准的。还有,霍去病墓前的石雕杰作《马踏匈奴》,东汉时代的铜雕《马踏飞燕》也是在凸显主题的要求下进行了适当的大小处理。另外,绘画和雕塑还有一个次要的差别,那就是绘画艺术重视色彩的表现,比如西方主要绘画种类中油画、水彩画、粉彩画、丙烯画等等,即使主要以黑白为主导的水墨画、文人画等中国画,也有十分讲究色彩的重彩工笔画、彩色人物画和山水画,因此,中国古代就把绘画艺术简称为"丹青";而雕塑艺术一般是不以色彩为主要表现手段的,尽管在雕塑中也有诸如彩陶、彩色泥塑、涂色石雕等等,像古希腊雅典娜神庙前的雅典娜雕像,像埃及的某些法老雕像,还有一些涂色的牙雕、中国的唐三彩等等,不过那不是主流和正宗。因此,雕塑艺术生产就比较重视雕塑材质的本色,比如大理石的白色、花岗岩的麻色、青铜的青绿、铁的黑色、钢的亮色、黄杨木的赭色、泥土的黄色或者红色等等,恰如其分地运用雕塑材料的本色质地恰恰可以显示出雕塑艺术生产的物质性、象征性、本色性。

与时间艺术的文学和音乐以及戏剧、电影、电视等综合艺术不同,雕塑艺术作为空间艺术和造型艺术,主要是一种静态艺术。因此,雕塑艺术特别适合于表现静态的对象,比如,罗丹的全身圆雕《思想者》和头像圆雕《思》就凸显了雕塑艺术生产的静态性。然而,我们也可以看到,罗丹同样非常喜爱以雕塑来塑造动态的姿势。在参观罗丹博物馆时,我们就看到了他的大量的各种人体动态姿势的雕塑,尤其让人叹为观止的是,罗丹雕刻了那么多各种各样姿势的手。在《罗丹艺术论》中就专门记载了罗丹关于雕塑艺术生产化静为动的论述。罗丹特别强调雕塑艺术的运动表现,认为那是生命的表现,是赋予雕塑以灵魂的关键。罗丹指明了运动的本质和钥匙:"所谓运动,是从一个姿态到另一个姿态的转变。"他指出:"画家和雕塑家要使人物有动作,所做的便是这一类的变形。他表达从这一姿态到另一姿态的过程：他指出第一种姿态怎样不知不觉地转入第二种姿态；在他的作品中，还可以识辨出已成为过去的部分，也可以看见将要发生的部分。"他还以吕德的《奈伊将军》雕像为例来说明："这位将军的两腿，和按剑鞘的那只手——这种姿势是拔剑的姿势；左腿有些斜，使右手便于拔剑；左手有些临空，好像在举献那个剑鞘。""现在你观察一下身体吧。当它做出方才我描写的那种举动的时候，应该稍微侧向左边，但是你瞧又伸直了，你瞧他的胸膛挺起来了，你瞧他的脸，转向士兵们，吼出进击的命令；最后你瞧他举右臂，挥动刀剑。""这样，你就可以证实我对你所说的话了：这座像的运动不过是两种姿态的变化，从第一种姿态，这位将军拔剑时的姿态，转到另一种姿态，即他举起武器奔向敌人时的姿态。""这就是艺术所表现的各种动作的全部秘密。雕像家，可以那么说，强制观众通过人像，前前后后注意某种行动的发展。在以上的例子里，眼睛必然是从两腿看到高举的手臂，而且，因为在移动视线的时候，发现这座雕像的各部分就是先后连续的时间内的姿态，所以我们的眼睛好像看见它的运动。"①这样，罗丹就揭示了雕塑艺术生产的化静为动的全部秘密，并且给予了一系列心理学的科学阐释，可以引导人们真正理解空间艺术和静态艺术的化静为动，化空间为时间的心理学美学的视觉和想象的规律。用这一规律来理解和阐释罗丹的《青铜时代》，葛塞尔也悟到了："在第一个作品中，我注意到运动乃是自下而上，情况与奈伊将军的雕像一样。这个没有全醒的青年的两腿，依旧软弱无力，几乎站立不稳；但是越往上看，越见得他的姿态逐渐坚定——肋骨在肌肤之下鼓起，挺着胸部，面对青空，舒展两臂，以驱睡魔。""所以这雕像的主题，是这样一个过程，是一个人从沉睡中醒来，将要有所行动的过程。"②因此，雕塑和绘画这样的静态艺术，要表达出一种运动感或者运动趋势，那就应该选取那些动作的转变的时刻来进行表现，从而能够在人们的视线移动和联想想象的共同作用下，来完成化静为动的过程。用朱光潜先生翻译的德国启蒙主义美学家莱辛在《拉奥孔——论诗与画的界限》中的话来说，就是要选取"最富于暗示性的"顷刻来进行表现，"这一顷刻必须选择最富于暗示性的，能让想象有活动余地的，所以最

---

① ［法］罗丹口述，［法］葛塞尔记录，沈琪译，吴作人校：《罗丹艺术论》，人民美术出版社 1978 年版，第 37、38 页。

② 同上书，第 38 页。

好选择顶点前的顷刻。"①用我国著名的美学家、雕刻家王朝闻的说法就是选取"不到顶点"的时刻来进行表现。②

正因为雕塑艺术生产能够以三维立体的形象构造出一个与现实世界及其事物同质性的物质性艺术世界，因而雕塑艺术生产也就隐含着改变世界、创造世界的意向，能够在一定程度上满足人类在认识世界的基础上进一步改造世界的愿望。因此，雕塑艺术生产就可以构造出许许多多纪念性的雕塑产品，以纪念重大的历史事件、贤明的祖先、开国元勋、民族英雄、先烈英模、显考显妣等等，在全世界的许许多多历史名城，特别是欧洲的历史文化名城，就有着数不清的这类纪念性的雕刻艺术作品，让人们永远记住那些值得缅怀和记忆的人和事，那些三维立体的雕塑形象寓意了这些人和事永远就在我们的身边。就笔者所见到的极其有限的欧洲名城维也纳的三维立体的雕塑形象，就把我们带到了那些战火纷飞的年代、那些建功立业的英雄身边、那些国泰民安的时期，大有身临其境的感受。无论是音乐大师海顿、莫扎特、舒伯特、约翰·施特劳斯、长期生活在奥地利的德国音乐家贝多芬等名人的雕塑，还是议会大厦广场前的雅典娜神像和一系列古希腊罗马神话雕像、英雄广场上卡尔大公纪念像和欧根亲王骑马纪念像，或者是国家图书馆门前的约瑟夫二世骑马塑像、玛丽雅·特蕾莎广场上的女王塑像、霍夫堡皇宫中的德意志神圣罗马帝国最后一个皇帝弗兰克二世纪念像以及各种古希腊神话的神像，抑或是为纪念1679年爆发的瘟疫而建的步行街上巴洛克风格的三位一体瘟疫柱、1945年建立的反法西斯主义战争的纪念碑，还有隔街相望的歌德和席勒的雕像等等，都让人有历史感和现实感。走在维也纳的环形大道上，这些纪念性雕塑可以说是比比皆是，目不暇接，几乎就可以把奥地利的文化、历史和名人直观地呈现在我们的面前，成为永久的国家记忆、民族记忆、文化记忆。那就更不用说遍布维也纳大街小巷的各种各样的纪念雕像、美景宫的雕塑、美泉宫的雕像等等三维立体形象把我们带入了一个同样充满生命活力的雕塑艺术世界之中，具有唤醒人们的历史意识和现实感受的同质性魅力。

雕塑艺术生产的三维立体形象世界还让人类能够建构起彼岸世界，让逝者仿佛永远生存在一个与现实世界同质性的另一个世界之中。秦始皇的兵马

---

① 朱光潜：《西方美学史》上卷，人民文学出版社 1963 年版，第 311 页。
② 王朝闻：《不到顶点》，上海文艺出版社 1983 年版。

俑就仿佛让人看到了秦始皇死后的风采,仿佛他仍然在指挥着千军万马,驰骋疆场,统一六合;西汉霍去病墓前的浑厚雄伟的石兽,同样展示了霍去病的征战雄姿和大将风度,特别是其中的"马踏匈奴"更加彰显了中华民族的雄心壮志;在南京、丹阳一带的南朝时期陵墓雕刻艺术生产的墓前石兽天禄、麒麟、辟邪,显示出帝王的天命所归和显赫尊贵,威武雄壮和非凡气势;以后唐宋明代的陵墓雕塑也是如此;维也纳中央公墓(Wiener Zentralfriedhof)上的形形色色的墓地雕像也都是展现出了墓主人的昔日风采和未来风貌。比如,在贝多芬和舒伯特墓的斜对面,是另一位音乐大师勃拉姆斯的墓地,墓碑上方雕刻着勃拉姆斯面对乐谱沉思的胸像。旁边,则是"圆舞曲之王"——小约翰·施特劳斯的墓地。小约翰的墓碑显得最为华丽。墓碑上,在几位音乐女神的簇拥中,是小施特劳斯面向人们微笑的头像,仿佛正在哼唱着他那婉转悠扬的传世之作《蓝色多瑙河圆舞曲》。他的父亲老约翰·施特劳斯及大弟弟约瑟夫·施特劳斯的墓地也在附近。这些音乐大师的墓地雕像都各自显示出每一位音乐家的独特个性,仿佛他们依然在我们之间进行着伟大的音乐创作和演奏。这大概就是全世界各民族几乎都选取了雕塑艺术生产的三维立体形象世界来纪念重大历史事件、英雄豪杰、帝王将相、家族先辈的原因之所在吧。

雕塑艺术生产的三维立体形象,利用其形象与真人相仿的同质性特点,从而真正改变了人类奴隶社会遗留下来的活人殉葬的残酷制度。据《孟子·梁惠王上》记载:"仲尼曰:'始作俑者,其无后乎!'为其象人而用之也。"①对于这句话的具体解释现在有很大的分歧,有人认为孔子是否定俑人陪葬制度而主张恢复周代的草刍陪葬制度,也有人主张孔子是赞成俑人陪葬制度的。但是不管怎么样,雕塑艺术生产确实把奴隶社会的活人陪葬制度给替代了,应该是一个巨大的进步。由此可见,从夏启开始到春秋战国时代中国的奴隶社会时期,应该是盛行把战俘、罪犯等人作为人殉的残酷陪葬制度的,而恰恰是社会的生产力的发展和文明进步,中华民族也开始利用具有同质性三维立体形象的俑人来代替活人陪葬。所以,我们可以看到,秦始皇兵马俑的千军万马正是对人殉制度的否定和超越,改变了世界的一种残酷制度。由此可见,雕塑艺术生产确实具有改变世界的功能,而不仅仅是一种对社会生活的反映和认识。赫尔德在《雕塑论》中强调了雕塑艺术的这种三维立体形象的真实性和实在

---

① 《十三经注疏·孟子注疏》下册,浙江古籍出版社 1998 年版,第 2667 页。

性。他说:"说到底,雕塑是真实,绘画是梦幻;前者是完整的表现,后者是叙述的魔术。一种怎样的差别啊,就好像它们很少处在一个基础上!一个图像圆柱可能抓住我,我会在它面前跪下,成为它的朋友和游戏伙伴;它就是在场的,它就在那里。"①这种三维立体形象的实在性、在场性、真实性使得雕塑艺术生产能够成为人们现实世界及其事物的代替品,而充分发挥它的改造世界的伟大功能。

三、雕塑是一种视觉与
触觉相结合的艺术

雕塑艺术是一种视觉和触觉相结合的立体形象感受的艺术,可以给接受者一种特殊的审美感触。历来关于雕塑艺术等造型艺术的视觉性或者可视性的认识是比较明确清楚的。特别是到了西方文艺复兴时代,美学家和文论家从人类的感觉的角度来划分艺术门类时,就更加科学地规定了雕塑艺术的视觉性特点,并把雕塑艺术归入视觉艺术之类。后来,大概是法国启蒙主义美学家狄德罗论述过盲人对雕塑艺术的触觉感受,不过,在艺术分类学的科学体系中并没有明确雕塑艺术的触觉性,也没有把雕塑艺术当作触觉艺术。比较系统地论述了雕塑艺术的触觉性和可触性特点的应该是德国启蒙主义美学家赫尔德,他专门写了一本《雕塑论》集中论述了雕塑艺术的触觉性。

赫尔德分析了雕塑艺术与触觉的关系。他说:"我相信似乎用不着再堆砌例证来证明一个如此显而易见的基本原理:对于视觉来说实际上只有平面、图像、一个平面图的图形才是适合的,然而立体和立体的外形却依赖于触觉。"②这个说法,在理论上是完全可以成立的。的确,要感受到物体的立体性和三维性就离不开触觉,而光靠视觉是不可能完全感受到事物的立体性和三维性的。因此,把雕塑艺术当作触觉艺术,就不是没有一定道理的。特别是从先天的盲人的感受来看,他们无法看见雕塑的三维立体,但是可以触摸到雕塑艺术制品的三维立体性。当然,许多高大的纪念性雕塑作品,还是主要供人观

---

① [德]约翰·哥特弗里特·赫尔德著,张玉能译:《赫尔德美学文选》,同济大学出版社 2007 年版,第 16 页。
② 同上书,第 8—9 页。

看欣赏的，一般不会有人爬到雕像的高处去触摸这个雕像而感受雕像的三维立体性。因此，这种触摸的感受主要是通过人类所积淀的触觉感受通过想象的作用而最终完成的。所以，至今并没有一种美学和艺术学把雕塑艺术明确地规定为触觉的艺术，而只是一些像赫尔德这样的美学家和文论家在深入研究的基础上，给人们在生产创作和消费欣赏方面提出了触觉艺术的建议而已。不过，这种提醒应该是必要的和及时的，不然的话，绘画和雕塑作为造型艺术和空间艺术的区分似乎就缺少了一点什么。特别是对于生产者、创作者而言，尤其是那些小型的雕塑艺术品的制作，就非常需要讲究手的触觉感受，从而更好地制作出雕塑艺术作品的立体感和三维感，给人们以一种与现实事物的三维立体性的同质性印象和感受。

赫尔德强调了触觉的价值和意义，他说："造型艺术，一旦它成为艺术而且远离了标有记号的即宗教的象征和纪念碑，大木块，木料，石头堆，支柱，圆柱，激起震颤和崇敬而不激起爱情和同情的东西，就不可避免地首先走向伟大，崇高和过度紧张。因此，在孩子们、盲人和正在形成视力的人那里仍然存在着而且将永远存在着甚至哲学也会宣传的东西。那种曾经失明的人曾经像看树木那样看人，对于 Cheseldens 盲人来说一切形体都像一个难以置信的图像板那样移动地紧靠着出现在眼前；孩子们和对一尊雕像没有经验的人的所有第一眼观看和第一印象，恰恰就像代达罗斯的迷宫圆柱那样被描述着。几乎会产生惊恐的崇敬和震颤，它们似乎改变了触觉并使触觉活跃起来了，所以它们可能直线地或四方形地对着艺术家的眼睛出现在那里，艺术的这种第一印象尤其存在于一个半野蛮的，即还完全生动地仅仅预感到运动和触觉的民族那里。因此，在所有的野蛮人或者半野蛮人那里雕像都是生气勃勃的，具有魔力的，充满神性和灵魂的，特别是当它们在安静之中，在神奇的黎明或黄昏之中被供奉以及人们期待着它们的声音和回答时更是如此。现在在充满神和英雄的安静的博物馆或者 Koliseum（罗马圆形露天剧场）中，仍然还会有一种行动感觉毫无痕迹地突然袭上我们心头，如果人们单独地在它们下面以及充满虔诚地走近它们，那么就会变得生气勃勃，而且人们就会在它们的基础上移入那个时代，在那时它们仍然生气勃勃，现在作为神话和雕像出现的一切东西也就具有了真实性。以色列的上帝知道他的感性的人民在形象和雕像面前不足以保护；如果形象在那里，那么恶魔也对于他的感官存在于那里，恶魔会很活跃，而且偶像崇拜也就不可避免。我们理性的人们现在读着先知们反对偶像崇拜的激烈申斥的篇章会感到奇怪而且甚至诧异;但是人民和所有民族的历史都证明了,它们曾经是多么必要。没有什么东西比一个偶像更强烈地督促着感性,它可能是生气勃勃的或者死气沉沉的,然而只要它在那里而人们能够走近它并且能够从它那里期待幸福和不幸也就足够了。'它的确在倾听我们的祈祷,它的确在接受我们的牺牲,为什么在我们的祈祷中对我们存在的那种东西就不应该存在呢? 这种东西的确对我们存在于那祈祷中,而且,他,我的主,毫无疑问会把这种东西赐给我们。'因此,即使英雄们也会不幸地遇上他们的神祇的图像圆柱,这种相遇现在很少不令我们感到诧异。因此孩子们以及盛怒之中和激情之中的人也会造成这种情况,而且感性造成这种情况也绝不会不同。他们敲打着木偶,并且把它们当作有生命的东西来对待。不幸地爱恋着的人,尤其是妇女,打碎不忠实者的礼物,或者向信纸、信使、地点和纪念品进行报复。如果北方人打碎了意大利人的图像圆柱,那么我们就咒骂他们是野蛮人;但是,即使这样他们也不可能有什么不同。他们的眼睛看见了在他们身上的恶魔,因此,他们不得不祈祷或者摧毁。它们在他们那里居留了几百年,就像意大利的历史所指出的,他们的过分紧张的,高度发达的触觉在艺术中有足够的时间,把艺术消解在审美趣味之中,把审美趣味消解在厌恶和漫不经心之中。"①赫尔德在这里分析了雕塑艺术生产的触觉性给雕塑艺术生产带来的崇高感、神秘感、生动感。的确,正是雕塑艺术生产对人类触觉的依赖,从而使得雕塑艺术产品能够使人产生崇高感。这种崇高感就是建筑在触觉的神秘感的基础上的。当人们完全闭上眼睛去触摸一个对象事物时,对象究竟是什么模样是很难准确描述出来的,特别是对于先天的盲人、刚刚涉事的孩子和粗浅了解雕塑艺术的人,尤其是显示出一种神秘感。正是这种神秘感使得人们把仅仅用手触摸的对象感受为伟大崇高的对象。而正是这种神秘感所产生的崇高感,又使得对象生动起来。这也许是人们面对纪念性雕塑艺术作品时必然产生崇高感的内在原因吧,也许也是人类要把雕塑艺术生产与触觉联系起来,从而把雕塑艺术产品当作纪念性对象的内在原因吧?

赫尔德比较了绘画和雕塑:"巨大的形体对于诸门造型艺术来说不是异己的和不自然的,而相反恰恰是它们自己固有的,是它们的起源和本质。圆柱雕

---

① 〔德〕约翰·哥特弗里特·赫尔德著,张玉能译:《赫尔德美学文选》,同济大学出版社 2007 年版,第 75—77 页。

像并不立在光芒之中,它自己给自己提供光芒,也不立在空间之中,它自己给自己提供空间。因此,人们不应该在这种场合把它与绘画相提并论,绘画实际上处在平面上,处在一个给定的、一目了然的明亮平板上,而且其实一切都仅仅从一个视点出发来进行描绘。雕塑艺术没有视点,它在黑暗之中以物体方式和形状方式来触摸一切本身;因此,它是否会比较缓慢地和比较长久地触摸某些东西就无关紧要了。的确,不只是无关紧要,而是关于伟大、崇敬和目力所不能及的、只有从外部而且似乎从来都不能完全触模板的形象的印象,实际上就是它的诸神和英雄们的本来形象,正如此后不是手而是心灵全神贯注那样,深受感动的、彻底表现出来的想象力聚集起来了。"①赫尔德在这里分析了绘画艺术和雕塑艺术的二维平面形象和三维立体形象的差异,从而凸显了雕塑艺术生产制品的特殊表现功能——表现诸神和英雄的崇高伟大的魅力,这种魅力也就恰恰是来源于雕塑艺术生产的那种仿佛在黑暗中触摸一切事物本身的想象力和感性显现力。所以,我们可以看到,雕塑艺术生产的触觉性是与人类长期积淀的想象性触觉感受是密不可分的。也就是说,我们欣赏消费一个雕塑艺术作品,并不是每一次都必须去触摸它们,而是应该唤起人类潜意识和无意识中积淀的触觉感受。因此,我们可以说,雕塑艺术生产及其产品是视觉和触觉的共同产物,也需要把视觉和触觉结合起来,才能够真正体验到雕塑艺术的崇高性、神秘性、生动性。

这种真正的生产创作和消费欣赏的触觉性在许多伟大的雕塑家那里是深有体会的。罗丹在鉴赏古代仿作的梅迪奇的维纳斯的精美小雕像时就曾经说过:"抚摸这座像的时候,几乎会觉得是温暖的。"②正是这种触摸感受的想象中出现的温暖感给予了雕塑艺术生产作品的生命力和真实感,甚至罗丹还在这种维纳斯小雕像上感受到了色彩之美——一种黑与白的交响。所以,我们可以看到,雕塑艺术生产的所有物质材料都是冰冷的,死寂的,但是通过雕刻家的点石成金的手,就可以化腐朽为神奇,化冰冷为温暖,化泥石木金为肌肉皮肤,赋予雕塑艺术作品强大的生命力、永恒的魅力、生动的感性力量。

总而言之,雕塑艺术应该是一种塑造三维立体形象的艺术生产,是一种交

---

① 〔德〕约翰·哥特弗里特·赫尔德著,张玉能译:《赫尔德美学文选》,同济大学出版社 2007 年版,第 77—78 页。

② 〔法〕罗丹口述,〔法〕葛塞尔记录,沈琪译,吴作人校:《罗丹艺术论》,人民美术出版社 1978 年版,第 31 页。

织着视觉和触觉的感性显现和感性享受。正是雕塑艺术生产的三维立体形象,使得雕塑艺术不仅能够反映现实生活和社会存在,而且能够按照美的规律来构造出三维立体形象的与现实世界及其事物同质性的三维立体存在,改变世界并成为人类纪念重大历史事件、伟大英雄人物、威严显赫的帝王将相、难以忘怀的列祖列宗等等崇高对象的主要媒介和手段,寄寓着人类的民族记忆、阶级记忆、国家记忆、家庭记忆、个人记忆、文化记忆的独特艺术,寄托着宗教信仰的崇高性、神秘性、生动性的在场的艺术。

"像外之象"：佛教造像之"观"的审美意味

赵 婧*

（湖北美术学院　湖北武汉 430072）

摘　要：佛教以无相为体，强调法身无相，但又借助可见的形象呈现隐匿的法身和抽象的教义。佛像（形象）、佛（法身）、造像者和信众，在各自情境下的"观"与"被观"，促成了审美意象的互动生成，使得审美主客体的关系在不断地切换中而具有互主体性。佛像之"观"，不是生理意义上的"肉目"活动，而是一种非逻辑、非理性、非对象性、领悟式地将心灵契入佛像内部与其两行与互生的直觉活动；是一种基于想象的审美直觉的内视与创构，是对心目所见"物"的"直透"，心观、心目所聚合生成的心象具有审美意象的明晰性、透莹性与创构性。

关键词：相　法身　造像　观　意象

色空缘起是佛教一切学说的理论基石，佛教造像的意义也是基于该理论范畴之上的讨论。佛教将一切形形色色的事物和现象称之为"色"。但却彻底的否定色，认为色本性空。因为，一切现象都是由因缘和合而成、没有自性的，因缘聚则色生，因缘散则色灭。虽然一切现象本性是空（真空）但它却以假有（幻有、妙有）的形式而存在。佛教智慧就是要人们看待一切现象时同时看到性空和幻有两个方面。佛教将"空"视为一切事物的本体属性，人空、法空、空亦空；审美主体、审美对象、审美关系都被"空"了。"空"的概念的提出就是为了彻底地否定"色"，但佛教又努力地通过心性将色与空在直觉的、潜意识

---

* 作者简介：赵婧（1982—　），女，湖北美术学院工业设计系讲师，哲学（美学）博士，主要从事中国美学、艺术美学与石窟艺术研究。

的、意念变幻的、模糊化的、灵感悟性的、无拦遮的、不定界的、非理性的、梦呓般的、内普泛的、暂无法说明权寄意会的精神世界中融通了起来。① 并将"空"的理论转化成对佛教审美理想具象化的图景——佛、佛法、佛国全都是空的衍化。对"空"的推阐与体味会把人的心性引向一种空灵、清空、静空的境界之中，而这种境界恰好与审美的心理相状相契合。②

"相"即形象、相状，是佛教特殊的美学范畴，特指认识人生和宇宙真谛的"境"，这个境即"相"。佛教认为人的认识活动直接看到和接触的只是事物的形色相状，却并不是这些事物的本体。因为一切现象都没有永恒不变、常存不灭的物质实体，只有形相；人亦是由五蕴和合，无自性的假名；一切现象都处在不断地流转之中，故而诸行无常、诸法无我；因此，一切肉眼所见之相又皆"非相"。"相"也通"像"，指某种观念化本体的显相。比如依据佛教的"三身"说，佛像就是佛之本体——法身的应化身，佛像的实质就是本体的显现。

佛教认为佛陀是隐而不见的、超感觉的、无限的、绝对的存在。无上法力的佛以任何具体的感性形象来表现都是对他的亵渎，因为这意味着将无限的佛降低成了有限的存在。是故，佛教在说理时常用"遮诠法"，即不说"是"而以否定的方式逼近真理。然而，佛教法理抽象晦涩，在实际地传播过程中，很难为大众所理解与接受。相反，直观、可感、生动的形象比起单纯的说教更易于深入人心，利于佛教有效的传播。因此佛教寓教于像，以像传法。在这里"像"是指"形象"，即以雕塑和绘画等可见的艺术形象来宣传教义，使信众于生动的形象中受到教育和感化从而领悟佛理。谢灵运曾称赞慧远所造的佛影曰："模拟遗量，寄托青彩，岂唯像形也笃，故亦传心者极矣"。③ 谢氏所言的"像形也笃"，是指佛的形象的具体逼真，而"传心者极"是指形象所体现的佛理很充分。"像形也笃"是"传心者极"的前提，"传心者极"是"像形也笃"的目的和结果。可见，佛教视雕塑、绘画等艺术形象为传法施教的工具。佛像的意义也正是在于它是佛向众生施教布道，而信众借以观悟无相之法身的中介。

① 王海林著：《佛教美学》，安徽文艺出版社 1992 年版，第 84 页。
② 同上注。
③ （东晋）谢灵运：《佛影铭并序》，（唐）释道宣：《广弘明集》卷 15，《大正新修大藏经》，第 52 卷，第 199 页。

一、法身与佛像

佛教认为佛陀在灭度后以"法"的状态存在,并以法为身,谓之法身①。在此,"法"乃佛之理法,"身"乃聚集,故法身即佛之理法的聚集。对法身的理解,大、小乘佛教有别。小乘佛教的法身是相较于佛的"生身"(肉身)而言的,指佛所说之法和所修之功德。而在印度大乘思想中的法身是佛之精神意义上的身体,这一身体为佛之自性、本有、永恒存在的真理之身。与印度大乘佛教不同,中国佛教学者将法身理解为获得全部佛法的人的神格化身——"神"。如慧远所谓的:"神道无方、触象而寄"②,这里的"神道"之"神"即佛道之法身;其弟子宗炳亦指出法身就是神:"夫常无者道也,唯佛则以神法道"③。总之,对于法身之言虽然各经、论说法不一,但是一般来讲都是将法身作为本体论意义之上的佛法之真谛、绝对之真理而言的。

《金刚经》中有云:"凡所有相,皆是虚妄,若见诸相非相,即见如来。"④。佛教经常以"相"来指称目之可见的形象,但又视"虚无"为物质的本质属性。既然万物之"相"是因缘所生、虚幻的视觉表象,那么一切肉眼所见之相又皆"非相"。"法身"非肉眼所能见,那它以何种形状存在? 是否有相呢? 对此,鸠摩罗什在《大乘大义章》中有过阐述,罗什曰:

> 大乘谓一切法无生无灭,言语道断,心行处灭,无漏无为,无量无边,如涅槃相,是名法身。诸无漏功德并诸经法,亦名法身。法身菩萨无有生死,存亡自在,随所变现,无所罣碍。……真法身是遍满十方虚空法界,光明遍照无量国土,说法音声常周十方无数国,具足十住菩萨乃得闻法。佛法身出于三界,不依身口心行,无量无漏诸净功德本行所成,而能久住,似若泥洹。若言法身无来无去者,即是法身实相,同于泥洹,无为无作。法

---

① 参见吕澂:《中国佛学源流略讲》,中华书局 1979 年版,第 112 页。
② (东晋) 慧远:《佛影铭》,(唐) 释道宣:《广弘明集》卷第十五,《大正新修大藏经》,第五十二卷,第 198 页。
③ (南朝宋) 宗炳:《明佛论》,(梁) 僧佑:《弘明集》卷第二,《大正新修大藏经》,第五十二卷,第 13 页。
④ (后秦) 鸠摩罗什译:《金刚般若波罗蜜经》,《大正新修大藏经》,第八卷,第 749 页。

身虽复久住，有为之法，终归于无，其性空寂。①

　　据上述罗什所言大致可见出以下几层意思：第一，鸠摩罗什说法身"无生无灭，无漏无为"，即是说法身的存在状态是一种绝对的、永恒的、本有的、自性的存在，其性质不能以生灭、有无来描述；不是常识认可的实体，是虚幻的；没有四大五根、非肉身的；不以人的意志为转移的超越实体的悟境。第二，法身具有普遍性，它"遍满十方虚空法界，光明遍照无量国土，遍一切处"。第三，鸠摩罗什指出法身实相与涅槃同相，同于泥洹。泥洹即是涅槃，而"涅槃"的含义是"寂灭"，是一种使世间一切烦恼和引起烦恼的虚幻的物色都归于寂灭的境界，它不依因缘、独立自主、永恒存在。在涅槃之境中，没有生与灭、漏与无漏、有为与无为，娑婆世界的一切烦恼都在去欲、觉行、智悟中归于永恒的虚空与静寂，因此，涅槃自性空寂。而鸠摩罗什在最后亦总结说："法身……终归于无，其性空寂"，故"法身实相如涅槃同相"，涅槃无相，法身亦无相也。慧远也描述过法身无形无相，不可名状，但又无处不在的特点，慧远曰："法身之运物也，不物物而兆其端，不图终而会其成，理玄于万化之表，数绝乎无形无名者也。若乃语其筌寄，则道无不在。"②，其弟子宗炳也曾曰："无生则无身，无身而有神，法身之谓也"③。

　　既然法身与众生肉眼相隔绝，那么信众如何去捕捉和体认这虚空、无相的佛道本体呢？经曰："诸佛不可见以色身见。诸佛法身无来无去。诸佛来处去处亦如是。"④ 佛教认为一切相皆空相，但是却可以把"色"当作是体认空理的媒介，以"色"悟"空"。也就是说，可以借具体的形象引导、感化信众去观想、亲近虚空玄妙的法身。按佛教的"佛身"说，佛既有法身也有色身，但色身因具体、有漏、有生灭，故缺乏永恒性；而法身是虚空、无漏、超越生死，永恒不灭的。法身虽不可见，但它却可以依善巧方便应化为种种形象显现一切身，如众生肉眼所见的"佛像"便是佛的化身，它为信众念想、亲近法身提供了一个物质上的

---

　　① （东晋）慧远问、鸠摩罗什答：《大乘大义章（鸠摩罗什法师大义）》，《大正新修大藏经》，第四十五卷，第 122 页。
　　② （东晋）慧远：《佛影铭》，（唐）释道宣：广弘明集 卷第十五，《大正新修大藏经》，第五十二卷，第 198 页。
　　③ （南朝宋）宗炳：《明佛论》，（梁）僧佑：弘明集 卷第二，《大正新修大藏经》，第五十二卷，第 10 页。
　　④ （后秦）鸠摩罗什译：《大智度论》卷第九十九，《大正新修大藏经》，第二十五卷，第 745 页。

媒介。然而,每个个体"观佛"体悟到的"相"是不一样的。正如经所曰:"一切佛诸身。唯是一法身。一心一智慧。力、无畏亦然。随众生本行。……众生业行异。所见各不同。诸佛及佛法。众生莫能见。……随顺众生欲。诸业及果报。"①;"夫法身无相,因感故形,感见有参差,故形应有殊别"②。佛在与众生交涉时会根据众生修行与业力的区别而显现为不同的应化身(相)。也就是说心中怎么系念,佛就会以怎样的面目而化现,正所谓佛无定相,唯感适应,佛之"相"会随个体的修为、业力与喜好而显现,会随着时代、地域、民族和审美意识的变迁被信徒进行神格升华与想象加工,是故佛有万千"众相"。而正是在"无相"之中蕴藏着的无限的想象,以无藏有,孕生了"众相",使佛之"相"通向了"无限"。值得一提的是,中外佛教造像史中的佛像的"样式"就是"众相"经典化的表现,它的演变历程恰好体现了不同时代、民族、地域和审美意识之下佛之"相"的差异性。

二、"观"的对象

佛像的观看是一种由表及里、由目及心的视觉与知觉的活动。对雕塑实体的观看必然是一个从材料到形式再到意蕴递进的过程。造像必然需要以物质材料为载体方可使人观看。雕塑作为一种艺术品,正如黑格尔所说:"遇到一件艺术品时,我们先见到的是它直接呈现给我们的东西,然后再追究它的意蕴或内容。前一个因素即外在的因素,对于我们之所以有价值,并非由于它所直接呈现的;我们假定它里面还有一种内在的东西,即一种意蕴,一种灌注生气于外在形状的意蕴"。③

提及观看佛像,我们往往会先入为主地将观看的对象设定为佛像本身。但实际上,观看的对象并不是单一的,具体地说,依次为佛像的形象、法身和造像者。

佛像是诸佛为权行方便而化身的形象,也就是说,我们看到的佛像其实是佛像的形象与背后隐匿着的佛/法身共同构成的。因此,佛像的观看首先应分

---

① (东晋)佛驮跋陀罗译:《大方广佛华严经》卷第五"菩萨明难品 第六",《大正新修大藏经》,第九卷,第429页。
② (梁)慧皎:《高僧传》卷十三"兴福经",中华书局1992年版,第496页。
③ [德]黑格尔著,朱光潜译:《美学》第一卷,商务印书馆2013年版,第24页。

为两个递进的层次，即观佛像的形象与观佛之法身。

　　佛像是以直观、生动的形象来宣扬佛理的。无论是信众、修行者还是造像者，他们在观看佛像时视觉上首先都会被佛像的相好、材质、造型、体态、大小、空间等形式要素所吸引。佛像的外在特征使观者可以直观地感受到佛教的宗教特点，即便他们可能无法用语言表达出这种理论或教义，但亦会在外在形象所烘托出的宗教氛围的感染下对这种理论或教义达到一种内在的认同。而这种视觉上的刺激作用类似于中国古典美学中的"感兴"，它有助于将观者引入一种虚空的氛围中，催生出多种意象。例如，观者通过佛像的面相、印相、衣相、体态、法器、神韵等，不仅可以对所塑佛像的尊号、时代、民族、地域等作出判断；还可以体悟佛教的基本义理，如什么是庄严、慈悲、方便、西方净土、极乐世界；进一步思索更为抽象的问题，如"佛"字的含义（自觉、觉他、觉行圆满）、如何观想念佛等。

　　正如前文所述，佛像是佛的化身，是佛施教布道、众生观像念佛的视觉载体。它以具体可感的形象引导着众生观像念佛，亲近法身。因此也可以说，观佛像就是为了观法身。

　　造像的可见性缘于造像者将"匠心"物化为造像后引发观看者观看。也就是说，佛像的大小、体态、造型、面相、神韵、组合方式、空间布局等外在形式与视觉呈现的心理效应以及象征意味都是造像者在雕塑之初就预先设计好，并根据委托人的要求不断地进行调整与修改了的。基于此，一方面，当造像者创造出佛像并对其进行注视时，诸佛其实也在回看着他，并引导着他观像、受解和起信；另一方面，信众亦可通过佛像而注视造像者，揣测他的设计意图、造像时意象的运思营构、审美情趣、宗教修为等。

　　提到信众，我们总是约定俗成的将其设定为佛像的观看者，但是，在特定的观看方式与情境下，信众也是被观看的对象。当信众虔诚膜拜时，佛似乎也慈悲地低头回看着信众，在眼神的互动交流中，信众也成为了被观看的对象。而这一场景却是造像者早在造像之初就已经预设好的一幕。

　　综上可见，在佛像的观看中，观看的对象并不是单一、不变的，佛像、诸佛（法身）、造像者和信众几者之间的身份在不同的观看方式与情境下不断地被调适与切换而具有互主体间性。

三、"观"的方式与审美意味

"观"字在《说文解字》中被释为"谛视也"[①]而"谛,审也"[②],审即周密、仔细的意思,可见,"观"不是简单地看,而是详细、周密、仔细地看。"观"字在佛教经典中多次出现,常以"谛视"来替换,泛指一切思维观察活动。而在中国古代美学中,"观"指一种将主体心灵投入到对象之中的形而上的审美观照方式。因此,"观"不仅是目之看,还是心之思,蕴含着智慧。

佛像是法身应化的具体、可感的形象,它融可见与不可见、具象与抽象于一身,它的意义已经超出了有限的形体与法理的限制而具有无限性。然而,佛像的价值得以实现的关键却在于"观",只有观看者的介入才使观看获得了真正的意义。观者所持观看方式的不同则会导致观看效应的差异。因此,以何种方式"观"则成为关键之所在。

(一) 游目心观

佛像的观看首先是中国传统美学所特有的"游目"式的。何为"游目"?具体言之即是一种身盘桓,目绸缪,仰观俯察、周游六虚,身不动但目动,或是身动目也随之移动的审美观照方式。首先,所游之"目"不是"肉目"而是"心目",是一种"目"的感官对于审美对象的直观感应,进而提升为审美主体的心灵与审美感应所获得感性印象的融会贯通的心灵的观照方式。这种观照方式是以物之形而观物之神的形而上的观照。正如宗炳的"应目会心"[③],此"目"即是"心目",即是说观山水不能局限于"身所盘桓,目所绸缪"[④],而是要将"身"移与"目"动所带来的感官感受与心灵相冥合,方能"得理超神"[⑤]达到一种精神上的超越。其次,"游目"之观不是一种有意识地"观"(思考),而是一种无意识的、赏玩性的心理活动。[⑥] 犹如老子的"观复",观复的前提是"致虚极,守静笃"[⑦],即排除一切有意识的思维活动,使心灵澄澈、空明的自由、无意识的状

---

① (东汉)许慎:《说文解字》,中华书局1963年版,第177页。
② 同上书,第52页。
③ 宗炳著:《画山水序》,潘运告编著:《汉魏六朝书画论》,湖南美术出版社1997年版,第288页。
④ 同上注。
⑤ 同上注。
⑥ 成复旺主编:《中国美学范畴辞典》,中国人民大学出版社1995年版,第203页。
⑦ 老聃著:《老子(十六章)》,陈鼓应著:《老子注译及评介》,中华书局2015年版,第117页。

态,只有这样,心灵才能感应到宇宙万物的有无相生、周而复始、生生不息。因此,"游目"使观者在体味宇宙之道的同时亦照见了自我。它不同于西方焦点透视那种视将视点定格于一点,主客二分,有距离的观看,而是一种无焦点的、非定向性的、无距离的、物我合一的、互主体性的观看;不仅是动态的视觉上的"目"之游,还是心之思;不仅只是视觉化的空间营造,还是心灵空间的营造。观者"有感于物"的前提是"目"的游驰,换言之,是"目动"而引发了"心动","游目"可以起"兴"。

"游目"这一观照方式对于"观"佛像而言,即观者任由目光在佛像身上往复的游驰,在不经意的浏览或是有选择性地注视中,蓦地体悟到佛像所传达出的某种审美意味或宗教义理抑或深层的生命意味。在窟内氛围的烘托之下,将自身的知觉或情感外射到佛像的身上,与佛像的感性形状之间产生一种物我交感的审美"移情"。

在此,有一种情况值得仔细地体味,即观看者在"目"的游驰中不经意地与佛像的眼睛对视而产生的眼神的互动与交流,由此而引发的宗教体验与审美体验。中国古语有云:金刚怒目,不如菩萨低眉。低眉一词看似仅是简单的描述了菩萨低头的一个动态,但实则妙在菩萨与众生在俯仰之间的眼神互动交流中传达出的菩萨心系众生的慈悲与众生虔诚信解、行受的宗教氛围。正如王朝闻所言:"那些静坐的,眼光向下,永远微笑着的偶像或菩萨,似乎在沉思,似乎陶醉在某种幸福的冥想里,似乎存心不和观赏者发生关系,但观赏者却不能不被那特别而不普通的神态所吸引……"。① 诚然,佛像的创作始终是把佛像和信众(观看者)联系在一起的。佛像在被创造之初造像者就先预设了一个将观看者也纳入其中的开放式的观看体系。当观者"瞻拜慈容"时,随着目光在佛像身上的往复游驰,眼睛或许无意识地被佛像的某一形象或神态所吸引而凝神注目于某处,在这种凝视中,观者在佛像的形式美感与造型特征等审美属性的感染下禁不住地进一步探究这些美的形象背后所承载的宗教义理与生命意味。观者在凝想中展开想象,并移情于所凝视的佛像之中与之冥合,在宗教与审美氛围的烘托下,似乎进入到一种意象混融、真幻相即的微妙之境:在此境中,观者仿佛缓缓地走进了佛国世界,成为了佛国的延伸;佛陀庄

---

① 参见王朝闻著:《忆麦积山艺术——代序麦积山石窟艺术研究所(序言)》,麦积山石窟艺术研究所:《中国石窟·天水麦积山》,文物出版社 1998 年版。

严地位于中心,其他佛国之众围绕两侧与四周依次排开,但佛的目光毫不顾及左右,而总是低头俯视着前来膜拜的众生;当观看者与佛的目光对视时,佛庄严而慈悲的注视着他,似乎早已预知他的到来,在此等候多时,为他说法,引领着他离苦得乐;不离不即中,观者似乎切身听到了佛音,内心满足而幸福。而此刻,此佛像已非彼佛像也,它已经并非是具象的、对象化的物象,而是观者心中对具象的佛像进行想象、联想、加工与再创造之下的超越了固有的佛像本身的非对象化的"心象"。这一"心象"是一种意与象的混融,它有一个由朦胧、模糊、游离不定到渐渐明晰的过程。

值得一提的是,在双向的观看中,佛像是静态无声、稳定不变的,无相的"佛"化身为佛像引发了观者的观看,而观看者个体的宗教信仰、人生经历、想象力、特定情境中的心态、审美感受力等方面的差异却会导致面对同样的审美对象生发出多种不同的意象。显然,任何一个审美客体在对待个性不同的主体时,其审美的意义都不是单一的,导致观看主体生成的意象千差万别的原因主要在于观看者的诸主观因素的差异性。

综合上述,"游目"的观看方式不同于西方焦点透视那种视将视点定格于一点和主客二分,并非有距离的观看,而是一种无焦点的、非定向性的、物我合一的无距离的观看。观者"有感于物"的前提是"目"的游驰,换言之,是"目动"而引发了"心动","游目"可以起"兴"。因此,佛像的"游目"之观,不仅是动态的视觉上的"目"之游动,还是心与物游,它不仅仅只是视觉化的空间营造,还是心灵空间的营造。

(二) 观像念佛

禅观是由"定"(禅定)而"慧"(禅观)的一个过程,详言之,即通过坐禅,调心养气,祛除一切妄念,使心凝于一处,由静而定;而后在谛观中继相离相,逐渐进入冥妙之境,继而进入心物两离、物我两忘,不离不即的禅境。禅观之"观"不是用生理意义上的肉眼来看,而是用"心"来观照,亦曰"谛视",观一切都是在观心。但"心"也并非实体(肉体)之心(心脏),而是具有能动作用的能感、能应、能思、能想、能知、能识的活动,即意识、思维,亦或是一种念念相续的意念。"心"所观之物也非现实存在之物,而是心所构想之物[①],亦或是心本身(本心、真心、自性心、清净心)。正如铃木大拙所言:"你观一朵花,就要进入

---

① 参见陈坚:《"观":从〈周易〉到佛教》,《周易研究》2013 年第 3 期。

到这朵花中,去做这朵花,成为这朵花,如花朵一般开放,从花的内部去看它。这样的结果是,我把自己失却在花中,但我知道了花以及我的自我。"①总之,"禅观"是一种非生理性的、超功利性的与审美观照相通的直觉活动。它既不同于一般的感性活动,又非理性与逻辑判断,而是将心灵直接契入所观对象的内部与之冥合的思维活动。

"观像念佛"是佛教修行的一种的法门,即通过观佛像以进入深层的冥想妙观之境,在蓦然地顿悟中打开"心眼",获得定见法身实相的念佛三昧。对此,大乘佛教经典《观无量寿经》里"十六观"中的"第八观"——"像想"中有较为具体的阐述,经曰:

> 见此事已,次当想佛。所以者何? 诸佛如来,是法界身,入一切众生心想中。是故汝等,心想佛时,是心即是三十二相,八十随形好,是心作佛,是心是佛。诸佛正遍知海,从心想生,是故应当一心系念,谛观彼佛,多陀阿伽度,阿罗诃,三藐三佛陀。想彼佛者,先当想像,闭目开目,见一宝像,如阎浮檀金色,坐彼华上。见像坐已,心眼得开,了了分明,见极乐国七宝庄严,宝地宝池,宝树行列,诸天宝幔,弥覆其上,众宝罗网,满虚空中。见如此事,极令明了,如观掌中。……此想成时,行者当闻水流光明,及诸宝树,凫雁鸳鸯,皆说妙法;出定入定,恒闻妙法……名为粗想见极乐世界。是为像想,名第八观。作是观者,除无量亿劫生死之罪,于现身中,得念佛三昧。②

从上述经文不难见出,在"观像念佛"中,宗教知觉与审美的知觉方式是具有相通性的。"观像"的全过程都是在心的默想中进行的,此间,一方面,佛像作为具象可感的引领物引领着修行者"观像念佛";另一方面,佛像的形式特征与造型结构等审美属性很可能会引发观者的思维活动在宗教的修行与审美的心理活动之间游离与互生。

观像念佛意义上的心观是一种基于想象的审美直觉的创构。经文中"心"之所"观"有着一个明晰的、层层递进的运思逻辑:由一般意义上的意念、思

---

① 〔日〕铃木大拙、〔美〕弗洛姆(Fromm,E.)著,孟祥森译:《禅与心理分析》,海南出版社 2012 年版,第 21 页。

② (刘宋) 疆良耶舍译:《观无量寿经》,《大正新修大藏经》,第十二卷,第 343 页。

想（"入一切众生心想中"）到观想、念想（"次当想佛"、"心想佛时"、"想彼佛者"）再到想象、创构出一尊佛像（"是心想生"、"先当想像"）最后"开心眼"、"像想"成（"见像坐已，心眼得开"）。显然，"像想"成的前提在于"心眼得开"，而"心眼得开"的枢机又在于"想像"。在此，"像"指佛像，确切地说是佛像的形象。"想像"即通过想象在心中创构、打造出一尊佛像反复的观想。心所观的佛像不是物理意义上肉眼可见的佛像，而是通过想象在心中创构与始造的一个虚的实体物。

心观、心目所聚合生成的心象具有审美的明晰性与透莹性。[①] 如经所曰："心眼得开，了了分明，……见如此事，极令明了，如观掌中。……出定入定，恒闻妙法。"。即是说"心眼"睁开后，以往所看不见的虚空之中的所有"相"（"极乐世界的一切相"），由朦胧、模糊、不确定而慢慢地、一点一点的"了了分明"地显现了出来，之后便会越来越清晰，如观看掌中之物一样，一目了然、清晰可见。不仅如此，甚至还可以在入定、出定的不同状态下都能听到极乐国土中的一切在演说着相同的、微妙的佛法。这一观想成便是"像想"成，修行之人在现世中即可获得定见法身实相的念佛三昧。显然，"像想"成功之后的"像"已了然不仅仅是心中创构的那尊佛像了，而是在宗教的修行与审美的观照的双重情境下通过思维活动的概括、重组、加工，渗入了观者的思想、情感与想象的"意"与被隐匿了外观的"像"的聚合之"象"，它有着一个由含蓄、朦胧、模糊、不确定渐渐变得清楚、明晰的过程。

"心目"、"心眼"、"心观"，实质上是一种审美意义上的内视，是对内感官（心观）所显现（见）"物"的"直透"[②]，是一种领悟、感悟式的，非理性的，非逻辑的，非对象性的将心灵契入对象内部的心灵与物象的两行与互生的审美直觉。"眼"在佛教有眼光、观点、认识、智能等意。[③] "心眼得开"则是一种瞬间生成的直觉感悟力——顿悟。如经所述："心眼"打开后能够看到肉眼所见不到的虚空之中的一切"相"，能听到、看到极乐国土中的一切在演说着佛法，在现世中获得定见法身实相的念佛三昧。显然，打开了的"心眼"所见不是依赖外在的感官刺激，追求视觉经验的真实的"肉眼"所见，而是追求超感官经验的领悟力、照破万法空相与诸法实相的意象的生成与表达。然而，在实际的修行

---

① 邹元江著：《"知"、"道"与审美非对象化思维》，未刊论文。
② 同上注。
③ 任继愈主编：《佛教大辞典》，江苏古籍出版社 2002 年版，第 255 页。

中,真正能打开"心眼"的人是凤毛麟角。观像者的修为、业力的差异必然会导致所"观"的结果的异同,如大德高僧与普罗大众之状况就迥然有别。毋庸置疑,大德高僧们在打开"心眼"之前未曾照见过法身实相,他们在心中所创构出的那尊佛像也是凭借对佛教典籍所述或是对所见造像与壁画的想象与领悟。显然,他们的"观像"是一种既不脱离物象(佛像),又与物象(佛像)保持距离的观。而在"心眼得开"之后,他们往往会指导技法精湛的匠师为他所洞见的佛造像,以启发后继修行者"观像"之用。甚至他们还会在佛像即将完工之际为佛像开眼。而对于普罗大众而言,修为与悟性的局限使他们无法在心中创构出那么一尊佛像,亦或创构出的佛像离法相真身相距甚远。如此,信众则更需要依赖一个具象、可感的佛像作为引导物来引导他"想像"。详言之,即信众则需要陈供一尊佛像,逐一、仔细观察其相好并铭记于心,然后找一处静坐,在心中反复系念、想象佛身的相好与佛的完满。但是"像在易修,离像则难,净因易断,相续甚难"[1],加之普罗大众之心浮动散乱,很难静定,故"开眼"观妙难成。

(三) 观看的反转——"观"造像者

观看的反转即观看者透过佛像在想象中揣测造像者及其创作心理。王朝闻曾谈到在观看佛像时反观造像者的体会,他说道:"……我们怎样透过这些以佛经为题材的古代艺术了解当时那些无名的艺术家,他们怎样了解生活的意义,怎样着眼从题材的要求而又突破了它的限制,他们怎样借佛像寄托着自己的感情、愿望、要求、希望和理想……这是一个尚未经过研究的问题。"[2]诚然,造像者在雕刻、捏塑佛像时,除了受到委托人、佛教造像仪轨等诸多外在因素的影响之外,自身的宗教情结、审美修养、生命境界等多少也会被代入其中,在所造之像中留下痕迹。而观看者亦会被造像的外在形象、面部神态所吸引,不由自主地展开联想与想象,探究造像者本人及其当时的创作心理。例如,麦积山 165 窟有两尊菩萨像,这两尊菩萨在外形上具有东方女性的静谧、和谐之美,整体意象上颇具禅味[3]。对此,谢诚撰文说他通过观看这两尊菩萨像领悟到其"相",是一种在修行过程中进入禅定后的忘我相,由此他推断造像者创作佛像时的心理状态:"是一种澄然、寂然……一种对超脱精神的追求,一种似乎

---

① 《念佛法门》,《法音》,1990 年第 5 期,第 35 页。
② 参见王朝闻著:《忆麦积山艺术——代序麦积山石窟艺术研究所(序言)》,麦积山石窟艺术研究所:《中国石窟·天水麦积山》,文物出版社 1998 年版。
③ 参见谢诚著:《美在静谧和谐中》,《人民日报海外版·中华文物》,2002 年 7 月 15 日。

超越时间、空间，从另一个角度对禅意最高境界的向往及一种超越生命看到来世的心思。……他们为了美的本身而追求美，相信人体是最美好的艺术材料，一切美都涵盖在内。艺术家不但在美感中寻找宗教依傍，而且在美感中追求真理。"①其实，造像者在创作过程中的心理特征与禅观的心理状态是相类似的——都是以自身修为调动直觉、想象、联想、创构等思维方式，在非现实的虚构之境中，以其自身特有的美感、幻想等灵智，在理性与非理性的双重悸动下，追求一种现实中未必实存，但却又超越现实而存在的东西。

其实，在佛像的创作中造像者心中之"象"和手下之"像"具有一定的偏离性。造像者在造像之前意象可能在胸中就已经涌现并生成了。造像者在创作之初首先要借助于历史上已有的既定造像样式、类型，或是前人对特定技术问题的解决经验来作为自身创作的起点，在此基础上先入为主地将自身本有的宗教信仰、精神境界和审美情趣等带入意象的构形过程中，将意象物化为造像。但是，造像者心中已生成的意象是非确定性的、较为模糊的，它在物化为造像的具体的过程中会存在一定的偏差。佛像的创作过程是一个陌生化的过程。造像者在造像之初面对的是一块石头或是一团泥巴，他心中对最终呈现的"像"也是不完全确定的。意象得之于心，用之于手，胸中之意象能否得到明晰的表达，首先取决于胸中之意和手是否相得益彰。胸中的意象很可能在以刀代笔的雕刻、捏塑过程中发生了偏离；但也可能相反，心中的意象本不确定，但顺刀随性"倏作变相"，使心中模糊的意象逐渐地明晰了起来，但此刻，此象非彼象，它也已经偏离了原本胸中的意象。②

四、结　语

佛像通过无声之言诉说着无美之美，将具体的形象与形象本身所象征的最高精神完美地结合，反映出强烈的宗教圣性与永恒价值。造像的意义存在于观看与被观看之间，造像的生命也恰恰就是在"观看"中被完成。

在此，这些佛像已不仅仅是一般意义上的一尊尊塑像，亦不是以艺术的名义而被制作出来供人审美的艺术品，而是有生命的引领者是圣物。由观佛像

---

① 参见谢诚著：《美在静谧和谐中》，《人民日报海外版·中华文物》，2002 年 7 月 15 日。

② 邹元江著：《意在言先，亦在言后——中国哲学美学感受、创造方式论》，《河北学刊》2016 年第 5 期。

而引发的宗教体验和审美体验已不仅仅是人们对现实中得不到满足的东西的补偿，而是一种自我实现得到完成后的平衡与和谐。正是美国人本主义心理学家马斯洛所谓的"高峰体验"：是一种心醉神迷、销魂、狂喜的极乐体验；是人将自身倾注与对象，与之冥合，在物我合一的境界中、自我肯定、自我确证、自我的超越，豁然开朗的终极体验；在这种体验下，人失去了时空的感觉、超越了历史与地域、超越了技术与手段和生死，得到了自我的完满实现与精神的安顿。

论徐复观"三教归庄"式的宋代画论观[*]

陈永宝^{**}

（辅仁大学　台湾新北 24205；
厦门理工学院　福建厦门 361024）

摘　要：徐复观对中国艺术精神的理解在华语界具有较大影响。他的美学思想一度成为部分学者研究中国古代美学，特别是宋代美学的立论依据。然而，徐复观对宋代美学的理解存在一定的偏见，这种偏见表现为对庄子美学的过分重视及对理学美学的漠视。因此，这种偏见导致了他对中国艺术精神过分曲解，便引起学者们的广大批评。伴随着近些年来学者们对理学美学思想的重视，对这种偏见修正工作的展开需要进一步整理。

关　键：三教归庄　徐复观　理学美学　画论

劳思光曾说过："道家之说，显一观赏自由。内不能成德行，外不能成文化，然其游心利害成败以外，乃独能成就艺术。"①劳思光的评判未必可信，但却道出了艺术与道家的密切联系。这从侧面响应了徐复观对中国艺术精神的理解，特别是关于"宋代的文人画论"精神的理解。徐复观是从儒家、道家和禅宗三个方面来研究宋代的文人画论精神，尤其是北宋的文人画论精神。在徐复观的理论中，他认为宋代文人画论的研究应以苏轼为中心，画论精神的要点集中在苏轼的"要妙"、"象外"之上。通过这一点，他将苏轼诠释成庄学美学的典型代表，他由此认为苏轼代表下的庄学才是宋代的真正艺术精神。徐

　＊　基金项目：国家社会科学基金西部项目"日据时期(1895—1945)台湾儒学研究"(19XZX008)。
　＊＊　作者简介：陈永宝(1984—　)，男，吉林舒兰人，台湾辅仁大学哲学博士，厦门理工学院讲师。主要研究方向为朱子理学、伦理学、美学。
　①　劳思光：《新编中国哲学史(一)》，三民书局 1981 年版，第 287 页。

复观的这种判定,对后世研究画论的学者影响较大。在这种思想背景下,徐复观进一步指出,儒家与禅宗是不能构成宋朝画论的理论基础。他的理由如下,一是具有儒家特征的欧阳修是"明儒实庄"。他在古文运动中提倡的儒家务实思想,在艺术领域中却表现为庄学的意境;二是禅宗的参禅识画的画论工夫并不可取,因为这种功夫只指出了画论的虚、静、明的心。他认为禅学安放不下艺术,安放不下山水画。而在向上一关时,山水、绘画,皆成为障蔽。也就是说,在徐复观的理论中,只有在庄学思想下才存在着艺术。于是,我们可将徐复观对宋代艺术精神概括为三教归庄。

一

潘立勇指出,宋朝艺术总的趋势和风貌是:"在审美旨趣上,由外向狂放转向了内敛深沉;在审美创造的视角上,由更多地关注和表现情景交融的山水境界,转向更多地关注和抒写性情寄托的人生气象;在美学境界上,由兴象、意境的追求转向逸品、韵味的崇尚,'境生于象'的探讨逐渐转向'味归于淡'的品析。"①以上这些几乎可以概括宋朝画论的基本特征,这些同时也是代表儒家的理学美学的主要特征。

徐复观本人是不排斥儒家思想对艺术的影响这个面相。他指出:"古文运动,与当时的山水画,亦有其冥符默契,因而更易引起文人对画的爱好;而文人无形中将其文学观点转用到论画上面,也规定了尔后绘画发展的方向。"②在古文运动"将北宋的文艺审美创作引向了正确的轨道"③。在这一点上,文与画进行了有机的结合,将其文学观点转用到论事上面。

徐复观认为,"宋代的古文运动,实收功于欧阳修。" 欧阳修的诗文特色为"雍容、平易,而意境深邃",除此之外,"重视内容,并重视内容与形式的谐和",也是他的一大特色。至此在艺术形式上,"摆脱骈丽四六余习,以平实代险怪,以跌宕气味代词藻的铺陈。"欧阳修的改革,与"山水画中的三远(平远、深远、高远)"相通,这奠定了北宋书画的基本框架。徐复观指出:"自欧阳修起的一群文人,由其对诗文的修养以鉴赏当时流行的山水画,常有其独到之处,并曾

---

① 潘立勇等:《中国美学通史·宋金元卷》,江苏人民出版社 2014 年版,第 17 页。
② 徐复观:《中国艺术精神》,学生书局 1966 年版,第 354 页。
③ 潘立勇等:《中国美学通史·宋金元卷》,江苏人民出版社 2014 年版,第 77 页。

沾溉到以后的画论。"这些文人中直接从事于画的创作的人,开创了文人画的流派。①

他借梅尧臣评价指出欧阳修的"萧条淡泊"②乃"庄学的意境"③;同时指出欧阳修的诗画之理"不是当时理学家所说的伦理物理之理"④,即他的画论追求的"常理"也与儒家无关,他的这种判准明显有些扩大欧阳修庄学影响的嫌疑。

实际上,通过对上面的梳理,我们明显看到欧阳修具有理学美学的特征。为了将这个问题梳理清楚,我们不妨借助潘立勇对理学美学的界定,以辩清楚:"理学美学……既继承了儒家美学的以'仁'为立论基础和指归的美学传统,又超越了传统儒家美学的'仁学'视野,吸取了道家美学和佛学美学的本体论思想和思辨因素,有别于传统儒家美学的独立美学形态。"⑤也就是说,实际上徐复观指出的欧阳修笔下"庄学的意境",或许我们把它理解为欧阳修的画论思想中具有"庄学的因素"或"庄学的部分"可能更为妥帖。

当然,在欧阳修生活的北宋时代,儒学的复兴还刚刚启蒙,我们无法寻找到欧阳修是儒家的确切证据,但我们在他身上是可以随处捕捉到儒家的印记。无怪乎汉学家艾朗诺(Ronald Egan)在阅读他的文本后,把他当成一个儒家君子⑥。类似的情况其实很多。如郭熙的《林泉高致》,米芾、郭若虚、韩拙等人的论画书籍中体现的思想,同样存在着佛道儒杂糅不清的现象。不过可以肯定的是,北宋的这些画论的一个突出特点是"文人的画论",这与以往很不相同。文人与画的结合,使画摆脱了"纯形"的枯燥,多了一层"形"后的"意"之"情";而画与文人的结合,使文人摆脱了"思想表达"的窘迫,如"书者文之极也。"⑦因此,我们说,徐复观将这一时期的画论思想只理解为"庄学的意境",明显是有偏爱的嫌疑。

---

① 徐复观:《中国艺术精神》,学生书局 1966 年版,第 355—356 页。
② 同上书,第 356 页。
③ 同上书,第 357 页。
④ 同上书,第 359 页。
⑤ 潘立勇:《朱熹理学美学》,东方出版社 1999 年版,第 3 页。
⑥ 艾朗诺著,刘鹏、潘玉涛译,郭勉愈校:《美的焦虑:北宋士大夫的审美思想与追求》,上海古籍出版社 2013 年版,第 205 页。
⑦ 徐复观:《中国艺术精神》,学生书局 1966 年版,第 353 页。

二

黄庭坚（字鲁直，自号山谷道人）不同于北宋的审美理论的老庄思想，他开辟出一条由"参禅而识画"的路径。徐复观认为，黄庭坚的"参禅而识画"只是表面现象，而实际则是"在参禅之过程中，达到了庄学的境界，以庄学而知画，并非真以禅而识画。"他的理由是：一是禅学与庄学有相同的面相。如"老庄之所谓纯，所谓朴；这也是禅与庄相同的"；二是庄子以镜喻心，禅家亦以镜喻心；三是庄与禅的相同只是全部工夫历程中中间的一段，所以在"归结上便完全各人走各人的路"。① 这是徐复观对禅与庄的艺术精神的判定。他之所以做出如些的判定，是因为他坚持对北宋艺术审美要具有"生命意义"这个标准。

因此，他在讨论禅与庄的区别时也常以生命作为标准。如他所说"（庄学）是想得到精神上的自由解放，使人能生存得更有意义，更为喜悦；只想从世俗中得解脱，从成见私欲中求解脱，并非否定生命，并非要求从生命中求解脱。而禅宗"最根本的动机，是以人生为苦谛；最根本的要求，是否定生命，从生命中求解脱"。② 于是，从"生命"这个标准来看，禅宗明显已经"过之"。徐复观指出，"由庄学再向上一关，便是禅；此处安放不下艺术，安放不下山水画。而在向上一关时，山水、绘画，皆成为障蔽。"③

徐复观的判断是十分严重的，他几乎从根本上否定禅对艺术的作用，这似乎可以得出"禅学无艺术，艺术离禅学"的结论，这自然显得有些独断之言。他认为，"禅不能画，又何从由此而识画"。他进一步指出，"庄学，此处正是艺术的根源，尤其是山水画的根源"。④ 至此，进一步重申了他在艺术审美领域中的"三教归庄"的思想。

徐复观认为黄庭坚的诗是"欲命物之意审"。那么，什么是"欲命物之意审"？徐复观认为，"即是言情写景，皆欲恰如其情；使句的组成，能随物之曲折而曲折；使句中之字，能与物之特性相符而加以凸显。"⑤黄庭坚之所以提出

① 徐复观：《中国艺术精神》，学生书局 1966 年版，第 372 页。
② 同上书，第 372—373 页。
③ 同上书，第 373 页。
④ 同上书，第 374 页。
⑤ 同上书，第 375 页。

"欲命物之意审"，源于旧诗文绘画中的"陈腔旧调，常常朦浑了物的特性。"所以徐复观进一步指出，"命物之意审的进一步意义，是不停顿在物的表象上，而要由表象深入进去，以把握住它的生命、骨髓、精神，再顺着它的生命、骨髓、精神，以把握住内外相即、形神相融的情态。"①这种"进一步的诠释"，徐复观将其解释为"律吕外意"，也就是"不为律吕所拘，但不是否定律吕，而是追求超乎技巧的合乎自然的律吕"。这也就是黄庭坚所说的"简易而大巧出焉。平淡而山高水深，似欲不可企及"。②

徐复观总结说："经过了陶铸这功，汰渣存液之力以后的简易平淡，这才是山谷诗学的主旨，也是山谷论画方面的要旨。"③这个主旨，表现了黄庭坚论诗论画的"无斧凿痕"。

我们可以借助徐复观对"韵"诠释，将黄庭坚的画论思想更为清晰的道出。他说："他指的是一个人的情调、个性，有清远，通达，放旷之美，而这种美是流注于人的形相之间，从形相中可以看得出来的。把这种神形相融的韵，在绘画上表现出来，这即是气韵的韵。"④于是，当我们明确徐复观的"韵"字的含义，就不难理解他评价黄庭坚的"山谷由'观物之意远'以达到'古人不用心处'的画，他便常以一个'韵'字称之"⑤的具体含义了。于是，我们可以总结为：一是黄庭坚要求要画出对象的质，即它的实际精神和性情；二是黄庭坚要求作品在平淡中含有意到而笔不到的深度；三是黄庭坚将画作了区别，对人物画则要求有"韵"，对自然画则要求有"远"。这实际上也是徐复观利用庄学美学的思想赋予黄庭坚的表达。

徐复观指出："韵与远，都是以'命物之意审'为起步。但命物之意审的先决非条件，乃在由超越世俗而呈现的虚静之心，将客观之物，内化于虚静之心以内；将物质性的事物，于不知不觉中，加以精神化；同时也是将自己的精神加以对象化；由此所创造出来的始能是韵是远。"⑥实际上这里，徐复观又回到庄学的"虚静之心"的范围内。

徐复观对黄庭坚的评判虽然精准，但也存在着一点的瑕疵。陆庆详指

---

① 徐复观：《中国艺术精神》，学生书局 1966 年版，第 376 页。
② 同上书，第 376—377 页。
③ 同上书，第 377 页。
④ 同上书，第 178 页。
⑤ 同上书，第 378 页。
⑥ 同上书，第 379 页。

出,"北宋的艺术审美的发展有着一个清晰进展的过程。如果说宋初的'文道关系'讨论主要是受中唐古文运动及新儒学兴起的影响,平淡审美理论主要是受老庄思想的影响,自然审美主要受道禅思想的影响,那么由黄庭坚大力倡导并由范温确立起来的'韵'的审美理想则明显是辩证综合了文道关系论、平淡自然审美风格论之后的又一审美范畴,其深层的文化基础便是儒道禅在北宋的融汇合一。"①如果只以庄学来看黄庭坚的艺术思想,未免有些过于狭窄。

三

徐复观指出:"宋代文人画论,应以苏轼为中心。"②陆庆详指出:"苏轼超然的人生审美与休闲境界实际上包含了'无往而不乐'、'游于物外'、'寓意于物'等内容。他通过自己的丰富而坎坷的生命实践提炼出人生美学命题,使他成为超越陶渊明、白居易等古代先贤成为宋代以及后代士人审美人格的典范。"③从徐复观与陆庆祥的描述中,可看出苏轼对宋代画论贡献巨大。

(一) 苏东坡的常理与象外

苏轼的画论思想受其父苏洵的影响很大。他与画家文与可有亲戚关系,与李公麟、王诜、米芾为朋友,与郭熙、李迪同时相接。良好的家庭背景造就了他对诗画的天才见解,他本人也常常"以知画自许"。徐复观指出,苏轼"对画的基本观点,乃是来自对诗的基本观点"④,也就是"诗画本一律"。这种观点对后世的影响很大,同时误解也最深。

在谈及自然风景画时,他指出对于自然风景,"可由画者随意安排、创造,观者不能以某一固定之自然风景责之,故曰无常形。"苏轼这里反映山水画烂熟以后的当时情形。当然,为了避免误解,他又举出"'常理'二字,以求当时因山水画泛滥而来的流弊"。⑤

徐复观在这里对"常理"也做了相应的诠释。他指出"他(苏轼)所说的'常

---

① 潘立勇等:《中国美学通史·宋金元卷》,江苏人民出版社 2014 年版,第 119 页。
② 徐复观:《中国艺术精神》,学生书局 1966 年版,第 357 页。
③ 潘立勇等:《中国美学通史·宋金元卷》,江苏人民出版社 2014 年版,第 116 页。
④ 徐复观:《中国艺术精神》,学生书局 1966 年版,第 358 页。
⑤ 同上书,第 359 页。

理',不是当时理学家所说的伦理物理之理",而是"《庄子·养身主》庖丁解牛的'依乎天理'的理,乃指出于自然地生命构造。"①徐复观这里的判准明显是说理学家的理,与庄子的理完全不同,并不是自然地生命构造之理,这种判准明显过于武断。我们在他自己的美学理论中支句不谈宋代的理学美学,也估计是对"理学美学"存在着一定的偏见。王振复在评论宋代美学时指出:"道德自然不等于审美,但两者具一定意义上的同构性。道德与审美在本原上,都是不同的具体历史水平的人的本质力量的对象化,同时也是人的本质力量的异化。"②从这点可以看出来,"常理"一词,若只解释为"不是伦理物理之理",恐怕是对庄学的诠释过于狭窄。毕华德对《庄子》庖丁解牛中"依乎天理"的诠释为:"即是说,到了现在,他只用心神就可以与牛相遇,不需要用眼睛看了。他的感觉知觉都已经不再介入,精神只按它自己的愿望行动,自然就依从牛的肌理而行。"③至少在毕华德看来,庄子的"依乎天理"的理是具有"物理之理"之意。

我们应该对徐复观"天理"的诠释保有一定的质疑,但他指出"常理"蕴含着顾恺之的"'传神'的神"、宗炳的"'质有而趣灵'的灵"、谢赫的"'气韵生动'的气韵和'穷理尽性'的性情"、郭熙"'取其质'的质、'穷其要妙'的'要妙'和'夺其造化'的'造化'"却是十分合理的。

这里,徐复观认为画论中的"理"应该诠释为"自然的生命,性情"。他进一步解释说:"要把自然画成活的,因为是活的,所以便是有情的。因为是有情的,所以便能寄托高人达士们所要求得到的解放,安息的感情。"他借用西方的名言说,"要求突破山水的第一自然而画出它的第二自然来。这种第二自然,是由突破形似的第一自然而来。"他指出这就是苏轼称之的"象外"。④

"象外"一词出于苏轼的《题文与可墨竹》:"斯人定何人,游戏得自在。诗鸣草圣余,兼入竹三昧。时时出木石,荒怪轶象外。举世知珍之,赏会独予最。知音古难合,奄忽不少待。谁云死生隔,相见如龚隗。"⑤徐复观指出,这里的"'轶象外',即是突破了形似,以得出了竹的'常理'"⑥。他进一步指

---

① 徐复观:《中国艺术精神》,学生书局1966年版,第359页。
② 王振复:《中国美学史新著》,北京大学出版社2009年版,第262页。
③ 毕华德:《庄子四讲》,宋刚译,中华书局2009年版,第9页。
④ 徐复观:《中国艺术精神》,学生书局1966年版,第360页。
⑤ 苏轼撰,孔凡礼点校:《苏轼诗集》,中华书局1982年版,第1439页。
⑥ 徐复观:《中国艺术精神》,学生书局1966年版,第360—361页。

出,苏轼的"象外"不过是就是"性情"之常理,并无其他。这是他对苏轼的判准,也就是他所说知"得其情而尽其性,即是得其常理"①。虽然徐复观极力避免理学美学对其理论的干扰,但这里明显有宋明理学的味道。所以,从这一部分来说,即使徐复观刻意提高道家,回避宋明理学对美学的侵染,但他在诠释北宋美学时,又不得不常常深陷其中。这成为他评论宋代美学的一大特征。

(二) 苏东坡的"身与竹化"与"成竹在胸"

徐复观指出,文与可可以"深入于竹木的形象之中,得到竹木的性情——性情,而自然地将其拟人化,因而把自己所追求的理想,即融化此拟人的形象之中。此时之象,是由美地观照所成立,非复常人所见之象,这便是'象外'的常理。"但是徐复观随着就提出疑问:"文与可何以能得竹之情而尽竹之性呢?"于是他给出了"高人逸才"的概念。"所谓高人逸才,是精神超越于世俗之上,因而得以保持其虚静之心。"②这又是一种庄子式的诠释,或者说是徐复观提出的所谓的"主客一体"。

徐复观的"主客一体"是对应《庄子·齐物论》的"物化"来谈的。通过"竹拟人化"和"人拟竹化",达到所画之竹的融性与情。他认为这便是苏轼美学里庄周"物化"思想的体现,并认为这便是苏轼"探到艺术精神的根源"③。实际上,苏轼的这种"物化"说被称为"随物赋形"④说更为妥帖。因为"物化"经过时代的洗礼后,所代表的内涵和外延已经过于宽泛,不再适合评价苏轼的人与万物同体的庄学意境。因此,有必要对此概念做出相应的调整。苏轼曾说:"吾文如万斛泉源,不择地而出,在平地滔滔汩汩,虽一日千里无难。及其与山石曲折,随物赋形,而不可知也。所可知者,常行于所当行,常止于不可不止,如是而已矣。"⑤于是,当我们用苏轼《自评文》的观点再次审视徐复观的"身与竹化"与"成竹在胸",便可以了解他所理解的苏轼的"人竹一体"的境界,而不是只将人"物化为竹"。这一点,他在论述"胸有丘壑"部分时,就已经谈到这个问题。他说:"画山水的人,一定要胸有丘壑。但这中间还有一个大问题,即是

---

① 徐复观:《中国艺术精神》,学生书局 1966 年版,第 361 页。
② 同上书,第 361 页。
③ 同上书,第 362 页。
④ 潘立勇等:《中国美学通史·宋金元卷》,江苏人民出版社 2014 年版,第 101 页。
⑤ 苏轼撰,孔凡礼点校:《苏轼文集》,中华书局 1986 年版,第 2069 页。

胸有丘壑,必须先有一个虚静之心,以作'非主观地主体'"。① 当我们用"随物赋形"这个概念时,徐复观的这个疑问就没有存在的必要了。"随"一定是"随物","赋"一定是"人赋",主客在此达成了统一。

当然,徐复观在这里要强调是苏轼美学中主体"虚静之心"。他认为,苏轼美学理念中"必须先有一虚静如古井水之心,然后能身与竹化"。这样,才能是"活生生地竹"。这实际上是徐复观生命美学思想的体现,表现为精神上统一性的观照。他将自己的美学思想借由苏轼的思想而进行表达。于是,徐复观说:"生命是整体的。能把握到竹的整体,乃能把握到竹的生命。"②他的生命哲学美学观点表露无疑。

(三) 苏东坡的"追其所见"与"十日画一石"

为了达到精神上统一的观照,需要"将观照所得的整体地对象,移之于创造",这需要"将观照付之于反省,因而此时又由观照转入到认知的过程,以认知去认识自己精神上的观照,乃能将观照的内容通过认知之力而将其表现出来。"但是一个问题是,"由观照的反省转入认知作用以后,则原有的观照作用将后退,而由观照所得的艺术地形相,亦将渐归于模糊。"③这就要求画者必须"急起从之,振笔直遂,以追其所见",徐复观将其解释为《庄子》中所说的"运斤成风","解衣磅礴"创作情形的描述。④

但是这种急促的创作风格在郭熙的《林泉高致》上却遇到了矛盾。郭熙说:"画之志思,须百虑不干,神盘(聚)意豁。老杜诗所谓五日画一水,十日画一石,能事不受相蹙逼,王宰始肯留真迹,斯言得之矣。"⑤当然,为了化解这种矛盾,徐复观的判准为"只是表面上的相反"⑥,实际上也是郭熙要将自己的画论精神山水化。他的这种处理最终还是要引出庄子的"虚静的心"。

徐复观指出,之所在绘画创作中会在郭熙这里产生矛盾,是因为他面对的是山水画而非竹木这样的小物。他说:"郭熙还是要振笔直追的。但山水是大物,不同于木、竹小物的可一气呵成。"⑦可以说,郭熙是在面对一个更为

① 徐复观:《中国艺术精神》,学生书局 1966 年版,第 362 页。
② 同上书,第 364 页。
③ 同上书,第 364 页。
④ 同上书,第 364 页。
⑤ 俞剑华,《中国画论类编》,人民美术出版社 1957 年版,第 644 页。
⑥ 徐复观:《中国艺术精神》,学生书局 1966 年版,第 365 页。
⑦ 同上书,第 365 页。

广大的创作空间,这就要求他有更为广大的创作时间。徐复观通过空间的扩展解决了创作时间上的矛盾,即化解了"追其所见"与"十日画一石"的画法冲突。

这里,徐复观引出了山水画的创作特点,"不能仅凭一次反映在精神上的观照对象即可完成",而"必须尽山水深厚远曲之致"。徐复观指出,为了避免将山水画画成"生凑的死山死水",郭熙"必须待已萌的俗虑,再一次得到澄清;受到俗虑干扰的神与意,再得到集中(盘)与开朗(豁),于是所要创作的山水,再一度地,入于精神上的观照之中,山水与精神融为一体,这是画机酝酿的再一次的成熟;于是创作也再一次的开始。"①这里多次出现的"再"字,表现了创作过程的逐步提升,也反映了苏轼的"节节而为之,叶叶而累之"的画论思想。徐复观在这里提出"创作动机"的重要性。

徐复观指出,"艺术必然要求变化,苏东坡当然也重视变化。"他进一步指出,"被画的对象——竹木,它们的精神、性情、生命感,皆由变化而见。并且有生命感的东西,也自然有变化。"谈到这里,徐复观的生命美学思想再次展现。变化是活的特征,活是变化的体现。为了突出苏轼的庄学的特征,只谈论到艺术的"活"显然是不足的,于是徐复观又给出"淡泊"的概念。如其所说:"庄学的精神,必归于淡泊"。他结合苏轼的《前(后)赤壁赋》,判定苏轼为"萧疏雅谈"式的文人。通过"萧疏雅谈",他指出"这也可以说是自然画的基本性格而来的归结",认为它是"最与中国自然画得以成立的基本性格相凑泊的关系"。② 虽然徐复观认定苏轼的画论美学是庄子式的美学,但他的诠释中却明显带有儒家的印记。

综上所述,徐复观的眼中的中国艺术精神,实际上可以概括为"庄学的艺术精神"。他虽接受了牟宗三、唐君毅的生命哲学思想,但他的"生命"却是庄学的"生命",而不是"儒家的生命"。实际上,两宋美学中,庄学只是其中一脉,而不是宋代美学的全部。至少范仲淹、司马光的"经民致用"的美学观念和朱熹、陆九渊的"理学美学"思想不应该被其忽视。王振复甚至认为,"理学美学"才是宋朝美学的主旨。不管如何说,徐复观的构思立论在于庄学,这也是无可厚非,此也为中国美学史上的一大贡献。

---

① 徐复观:《中国艺术精神》,学生书局 1966 年版,第 366 页。
② 同上书,第 366—368 页。

古谱诗词表演美感论[*]

杨　赛^{**}

（上海音乐学院　上海 200031）

摘　要：古谱诗词作为听觉艺术、声音艺术，集中体现了中国士大夫的审美。歌者要以词义为中心，结合历史人文背景，构建和丰富诗词中的情节。歌者要从言者的限知视角出发，通过语气、表情、动作，反映情绪、趣味，塑造言者的性格。古谱诗词有细腻而丰富的时间感和空间感，歌者要从看似错乱的时空组合中领会作者的匠心安排，要区分过去时和现在时，辨别虚景和实景，要具备良好的空间想像力。歌者要对所有物象都有情感判断，化景物为情思。歌者要将语言美、旋律美、意境美融合起来，以听觉为主，并与视觉、味觉、嗅觉、触觉的融通，引发听众的共鸣和回味。歌者要善于造境，将诗词中的虚拟空间即第二世界，移植到舞台空间和观众席空间，使听者产生身临其境的感觉。

关键词：古谱诗词　美感　情节生动　形象鲜明　时空流转　情景交融
随物赋形　韵味无穷

引　言

　　诗词，本是中国文人传统的审美体验。饮食起居、悲欢离合、生老病死，生活中的点点滴滴，情感中的丝丝缕缕，都要记入诗词。花开花落、雁去雁来、月圆月缺、云起云消，大自然的方方面面，也要作成诗词。不仅要作出来，还要吟

---
　　* 本文系国家社科基金后期资助项目《乐记集校集注》（编号：17FYS005）阶段性成果，国家艺术基金古谱诗词传承人才培养项目（编号：2018－A－04－(038)－0569）阶段性成果。
　　** 作者简介：杨赛(1976—　　)，湖南省湘阴县人，文学博士，上海音乐学院副研究员。研究方向为艺术学理论、中国音乐文学、中国音乐美学、中国音乐史学。

出来,唱出来,刻出来:有唱有和,操缦安弦,鼓吹相加;有风有月,有诗有酒,有情有义;举杯对朋友,言辞寄家国,胸中怀天下。两千多年来,中国的歌诗传统延绵不绝,楚辞、汉魏乐府、唐宋诗词、元南北曲、乃至明清韵文,都被不断刻入诗词集和诗词谱,此人此事,此情此景,千秋万代,口耳相传,情怀远寄。灿烂绵长的中国文化,平添了几分风雅与别致。创作者、传承者、接受者的生命里,流淌在五千年延绵不绝的中国文化长河里,蕴藉在天文、地文和人文的观照里。作为听觉的艺术、声音的艺术,古谱诗词与中国士大夫的生活方式、审美追求和价值观念紧紧联系在一起。古谱诗词表演既要符合中国传统审美精神,又不要僵化死板;既要尽量与现代表演体系相结合,但又不要迁就迎合;既要表现古代的情节、人物、场景,又要综合运气现代舞台艺术先进手段;既要通古今之变,又要合中外之长。听觉形态的诗词美学,是一门专门的学问,与义理之学、辞章之学、考据之学并不相同。周祥钰说:"非乐之难言也,而言乐者之过也。盖儒者之议,主于义理,故考据该博而谐协则难。工艺之术,溺于传习而义理多舛。二者交织,乐之所以晦也。"①

古谱诗词是情感、语感、乐感、美感的结晶体,②浸润在创作古谱诗词承载着唤醒青年一代的传统文化基因、增强中国文化的国际传播力、引领新时代审美风尚的重要使命。金铁霖提出构建中国声乐学派,要把中国声乐发展壮大,走向世界舞台,在世界舞台上独树一帜。③ 古谱诗词的词和曲都很少受到西方近现代音乐的影响,是中国声乐学派最重要的曲目库。

一、情节生动

每一首古谱诗词后面,都有一段生动的情节,古代唱论称之为曲情。《闲情偶寄·演习部》:"唱曲宜有曲情。曲情者,曲中之情节也。"④人物、性格、情绪、节奏都暗示在短短的诗词里。歌者在表演之前,要认真构建诗词

---

① (清)周祥钰:《九宫大成南北词宫谱序》,乾隆九年(1744)影印本,第一卷,第1—2页。
② 杨赛:《声歌之道——构建中国音乐文学体系》,《歌唱艺术》2020年第4期,又载《中华诗词研究》第六辑,中国出版集团东方出版中心,2020年,第325—348页;《古谱诗词表演情感论》,《音乐艺术—上海音乐学院学报》2020年第4期;《古谱诗词表演语感论》,《中国音乐—中国音乐学院学报》2020年第3期;《古谱诗词表演乐感论》,《歌唱艺术》2020年第10期。
③ 金铁霖:《中国声乐的发展与未来——继承、借鉴、发展、创新》,《人民音乐》2013年第11期。
④ (清)李渔:《闲情偶记》,杨赛主编:《中国历代乐论选》,华东师范大学出版社2018年版,第337页。

的情节，列出人物表和分镜头，拟出台词和动作。《闲情偶寄·演习部》："解明情节，知其意之所在，则唱出口时，俨然此种神情，问者是问，答者是答，悲者黯然魂销而不致反有喜色，欢者怡然自得而不见稍有悴容，且其声音齿颊之间，各种俱有分别，此所谓曲情是也。①歌者要积极构建和丰富诗词的情节，场景要逼真，性格要鲜明，故事要生动，才有更强的表现力和感染力。徐大椿说："故必先明曲中之意义曲折，则启口之时，自不求似而自合。若世之只能寻腔依调者，虽极工亦不过乐工之末技，而不足语以感人动神之微义也。"②

　　歌者光看词和谱表演是远远不够的，李渔就曾批评说："吾观今世学曲者，始则诵读，继则歌咏，歌咏既成而事毕矣。至于讲解二字，非特废而不行，亦且从无此例。有终日唱此曲，终年唱此曲，甚至一生唱此曲，而不知此曲所言何事，所指何人，口唱而心不唱，口中有曲而面上、身上无曲，此所谓无情之曲，与蒙童背书同一勉强而非自然者也。虽腔板极正，喉舌齿牙极清，终是第二、第三等词曲，非登峰造极之技也。"③术业有专攻，歌者要全面、细致地掌握词义，并非易事，李渔建议歌者要请文学专业者讲明词义："欲唱好曲者，必先求明师讲明曲义。师或不解，不妨转询文人，得其义而后唱。唱时以精神贯串其中，务求酷肖。"这样，就能"变死音为活曲，化歌者为文人"。④

　　秦观《海棠春·春晓》就是在孟郊《春晓》基础上构建和丰富了情节。孟诗："春眠不觉晓，处处闻啼鸟。"秦词："流莺窗外啼声巧，睡未足、把人惊觉。翠被晓寒轻，宝篆沈烟袅。"秦词构建言者为翩翩贵公子，场景为香软卧室。孟诗："夜来风雨声，花落知多少。"秦词："宿酲未解宫娥报：'道别院、笙歌宴早。'试问：'海棠花，昨夜开多少？'"秦词构建事由为昨夜宿醉晚睡，时间为今晨迟起。情节为：新春喜至，院里海棠花开，设宴邀请好友迎春，赏花喝酒，吟诗作对，一派文人风雅。词中居然还安排了一段对白。宫娥床前来报："公子，该起床了，我听到隔壁院落开始奏笙歌，早宴开始了。"贵公子没接话，只问："你再

① （清）李渔：《闲情偶记》，杨赛主编：《中国历代乐论选》，华东师范大学出版社2018年版，第337页。
② （清）徐大椿：《乐府传声》，清乾隆十三年（1748）刻本。
③ （清）李渔：《闲情偶记》，杨赛主编：《中国历代乐论选》，华东师范大学出版社2018年版，第337页。
④ 同上注。

去数数看,我家海棠花昨夜到底开了多少朵?"言者一幅怜春惜时痴状,完全没有烟火气。歌者要把公子和宫娥不同的人物形象表现出来。李渔说:"唱时以精神贯串其中,务求酷肖。若是,则同一唱也,同一曲也,其转腔换字之间、别有一种声口,举目回头之际、另是一副神情,较之时优,自然迥别。"①歌者要像秦词对孟诗的建构一样,丰富诗词中的情节,把人物、场景、故事都表演得真切生动。

二、形 象 鲜 明

中国歌诗歌曲塑造了许多有血有肉的时代人物形象。王维《陇头吟》中既有侠骨风流的长安少年,也有慷慨悲歌的关西老将,两个人物将大唐边关腐败,人生世事无常深刻地揭示出来。王维《伊州歌》表现了一位独居深闺的妇人,对清风明月,思念经年驻守伊州边关的丈夫,满是凄苦、埋怨、回想与期待。李白《关山月》,一轮明月从天山脚下缓缓升到云海之间,空间由下至上,时间由傍晚到午夜,旋律由低到高,万里长风由远到近,一直吹到玉门关上戍客身上。纵横开阖的时空中,伫立着一位乡愁弥漫的戍客。大唐盛世,正是由这些极其普通的女人和男人担当的。我们应该感谢王维、李白这些伟大诗人,他们的诗歌,在记录兴衰成败的正史之外,保存着历史脉脉的温情。诗中的人物尽管没有什么豪言壮语和豪情壮志,竟然如此可亲、可爱、可敬。

歌者要把言者的性别、年龄、出身、性格、情绪、处境都表现得活灵活现,方称本色当行。徐大椿说:"必唱者先设身处地,摹仿其人之性情气象,宛若其人之自述其语,然后其形容逼真,使听者心会神怡,若亲对其人,而忘其为度曲矣。"②温庭筠《菩萨蛮·小山重叠金明灭》写一位豆蔻女子起床后,梳头、贴面、插花、穿衣,把少女初次赴约的冲动与憧憬,都隐藏在精心打扮的动作里,多么清新,多么别致。欧阳修《朝中措》既有衰翁,又有年少;柳永《八声甘州》既有痴情女,又有多情汉。歌者要从言者的限知视角出发,体验语气、表情、动作,塑造言者的性格,为时代立声乐传记。

---

① (清)李渔:《闲情偶记》,杨赛主编:《中国历代乐论选》,华东师范大学出版社 2018 年版,第337 页。

② (清)徐大椿:《乐府传声》,清乾隆十三年(1748)刻本。

三、时空流转

古谱诗词要有丰富的时间感和空间感。宗白华说,空间是流动变化的,是虚灵的,随着心中的意境可敛可放。傅雪漪说,艺术空间是空间和时间的合一,时间统领着空间。歌者要把艺术时间和空间"音乐化""节奏化",体现生命运动和情感变化。[①] 时间和空间总是从某一点开始,不断运动变化,情感跟着变化,音乐也要适用这种变化,灵动丰富。

歌者要区分过去时和现在时,辨别虚景和实景。白居易《忆江南》里面所有的景象都是过去时态,歌者要把"忆"的感觉表现出来。孟郊《游子吟》"慈母/手中/线"是临行时候的事情,是虚景,过去时态,声音由远处唱起,虚空,带着思念的情绪。"游子/身上/衣"是游子摸着自己的衣服,是实景,现在时态,声音落在实处,贴切,带着爱怜的情绪。李煜《虞美人·感旧》起首四字即出现了两个空间"春花"和"秋月"。春花在水面上,是近的、波动的、向下的、实的空间;秋月在天上,是远的、静止的、向上的、虚的空间。整首词都要把远近、上下、动静、虚实都区分开来,才有艺术张力。"往事"、"故国"、"雕栏玉砌"和美好回忆联系在一起,词人情绪在悲欣交集中反反复复变化。李煜抑郁、忧伤、自闭、情绪不稳定的生存状态和性格表现出来。

歌声要具备良好的空间想象力。言者总是生活在一个特定的空间里,古谱诗词表演不能脱离这个空间。汉武帝《秋风辞》"秋风/起/兮/白云/飞,草木/摇落/兮/燕/南归",视觉由中向上,由上而上,再由下而上,三次反复,展现出一幅宏阔的秋天景象。"兰/有秀/兮/菊/有芳"是近景,由远及近,视觉和嗅觉渐次打开,感知船上的兰花和菊花。汉乐府《长歌行》,"青青/园中/葵"是中景,"朝露/待日/晞"是近景,"阳光/布/德泽,万物/生/光辉"是远景。柳宗元《极乐吟》,歌者要非常清楚言者所站的位置、渔翁泊船的位置、烧饭的位置、渔船消失在茫茫的山水间的位置,和湘江水一直向东流的开阔空间。歌者和言者合一,清晨站在岩石上,见证了渔者乐观阔达的生活之后,在辽阔的天地中,感受到人生的渺小,忘掉自己遭贬的忧愁。李煜《浪淘沙·怀旧》,从凌晨五更起笔,作者被拘于开封,由江南国主成为违命侯,

---

① 傅雪漪:《中国古典诗词曲谱选释》,戏剧出版社 1996 年版,第 304 页。

抑郁自闭,失眠多梦,又早早被冻醒,躺在床上,听着窗外传来的雨声,猜想外面一定春光大好,自己却无法面对,无福消受。作者一直没有下床,视点没有转移,仅凭想象,由外而内,由听觉而触觉,层层渲染,别具匠心。傅雪漪说:"首先要在作者(演唱者)心中构成一幅美的、感人的图象,然后才能使技术表达有基本的依据。"①苏轼《蝶恋花·花褪残红青杏小》上片写意田园一片青绿景象:以青杏起笔,空间随燕子飞掠展开,有绿水有人家,又随枝上柳棉展开,愈远愈淡愈轻飏,浑然消没于天涯芳草弥漫处,由近而远,亦静亦动,生机勃勃,静美祥和,温馨动情的故事即将在这个场景里发生。王国维说:"语语都在目前,便是不隔。"②

歌者要实现时间与空间的统一。时间是流动的,空间是变化的,歌者要从看似错乱的时空组合中领会作者的匠心安排。李白《桂殿秋》写迎织女神从天而降,言者中位典祀官。织女肌肤光洁,车架缤纷,飘然降至,言者暗喜。织女忽而腾空离去,言者依依不舍,闻之尚有余香,听之尚有遗响。李白以一情痴的形态写迎神,一反庄严肃静的风格,突出言者执着、诚挚的心情,深得《楚辞》的精髓,文学性大为增强。歌者根据词意设定限知视角,从言者出发,以声音的投放和走向为主要表现手段,结合运用眼神、表情、手势、身段等,确定原点和起点,细腻表现空间上下、左右、远近、大小、内外的丰富变化。傅雪漪说:"吟唱时,演唱者要真正体会作品的内涵,再凭自己的意象感受和情态声音予以体现。"③李清照《醉花阴·九日》逆笔起韵,从白天薰香迎接丈夫归来,再逆写前晚睡不着盼丈夫归来,最好后回到此时——重阳节黄昏,言者东篱把酒独饮,守望丈夫归来而不得,三个时间,三个空间,三个行为,一个指向——盼归来,以"人比/黄花/瘦"收笔,自怨且自怜,把闺怨诗词写得清新、高雅、别致。

四、情 景 交 融

古谱诗词中没有不包含情绪的物象,情绪总是蕴含在物象中。《文心雕龙·物色》:"是以诗人感物,联类不穷。流连万象之际,沉吟视听之区。写气

---

① 傅雪漪:《中国古典诗词曲谱选释》,戏剧出版社1996年版,第302页。
② (清)王国维撰,黄霖等导读:《人间词话》,上海古籍出版社1998年版,第9—10页。
③ 傅雪漪:《诗歌——中国传统的音乐文学》,《前进论坛》1999年第2期。

图貌,既随物以宛转;属采附声,亦与心而徘徊。”①姜夔说:“意中有景,景中有意。”②彭孙遹说:“情景合则婉约而不失之淫,情景离则儇浅而或流于荡。”③马致远《天净沙·秋思》“枯藤/老树/昏鸦”,向上看,衰败,斑驳,忧愁。“小桥/流水/平沙”,向下看,温馨、清澈、欢欣。在悲欣交集处,言者出场了。“古道/凄风/瘦马”,漫漫古道上,刮起凄冷的秋风,在一匹瑟瑟发抖的瘦马。“夕阳/西下”,太阳下山,百鸟投林,牛羊回廄,各有归宿。唯有“断肠人/在天涯”。这位“断肠人”多大年纪?长相怎么样?从哪里来?到哪里去?词人没有写。这是小令,字数很少,写不了那么多内容。其实,这些问题作者已经回答了。既然是瘦马,骑人肯定更消瘦。既然是断肠人,肯定不是去做开心的事。既然是在天涯,肯定离家已经很远了。一切情语,都在景语中。每一个物象,都饱蘸着情感。王国维说:“寥寥数语,深得唐人绝句妙境。有元一代词家,皆不能办此也。”

歌者要透过言者,表现一代人的情感,体现时代审美风格。刘勰《文心雕龙·比兴》:“观夫兴之托谕,婉而成章,称名也小,取类也大。”④姜夔《暗香》起句“旧时/月色,算几番/照我,梅边/吹笛。唤起/玉人,不管/清寒/与/攀摘”,即陷入深情的回忆。当年,词人在月光下梅树边吹笛。“唤起/玉人,不管/清寒/与/攀摘”,心上人听到笛声,不顾严寒,兴冲冲地为他采摘一枝梅花。真是温馨而虚幻的过往!现在,词人却是“何逊/而今/渐老”,已忘却“春风/词笔”,风度和才华不在,跟玉人茫茫两地相隔,想给她遥寄梅花也不能办到,无奈不断回想以往在西湖的边上挽手赏雪赏梅的闲情。追忆似水年华,不仅只是姜夔的个人情愫,也是很多南宋知识分子心中的块垒。一个强大繁盛的北宋王朝顷刻之间就被金兵攻破,士大夫萍居江南,心里深藏着对故国故土的依恋与哀思。

五、随 物 赋 形

歌者要穷其物情,表现丰富的情态。《文心雕龙·物色》:“是以诗人感物,

① (梁)刘勰著,黄霖汇评:《文心雕龙汇评》,上海古籍出版社 2005 年版,第 150 页。
② (宋)姜夔:《白石道人诗说》,《白石道人诗集》,清乾隆八年(1983)刻本。
③ (清)彭孙遹:《旷庵词序》,《松桂堂全集》,《文渊阁四库全书》本,第 37 卷。
④ (梁)刘勰著,黄霖汇评:《文心雕龙汇评》,上海古籍出版社 2005 年版,第 121 页。

联类不穷。流连万象之际,沉吟视听之区。写气图貌,既随物以宛转;属采附声,亦与心而徘徊。"古谱诗词中的每一个景物,都有质量、颜色、味道等,都要通过声音表现出来。傅雪漪说:"古典诗词歌曲不仅教旋律、声通、音准,还要用声音充实文玉璧与旋律不能更细微地润饰之处,要用什么样的意、态、气来刻画出更引人入胜、拔人心弦的乐曲意境。"①张志和《渔歌子》"鳜鱼/肥"要唱出鲜美的味道。柳宗元《杨白花》起句"杨/白花",尽管在低音区,也要轻唱,把风吹柳絮贴着波浪飘过江面的情态表现出来。柳宗元《极乐吟》"晓汲/清湘/燃/楚竹",古琴打谱把"楚"字延了 3 拍 <u>123216</u>,唱作象声词,模仿竹子燃烧时噼啪噼啪噼啪的声音,拍子不要唱得太均匀。陆游《钗头凤》中"红酥手、黄藤酒"也要把味觉唱出来。李清照《武陵春》"也拟泛轻舟"是轻盈而充满希望的;"载/不动,许多/愁"是凝重而失望无奈的。

歌者要对所有的景物都要情感判断,将爱恨喜憎唱进去,化景物为情丝。傅雪漪说要"化景物为情丝",要以虚为实,实化为虚,虚实结合,情感与景物结合,就可以提高艺术的境界。演员要不断提升自己的精神世界,用声音情态描绘出四周多变的景色,表现出歌唱内容的情致。② 张志和《渔歌子》是山林隐居的情节。"西塞山/前/白鹭/飞"要表现白鹭飞的悠闲与自在,视觉要随空间转换,心情要舒畅,声音要轻盈。"桃花/流水/鳜鱼/肥",片片桃花开在枝头上,落到流水里,流向远方,画面充满动感。鳜鱼肥,当然不是视觉,居然是写味觉,应该表达对鳜鱼的味美鲜嫩的喜爱之情。歌者要进入"有我之境。"③"青箬笠,绿蓑衣"是一个外貌描写,没有写形状,只写了色彩,一青一绿,与粉红的桃花相映成画。《文心雕龙·体物》:"吟咏所发,志惟深远,体物为妙,功在密附。故巧言切状,如印之印泥,不加雕削,而曲写毫芥。故能瞻言而见貌,即字而知时也。""斜风/细雨/不须/归",最是神来之笔,提气之句,风雨不动,宠辱不惊,仙风道骨,潇洒风神。在改编这首古谱诗词的时候,用那男女对唱的形式,为这一位老渔翁配了一位渔娘。他们在溪水的旁边相互的应答,然后相互指引对方,感受白鹭飞、鳜鱼肥的情景,通过相互的唱和表现渔翁和渔娘悠然自得的生活。歌者用声音把道家的出世的精神和超然物外的旨趣生动、感性地表现出来。

---

① 傅雪漪:《中国古典诗词曲谱选释》,戏剧出版社 1996 年版,第 304 页。
② 同上书,第 302 页。
③ (清)王国维撰,黄霖等导读:《人间词话》,上海古籍出版社 1998 年版,第 26 页。

六、韵味无穷

古谱诗词的韵味，是将语言美、旋律美、意境美融合起来，以听觉为主，实现与视觉、味觉、嗅觉、触觉的通感，引起听众的共鸣和回味。韵味无穷，是古谱诗词美感的总体要求。傅雪漪主张演奏和演唱都要有韵味。韵味就是语言美与旋律美的结合，语言美包括文体、词意、声韵、感情语气和语调等，旋律美包括唱腔、节奏、速度、强弱、顿挫、断连、收放、吞吐、滑擞、吟揉、装饰和风格等。歌者要凭借"凝思结想，神与物游"的形象思维，既洗炼又缜密，既冲淡又含蓄的艺术手段表现出来。① 王苏芬说，歌者要根据诗词的内容来体会其神态，确定唱法，表演要同中有异，异中有同，柔中带刚，刚中带柔，起承转合，高低有序。②

王维《渭城曲》是唐人送友人到西域守边。清晨，推开了客舍的大门，早上刚好下过一场春雨，渭城的空气滋润而干净，柳树青葱，客舍内酒正酣，情正浓，天已亮，歌未歇，送朋友，去远行。从渭城到阳关，约有三千六百里路程，需行三百六十回日月轮转，行人与送行人整夜离歌，喝完最后一杯酒，一路踏歌，用脚步丈量新兴的大唐天可汗帝国，这是何等的豪迈。一叠、两叠、三叠，一唱三叹，唱和此起彼伏，声声相应，层层渲染。这是何等的真挚。一千五百年前的离歌，真切动人，把一个情真意切的盛唐，浓缩在酒樽里。

歌者要惜声如金，努力表现声外之义。古谱诗词大都短小精悍，"意有余而约以尽之"。③ 用词决无枝蔓，往往有秀句，演唱要表现多重意蕴。张炎说令曲和绝句都很难写："不过十数句，一句一字闲不得。末句最当留意，有有余不尽之意始佳。"④歌者要通过有意味的形式传达弦外之音，要以秀句为着力点，层层铺垫，节节升华，有隐有秀，努力做到"义生文外，秘响旁通，伏采潜发"。⑤ 王国维认为，如果不在意境上下足功夫，就会故使人觉得无言外之味，弦外之响，⑥不能算第一流的作者与歌者。苏轼《蝶恋花·花褪残红青杏小》

---

① 傅雪漪：《中国古典诗词曲谱选释》，戏剧出版社 1996 年版，第 305 页。
② 王苏芬编著：《中国古典诗词歌曲集》，学苑出版社 2013 年版，第 201 页。
③ （宋）姜夔：《白石道人诗说》，《白石道人诗集》，清乾隆八年（1983）刻本。
④ （宋）张炎：《词源》，清咸丰三年（1853）刻本。
⑤ （梁）刘勰著，黄霖汇评：《文心雕龙汇评》，上海古籍出版社 2005 年版，第 132 页。
⑥ （清）王国维撰、黄霖等导读：《人间词话》，上海古籍出版社 1998 年版，第 10 页。

下片写行人与佳人的一眼之缘：暮春时节，行人墙外经过，佳人从墙内秋千中荡上来，一眼瞅见，传出笑声。行人佯装不理，继续埋头赶路，耳朵却仍然留意于佳人，直至听不见笑声。末尾一句，反而怀疑自己的无情惹恼了墙内多情女。论世间之多情者，莫过于此行人也。然而，透过这位多情的行人身，我们却能感受到一代文豪的旷达与执著。苏轼一生多遭贬斥，困窘于羁旅之中，却有如此逸兴，铸词自适，着实令人感佩！李煜、欧阳修、范仲淹、苏轼一系列的士大夫词，集中体现了中国士大夫思想自由、精神独立，不卑不亢的人格。这也是古谱诗词滋味、韵味的一部分，深远影响着接受者的思想、价值与行为，具有历久弥新的艺术张力。物理学上的余音缭绕其实是很难实现的，但意在言外，音有尽而意无穷的审美效果则应成为歌者的追求目标。"隐也者，文外之重旨者也"，①表演要以少为多，计一当十，精练传神。"秀也者，篇中之独拔者也"，②表演要集中，肯定，鲜明，精彩。

歌者要善于造境，将诗词中的虚拟空间、第二世界，努力移植到舞台空间和观众席空间，使听者产生身临其境的感觉。歌者主要使用形象思维和艺术思维，构建情态、声音和节奏，触发观众产生情感共鸣。③ 意境既要合乎自然，又要充满人性的光辉。④ 常留柱说，传统演唱艺术非常注重声、字、情、表的完美结合，演唱者必须加强对形体表演基本功的训练，在舞台上的一个招式、一个眼神，都体现出演唱者的艺术功力和修养。⑤

歌者需要高超的声乐技巧，才能把古谱诗词唱出韵味来。歌者要处理好局部与整体的关系，既要细腻表现词感，又要让乐句、乐段都承接自如，不显雕琢，浑然天成。傅雪漪说，歌者要研究如何体现出声音艺术的韵味意境，研究唱法方面的轻重、缓急、强弱、顿挫、转折、吞吐、收放、跌宕等⑥。音色要丰富，"凡一曲中，各有其声：变声，敦声，杌声，啀声，困声，三过声"；气息要多样"有偷气，取气，换气，歇气，就气"；⑦行腔要自如，"歌唱则上开口时必须兴奋，思想轻松。将收腔时要慎重稳当。行腔运气，行则不凝，运则不滞。提气唱则

① （梁）刘勰著，黄霖汇评：《文心雕龙汇评》，上海古籍出版社2005年版，第132页。
② （梁）刘勰著，黄霖汇评：《文心雕龙汇评》，上海古籍出版社2005年版，第132页。
③ 傅雪漪：《中国古典诗词曲谱选释》，戏剧出版社1996年版，第304页。
④ （清）王国维撰，黄霖等导读：《人间词话》，上海古籍出版社1998年版，第1页。
⑤ 常留柱：《我的民族声乐教学理念与实践》，《歌唱艺术》2019年第1期。
⑥ 傅雪漪：《诗歌——中国传统的音乐文学》，《前进论坛》1999年第2期。
⑦ （元）燕南芝庵：《唱论》，杨赛主编：《中国历代乐论选》，华东师范大学出版社2018年版，第274页。

凝,随提气而唱则行,是以动若行云,声如流水,俱臻妙境。"①龙榆生说:"吾人即旧体歌词,为最富音乐性文字,其声韵上之组织,又有多方面之关系,乃能恰称所欲表现之情感"。②

歌者要不断提升学术和文化修养,③提高对人和事深透的观察力,虚心学习音乐的历史、地理环境、语言、习俗,④把握作品中的思想感情,分析调式、旋律、风格、技巧,在吸收基础上的创新,运用准确、扎实、成熟的声音技术,把古谱诗词唱得韵味无穷。

结　　语

古谱诗词,是文人审美的结晶。古谱诗词表演艺术是以音乐和听觉为核心的完整的体系。"诗为乐心",⑤所有人声和器声都要以诗义为依据。古谱诗词将汉语言的声音和意义充分融合,追求语感、情感、乐感、美感的完美统一,体现了中国式审美情趣,具有极高的人文价值。我们要将古谱诗词的整理与阐释、译介与编配、创作与表演、教育与交流结合起来,将教学、科研、创作、表演与社会服务结合起来,将声乐表演链条向上向下向内向外延展,开发曲目、训练演员、培养听众结合起来。古谱诗词与现代表演体系结合起来,经过创造性转换化后,重构中国听觉审美体系,必然能在世界艺术歌曲体系中占据重要地位。文化有根,音乐有魂,古谱诗词既要有文化底气,又要接生活的地气,增强了中华文化的自信心和凝聚力。

---

① 傅雪漪:《中国古典诗词曲谱选释》,戏剧出版社 1996 年版,第 305 页。
② 龙榆生:《从旧体歌词之声韵组织推测新体乐歌应取之途径》,《音乐杂志》第 1—2 期,1934 年 1 月 15 日、4 月 15 日,又载《词学》第 33 辑。收入张晖主编:《龙榆生全集》第 3 卷,上海古籍出版社 2015 年版,第 237 页。
③ 傅雪漪:《中国古典诗词曲谱选释》,戏剧出版社 1996 年版,第 305 页。
④ 廖昌永:《关于民族声乐事业发展的几点思考》,《音乐探索—四川音乐学院学报》2011 年第 4 期。
⑤ (梁)刘勰著,黄霖汇评:《文心雕龙汇评》,上海古籍出版社 2005 年版,第 31—32 页。

部分谱例：

谱例 1. ［宋］秦观《海棠春·春晓》，据《碎金词谱》卷一

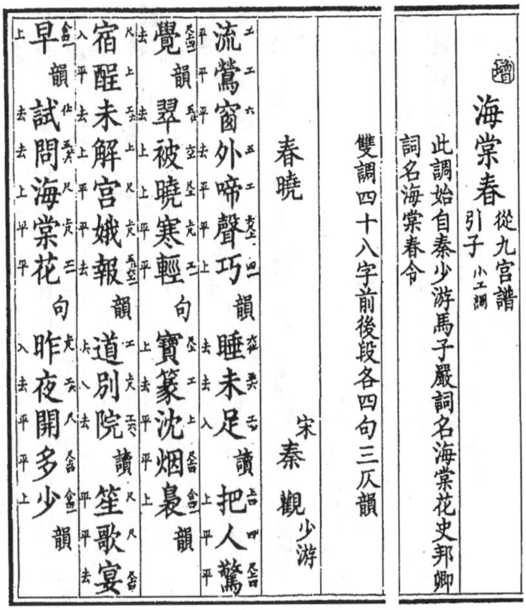

谱例 2. ［唐］温庭筠《菩萨蛮·小山重叠金明灭》，《碎金词谱》卷一

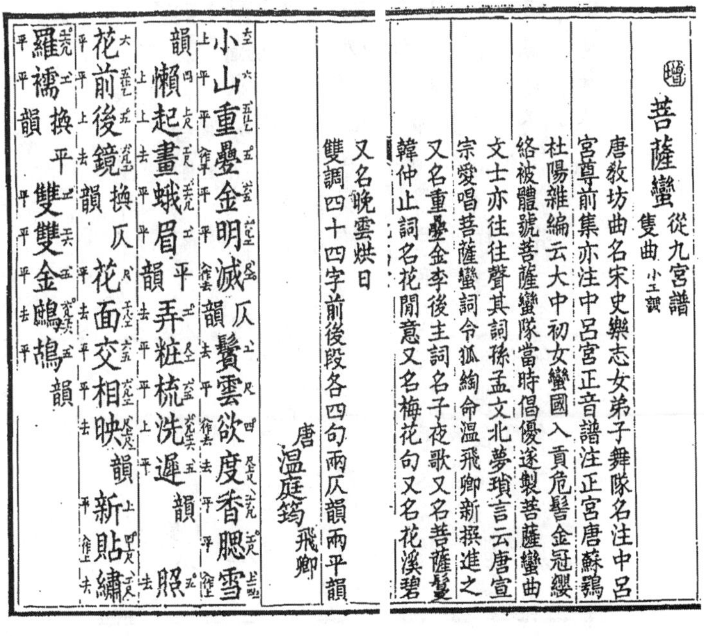

谱例 3.［宋］欧阳修《朝中措》,据《魏氏乐谱》卷三

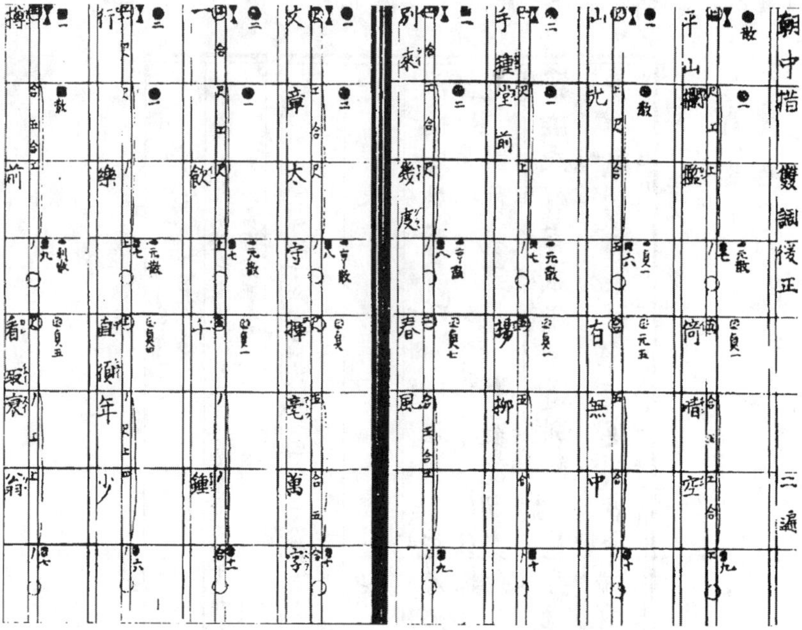

谱例 4.［宋］柳永《八声甘州》,据《九宫大成南北词宫谱》卷一

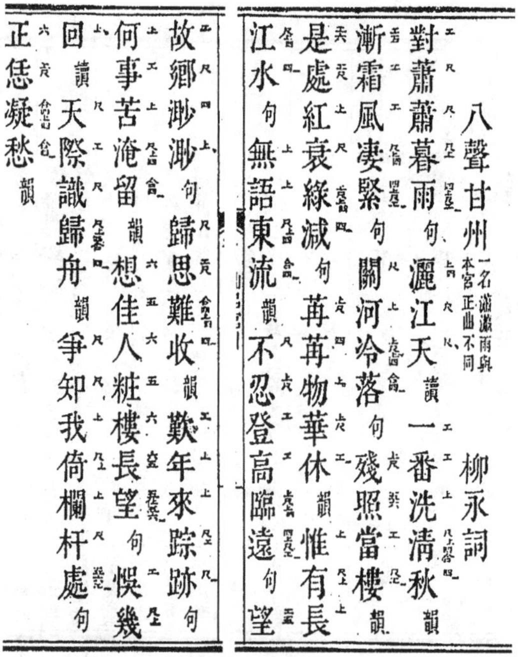

谱例 5.［唐］白居易《忆江南》，据《碎金词谱》卷十

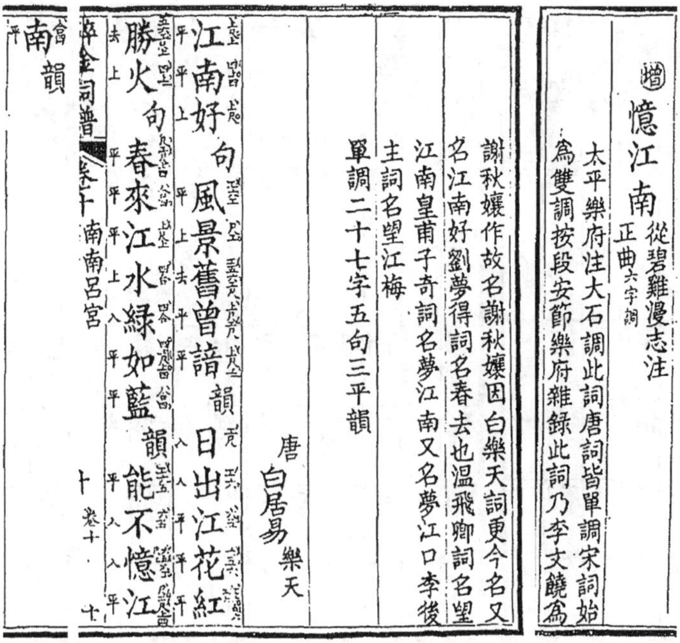

增 憶江南　從碧雞漫志注

正曲六字調

太平樂府注大石調此詞唐詞皆單調宋詞始爲雙調按段安節樂府雜錄此詞乃李文饒爲

謝秋孃作故名謝秋孃因白樂天詞更今名又名江南好劉夢得詞名春去也溫飛卿詞名望江南皇甫子奇詞名夢江南又名夢江口李後主詞名望江梅

單調二十七字五句三平韻

唐　白居易　樂天

江南好句風景舊曾諳韻日出江花紅勝火句春來江水綠如藍韻能不憶江南韻

碎金詞譜卷十　南南呂宮

谱例 6.［南唐］李煜《虞美人·感旧》，据《碎金词谱》卷十

增 虞美人　從九宮譜

引子　凡字韻

唐敎坊曲名碧雞漫志云虞美人舊曲三其一屬中呂調其一屬中呂宮近世又轉入黃鐘宮元高拭詞注南呂調樂府雅詞名玉壺冰張叔夏詞名憶柳曲李後主詞名一江春水少隱詞名玉壺冰

雙調五十六字前後段各四句兩仄韻兩平韻

感舊

南唐　後主　李煜

春花秋月何時了韻往事知多少韻小樓昨夜又東風韻故國不堪回首月明中韻雕闌玉砌應猶在韻只是朱顏改韻問君能有幾多愁韻恰似一江春水向東流韻

谱例7.［汉］汉武帝《秋风辞》,据《魏氏乐谱》卷一

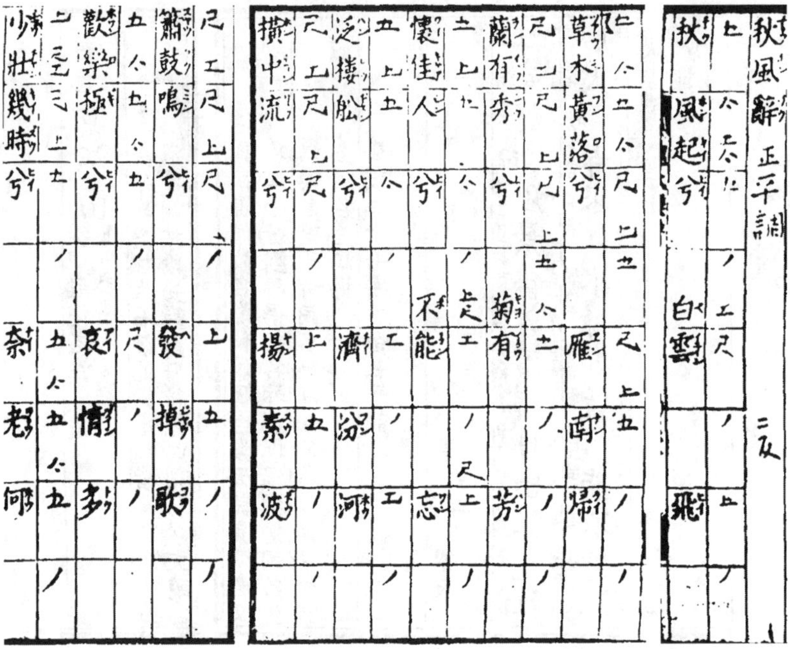

谱例8.［汉］乐府《长歌行》,据《魏氏乐谱》卷一

谱例 9. ［宋］苏轼《蝶恋花·花褪残红青杏小》，据《碎金词谱》卷八

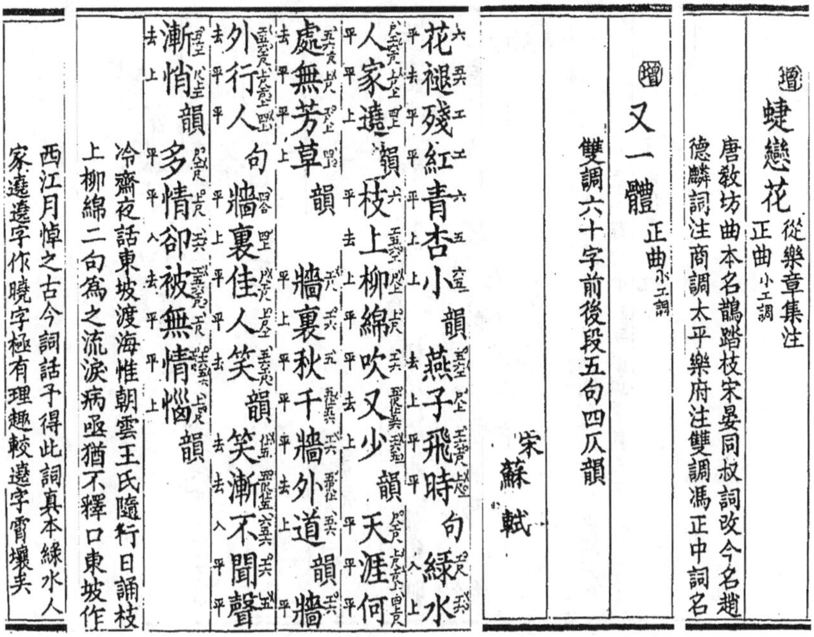

蝶戀花　從樂章集注　正曲　小工調
唐敎坊曲本名鵲踏枝宋晏同叔詞改今名趙
德麟詞注商調太平樂府注雙調馮正中詞名
又一體　正曲　小工調
雙調六十字前後段五句四仄韻
宋　蘇軾

花褪殘紅青杏小　韻　燕子飛時　句　綠水
人家遶　韻　枝上柳綿吹又少　韻　天涯何
處無芳草　韻　牆裏秋千牆外道　韻　牆
外行人　句　牆裏佳人笑　韻　笑漸不聞聲
漸悄　韻　多情卻被無情惱　韻

冷齋夜話東坡渡海惟朝雲王氏隨行日誦枝
上柳綿二句爲之流涕病亟猶不釋口東坡作
西江月悼之古今詞話子得此詞真本綠水人
家遶遶字作曉字極有理趣較遶字霄壞矣

谱例 10. ［元］马致远《天净沙·秋思》，据《碎金词谱》卷六

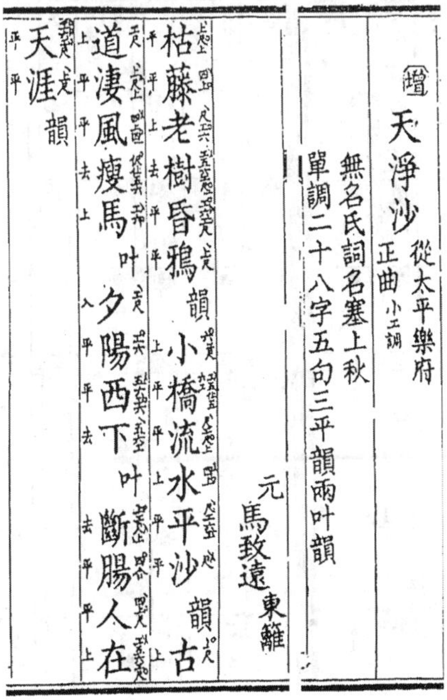

天淨沙　從太平樂府　正曲　小工調
無名氏詞名塞上秋
單調二十八字五句三平韻兩叶韻
元　馬致遠　東籬

枯藤老樹昏鴉　韻　小橋流水平沙　韻　古
道淒風瘦馬　叶　夕陽西下　叶　斷腸人在
天涯　韻

谱例 11. ［唐］张志和《渔歌子》，据《碎金词谱》卷六

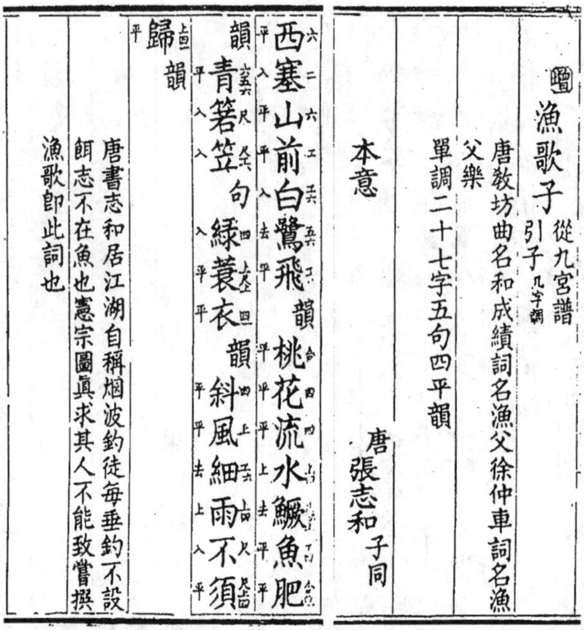

谱例 12. ［宋］李清照《武陵春》，据《魏氏乐谱》卷四

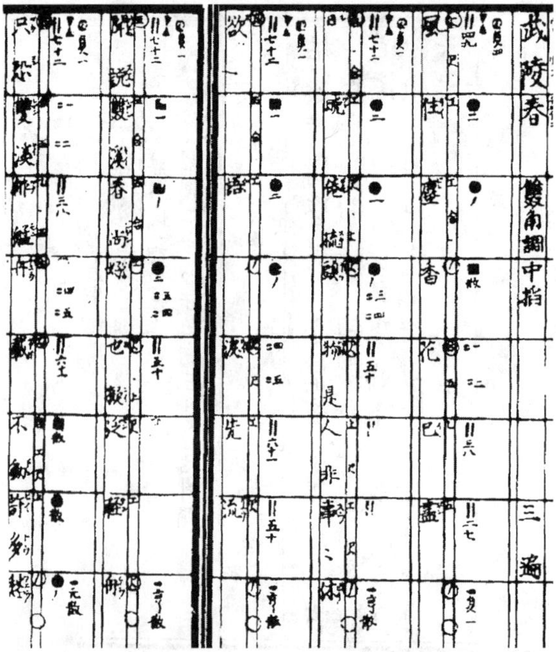

古 琴 也 摇 滚

——后现代的"沼泽"先声

陈煜然 *　　　何艳珊 **

（广州大学音乐舞蹈学院　广东广州 510006）

摘　要："沼泽"是一支以古琴为主奏乐器的摇滚乐队。在科技发达的今天，他们为古琴加上了拾音器和效果器，配合着吉他、贝斯和鼓全然颠覆了以"淡和"为美的传统古琴形象。乐队不断地革新其音乐作品及演出形式，在巡演中体现出超听觉性、互动性、非中心方式和多元化的后现代主义音乐摇滚的特点。乐队在对传统音乐与传统文化取舍的同时，亦将现代人的种种生活状态融入了音乐，在传统之外展现出了另一番美。

关键词：沼泽乐队　古琴　摇滚　独立音乐　后现代主义音乐

2006 年，在中国的南方，一支名为"沼泽"的独立摇滚乐队开始在自己的音乐创作中加入中国最具有代表性的乐器——古琴。此后，沼泽乐队将古琴作为乐队的主角，融合着器乐摇滚发出了自己具有时代性的独特声音。成团 21 年的沼泽乐队始终带着创新精神创造着自己的独立音乐。在乐队早期的音乐风格中，他们使用了很多电子音效和噪音进行音乐革新，如今，乐队转变为反叛传统古琴但又不失中国传统文化元素的摇滚之声，显现出"东方后现代"的音乐特征。也许正是因为有着对古琴本身的热爱和传统文化的眷恋，他们才能勇敢地挣脱固有的牢笼束缚去追求更贴近时代和生活的新声。

　＊ 作者简介：陈煜然，女，汉族，广州大学音乐舞蹈学院 2018 级研究生，研究方向为中国音乐美学。

　＊＊ 作者简介：何艳珊，女，音乐学博士，广州大学副教授，研究方向为中国音乐美学、文艺美学。

一、沼 泽 之 声

多年来,沼泽乐队凭借自己独立制作和发行的专辑获得了华语音乐传媒大奖、华语金曲奖、迷笛摇滚奖等众多奖项,并多次受邀参加亚欧、北美和南美的音乐节,在创新和融合音乐的路上越走越坚定。

(一) 反叛的古琴新声

在"沼泽"的音乐中,最受瞩目和争议的是有关于乐队主角电古琴的使用。与传统古琴所追求的"清丽而静,和润而远"的音色不同,沼泽乐队的古琴演奏者海亮为千年来以"静美"为特色的古琴加上了拾音器和效果器,实现了古琴的电声化。逐步解决了古琴音量小、难以和其他乐器达到平衡融合的问题,也使古琴的音色更多样化,得以融入现代器乐的声场。

海亮对古琴的演奏也做了一番革新。在弹琴的琴姿上,他的弹奏不似传统古琴艺术所要求的"掌心留空",而是经常用不规范的"折指"来演奏。非但如此,在 2013 年,海亮还首次用大提琴的琴弓拉响了古琴(音色也类似大提琴)。此后频繁地运用这样的弹奏手法来制造迅速变化走弦的高低音滑音的效果(类似胡琴模仿马鸣的声音)来配合其他高亢粗暴的乐器音响。更稀奇的是,笔者曾目睹海亮用类似演奏扬琴的琴竹敲击古琴,以配合左手急速变化的走手音制造紧张的音效。

在弹琴的仪容上,传统的古琴弹奏向来有所讲究,《琴史·尽美》中记载:"当其援琴而鼓之,其视也必专,其听也必初,其容也必恭,其思也必深,调之不乱,释之甚愉,不使放声邪气得奸其间……"①,而海亮弹琴的琴容不是端庄的,他常常激动得如弹簧般从琴凳上弹起又坐下,在音乐高潮处甚至站着边弹边疯狂甩头。在 2016 年比利时"Dunk!"音乐节的现场竟将琴弦弹断,让人不敢想象海亮演奏手势之狂野。通常情况下,琴桌与琴凳之间放置的高度差在 20 厘米左右,而海亮放置两者间的高度差远小于 20 厘米,有时两者近乎齐平,笔者猜想这样的改动正是为了让自己表演时能更尽兴地舒展肢体。

如此一来,改造后的电古琴虽然本身和原声古琴音色差别不大,但经过一番革新演绎后,琴声中已听不出传统古琴的清雅和润,更与将古琴看作修身养

---

① 蔡仲德:《中国音乐美学史资料注译(增订版)》,人民音乐出版社 2007 年版,第 643 页。

性之道器的传统完全不符。于是,不少人把海亮看成是毁坏古琴艺术的歪魔邪道狠狠痛斥。然而,海亮是个从小就受过古琴熏陶之人,他不仅了解古琴也热爱古琴:"琴≠琴乐≠传统琴乐。传统琴乐是一代代琴人之经验与收获累积而成,自是一个丰碑,应有人完整保育和传承。但应不妨有人于传统之外,走不一样的路。"①出于对古琴的热爱和勇于创新的精神,经过一番思想斗争的他终于决定要打破传统审美的习惯和束缚,与主流声音进行对抗。"如果声音是好听的,能弹奏动人的音乐,那它就是好的,没有所谓对错。"②在沼泽反传统的理念下,古琴也开始摇滚,在新的时代发出了新的声音。

(二) 融合的音乐风格

有很多人将沼泽归为后摇滚风格,"后摇滚乐是什么,是摇滚乐么? 它是,但又不是。后摇滚乐是在 90 年代深受电声器乐摇滚影响的实验摇滚运动中,占有统治地位的一种音乐类型。……如果说'后现代摇滚'音乐如同'后现代主义'相对于'现代主义'的反动,那么它便是企图颠覆摇滚乐的基本概念与传统架构,或是甚至针对整个所谓音乐工业的运作进行消极的反抗。"③沼泽对自己的音乐风格这样风描述:"沼泽的历程大概可以分成三个阶段:泛风格的探索期,电音摇滚的实验期,以及古琴器乐的时期。"④从上述的定义看出,难以单一地描述沼泽的风格,因为他们多数时候是在自己的理念下创作音乐,而非模仿或依照已有的某一风格进行创作。

在沼泽早期的音乐中,有很多咬字不清、随性不羁的人声歌曲,也有很多纯器乐的曲子。歌曲中频频出现吉他大段的失真、狂暴的鼓声、富有现代感的电子音效和刺耳尖锐的噪音。在这些音乐中,有全曲循环着"减五度—大二度—小三度"不和谐音程加以变化的曲子(《变形记》)、有加入不和谐音程和恐怖音效的诡异音乐(《那些急于疗治创伤的人们》)、有充斥着非自然声响而听不出乐音音高的曲子(《广场午后》),也有用自然音响(水声、风声)搭配旋律感较强的吉他原声弹奏的抒情曲子(《厌倦和眷恋》)等等。

---

① 勤奋、专业、创造力……这些因素让中国摇滚野史无法忽略"沼泽"的名字 https://mp.weixin.qq.com/s/LjVrplu_jTfX3USx6qKbPg(2019/1/10)。

② 一席演讲 | 沼泽乐队 https://music.163.com/mv? id = 5810895&from = groupmessage &isappinstalled=0(2019/1/10)。

③ 肖丁:《音乐的视觉传达=VISUAL COMMUNICATION OF MUSIC》,中国传媒大学出版社 2016 年版,第 43 页。

④ 沼泽专访 | 世界是块忧伤的石头,而你是勇敢的飞天猪 https://site.douban.com/zhaoze/widget/notes/388816/note/683489337/(2019/1/10)。

沼泽也尝试过与不同风格的音乐人合作交流。在《变形记》一专辑中，沼泽乐队与在中国具有代表性的后摇乐队"惘闻乐队"、同样难以定位音乐风格的"声音与玩具"乐队、流行女歌手魏如萱等 13 个内地、香港、台湾的音乐单位共同重新演绎沼泽乐队的旧作，发挥出各自强烈的个性和音乐风格。

后来，沼泽致力于融合古琴和摇滚，不乏借鉴了中国传统琴曲元素和西方古典音乐作品的曲子。例如，在《沧浪谁与游》一曲的开头演奏的是古琴曲《酒狂》中典型的节奏型和音型的变体；在《琴晚》和《争鸣》的专辑中将古琴与筝一同合奏；一张名为《1911》的专辑试图在形式上与西方古典乐靠近，整张专辑只有一个多小时的一首曲子，分为四个无标题乐章；2018 年再度发布只有一曲的专辑《争鸣》，曲子长达 43 分钟，他们对自己的新作的新编曲有如下介绍："古琴失真让人惊喜，而拉弓古琴亦大放异彩，时而像管弦乐恢弘澎湃，时而似大提琴抑扬感人，时而模拟鸟类之哀鸣……这一次的吉他相对于传统技法，反而更多地运用了擦弦、ebow、效果调制等大量噪音声效，为作品带来更奇幻斑斓的氛围渲染。"①融合后的音乐增添了古琴特有的悠远的历史感，也依然保持了摇滚狂暴激烈的风格。

还应提到的是，沼泽乐队对传统摇滚乐队的乐器形制和演奏进行了改造。吉他手细辉将电吉他内置了电子延音系统，如此一来，他单手就可以演奏出无限延长的音符，以便替代像吹管或者弦乐的声音。贝斯手阿来为四弦贝斯添加了第五根弦，这样便使贝斯像吉他一样可以弹奏更丰富的和声织体。此外他还会输出两轨同时演奏两个声部。鼓手海逊将钟片琴和套鼓组合在一起演奏，放松军鼓沙袋也使演奏更迷幻和更具异域感。"有几年时间海逊完全放弃真鼓，改敲一款电子手鼓，再加上效果器，由细辉负责调制，两人协力完成节奏声部。鼓手也试过用鼓的信号去控制阿来键盘的包络速度。当时这样想，主要是想改变传统乐队以并联的方式合奏的做法，而尝试用采用串联的方式，将一些人的声部，先输入到另一个人那里，调制后再输出。"②

早期的沼泽伴随着后工业社会高科技的发展已开始运用前卫的电子音效编曲创作，此后，革新精神亦始终伴随着他们。他们对音乐做出了种种尝试，

① ［新专首发］沼泽乐队 | 43 分钟一曲《争鸣》https：//site. douban. com/zhaoze/widget/notes/388816/note/697989925/（2019/1/10）。

② 沼泽：古琴造梦 后摇之声［网易音乐人 Vol. 30］https：//music. 163. com/web/pctopic?noflash=1&id=230001（2019/1/10）。

将乐音与噪音、东方与西方融合在一起,为摇滚乐的表达形式提供了更多新的可能性。

二、沼泽巡演

沼泽不仅在创作上具有创新的精神,他们的巡演形式也让人耳目一新。乐队在巡演中有意或无意地体现出摇滚乐后现代性表现的几个方面。

(一)超听觉性——星辰中的音乐

摇滚乐"追求声光电结合的强烈感性效果。广场四周布置许多音响设备,造成强大的声场。广场及舞台布置各色灯光,造成炫目的效果。表演的伴唱、伴舞及舞台的立体布景,都强调视觉的冲击。"①沼泽的演出现场也是如此。他们曾在星海音乐厅放了满地的星星灯和象征着阴晴圆缺的四个月亮,配合着演出混合灯光进行开关,将演出现场布置得如梦如幻;也曾在舞台前放置纱幕,尽可能达到音乐所要传达的意象来丰富视听效果,缥缈的纱幕与流动的音乐、动态的沙画和各种视觉特效相得益彰,引人遐想。

图 1　时空相对论演出现场②

---

① 宋瑾:究竟什么是音乐的后现代主义,《交响·西安音乐学报》2003 年第 1 期。
② 有人在音乐厅里造了一场梦,梦里是星辰大海 http://www.luoo.net/essay/770(2019/1/10)。

图 2   时空相对论演出现场①

这种超听觉性也体现在对噪音的运用上,乐队的演出中有时也充斥着大段长时间无调式调性、听不出乐音音高、听不出主次的音响效果,甚至使人产生一种恍兮惚兮的窒息感。此时拉古琴的琴弓也早已被狂野的演奏手法"折腾"到飘着断开成丝丝缕缕的状态了。演奏者也不仅不仅激动得跪着弹琴,更会即兴在舞台各处尽情狂舞。

(二)"空间重置音乐会"——互动性、非中心方式

"台上台下没有尊卑之分,舞台中心就被解构了。"②

2008 年,沼泽在广州举办了"沧浪谁与游"空间重置音乐会。"空间重置即取消了舞台,乐手分散在观众中间,不再被隔离在舞台中央集中表演,而是分散在场地的各个不同地方,观众也不再在舞台下远距离张望,而是置身乐手中,置身音乐里,和乐队一起完成这场演出。"③"其中一个在咖啡馆,是一种天然的空间分割,四个乐手各自在不同房间里演奏,欣赏者可以呆在某个房间

① 在摇滚荒芜的广东,沼泽乐队用二十载绝地拓垦、赋乐造梦 https://mp.weixin.qq.com/s/rnX5oL5oY_CJOT032lCOkw(2019/1/10)。

② 宋瑾:究竟什么是音乐的后现代主义,《交响·西安音乐学报》2003 年第 1 期。

③ 有人在音乐厅里造了一场梦,梦里是星辰大海 http://www.luoo.net/essay/770(2019/1/10)。

里,也可以留在过道上,甚至到处走动。另一场则是在一个大厦某层,利用了靠近楼梯和电梯间的一块空地,以及旁边一个房子,这个房子刚好整面墙上半部的拉窗都可以拆掉的,结果鼓手就坐在里面,其他乐手也都散落在不同角落。"①

时隔 8 年,沼泽再次在广州举办了更进一步的空间重置音乐会。"它的特别,除了构造打破舞台空间布局的沉浸式空间,还将观众人数限定为 80,并大量运用了纱幕,消弭了赏演界线。一场模糊听众与演奏者界限的超小型音乐会,听众的耳朵可以贴实地与音乐近距离接触,和音乐的距离变得暧昧。"

正如后现代主义中的"无主体性"特点,沼泽除了与传统摇滚一样会和乐迷共同扭动、没有卑尊之分,他们在空间上也将舞台中心进行了解构。

(三) 跨界的演出形式——多元化

多年来,沼泽还不断尝试与其他艺术融合的演出形式,体现出后现代的多元性特点。2005 年,沼泽首度跨界,与诗人合作。在第二届珠江国际诗歌节中,四十多位中国现代诗人及世界各地的诗人朗诵自己的诗歌,与沼泽共同演绎诗歌节"声音共和"的主题。"或将欧宁、拉家渡、青蛇等诗人的诗歌编成歌曲进行表演,或进行别开生面的诗歌即场配乐表演,以'诗歌＋音乐'的形式演绎另一种诗意之美。"②

2006 年,沼泽与济南现代舞团"凌云焰"在 Park 俱乐部合作了摇滚与现代舞的跨界。同年,"沼泽终于把'视频与音乐结合'的想法实现,沼泽也因此成为中国首个正式纳入视频 VJ 成员的乐队。"③2016 年,沼泽让古琴与沙画两种传统艺术相遇了。"不同以往,这一次沼泽乐队将演出编制简化,只用古琴与吉他两种乐器配合沙画表演,留白的音色给观众更丰富的想象空间,显得更加纯粹。"而后的 2017 年,沼泽发布《孑影舞》沙画 MV,成为国内沙画 MV 的首创。

三、沼 泽 之 思

沼泽的魅力不只在于新鲜的声响,也离不开其中渗透的思想。以传统文

---

① 有人在音乐厅里造了一场梦,梦里是星辰大海 http：//www.luoo.net/essay/770(2019/1/10)。

② 沼泽乐队 ｜ 打破规矩,多方跨界 https：//mp.weixin.qq.com/s/a1I2ggl8EtT2Qsvhd8UY2Q(2019/1/10)。

③ 同上注。VJ 是 Visual Jockey,跟拍摄像、摄影师的意思。

化的哲思拥抱现代生活也许是沼泽一直以来所期许的。

（一）沼泽与传统

需要说明的是，虽然沼泽颠覆了有关于古琴的诸多传统，也较少运用中国传统的调式和旋律发展手法，但他们是眷恋着传统文化的。在沼泽的理念、专辑、曲目名称和所拍摄的视频中呈现出了其他的传统文化元素。

具体来说有以下表现：沼泽说自己的音乐体现的是"士大夫"的精神；在某些场合着中式服饰表演，并在结束后以抱拳作揖的礼仪鞠躬九十度；在介绍专辑《争鸣》中特意提及专辑的主题"争鸣"是有着中国文化独特语境的词，在沼泽的忽发奇想下，这张专辑得以在森林中完成录制；乐队 VJ 在沼泽 MV 对应歌曲主题拍了非常多的自然景色，如阳光、蓝或灰的天空、厚的乌云或薄的微云、群山、岛屿、大海、河流以及和影片中与乐队融合在一起的水墨镜头；《争鸣》和《沧浪星》的专辑封面是有意境的中国风绘画；曲目如《稚儿笑》一曲以五言诗句配文"推门甫惊醒，稚儿笑惺忪。未问归何晏，倏忽睡已浓。"他们的曲名常常带着传统诗意，譬如《入梦令》《沉醉不知处》《声声急》《沧浪星》《沧浪谁与游》《落木》《时空相对论》以及用古代不同十二个时辰的繁体字来命名不同曲子的专辑《琴晚》；《孑影舞》的沙画中带着禽鸟面具的人影飞向了浩瀚的宇宙。凡此种种体现出沼泽对宇宙时空、自然人生交感的"天人合一"的哲思和对传统文化继承。

（二）沼泽与现代城市

海亮对自己乐队成熟的理解是："它真切地打动了我们自己，也收到很多乐迷的共鸣。我也希望我们的音乐也可以把现代人的那种生活节奏跟城市故事能够很好地融合起来，更好地切合我们现代人的情感，能够自然的去引起现代人在生活里面的那种共鸣。"[①]

因此，沼泽的 MV 里除了很多自然的景色，也能看到众多城市生活场景。比如夜晚的珠江、广州塔、二沙岛、永不停歇的交通工具（公交车、观光巴士、地铁、APM、火车、飞机、破旧和新船只）、隧道、公路、桥（人行天桥、立交桥、吊桥）、现代高楼和乡村平房、装载货物的码头、施工的建筑等等，城市中具有代表性的景物都被收进了镜头。2005 年，沼泽就曾以"城市"来命名专辑，风格

---

① 一席演讲｜沼泽乐队 https：//music. 163. com/mv? id＝5810895&from＝groupmessage&isappinstalled＝0(2019/1/10)。

偏向电子音乐,描绘了城市中的某些时段、地方以及在城市中阴沉、沮丧、惊惶的状态。2013 年专辑《远》的音乐主题也围绕着时代和城市生活。2015 年《琴晚》专辑再进一步,直接诞生于户外的天台,7 首曲子描述了广州傍晚到凌晨的 7 个故事,同时,与专辑等长的影像《寻晚》将傍晚到凌晨的沼泽演奏和城市景色留了下来。

(三) 不彻底的后现代主义

正如宋瑾对华人音乐创作中后现代主义的评价,"华人音乐创作中的后现代主义是'东方后现代',也就是说,是用现代主义来整合的后现代主义,它不完全像西方人创作的解构主义那样,彻底打破传统形式和呈现方式,而是还保留了普通人可以接受的基本形式,并且透露出中国传统哲学意味和美学品质。"①沼泽也可被视为不彻底的后现代主义。因为他们虽然改造了古琴和颠覆了古琴的演奏手法,但还是以普通人可以接受甚至欣赏的形式出现,同时它又依然继承和眷恋着中国的传统文化。

一方面,沼泽诚心希望能扩大琴身自身表达的可能性,花了十多年来钻研调制适合现代演绎的古琴,这对于乐器实现更好的电声化未尝不是一件好事。另一方面,古琴悠远厚重的散音和细碎晶莹的泛音正中了沼泽想用音乐表现时空穿梭的念头,便于转调又可以通过吟猱手法表现细腻处理和变化的按音则让沼泽更丰富地表达敏感的内心。海亮说,"有些人形容沼泽的音乐是苦大仇深的,但我觉得如果在黑暗里面有一些光亮,在地动山摇的声音里面你可以听到一种非常平静的,轻盈的声音,它反而对比会强烈。我们很喜欢这种在绝望中的希望,在灰暗里面的一些光亮的样子。"②笔者曾于 2017 年广州 TU 凸空间欣赏过沼泽的现场演出,在这过程中的直观感受和海亮所描述的相似。在喧嚣纷扰的摇滚中,古琴的特别音色始终保持着遗世独立的超脱之感,似是在呼唤着人们不可忘了传统或是告诉人们在纷繁的城市中要保持脱俗的处世心态。

因此,对于沼泽这样的跟随自己内心想法的不彻底的后现代主义,应该用包容的眼光看待他们的发展。"在电子时代、网络时代,许多新的可能性出现了。后现代主义音乐也许就像太空食品,是留给改变了传统基因的新人类享

---

① 宋瑾:华人音乐创作中的后现代主义,《音乐学文集》第 4 集 1956—2006,中央音乐学院音乐学系编,中央音乐学院出版社 2006 年版,第 171 页。

② 一席演讲│沼泽乐队 https://music.163.com/mv? id = 5810895&from = groupmessage&isappinstalled=0(2019/1/10)。

用的。……东方后现代音乐总还是在艺术领域进行的非功利活动,而且多数具有某种观念的指引,且发自作曲家内心。作曲家是真心诚意地进行这样的创作。从接受者的角度说,人们可以自由选择,可以喜欢或不喜欢它们。但是必须了解它们的后现代性质,避免用传统的审美眼光去看待它们。"①

结　语

金兆均在十几年前就呼吁:"西方摇滚已经有过的尝试和中国深厚的民间音乐资源,完全可以给本质上是开放的摇滚乐的发展带来极多的风格和形式上、文化蕴涵上的可能性。因此,我热诚地希望中国的每一个摇滚乐队都给我一个你自己。"②如今,沼泽乐队已将深厚的古琴和传统文化与摇滚、电子等风格的音乐联结,并尽可能地以多样的演出形式来展现出自己独特的声音,这需要更多人对后现代主义音乐的理解和支持。若沼泽能继续坚持初心,展现出古琴自身音色更细腻的美,与其他乐器加以磨合,便能在风格、形式和带来更多的惊喜。若能再从我国的传统美学上溯源追思,想必会呈现出更多具有深度的好作品。

---

① 宋瑾:华人音乐创作中的后现代主义,《音乐学文集》第 4 集 1956—2006,中央音乐学院音乐学系编,中央音乐学院出版社 2006 年版,第 171 页。
② 金兆均:《光天化日下的流行——亲历中国流行音乐》,人民音乐出版社 2002 年版,第 301 页。

"连云虽有阁，终欲想江湖"

——论庾信由南入北园林审美理想的变迁

杨高阳*

（温州大学人文学院 浙江温州 325035）

摘　要：庾信作为拥有过南、北两地不同的园林观感与体验，见识过皇家园林与私家园林不同的园林风貌与审美追求，经历过南北朝大园到小园审美意识嬗变过程的典型文人。他的有关园林的作品，当是南北朝园林文学的典型作品。本文以庾信的园林诗文为中心，从园林物质审美与园林精神自足两个层面讨论了庾信由南入北园林审美理想的变迁，阐述了庾信后期园林审美理想对后世中国文人园林审美的影响。

关键词：庾信　《小园赋》　古典园林　园林审美

庾信是南北朝最重要的作家之一，同时也是一个人生经历颇曲折、后世争议颇纷杂的作家。庾信的一生大致可分为两个阶段：从出生到太清二年（548年，庾信时年三十六岁）为第一阶段，这一时期有过将近二十年诗酒流连的宫廷文学侍从生涯；从太清二年到开皇元年为第二阶段，在这三十余年中，他迭遭巨变，由吟风月、狎花草的宫廷文人变成了亡国羁旅之人。[①] 庾信由南迁北的特殊经历，使其人生的各个方面发生了不同程度的转变，这种转变不仅体现在他的文学创作、美学追求中，也体现在他的园林审美观中。

---

*　作者简介：杨高阳（1996—　），男，甘肃西和人，硕士研究生，研究方向为中国古代文学及中国古典园林文化。

① 鲁同群：《庾信传论》，中华书局 2018 年版，第 41 页。

一、从"飞燕兰宫"到"野人之家"——
园林物质审美的变迁

现存《庾子山集》收录了庾信的十五篇赋作①,其中他在南方所作的七篇,集中体现了他前期的美学趣尚和美学追求。由于庾信东宫文学侍从的身份,使他能够时常"出入禁闼",游乐于各贵胄林园之中,也由于皇室对其"恩礼莫与比隆"②,使他得以频频见识皇家园林的极尽奢华与豪丽。其《灯赋》云:

> 九龙将暝,三爵行栖,琼钩半上,若木全低。窗藏明于粉壁,柳助暗于兰闺。翡翠珠被,流苏羽帐,舒屈膝之屏风,卷芙蓉之行障。卷衣秦后之床,送枕荆台之上。乃有百枝同树,四照连盘,香添然蜜,气杂烧兰。烬长宵久,光青夜寒。……楚妃留客,韩娥合声。低歌著节,《游弦》绝鸣。辉辉朱烬,焰焰红荣。乍九光而连采,或双花而并明。寄言苏季子,应知馀照情。③

在园林中放眼望去,尽是琼楼玉宇、金碧辉煌。其间装点着各式各样的宝物奇珍,充斥着朦胧暧昧的香气与乐歌。千灯同辉、百枝并耀,即使已经夜深,也还明亮繁闹如同白昼,君臣于园林之间宴饮作乐,赏灯作赋。实在是一幅艳俗奢靡的"夜游园图"。除了《灯赋》外,今本《庾子山集》尚存庾信南方赋作如《春赋》《七夕赋》《对烛赋》《镜赋》等六篇。其赋对园林之描绘,如"铸凤衔莲,图龙并眠。烬高疑数剪,心湿暂难然。铜荷承泪蜡,铁铗染浮烟""莲帐寒繁窗拂曙,筠笼熏火香盈絮""夜风吹,香气随。郁金苑,芙蓉池"(《对烛赋》)"玉花簟上,金莲帐里"(《镜赋》),皆不出奢华富丽之图圈。此时的庾信欣赏着华贵堂皇如斯的园景,还发出了"还持照夜游,讵减西园月"(《对烛赋》)④的及时行乐

① 现存《庾子山集》之收庾信作品,共赋十五篇,诗三百二十首(包括宗庙祭祀歌曲六十六首),书、表、启、序等各类文章九十八篇,连珠四十四首。另,许逸民先生校点《集注》时,又搜辑佚文残句十二条。
② 令狐德棻等撰:《周书·庾信列传》,中华书局1971年版,第四十一卷,第733页。
③ 庾信撰,倪璠注,许逸民点校:《庾子山集注》,中华书局1980年版,第80页。
④ 同上书,第83页。

之慨。

在庾信南方赋作之中，最能代表庾信前期园林审美观的，当为《春赋》：

> 宜春苑中春已归，披香殿里作春衣。新年鸟声千种啭，二月杨花满路飞。河阳一县并是花，金谷从来满园树。一丛香草足碍人，数尺游丝即横路。开上林而竞入，拥河桥而争渡。出丽华之金屋，下飞燕之兰宫。……三晡未醉莫还家。池中水影悬胜镜，屋里衣香不如花。①

赋中描写了一场极其奢靡的春游狂欢活动，其园林体量极大，园林建筑金碧辉煌，甚至可以比肩宜春苑、披香殿之"金屋""兰宫"；园林树木种植成林，园林花草"碍人、横路"，几乎可以媲美潘岳、石崇之穷奢极富。园中人声鼎沸，觥筹交错，庾信置身其中，心神荡漾，甚至要与同游者一起不醉不归了。

庾信在前期赋作中表现出的园林审美倾向是不难理解的。由于庾信在南朝的特殊社会身份，其所见所识之人多为皇亲贵胄，所赏所游之园多为皇林宫囿。皇家园林景观对视觉效果的极度追求、对金玉奇珍近乎炫富般地简单堆积，造成了其时园林奢靡肤浅的基本风貌。这种风貌不仅在一定程度上影响了庾信"夸目""荡心"②的前期文风，也潜移默化地影响着其美学追求。对当时包括庾信在内的大多文人而言，眼前景之愈奢华，手中笔则愈绮艳，环境格局与文学创作的双重刺激，构造了他们当时主要的美学趣尚。刘勰《文心雕龙·物色》有云：

> 岁有其物，物有其容；情以物迁，辞以情发。一叶且或迎意，虫声有足引心。况清风与明月同夜，白日与春林共朝哉！③

一片落叶、一声虫鸣都有可能引起诗人的文思，又何况是奢靡至极的园林美景。庾信在此精美繁缛的园林中频繁游赏，且时常作赋奉和，这造成了庾信前

---

① 庾信撰，倪璠注，许逸民点校：《庾子山集注》，中华书局1980年版，第74—78页。
② 《周书·庾信列传》："然则子山之文，发源于宋末，盛行于梁季。其体以淫放为本，其词以轻险为宗。故能夸目侈于红紫，荡心逾于郑、卫。"见令狐德棻等撰《周书·庾信列传》，中华书局1971年版，第744页。
③ 刘勰撰，范文澜注：《文心雕龙注》，人民文学出版社1958年版，第693页。

期作品"彩丽竞繁"①的主要倾向,这种倾向展现了他当时基本的审美情感。曹林娣先生在《中国园林美学思想史》一书中有论:"审美情感是一种复杂的心理活动,任何艺术作品包括属于造型艺术的园林,都是作者审美感情的物化形态,其最本质的特征是情感的抒发。"②园林和文学同属艺术作品的范畴,就这个意义而言,在同一时段,作者的园林审美观和文学审美观是相通的。庾信前期的美学趣尚,主要揭示了他前期"夸目侈于红紫,荡心逾于郑、卫"③的艺术审美观念;其前期赋作的内容,展露了他所见皇家园林"丽华金屋,飞燕兰宫"的物质层面的状况,表现了他前期偏爱华丽美奢园景的审美趣味以及美学上的追求。

庾信由梁朝至西魏的经历,扭转了他的人生轨迹,也改变了他的审美倾向。梁武帝太清二年(548)的侯景之乱,是庾信后期亡国羁旅生涯的发端,但并非转折点,其转折当在梁元帝承圣三年(554)。是年,元帝使庾信等人聘于西魏,庾信抵魏后,适值西魏攻梁,庾信遂被拘而不遣,终于入仕西魏,至死也未能再返故国。庾信由南入北之后,故园之思与亡国之痛令其文风陡变,而在其文风迁移的背后,则是他美学趣尚甚至人生追求的转变。庾信入北之后留有《小园赋》《伤心赋》《哀江南赋》等名赋八篇,赋中皆有哀伤之意。倪璠在《注释庾集题词》中说:

> 予谓子山入关而后,其文篇篇有哀,悽怨之流,不独此赋(指《哀江南赋》)也。④

这种贯穿庾信后期作品的"哀",就其文学创作而言,是表现了他文风的变格,如果单就其园林诗文而言,则体现了他园林审美理想的变迁。庾信前期崇尚"飞燕兰宫"的园林审美观,一变而成了对"野人之家"的憧憬。其《小园赋》云:

> 若夫一枝之上,巢夫得安巢之所;一壶之中,壶公有容身之地。……

---

① 陈子昂撰,徐鹏校点:《陈子昂集》,上海古籍出版社 2013 年版,第 16 页。
② 曹林娣著:《中国园林美学思想史·上古三代秦汉魏晋南北朝卷》,同济大学出版社 2015 年版,第 128 页。
③ 令狐德棻等撰:《周书·庾信列传》,中华书局 1971 年版,第 744 页。
④ 倪璠《注释庾集题词》,见庾信撰,倪璠注,许逸民点校:《庾子山集注》,中华书局 1980 年版,第 4 页。

余有数亩弊庐，寂寞人外，聊以拟伏腊，聊以避风雨。虽复晏婴近市，不求朝夕之利；潘岳面城，且适闲居之乐。……落叶半床，狂花满屋。名为野人之家，是谓愚公之谷。①

此时的园林早不是繁华宏伟的皇家园林，而是与世隔绝的"数亩弊庐"。这个"弊庐"小到极点，小到行园之时屋檐会挡着园主的帽子，进门之时脚会碰着眉头；小到只有一枝、一壶之大；小到如同"蜗角蚊睫"，但即使如此，园主依旧可以安巢容身，依旧"可以疗饥，可以栖迟"。园中花草成丛，落叶与花瓣随处飘零，没有任何华贵奢丽的装饰，一切都是最自然的状态。在这个小园中，鱼无须大，一寸二寸即可；竹不需多，三竿两竿足矣。园中之景亦是如此，不求精致复杂，只求简远疏朗。他已经不在乎功名利禄，只愿闭门不出，在园中享受闲居之乐。

如果对这个小园进行物质层面的分析，其无非只包含几间弊庐窟室，数种园林植物，其他如假山水池的构园要素都不曾窥见，更遑论极尽奢华的"飞燕兰宫"了。然而庾信在其中却自得其乐，甚至要学陶潜的"虽无门而长闭"，效仿前人隐于田园之间②。由此可见，庾信在《小园赋》中体现的园林物质审美倾向已然与前期泾渭分明。清代倪璠在此赋题下注曰："愿为隐居而不可得也"③，庾信要隐居的理想居所，正是他在《小园赋》中描绘的小园。然而这个小园实际上并不存在，它只是庾信心造的泡影、理想的天国，其中的一切赋景，皆出于虚拟。当然，正因为"小园"是庾信纯虚构、纯想象的产物，表明了它就是庾信后期园林审美倾向的至上愿景。《小园赋》全面而纯粹地展现了庾信至高的园林审美理想，即向往自然素朴、小中见大的物质与精神的双重安隐之所。这种园林审美理想，在庾信后期赋作中间有体现，如其在《象戏赋》如"水影摇日，花光照林""月落桂垂，星斜柳坠"④等对园景的描写，此时他虽然亦身处皇家园林之中，但与在南方时已大不一样，能引他侧目并感到愉悦的，已经是这些颇为自然可爱，清新朴素的景色。再如《竹杖赋》，全赋以"楚丘先生见桓温"始，通篇表达了楚丘先生对"赐杖"的强烈反应。此赋说明了庾信入北后

---

① 庾信撰，倪璠注，许逸民点校：《庾子山集注》，中华书局1980年版，第19—30页。
② 陶渊明《归去来兮辞》中有句云："园日涉以成趣，门虽设而常关"，信在《小园赋》中化用。
③ 庾信撰，倪璠注，许逸民点校：《庾子山集注》，中华书局1980年版，第19页。
④ 同上书，第72页。

的仕隐观,如几乎所有中国古代文人一样,庾信在"仕途"与"归田"的抉择上矛盾重重,但最终却不顾桓温许下的繁华嘉地,选择了"一传大夏,空成邓林"①的宿命;所谓繁华,在后期庾信的心中已如同过眼云烟,正如他在《伤心赋》中所言:"一朝风烛,万古埃尘。丘陵兮何忍,能留兮几人。"②

入北后的庾信,饱受亡国羁旅之苦。归国无望的痛苦与"从官非官,归田不田"③的矛盾使其思想与观念发生了激变与升华,"朝夕之利"已非他的极度渴求,精神的自足才能使他稍稍得到安慰。经历过极尽奢丽,又经历过极尽寂寥的庾信,如同夜里看完烟花落尽的过客,他的思想观念与审美倾向都由绚烂趋于平淡。其园林物质审美观也是一样,完成了由"飞燕兰宫"至"野人之家"的最终变迁。

二、从"金谷园"到"桃花源"——
园林精神自足的变迁

园林物质审美的变迁,只是庾信园林审美理想变迁的第一个层次,更高的层次在于其精神自足的变迁。钟嵘在《诗品序》中说:"诗缘情而绮靡,赋体物而浏亮。"④庾信有关园林的赋作,能在很大程度上展示当时园林的物质基础,反映了庾信对园林物质层面的好恶。因此本文以上部分以庾信的赋作为主体,分析了庾信庾信园林物质审美的变迁。我国素有"诗言志"的诗歌传统,庾信有关园林的诗作,其中表露的自我精神的满足程度,当能反映其园林审美精神层次的倾向。

庾信南方诗作⑤多为奉和之制,描写的园林仍多为皇家园林,间或有私家园林和寺观园林,其诗中反映的园林观与其前期赋作中体现的如出一辙。这在《奉和初秋》诗中可窥一斑:

> 落星初伏火,秋霜正动钟。北阁连横汉,南宫应凿龙。祥鸾栖竹实灵

---

① 庾信撰,倪璠注,许逸民点校:《庾子山集注》,中华书局 1980 年版,第 41 页。
② 同上书,第 63 页。
③ 同上注。
④ 陆机撰,张少康集释:《文赋集释》,人民文学出版社 2002 年版,第 99 页。
⑤ 关于今本《庾子山集》中所存的庾信的南方诗作,学界多有争论。本文以公认的庾信前期作品为研究对象,对于其余尚无定论的,则不加讨论。

蔡上芙蓉。自有《南风》曲,还来吹九重。[1]

这是庾信为奉和简文帝《初秋》诗所作。园林中宫阁壮丽,规模宏大,各个方位的建筑象天法地,尽显皇家气派;园林植物种植规模极大,竹林、芙蓉仿佛能够招致群凰与神龟来栖。庾信对这种园景是赞美的,甚至以上古贤君舜作的《南风》之曲来夸饰"九重君门"的豪华,其在园中视觉和精神的满足是显而易见的。庾信前期在皇家园林中的奉和之作并不少见,其中展现的园林大都是极度的精致与华美。如"朱帘卷丽日。翠幕蔽重阳"(《奉和夏日应令》)"乐宫多暇豫,望苑暂回舆""鸣箫陵绝浪,飞盖历通渠"(《奉和山池》)"燃香郁金屋。吹管凤凰台""春窗刻凤下,寒壁画花开。定取流霞气,时添承露杯"(《奉和示内人》)"千金高堰合,百顷浚源开"(《奉和浚池初成清晨临泛》)无不是以绮丽繁缛的文笔表达对皇家园林的赞叹与沉醉,他甚至发出"方假慧灯辉,宁知洛城晚"(《仰和何仆射还宅故》)[2]这种希望通宵宴游的感叹,这种"宁知洛城晚"的追求,与他后期所崇尚的"可以栖迟"观形成了极为强烈的反差。他还有《梦入堂内》一诗:

雕梁旧刻杏,香壁本泥椒。慢绳金麦穗,帘钩银蒜条。……日光钗焰动,窗影镜花摇。歌曲风吹韵,笙簧火炙调。即今须戏去,谁复待明朝。[3]

此诗朱本"堂内"作"内台",有对皇家园林建筑内景的描写。这是庾信一场富丽堂皇的美梦。然而梦中所见,竟然也逃脱不了雕梁画栋般的奢靡之景。这个梦境在相当的程度上展现了当时庾信园林审美的基本倾向,诗末"谁复待明朝"句流露出庾信前期恣意酣畅、及时行乐的价值观念,这种观念在庾信前期作品中普遍存在。试看《对酒歌》一诗:

春水望桃花,春洲藉芳杜。琴从绿珠借,酒就文君取。牵马向渭桥,日曝山头脯。山简接䍦倒,王戎如意舞。筝鸣金谷园,笛韵平阳坞。人生

① 庾信撰,倪璠注,许逸民点校:《庾子山集注》,中华书局1980年版,第350页。
② 同上书,第298、178、258、319、314页。
③ 同上书,第260页。

一百年,欢笑惟三五。何处觅钱刀,求为洛阳贾。①

此诗借用大量典故,抒发在园景中得到的极度满足,对高阳池、金谷园那种酒池肉林、华宫丽苑的向往已经无以复加。虽然末句用了桑弘羊的典故略抒政治情怀,但就全诗而言,充分抒发对园景的沉迷,充斥着"为乐当及时,何能待来兹"②之感。

庾信前期有关园林的诗歌,展现了当时庾信对园林的审美倾向。他在园林中当然获得了精神的自足,但并非是园景蕴含的意境、滋味让他得到了满足,而仅是眼前的富丽堂皇与宴会的歌舞酒肴使他得到了视觉和物质的暂时享受。庾信前期诗文中多次用石崇"金谷园"的典故,而他前期的园林审美观正与石崇穷奢极华、追富逐豪的观念类似。

庾信由南入北之后,前期艳俗的宫体之作几乎消失殆尽,虽亦偶有其作,但数量极少。庾信入北后的诗歌也多提"金谷园",但同前期相比,无论格调还是内容都已大不相同,试看《示封中录·其一》、《代人伤往·其二》两诗:

> 贵馆居金谷,关扃隔蕙街。冀君见果顾,郊间光景佳。
> 杂树本唯金谷苑,诸花旧满洛阳城。正是古来歌舞处,今日看时无地行。③

二诗都以金谷园起句,但诗中所言却绝无奢靡绮丽之态。在第一首中,庾信前期作品提到"金谷园"所表达的审美感情已不复存在,他甚至要抛弃金谷园,去追寻风光更佳的天然野趣之景。奢华富丽之景早就不能使诗人感到精神的自适和自足,他需要更高层次的精神境界来舒缓其心中的哀思悲绪。第二首则更多地充斥着时过境迁、物是人非之感,庾信有感于时光永逝、物我两非,故国之思与客居之苦已不能单凭肤浅的奢丽园景来抚平。此诗可以看作其对以往园林审美的诀别之作。这种繁华如过眼云烟的思想观念,在其《郑伟墓志铭》中体现的尤为明显,其铭云:"梧桐茂苑,杨柳娼家。千金回雪,百日流霞。凋

---

① 庾信撰,倪璠注,许逸民点校:《庾子山集注》,中华书局1980年版,第387页。
② 隋树森编著:《古诗十九首·生年不满百》,中华书局1955年版,第22页。
③ 庾信撰,倪璠注,许逸民点校:《庾子山集注》,中华书局1980年版,第384、385页.

零倏忽，凄怆荣华。河阳古树，金谷残花。"①以往奢靡的生活电光火石般湮灭，诗人已然无意于金谷园般庸俗浮华的园景，他迫切地需要一个安居之所来令其肉体和灵魂得到双重栖息，而并非只是视觉与物质层面的刺激与享乐。于是与后世大多文人类似②，庾信的园林审美观开始向陶渊明靠拢，追寻其"桃花源"般的园林理想，意图让自己的身心俱得满足。

在庾信的后期诗作中，"桃花源"的意象出现得相当频繁。例如"行人忽枉道，直进桃花源""野炉然树叶，山杯捧竹根。风池还更暖，寒谷遂长暄"（《奉报赵王惠酒》）"更寻终不见，无异桃花源"（《徐报使来止一相见》）③等，无一不表露出对天然朴素的隐居园林的向往，这一点在其《拟咏怀诗·二五》中表现得相当突出：

> 怀抱独昏昏，平生何所论。由来千种意，并是桃花源。縠皮两书帙，壶卢一酒樽。自知费天下，也复何足言。④

诗人回忆平生，无足复论，只要卷帙两册，清酒一樽，就能在"桃花源"中自得其乐，这与《小园赋》中体现的园林审美观是高度一致的。道家"天地与我并生，而万物与我为一"⑤的齐物观，成了他后期园林审美理想的基石。他在《同颜大夫初晴》诗中写道："香泉酌冷涧，小艇钓莲溪。但使心齐物，何愁物不齐。"⑥精神层面的自足已经取代了物质层面的享受，写意小园中的悠然自适已经超越了皇家园林中的狂欢极乐。至于《园庭》《归田》二诗中所写："杖乡从物外，养学事闲郊""樵隐恒同路，人禽或对巢""务农勤九穀，归来嘉一廛"⑦，他自己务农耕种，仿佛已经超然物外，要彻底成为一个如渊明般的田园隐士了。《秋日》诗云："苍茫望落景，羁旅对穷秋。赖有南园菊，残花足解愁。"⑧曾

---

① 庾信撰，倪璠注，许逸民点校：《庾子山集注》，中华书局1980年版，第943页。
② 关于陶渊明对中国文化及中国园林的影响，可参看韦凤娟《论陶渊明的境界及其所代表的文化模式》，载《文学遗产》1994年第2期；曹林娣《论中国文人园林的陶渊明情结》，载《中国民族建筑论文集》2004年6月。
③ 庾信撰，倪璠注，许逸民点校：《庾子山集注》，中华书局1980年版，第286、371页。
④ 同上书，第247页。
⑤ 郭庆藩撰，王孝鱼点校：《庄子集释·齐物论第二》，中华书局2012年版，第85页。
⑥ 庾信撰，倪璠注，许逸民点校：《庾子山集注》，中华书局1980年版，第292页。
⑦ 同上书，第278、279页。
⑧ 庾信撰，倪璠注，许逸民点校：《庾子山集注》，中华书局1980年版，第377页。

经的琼楼玉宇、流苏羽帐早已不是他的追求,现在一片残花就足以慰藉身心。他的《寒园即目》一诗专写自己的私家小园,其中无论是园林观感还是园林审美,都与《小园赋》完美契合:

> 寒园星散居,摇落小村墟。游仙半壁画,隐士一床书。子月泉心动,阳爻地气舒。雪花深数尺,冰床厚尺余。苍鹰斜望雉,白鹭下看鱼。更想东都外,羣公别二疏。①

可以看到,庾信入北以后,"桃花源"给予他的精神自适与自足,取代了"金谷园"给他的单纯物质享受和视觉刺激,他的园林审美理想由"显"到"隐",得到了彻底地改变与升华。如果用庾信自己的诗句来概括他由南入北园林审美理想的变迁,那就是"连云虽有阁,终欲想江湖"(《预麟趾殿校书和刘仪同》)②,庾信在"魏阙"与"江海"之间做出了最终的抉择。

在中国文化中,石崇的"金谷园"与陶潜的"桃花源"几乎代表了两个极端的园林审美观,而这两种园林观却由于庾信的特殊经历,出现在他前后两个不同的时期,且发生了明显地改变和迁移。其中缘由,当然有庾信人生经历导致他各方面改变的原因,但还有三个原因也应指出。其一,庾信的思想大体以儒家为主,但又在一定程度上受到释、道两家的浸染。他这种三教杂糅的思想,为他园林审美理想由"显"到"隐"的变迁奠定了基础;其二,受到时代美学思潮的影响,当时出现了园林小园化、小园精品化的造园趋势。这种造园趋势或多或少地对庾信移情"小园"的园林审美观产生了影响;其三,庾信是一个相当复杂的作家,有着多元的美学趣尚和美学追求,即使是在他被批判为"夸目"、"荡心"的前期作品中,也还存在着对清秀峻洁之句的爱恋。如其《明月山铭》、《至仁山铭》中"竹窗标岳,四面临虚。山危檐迥,叶落窗疏。看椽有笛,对树无风。风生石洞,云出山根""真花暂落,画树长春。横石临砌,飞檐枕岭。壁绕藤苗,窗衔竹影。菊落秋潭,桐疏寒井。仁者可乐,将由爱静"③等句,所写景色如同后世江南小园一样清新秀丽、温婉可人。由此可知,庾信前后两期的审美情感并非是突变式的、一蹴而就的,而是在其前期就有了基础和伏笔。这种萌芽于庾信前期的美学追求,经

---

① 庾信撰,倪璠注,许逸民点校:《庾子山集注》,中华书局 1980 年版,281 页
② 同上书,第 266 页。
③ 同上书,第 700、701 页。

后世人生大变等多种因素的共同影响,终于逐渐显露成长,逐步发展为他后期"桃花源"般园林审美的至上理想。庾信后期的这种崇尚自然写意、追求精神满足的园林审美观对后世私家园林的审美旨趣影响颇大。我国历史上第一个文人造园家白居易就非常推崇庾信后期的园林审美理想,其《小宅》诗云:

> 小宅里闾接,疏篱鸡犬通。渠分南巷水,窗借北家风。庾信园殊小,陶潜屋不丰。何劳问宽窄,宽窄在心中。①

白居易"何劳问宽窄,宽窄在心中"的园林观,代表了唐代及后世文人园林基本的审美倾向。在这种园林审美倾向的发展定型过程中,庾信的园林理想无疑有着极大的影响力。

三、结　　语

庾信作为拥有过南、北两地不同的园林观感与体验;见识过皇家园林与私家园林不同的园林风貌与审美追求;历经过南北朝大园到小园审美意识嬗变过程的典型文人,他前后不同时期的园林审美观,及其由南入北园林审美理想的变迁具有相当的典型性和代表性。郭明友先生曾提出中国传统园林艺术的审美内涵可以细分为视觉美、生态美、文化美、情感美四个层次,并认为情感美是古典园林审美意涵的最高层次。② 庾信前后期园林审美变迁的过程,即展现了园林审美由视觉美到情感美的转变,这表明我国古典园林在隋前就有了极高远的审美追求。此外,庾信园林物质审美层面与精神自足层面发生的变迁,在一定意义上揭示了我国古典园林由写实到写意的发展过程,体现了我国古典园林"本于自然、高于自然"的抒情性本质。后期庾信诗文中,尤其是《小园赋》中所展现的园林审美理想,上承陶渊明"归园田居"的质朴隐逸,下启后世文人园林"写意小园"的简远疏朗。这种"写意小园"园林审美范式与"连云虽有阁,终欲想江湖"园林审美理想的建构,对我国古典园林、特别是文人私家园林的影响极其深远。

---

① 白居易撰,顾学颉点校:《白居易集》第三册,中华书局 1999 年版,第 731—732 页。
② 郭明友:《论中国传统园林艺术审美的四层意涵与解读方法》,《苏州教育学院学报》2017 年第 2 期。

艺术评论

"德"对"美"的疏离

——影片《百鸟朝凤》的悲剧性论析

徐大威*

（辽宁师范大学文学院　辽宁大连 116081）

摘　要： 影片《百鸟朝凤》以其反讽结构揭示了传统艺术消亡与匠人文化权力欲望之间的矛盾，指出中国传统艺术不是死于时代，而是死于老艺术家所固守的"规矩"，从而在根本上缺失了开拓创新的艺术精神。这种艺术精神缺失背后所揭示的是中国传统文化中根深蒂固的"德"对"美"的疏离而导致了艺术的异化与死亡，这正是影片的悲剧性之所在。

关键词：《百鸟朝凤》　文化权力欲望　德对美的疏离　艺术的异化

影片《百鸟朝凤》讲述的是两代唢呐匠固守传统、力图挽救唢呐艺术的悲剧故事。其悲剧性是通过反讽结构而得以实现的。"反讽"（Irony），指文学艺术语言的深层意义与表层意义之间的矛盾与对立。反讽最鲜明的美学特征，即"所言非所指"，也就是一个文学艺术语言的实际内涵与它的表面意义相互矛盾。反讽的巧妙运用，能够生成强烈的讽刺性、悲剧性的审美艺术效应。

反讽可有多种表现形态，如夸大陈述、正话反说、悖论等等。《百鸟朝凤》的悲剧结构似可称之为是"乐景写哀"式的反讽，即用温情的、喜庆的方式来讲述悲剧、来讽刺，其审美效果能"增其一倍哀乐"、强化影片的悲剧性。以片名《百鸟朝凤》为例，其本身即是一个"乐景写哀"式的反讽。这首本是传统的婚庆仪式上吹奏的喜庆的曲目，在影片中成为了"大哀"之曲，喻示着影片中的某

　＊　徐大威（1982—　），黑龙江呼兰人，文学博士，辽宁师范大学文学院文艺学硕士研究生导师，主要从事文艺学基本理论研究。

种悲剧性。从字面义来看,"凤",是古代神话传说中的百鸟之王,在政治文化语境中引申喻指为君主行圣明之治而天下依附,或喻指德高望重者众望所归,乃吉祥的象征。在影片中,"凤"则喻指在传统仪礼中具有崇高地位的唢呐艺术,在现代文明中产生了难以为继的悲剧命运。

有网友在豆瓣上评论:"编剧和导演的音乐素养极差,首先将《百鸟朝凤》定义为'大哀'曲目就让人瞠目结舌,这是一首绝对经典的喜庆曲目,常在传统婚礼上吹奏,有吉祥如意、幸福美满的寓意,结果《百鸟朝凤》在影片中变成了丧礼专用曲目。这种明显的硬伤使得影片效果大打折扣,让人几乎无法接受。"①——其在思维方式上将艺术世界与现实世界等同起来,没有洞见到艺术的深层喻旨,所论不免流于经验主义而失之于武断。除片名之外,影片的温情叙事、桃花源式的写意场景布置、矛盾冲突的淡化处理等等,无不体现出"乐景写哀"的反讽特点。

要而言之,《百鸟朝凤》的反讽结构具体体现为"由文化冲突(外部)而导致的传统艺术难以为继"——这一表层意义,与"匠人(内部、自身)对文化权力的贪恋"这一深层意义的矛盾与对立上。影片反讽的悲剧结构无疑具有讽刺、启蒙的艺术力量。

一、表层意义:传统艺术难以为继

唢呐在中国传统婚庆典礼、丧葬等重要仪式上具有非常神圣的意义。唢呐匠人亦享有很高的社会地位、德高望重,会吹唢呐"是一种荣耀",备受人们的尊重和敬仰。《百鸟朝凤》是唢呐艺术中的最高级曲目,只有在最德高望重的人的祭奠仪式上才可以使用,普通百姓是不能享用的。正如焦三娘所描述的:"一般人家过事"只吹四台,而"场面大、气势大","一般人家请不起"的是八台,最高档次的则是《百鸟朝凤》。焦三爷曾在肖老师的祭奠仪式上吹奏《百鸟朝凤》——据大庄叔描述:"肖老师的亲戚、学生,那跪得是黑压压一大片!"

然而,唢呐作为传统宝贵的艺术遗产,似乎在现代市场经济、文化的冲击下,得到不人民大众的认同与需要,难以为继、难以生存了。——"我才不当唢

---

① 《百鸟朝凤》这首喜庆曲目就是这部电影的硬伤 https://movie.douban.com/review/7911692/。

呐匠呐","剃头的、唱戏的、呜哩哇啦送葬的,有啥出息?"蓝玉和妹妹劝天鸣不要再吹唢呐而是一起打工:"在省城打工总比在农村吹唢呐强!""世道都变成啥样了,你还死守着那玩意儿,连饭钱都赚不回来。"长生在婚礼上叫停天鸣的吹奏:"别他妈太当回事了,随便吹吹就得了。"天鸣娘埋怨天鸣坚守唢呐饭碗:"你也出去打工吧……"一时间,唢呐匠人的"魂"似乎丢了。

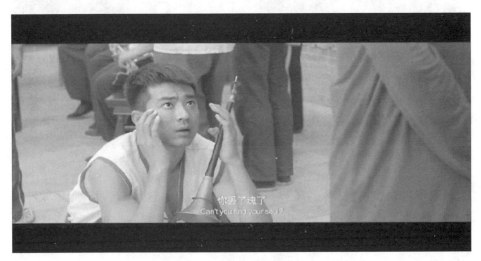

图 3　唢呐匠人失魂

面对现代化社会的多元变化,传统艺术很难适应、无所适从。现代的新式婚礼、葬礼仪式均用西洋乐器来演奏、用现代歌舞来表演。天鸣无奈地叹息:"这几个月,无双镇死了十几个人,还有七八家办喜事,请的全是洋乐队,没有一家来请唢呐。"这直接导致唢呐匠人面临着失业的危机,钱赚得越来越少,唢呐匠人纷纷外出打工。影片特地设置了一场火爆的"传统艺术"与"现代西洋艺术"的文化冲突:

唢呐匠和洋乐队斗气、最终双方动手打了起来,唢呐都被踩踏碎了。焦三爷、天鸣等唢呐匠人有如中世纪的堂·吉诃德,面临着文化认同上的危机,他们不知道出路在哪里,无法回到过去的美好时代,"焦家班的消失,游家班的难以为继,在师父和师兄弟的眼里留下了无限的悲凉和无奈"。唢呐艺术之崇高褪尽了,天鸣爹骂天鸣:"你还留着这些破玩意儿有啥用","这人都没了,你还吹个啥呀!"焦三爷愤怒地骂天鸣:"游家班散伙了、垮台了,有活也不接了! 从今往后,无双镇没有游家班了,游家班死了、绝种了!"

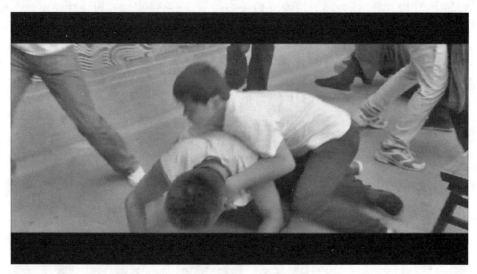

图4 火爆的冲突场面

很多观众看完《百鸟朝凤》后，都为老一辈艺人含辛茹苦传承没落艺术的故事而"怜悯"流泪了。然而这种流泪仅仅是"怜悯"、"同情"甚至是"可怜"，而非那种"痛心疾首"的悲剧感，换言之，悲剧性的情感效应并不十分强烈。对比一下原小说，焦三爷并没有死，也不得不进城打工了。如果同样处理、同样讲述，那么影片的悲剧性无疑会更强。然而影片醉翁之意不在酒，时代的冲突、文化的外部冲突只是影片的表面意义，它似乎旨在唤醒观众的理性反思。

二、深层意义：匠人对文化权力的贪恋

跳出怜悯、同情、可怜的情感，我们稍微客观冷静地体察一下即可知，整部影片《百鸟朝凤》从始至终都没有完整地展示唢呐的艺术美。最高级的艺术品《百鸟朝凤》也只是捕风捉影地吹了几秒钟，《绣金匾》也只有几秒钟。这意味着什么？这意味着，影片不是以呈现艺术、呈现美为目的的，影片在艺术名下试图揭示一种匠人的劣根性——"文化权力欲望结构"。影片不是让观众喜怒哀乐、痛哭流涕，而是让观众理性地思考，使之得到精神上的启蒙。

影片解构了老艺术家们的神圣性、崇高性，解构了老艺术家们的诸种江湖

"规矩",尤其是解构了唢呐匠人的"文化权力欲望"迷恋及其"伪善"问题。焦三爷与其说是迷恋、醉心于唢呐艺术,不如说迷恋、醉心于自己的地位和权力,或者说怀念自己往昔的"权威"、"德高望重"。《百鸟朝凤》中有一个最让人所无法忍受的"虚伪"之处,即"规矩",这个词几次从焦三爷口里说出来。焦三爷认为不是唢呐艺术本身、而是"规矩"才代表着唢呐的传承,那么,他眼里、村民们眼里的"规矩"是什么呢?

首先,"规矩"是可以躺在太师椅上享受来访者膜拜的文化权力欲望:

图5　焦三爷神气地坐在太师椅上

当天鸣爹带着天鸣、并让其给焦三爷磕头拜师时,焦三爷神气地躺在太师椅上说:"磕头? 磕啥头? 这个头可不是谁都能磕的",天鸣爹哀求道:"焦师父,求求你,把娃收了吧!"焦三爷高傲地回应:"他……不是吹唢呐的料","唢呐匠的规矩你知道,十三是个坎啊!"当蓝玉父亲对焦师父说:"三爷,恳请您老就收下蓝玉吧"时,焦三爷也是故作高深,不紧不慢地说:"留下试试吧,——不行了,——你再——把他领回去!"

其次,"规矩"是在红白喜事上被推尊上位的荣耀,是要让人三叩九拜行"接师礼"之后才可吹的:

焦三爷对天鸣说:"从前出活的时候,唢呐匠坐在太师椅上,下面孝子贤孙跪倒一大片! 千感万谢的!"。当金庄的村长去世时,他的子孙后代跪倒、重金请求焦三爷吹《百鸟朝凤》时,焦三爷甚至都没有答应,还说"这不是钱的问题"。大庄叔描述火庄肖老师去世时听唢呐的场景:"肖老师的亲戚、学生,那跪得是黑压压一大片! 焦三爷坐在太师椅上,神气十足啊!"

图6　焦三爷追怀往日的得意场景

再次,"规矩"在村民眼中意味着光宗耀祖、那"十分荣耀"的事情:天鸣爹对天鸣说:"你知道我为啥让你去学吹唢呐的吗?""就是想让你学会吹《百鸟朝凤》!"天鸣爹对大庄叔夸耀说:"焦三爷正准备教天鸣吹《百鸟朝凤》呢!"大庄叔说:"那咱土庄可长脸了! 你游本盛也长脸了!""可我担心天鸣这娃娃有没有这福分啊!"后来天鸣当上了班主,天鸣爹急匆匆跑去告诉大庄叔:"以后焦家班改为游家班了!"大庄叔夸赞:"呦,那你们游家祖坟上该冒烟了。"天鸣爹得意地夸耀:"冒烟,不光冒烟,还得呼呼喷火呢还!"在焦家班班传声的那天,"我"说,所谓"传声",就是唢呐班班主确定接班人的仪式,它传的不仅是《百鸟朝凤》的演奏技巧,"更是一种荣耀"!

……

当时代变了,没人再肯高价请唢呐匠,甚至不再请唢呐匠的时候,焦三爷痛心疾首地说:"可现在,谁他娘的还把咱唢呐匠当回事儿啊!"——焦三爷不是怜惜艺术本身,而是痛惜自己的地位不再! 焦三爷不迷恋钱财,而迷恋"文化权力地位"。他对天鸣说"别总盯着那点票子,要多盯着手里的东西"时,天鸣说,"钱多钱少没关系","令人痛心的是,现在连接师礼都不行了!"——焦三爷无奈而痛惜地感叹道:"没规矩了! 没规矩了!"

总之,全片看不到任何一个角色对唢呐的极端狂热的热爱、迷恋,从焦三爷、村民再到天鸣,他们所热爱、贪恋的全是由唢呐艺术带来的文化权力欲望。

图7　无奈感叹：没规矩了！

老艺术家们身上的这些"江湖习气"、劣根性,把"规矩"和"传统"当成了享受文化权力欲望的工具。唢呐之在根本上作为"追求美"的艺术便由此而异化为作为唢呐匠追求"文化权力欲望"的工具了,焉能不没落、不悲剧? 由此可见,唢呐不是死于(外在的)时代冲突,而是死于这些老艺人(内在的)自身的"规矩"手上。因迷恋、贪享、固守于各种"文化权力"规矩,导致了匠人在根本上缺失了开拓创新的艺术精神。所谓"开拓创新的艺术精神",有两层含义:一是指不固步自封,不墨守陈规、因陈相袭;二是指要追求、创造"美的艺术"。

在此我们不妨借用康德关于"艺术与天才"的理论来做进一步的理解。康德在《论美的艺术》一文对"一般的艺术"("匠人的艺术境界")与"美的艺术"("天才的艺术境界")作出了区分。在康德看来,"匠人的艺术境界"即固守、墨守陈规式地去继承传统艺术遗产,同时在创作目的上是以表现"自我"为目的的,因此它只是"一般的艺术",而不能够达到最高的艺术境界。最高的艺术境界就是"美的艺术"。美的艺术的特点是艺术家要去除任何现实的功利心、意图,而要以"创造美"、"表现美"为目的,除此之外不能有任何别的目的。曹雪芹一生贫困潦倒,"举家食粥酒常赊",他写《红楼梦》不是为了吃、穿、赚钱、飞黄腾达,而就是为了表达美、创造美,讲述他自己对现实人生的独特的审美理解与感悟。虽然在匠人的手艺活、手工艺品里面已经包含有美的艺术了,但是匠人还不是为了表现美,而是为了显示"自己"的手艺,是以表现"自我"、"自我的欲望"为目的的,这正如焦三爷对天鸣说:"唢呐不是吹给别人听的,是吹给自己听的。"

就师父的艺术境界而言,焦三爷只是为了固守这份祖先传下来的手艺,影片反反复复强调的只是焦三爷的"传宗接代"式的理想:"我都快吹不动了……咱们这黄河岸上不能没有唢呐,唢呐必须要传承下去,不能断了种……天鸣你发誓,你必须要把唢呐传承下去……"同时,我们在影片当中几乎看不到任何焦三爷独特的艺术观念。就徒弟的艺术境界而言,天鸣只是为了光宗耀祖、满足自己父亲的愿望,后来则是为了满足师父的愿望。当蓝玉和妹妹要他留在城里一起奋斗时,天鸣无奈地说:"我跟师父发过誓的。"当焦三爷弥留之际要天鸣发誓必须要把唢呐艺术固守住时,天鸣低下头毫无自信地说:"师父,我试试吧。"

固守,意味着墨守陈规,不肯独创,不敢超越前人半步。以唢呐乐器本身为例,正所谓"工欲善其事,必先利其器",焦三爷所使用的唢呐,已经有几百年的历史了,一直沿袭而缺少革新,焦三爷向徒弟们夸耀自己的"宝贝":"这是大清朝道光年间的唢呐,是我师父的太爷传下来的,有几百年了,八百里秦川恐怕是找不出第二支""这支只能演奏百鸟朝凤的最贵重唢呐,已经有五六代人用过了""这是我师爷的师爷传给我的,有二三百年的历史了"……唢呐匠人视野非常闭塞,当看到西洋乐器时非常惊叹:"长号那么长!乐器这么复杂!"焦三爷在临终前似乎有所觉悟,他让天鸣帮他卖牛,想为天鸣置办一套"新家伙"。

固守,还意味着艺术创造远离、脱离现实人生的精神需求。影片中有一个诗情画意般的场景:焦三爷教两位徒弟在树林子听、学吹奏鸟叫。唢呐匠人沉湎于"世外桃源"的美好幻景中,而不去表现、创造现实人生。《百鸟朝凤》乐曲的应用范围极为狭窄,只能用在白事上,受用的人要口碑极好才行,一般的人是不配享用的。唢呐艺术就像是焦三爷的陈年老"酒",在地窖里珍藏了二十年,不接地气、远离现实人生。

在康德看来,匠人的技术只属于"机械的艺术",这种技术可以临摹、复制、重复。而"美的艺术"作为天才的独创,则需要超越技术层面,而传达出某种独创的审美效果。康德强调:"天才就是:一个主体在他的认识诸机能的自由运用里表现着他的天赋才能的典范式的独创性"[1],其在《实用人类学》中又讲:

---

[1] Immanuel Kant, *Critique of Judgement*, 1987, pp. 174,186.

"发明的才能就叫做天才。……一个人的天才就是'才能的典范式的独创性'"①。艺术传承要呼唤天才式的创造,即要打破旧有的规则,大胆进行艺术革新、艺术独创。对比一下,作为同样是式微的传统艺术遗产——相声,郭德纲便能够带领德云社开创新的艺术天地,他对待新的喜剧形式不但不排斥,还更加包容,各种形式在表演中交汇融合,既不丢弃相声本体,又能海纳百川、包罗万象,从而使相声在新时代开拓了新的艺术境界。

三、艺术的异化与死亡:
"德"对"美"的疏离

这种"开拓创新艺术精神"缺失的本质在于,中国传统文化中根深蒂固的"德"对"美"的疏离而导致了艺术的异化与死亡,这正是影片的悲剧性之所在。

中国传统文化的"道德"观过于强调了道德对于艺术创造的压倒性意义。焦三爷说:"我传授弟子《百鸟朝凤》,不单是看他唢呐吹得多好",还要人品好,有道德,要"人品和艺品"德艺双馨,尤其首要的是要有"德"。有了"德"甚至徒弟资质一般也可以传承,乃至一脉单传。

图8 不单看他唢呐吹得多好

---

① ［德］康德:《实用人类学》,重庆出版社1987年版,第118页。

  影片饶有趣味地为焦三爷设置了两个徒弟：天鸣（"德"）与蓝玉（"美"），而以焦三爷传声天鸣（"德"）而疏离蓝玉（"美"）为结局（这部影片的人物形象、人物性格极为单一、缺少变化，是符号化、象征化的，似乎是影片的有意为之）。

  先看天鸣（"德"）。天鸣本来不愿学唢呐，是"父亲强迫儿子来圆他的梦"。而焦三爷本来也不肯收天鸣为徒，因为天鸣的气力不足——资质一般。（片中大庄叔也侧面提到了天鸣的资质一般："没想到天鸣这孩子还是块学唢呐的料！"）后来天鸣练了两个月的"吸水"功夫，把气力练足了之后，焦三爷方才正式教他唢呐。游家班开班后天鸣来看望师父，焦三爷问他："你知道为什么当初我肯收你为徒啊？""那是因为你把你爸扶起来的时候，你掉的那滴眼泪！"——在传统艺术观念看来，资质并不重要，道德品质是第一位的。

你把他扶起来的时候 你掉的那滴眼泪
and you went over to help him up, you cried a little then.

图 9

  天鸣的唢呐学习完全是被动的，起先是为了父亲的梦想，然后是为了答应师父的誓言。他是个好孩子、好徒弟、好班主，但自始至终，观众都看不到他对唢呐狂热的喜爱，观众根本无法被这个角色的努力和坚持而感动，看到的只是一个具有传统美质的忠孝双全的好孩子。

  再看蓝玉（"美"）。蓝玉很聪明，资质远胜天鸣，"初次面试"就很顺利地通过了。其后，很快便跟着焦家班到处出活，"走遍了整个无双镇"，而天鸣则继续每天要练吸水、还要帮师娘下地干活。焦师傅很快便传授蓝玉唢呐技艺，而让天鸣大为伤心。然而蓝玉的道德品质与天鸣相比差了些。影片有两个细节侧面地对蓝玉的道德品质做出了展示。一个是在金庄查老爷子的葬礼上,蓝玉带着天鸣躲在柴垛后偷偷吸烟,还说"怕啥,来点一根!"当柴垛着火后,天鸣拼命寻找唢呐,蓝玉喊道:"别管唢呐了,快点跑吧!"另一个是在蓝玉成年之后,他对天鸣说:"后来我原谅师父了……我性子野,干啥都没长性,要是师父让我接班,那唢呐班子早他妈没了。"

正是因为道"德"标准第一、审"美"标准第二,所以焦三爷在传声天鸣后,疏离了蓝玉,——蓝玉对焦三爷哭诉:"师父,是我吹得不好吗?""天鸣没我吹得好,为什么他能学《百鸟朝凤》,我不能学?"——焦三爷对蓝玉说:"你吹得很好,你是我徒弟中悟性最好的一个!"然而"我们爷俩的缘分就到此为止了","快早点睡吧,明早天亮还要赶路呢!"

图 10

焦三爷抛开唢呐的审美艺术创造、抛开"美"——这一音乐的本质要素,而以某种传统封建道"德"(如忠、孝)——来对待艺术、来对待传承,明明蓝玉更有"天赋"(美),但焦三爷不愿意传授给他,而传给"好孩子"(德)天鸣,——这是对艺术最大的亵渎!这才是艺术异化与死亡的根本原因。天才艺术家与匠人应有所区别,为了追求艺术,他应该沉浸在艺术之中,除了对艺术的狂热喜爱之外而不能有其他任何目的。天鸣、蓝玉的勤奋学习,不是出于对于艺术本身的狂热迷恋，而是"道德"原因："那场大火让我和蓝玉深感愧悔，在以后跟师父学艺的日子里，我们用加倍的勤奋弥补过错。"

中国传统文化中根深蒂固的"德"对"美"的疏离，导致了、产生了各种具体的匠人的"规矩"，如艺术传承要"一脉单传"，"前几年焦三爷收了七八个徒弟，没有一个学会《百鸟朝凤》的"，"这倒不是因为它难学，而是听说一代弟子，只能传给一个人。这个人必须是天分高、德行好"，"父亲从小就梦想做一名唢呐匠，但没有师父肯收留他"……

艺术精神在于开拓创新，在于独创，而非因循守旧。影片中有一个讽刺性、象征性的场面描写：长生行旧式封建婚礼，天鸣问他："你咋这打扮？"长生说，"嗨！没办法，拗不过老人，我结婚爷爷奶奶非叫按旧社会的那套摆摆排场"，"也好让老人家过过眼瘾嘛！"——过过"眼瘾"——不正是对传统非遗艺术在当下境遇的传神写照吗？因循固守的匠人是传统艺术遗产的守尸鬼。艺术的创作与发展需要革新与开放，不能成为某种固定不变程式化的东西。单一的艺术手段及表现范围，有时可能会比较狭窄，如果把它们绝对化起来，便很容易造成自我封闭而走向程式化。当下很多的非遗艺术在传承过程中正面临这个问题。焦三爷临终前意识到了唢呐艺术的程式化问题，把所有积蓄拿给天鸣，嘱托他革新、突破传统唢呐艺术，便是对艺术发展的方法性反思。

论韩少功的劳动美学

赵志军*

（岭南师范学院中文系　广东湛江 524048）

摘　要：从《马桥词典》开始,韩少功在其创作中不断地赞扬农业劳动之美,这种对农业劳动的赞美在《山南水北》中达到顶峰。为什么韩少功如此赞美农业劳动? 这与他的消费主义问题意识有关。从上世纪九十年代开始,一种以极端个人主义和功利主义为内涵的消费主义开始在中国粉墨登场,这种消费主义崇尚享乐伦理,它与其他因素相结合,摧毁了人的精神和自然生态。作为对这种消费主义的应答,韩少功致力于挖掘农业劳动中的工作伦理和绿色意识,以应对消费主义带来的精神和自然生态的危机。

关键词：韩少功　劳动　消费主义

一、劳　动　之　美

在人们纷纷挤进都市争相享受工业消费社会提供的琳琅满目、流光溢彩的消费品的时候,韩少功却"意外"地退回汨罗乡下,成为土地上的业余劳动者。对于这一"意外",外界猜测这是他受"马桥事件"打击之后的一种消极的退让。而韩少功则说,这和"马桥事件"无关,而是他和夫人多年前内心愿望的实现,他们其实早就有了这一打算。从这一角度来看,表面的"意外"其实隐含着一种必然性,这一必然性就是韩少功对土地和农业劳动的眷恋和热爱。正是这种对土地和农业劳动的眷恋和热爱,使他一直以农村及其农民的生活作为他的主要表现对象。也正是这种对土地和农业劳动的眷恋和热爱,使他

---

* 作者简介：赵志军,复旦大学文学博士,岭南师范学院中文系教授,主要从事文艺学和美学研究。

从上世纪九十年代中期开始,用手中的笔赞美劳动者的劳动过程,而他本人最后也变成了土地上的业余农民。在《马桥词典》(1996)中,劳动中的农民兆矮子是舞星,而他的劳动过程则是舞蹈:"太阳出来了。太阳燃烧着大地上弥漫无边的雾气,给兆矮子全身镀上桔色的光辉。我特别记得,他挖土的动作很好看,……他的动作不可以以个而论,所有的动作其实就是一个,不可分解,一气呵成,形随意至,舒展流畅,简直是一曲无懈可击的舞蹈。他低着头,是桔色光雾中优雅而灿烂的舞星。"①在随后的《暗示》(2002)中,更有"劳动"一节专门描写武妹子们的劳动。武妹子们凭着其娴熟的技巧和默契的合作使劳动成为一种文学创作行为,无中生有地创作出一气呵成的精彩美文:"他们并没有分工的合计,一声不响地各行其是,这里敲敲,那里戳戳,这里咣当剧响,那里灰雾突起,让外人觉得简直混乱如麻。但砖块刚摆入位置,灰浆就送到了;灰浆刚抹完,木梁就架上了;木梁刚架完,檐条不知何时已无中生有;檐条刚钉好,茅草不知何时已蓄势待发。一点时间都没有浪费,任何工序都不曾耽搁。"②相对于那类对丰收的劳动成果进行赞美的美学,这是一种过程美学,劳动的过程就是一曲优美的舞蹈,就是一出文学创作,而劳动者也因此而成为"桔色光雾中优雅而灿烂的舞星"和"作家"。如果说,兆矮子的劳动是"单人舞",那么,武妹子他们的劳动则是"集体创作"。

这一对劳动的赞美在韩少功记录其业余农民生活的《山南水北》(2006)中达到顶峰:"坦白地说:我怀念劳动。""坦白地说:我看不起不劳动的人。"③劳动在这里被赋予了浪漫的色彩:"乡间空气清新自不待言,环境优美也自不待言。劳动对象和内容还往往多变,今天种地,明天打鱼,后天赶马或者采茶,决不会限于单一的工序。即使是种地,播种,锄草,杀虫,打枝,授粉,灌溉,收割等等,干起来决不拘于一种姿势,一种动作,一个关注点。"④

二、消费主义问题意识中的劳动美学

韩少功为什么如此赞美和崇尚农业劳动并最终成为土地上的劳动者? 这

---

① 韩少功:《马桥词典》,作家出版社 1996 年版,第 311 页。
② 韩少功:《暗示》,人民文学出版社 2002 年版,第 167 页。
③ 韩少功:《山南水北》,作家出版社 2006 年版,第 36 页。
④ 同上书,第 175—176 页。

和他上世纪九十年代逐渐形成的消费主义问题意识密切相关。如果我们仔细考察韩少功的创作历程,就会发现一个明显的事实,那就是,七十年代末和八十年代初的韩少功和九十年代中期以后的韩少功的文学创作都将农民及其劳动作为主要的表现对象。然而,在韩少功七十年代末和八十年代初的作品中,我们并未发现他对劳动过程的赞美。为什么都是以农民及其劳动作为主要的表现对象,七十年代末和八十年代初的韩少功和九十年代中期以后的韩少功对劳动的态度存在着这样一种差异呢?我认为这和韩少功的问题意识变化有着直接的关系。纵观韩少功的创作历程,我们可以说,韩少功是一个问题意识极强的作家,他的作品都是为了回应现实中重大问题而创作的。这些问题分别是七十年代末至八十年代初的政治问题,八十年代中期的文化选择问题,以及九十年代以后的消费主义文化问题。在此,我主要讨论与本论题密切相关的七十年代末至八十年代初的政治问题以及九十年代以后的消费主义文化问题。

对于具有人道主义情怀的韩少功及其同时代的大多数作家来说,七十年代末至八十年代初的农村问题主要是政治问题,即由于极"左"的政治路线导致农民虽然投入大量的劳动,但却收获有限,甚至遭遇贫困问题。这一问题意识促使韩少功创作了《吴四老倌》《月兰》《西望茅草地》等优秀的问题小说,这些问题小说旨在揭示违背农业生产规律的极"左"路线给农业生产和农民生活带来的伤害。对于那个时候的韩少功来说,只要摆脱极"左"思潮和路线,一切问题都会迎刃而解。在这一问题意识中,劳动是体现一个人的价值的最好方式,农民之所以没有顺利实现劳动致富,原因不在于劳动本身,而在于违背农业生产规律的极"左"思潮和路线本身。那是一个劳动光荣,以工作伦理和责任伦理作为主导价值的时代,人们尊重劳动模范,以劳动评价人是天经地义的事情,不存在什么问题。因此他并没有特意描写劳动过程及其劳动之美,因为这些对他来说都不是什么问题,因而都不在那个时候的他的问题意识之中。

进入九十年代以后,旧的问题虽然消失了,新的问题又开始出现了。对于韩少功来说,这一新的问题就是工业消费社会中消费主义所带来的种种问题。随着改革开放的深入,西方文化工业产品随之大举进入中国,蕴含其中的西方工业消费社会的消费主义观念开始在中国泛滥。而此时的中国,工业化和城市化刚刚开始,人们虽已基本解决了温饱问题,但离富裕还颇有一段距离。而且,中国的基本国情是人口多,资源总量有限。如果中国人都以西方工业消费社会中的消费主义观念来规划个人的生活，那么，所面临的自然生态和精神生态压力可想而知。身在特区，且下过海，切身体会到消费主义观念对自然生态和精神生态腐蚀的韩少功很早就意识到这一问题，并很快从商海中抽身而出，重新投入文学创作，以回应这一十分紧迫的现实问题。

与传统社会奉行的工作和责任伦理相比，西方消费主义社会奉行的是享乐和后责任伦理。在吉尔·利波维茨基看来，西方二十世纪后半叶形成的消费社会是后责任社会，这一社会伦理文化中的最引人注目的特点是人类社会第一次对神圣的戒律的矫饰和废除，而对人们现时的欲望、自我意识的萌动以及人们的物质和精神享受则给予了鼓励。这是一个重个人享受甚于社会责任的后责任及后道德的社会，"它不再颂扬摩尼教完善的清规戒律，却转而对享乐、情欲和自由大加赞誉；它发自内心地不再接受最高纲领主义预言，只相信伦理界的无痛原则"①。对于传统的工作和责任伦理来说，消费社会的后责任享乐伦理是历史的掘墓人，"广告和信贷导致了消费品和娱乐业的膨胀，需求带动下的资本主义放弃了圣化理想，这样有助于人们懂得享乐和追求个人幸福。于是一个新的文明建立起来了，它不再致力于压抑人们的情欲，反而是怂恿并使之无罪化，于是要及时行乐，而结果便是由'我、肉体和舒适'构建起来的殿堂成为后道德时代新的耶路撒冷"②。由此可知，西方消费社会的享乐和后责任、后道德伦理的核心是及时行乐，而所谓的及时行乐无非是追求个人欲望的即时满足。这种没有任何精神内涵的个人主义和消费主义首先摧毁了人们内在的精神生态，然后进一步破坏了外在的自然生态。

韩少功最初是在自身的经历中切身体会到这种没有精神内涵的个人主义和消费主义观念对人心的腐蚀的。他发现，从八十年代中后期开始，在一些地方，思想解放、思想启蒙已被理解成个人私欲的解放："人性"被狭隘地理解为"欲望"，"欲望的满足"又被狭隘地理解成"经济发展"……而在此背景下一种扭曲的"个人利益最大化"观念则导致了权力寻租等现象。韩少功发现，有的人援引西方后现代的"怎么都行"为自己的逐利行为辩护，"唯一不行的，就是反对怎么都行之行"③。韩少功发现，"在批判'文革'中重建起来的社会公正及其道德标准再次受到新的威胁。到九十年代前期，连'道德'、'精神'、'理

---

① ［法］吉尔·利波维茨基：《责任的落寞》，中国人民大学出版社 2007 年版，第 5 页。
② 同上书，第 37 页。
③ 韩少功：《海念》，海南出版社 1995 年版，第 143 页。

想'这些词在文学界都几成人民公敌"①。其结果是,在西方语境中带有个人独立性、精神自由和创造等内涵的个人主义在中国很快变成了极端的利己主义,这种极端利己主义只有个人的肉体欲望,却没有个人的尊严、创造、道德操守等精神因素。人们纷纷投身于毫无操守可言的商海之中,一度出现全民皆商的局面,甚至连曾经自命反叛、独立的先锋作家也经受不住诱惑,怀着对金钱的渴望与崇拜,下海当资本家去了。韩少功也在这个时候下海了(南下海南),但不是怀着对金钱的渴望与崇拜,而是怀着梦想和理想。他和文学界同仁办了一份名为《海南纪实》的杂志,由于杂志太成功,太赚钱,在利益面前,曾经的同仁也分化了。韩少功发现,自命精英,从事精神创造的知识人在金钱面前失态了,原来受公有制约束的欲望突然释放,彻底淹没了这些人在内地沙龙里、笔会上、主席台上的人格面貌。韩少功深有感触地说:"我们的团队本来是个同仁群体,人与人之间关系很平等、很随意,但有了钱以后马上发生微妙变化,权力与利益成了有些朋友不择手段争夺的东西。"②韩少功认为,这是一个极其严重的现实问题。在上世纪九十年代的中国,人们急不可耐地投入金钱的怀抱之中。

消费主义迅速漫延到社会各个阶层,连底层劳动者都不能幸免。随着西方文化工业产品的流行,西方文化工业产品中的消费主义观念和生活方式开始了对中国人的"文化殖民"。韩少功发现,作为消费主义榜样的西方影视明星正在成为人们崇拜的偶像,他们的消费主义生活方式正在被复制和模仿。然而,从现实角度看,我国是发展中国家,更需要的是以劳动精神为内核的工作伦理,但不幸的是,受消费主义文化的影响,在九十年代的中国,"工人不安心于工,农民不安心于农,学者不安心于学,政治家不安心于政……不光是作家,官员、教授、医生、和尚、科学家也一样'心不在焉',条条大路通世俗,条条大路通享乐"③。在《马桥词典》中,劳动能手兆矮子(兆青)的儿子魁元居然不愿意在工地里劳动,并且以懒自豪,这种词义的蜕变令韩少功大为吃惊:"我所憎恶的'懒'字,在他们那里已成了一枚勋章,被他们竞相抢夺,争着往自己胸前佩戴。我正在指责的怠惰,在他们那里早已成为潇洒、舒适、有面子、有本事

---

① 韩少功,王尧:《韩少功王尧对话录》,苏州大学出版社 2003 年版,第 52 页。
② 同上书,第 75 页。
③ 同上书,第 67 页。

的同义语，被他们两眼发亮地向往和追慕。"①看到年轻人无意于读书、工作，韩少功痛心地写道："当我看到很多无意读书、不会打工的青少年却掀起了喝洋酒的热潮，掀起考'本'学车的热潮，就不免觉得流行文化的符号剥削与符号压迫有点酷，即残酷——因为这几乎是一种符号致残事故，因为他们中的很大一部分，根本不可能拥有自己的车，连就业都不够资格。更要命的是，中国的土地和能源状况也永远不可能承受美国式的汽车消费。"②这种文化殖民的结果是人们迅速地抛弃工作伦理，转而信奉享乐伦理，每一个人都不想付出，都不想踏踏实实地工作，都幻想着一夜暴富，以满足日益膨胀的贪欲。

在韩少功看来，消费主义不仅摧毁了人的精神生态，它还将进一步摧毁人类赖以生存的自然生态。贪欲不仅吞噬了人的心灵，并且最终将吞噬整个宇宙。在一场题为《一个人本主义者的生态观》的演讲中，他认为某些利益群体的联盟固然是森林毁坏的直接原因，但每个精神生态失衡，追求所谓高档消费的消费者其实都是帮凶。以月饼的豪华包装为例，不知道要浪费多少纸张。虽然月饼还是那个月饼，并未多出什么营养价值，"但我们的愚昧和虚荣，支撑了广告业和包装业的畸形扩张，使千吨万吨的纸浆因为中秋节而无谓消费，对森林构成了巨大的威胁"。韩少功因此认为，"从这个意义来看，我们建设绿色的生态环境，实现一种绿色的消费，首先要有绿色的心理，尽可能克服我们人类自身的某些精神弱点"③。

面对消费主义的享乐伦理所带来的这些问题，在观念层面上，韩少功选择了工作和责任伦理，因此才有前述对劳动的赞美和对消费社会存在的种种问题的分析与抨击；而在生活方式层面上，他选择了朴素、环保、健康的生活方式，由此，他回归乡村，成了土地上的劳动者。

三、为什么是农业劳动而不是工业劳动

按理说，工业社会中的工业劳动也可以体现工作伦理（例如韦伯笔下的清教时期的资本主义工业社会，还有苏联的工业社会），但韩少功赞美的是农业

---

① 韩少功：《马桥词典》，作家出版社 1996 年版，第 334 页。
② 韩少功：《性而上的迷失》，山东文艺出版社 2001 年版，第 210 页。
③ 韩少功：《大题小作》，人民文学出版社 2008 年版，第 96 页。

劳动,而不是工业劳动,他最终变成的是农业劳动者而不是工业劳动者,原因何在? 在我看来,原因有二:一是资本主义工业社会催生了消费主义,消费主义是资本主义工业社会的孪生子;二是工业彻底改变了自然和人类的生命形态。

我们先讨论工业和消费主义的关系。在《哪一种"大众"?》一文中,韩少功将工业与消费社会并称为工业消费社会,说明他十分清楚二者的内在因果关系,只是没有点明罢了。在韩少功的作品中,我们可以清理出这样的内在逻辑,消费主义是资本主义工业社会的孪生子,工业社会必然催生消费主义,而消费主义最终必然摧毁精神生态和自然生态。

为什么说消费主义是资本主义工业社会的孪生子呢? 我们不妨从丹尼尔·贝尔的观点出发展开讨论。他认为:"资产阶级社会与众不同的特征是,它所满足的不是需要,而是欲求。欲求超过了生理本能,进入心理层次,它因而是无限的要求。"[①]这说明,资本主义工业生产的心理基础是人为制造的心理欲求,而不是自然的生理需求。一般来说,人们天生的自然生理需求是可以满足的。如果人们只满足于自然的生理需求,那么,以追逐最大利润为目标的资本家显然无法获得更大的利润。因此,为了获得更大的利润,资本家必须通过广告、流行文化等文化符号来推销消费主义观念,不断地制造人们的新的心理欲求,使人们不再满足于自然的生理需求,使人们从满足有限的自然生理需求的物质消费转向追逐永远无法满足的人为制造的心理需求的符号消费。基于此,韩少功认为:"人的生理需求可以满足,但心理需求是无底洞;物质消费虽然有限,但符号消费完全无限。……所谓名牌消费,就是符号消费,常常与人的生理需求相关甚少。"[②]他发现,正是基于消费社会的这种心理逻辑,工业消费社会通过媒体有目的地、人为地制造人们的贫困感,使本来满足于人的自然生理需求的人们也时时刻刻觉得自己是贫困的,然后产生并追逐新的心理欲求。其结果是,消费社会的文化符号不仅最终改变了人的心理,甚至改变了人的生理,从而彻底地控制了人。以可口可乐为例,正是依据这一消费文化逻辑,可口可乐通过其广告形象对中国消费者们进行了成功的"洗脑"、"换嘴",使他们爱上了可口可乐。这种消费文化的符号生产将人们引上呈加速运行的

---

① [美]丹尼尔·贝尔:《资本主义文化矛盾》,三联书店 1992 年版,第 68 页。
② 韩少功,王尧:《韩少功王尧对话录》,苏州大学出版社 2003 年版,第 109 页。

无止境的心理欲求消费的快车上,在这趟无法停止的快车上,人们相互攀比,制造出一个个要吞噬整个宇宙的大嘴巴,人的心理世界只剩下了无穷的贪欲,精神生态就这样被工业消费社会劣质的文化符号摧毁了。

更为严重的是,文化工业的符号生产必须有物质依托,工业消费社会高档文化符号总是建立在大多数人无法得到的稀缺的物质资源上。因此,工业消费社会劣质的文化符号总是将人们无限的心理需求指向有限的物质资源,结果是,人们的符号消费并不满足于文化符号本身,而是符号化了的稀有的物质产品,因为只有这样才能显示他的身份、地位、权力。这种心理需求才是真正的无底洞,因为它是建立在比较之上,如果大家都有一件黄金饰品,你必须有两件,三件,或者其他比黄金更稀有的饰品,才能显示你的身份、地位、权力。这势必造成自然环境的破坏,人类赖于生存的很多动植物和矿物资源因此而从地球上消失了,人们健康生活必不可少的干净的水源、空气、阳光也被污染了。

当然,以大多数人的实际购买力来说,追逐这种由消费文化符号制造的无限的心理欲求是不可能的。如果人们都量入为出,按实际购买力来消费,商人们快速暴富的愿望就很难实现。为了能够在尽可能短的时间内获得尽可能多的利润,工业消费社会设计出了现代的信贷体系,这种信贷体系鼓励人们超前消费,提前预支未来的幸福,以满足眼前的贪欲。但这无异于饮鸩止渴,例如美国次贷危机所造成的全球金融海啸显示出了工业消费社会的消费主义的巨大破坏力和危害性。

对于韩少功来说,由于中国人口众多,人均资源占有量少,这种美国式的高消费高耗能的现代化之路是行不通的,因此,我们应该走一条低物耗的现代化之路,建设一种低消费但高质量的生活。如果我们真的能走出这样一条现代化之路,那才是对世界的一大贡献。当然,这种低物耗、低消费但高质量的现代化之路目前还没有现成答案,但韩少功认为,我们完全可以从国情和传统出发进行探索。从中国国情看,我国依然是农业大国,农业人口所占比例极大。从传统方面看,中国古代的农业社会的伦理资源也有可借鉴之处。中国古代无论是儒家、道家,还是佛家,都主张对人为制造的心理欲求的克制。这种克制其实都有其现实和生态的依据。以宋儒为例,宋儒之所以提倡"存天理,灭人欲"这一伦理原则其实是为了应对现实的生态和人口压力。宋代像开封这样的大都市人口上百万,而城市市民又有追逐人为制造的心理欲求的消费主义和享乐主义倾向,宋儒因此有针对性地提出"存天理,灭人欲"的主张。现代人望文生义,认为这种提法是有违人道的禁欲主义。在韩少功看来这实在是制造冤假错案:"批判宋代以来的'存天理,灭人欲',几乎是'五四'以来知识界的共识,其实是制造了一大假案。程颐有过明确的解释:'天理'是什么? 是'奉养',即人的正常享受;'人欲'是什么? 是'人欲之过',即过分的贪欲。所以整句话的意思是'存正常享受,灭过分贪欲。'孔子说'惠而不费'、'欲而不贪',也是这个意思,其实没什么大错。新派文人们望文生义,把它理解为一味禁欲,自然就十恶不赦了。"①确实,宋儒所反对的不是人的自然生理需求的正常满足和享受,而是反对追逐人为制造的贪欲。在宋儒那里,天理就是人的自然生理需求的正常满足和享受,人欲即人为制造的贪欲。这是一种较为普遍的共识,并非程颐独家观点。对这一问题,朱熹比程颐说得更清楚:"问饥食渴饮,夏葛冬裘,何以谓之天职? 曰:这是天教我如此。饥便食,渴便饮,只得顾他。穷口腹之欲便不是。盖天只是饥则食,渴则饮,何曾教我穷口腹之欲?"②"问饮食之间,熟为天理,熟为人欲? 曰:饮食者,天理也;要求美味,人欲也。"③因此,韩少功之所以选择农业劳动的方式及其相应的伦理,自有其道理。

我们再来看,韩少功是如何论述工业对自然和生命的形态的改变的。在写作时间与开始赞美劳动的《马桥词典》同时的《心想》一文中,韩少功对工业社会做了深入的思考。在韩少功看来,农牧业在利用自然资源满足人类的自然生理需求的同时,并未改变人和自然的本质,因为农牧业的生产活动只是体现了人对自然的低度导控。而工业却突破人类演变的临界点,它从根本上改变了人与自然、技术与自然的关系,并改变了自然的本质。正是在这一意义上,韩少功认为,工业虽然放大了人的力量,但社会不应该全面工业化,因为"人文所不可或缺的个性、原创性、真实性等等,隐藏着人与自然的神秘联系,暗示着人道的原初和终极。而工业则意味着制造、效率、实用、标准化、集团行动以及统一市场,一句话,鼓励着非自然化"④。然而,追求效率、实用、标准化的工业消费社会却按自身逻辑向全社会扩张,使工业化不仅限于物质产品的

---

① 韩少功,王尧:《韩少功王尧对话录》,苏州大学出版社 2003 年版,第 184—185 页。
② 朱熹:《朱子语类》(一),中华书局 1999 年版,第 224 页。
③ 同上书,第 225 页。
④ 韩少功:《海念》,海南出版社 1995 年版,第 283—284 页。

生产，制造出有违自然本质、对人类和整个地球生态是福是祸尚未可知的新的物种，而且进一步侵入人的生产，包括物种意义上的人的生产和精神意义上的人的生产，制造出了新的人种——仿生人。物种意义上的仿生人是工业的效率、实用、标准化逻辑的必然产物和最后梦想，如今它们正在实验室中被研制。虽然未来的仿生人甚至可以以假乱真，和真人一样，有同样发达的大脑，甚至也有感情，但由于它们不是人类自然情爱、血肉、母胎的产物，它们不可能拥有具有人的生物自然基础的人类的自由和丰富性，只能是可以成批成套生产的人工制品。更可怕的是，这种基于工业逻辑的仿生人生产逻辑正在日益变成技术意识形态，它和政治及商业的语言暴力结盟，谋杀人心，把一部人改造成目光空洞、表情呆滞、对一切人云亦云、随波逐流、无动于衷、缺肝缺肺、只关心权势和大众时尚的精神仿生人。因此，工业化不仅改变了大自然的本质，而且改变了人的自然天性。

这是否意味着韩少功对人持一种自然本质论的观点呢？当然不是，具有怀疑主义和辩证思维精神，且强调每一种知识都有其自身有效性边界的韩少功不可能持这种抽象的本质主义观点。他强调人的自然基础是为了反思极度工业化对人的自然基础的违反。在完成这一任务之后，他又从历史主义观点出发讨论人的文化构成。孔子认为："性相近，习相远。"这说明，人虽然有相近的自然基础，但由于文化习俗的不同，表现出文化构成上的差异。正是在这一意义上，人是文化的动物，不同地域和历史阶段的文化总是不断地积淀在人的内在心理之中，成为隐形的文本。正是在这一意义上，韩少功认为："没有一成不变的人性。人是不断变化演进的。……文化使人脱离了动物状态，也失去了这些好的或不好的东西，获得了新的人性表现——说这是隐形的文本，是进入了本能和遗传的文化积层，没有什么不对。"[1]但历史主义并不意味着韩少功由此走向极端的人性相对主义与虚无主义，他提倡的是自然和文化的均衡，是自然和文化的良性互动。不管人类如何日益的"文化"，"人永远是一种文化的自然，或说是自然的文化。自然是文化的重力，没有重力的跳高毫无意义。自然是文化永随其后的昨天，永贯其身的母血，是拉着自己头发怎么也脱离不去的土地———旦脱离这块土地，绿叶只能枯萎凋零——除非是塑料叶"[2]。

---

①　韩少功：《海念》，海南出版社 1995 年版，第 290 页。
②　同上书，第 290—291 页。

在韩少功看来,只有建立在自然基础之上的文化,才是不违背人的自然天性的优质的文化,这种文化可以和人的自然天性构成良性的互动,使人一方面既可摆脱自然的粗野,另一方面又保持人文所不可或缺的个性、原创性、真实性等等的自然基础。而违背人的自然天性的劣质文化,则制造精神意义上的仿生人。工业消费社会的技术意识形态及其大众文化就是这样一种违背人的自然天性的劣质文化,因为这种文化只讲效率、实用和标准化,抹杀了人文所不可或缺的个性、原创性、真实性等等的自然基础。从这一观点出发,韩少功认为工业文化中的技术本身需要具体分析。技术如果用于人道的目的,是优质的文化。只有技术演化为技术至上的技术意识形态,失去了对技术的道义和诗学控制,技术才成为劣质文化。不幸的是,工业消费社会的文化逻辑却使技术日益演化成意识形态,并造成新的有违人道的阶级分化。电脑技术就是如此,它将人类残酷地分成两个阶级:"一方是编程和网络控制寡头,集中起越来越多的知识和权力;另一方则是普通的操作大众,越来越成为电脑的奴仆和技术废料。"①韩少功的这一分析是很有见地的。在布尔迪厄的文化资本理论中,文化资本以具体化、客观化、体制化三种形式存在。在文化资本的这三种存在形式,只有具体化的存在形式才能彰显人的基本素养、技能和主体性。文化资本的具体化状态指文化资本的获得与积累是建立在文化投资者对文化、教育、修养的亲身参与过程之中,它无法通过他人获得,也无法像经济资本那样不经由亲历亲为而从上一代人传给下一代人。这意味着人的某些最基本的技能和主体性只能在学习和实践过程中获得,而不是在他人生产的能满足自己欲望的成果中获得。表面看来,工业消费社会为了迎合大众不学而能的惰性并从中渔利而推行技术的傻瓜化,使大众不经由学习和实践过程而自动获得某一种享受,但实际上却剥夺了大众的学习和实践过程,剥夺了大众的最基本的技能和主体性,使大众永远处于被控制的下愚阶层。这种只追逐没有实践过程的结果的欲望美学正是工业消费社会用以谋杀大众的最"温情"最"人道"的工具,之所以是"温情"和"人道"的,是因为它确实满足了人们人为制造的心理需求,之所以是谋杀工具,是因为它实际上剥夺了大众的学习和实践过程,剥夺了大众的最基本的技能和主体性,使大众永远处于被控制的下愚阶层。

对于韩少功来说,值得庆幸的是,人类一直在顽强自卫,绿色和平思潮"正

---

① 韩少功:《海念》,海南出版社 1995 年版,第 291 页。

在发育完成一套完整并且是实践的政治学、经济学、伦理学以及哲学,对体制的恶质化全面阻击。它直指人心,从根本上反对人们对他人的掠夺、对自然榨取的态度,力图重构健康的人生方式"①。然而,在消费主义时代,绿色思想远未被人们广泛接受,更未成为真正的政治和经济实践,世界上最大的工业消费国家美国拒绝签订《京都议定书》就是明证。相反,在商业的霸权逻辑之中,商品比人高贵,工业技术不仅不能增强人的技能和尊严,相反,它使人成为机器的附庸和牺牲品。因为,消费主义时代工业和商业的逻辑是效率和利润,它只重结果,不重过程,它的最终目的是排除人的因素生产的机械化。人只有成为生产机器的一个环节,才被利用。工业生产流水线中的人其实是生产机器的得以高效运转的一颗齿轮、螺丝钉,一滴润滑油……在工业生产流水线中,工人不仅没有尊严,而且被傻瓜化了,面对他参与创造的产品,他没有主体的自豪感,因为他只是一个傻瓜,产品也不属于他自己。一旦机器能取代他们,他们就会被毫不留情地从生产线上赶下来。

在韩少功看来,与工业消费社会相比,农业劳动社会有以下的优势。首先,与工业消费社会提倡的是一种只重视满足欲望的结果,却跳过生产满足欲望的结果的劳动过程从而扼杀人的基本技能、尊严和主体性相反,农业劳动既重结果又重过程,有时甚至重过程甚于结果。这种对劳动过程的重视,使劳动者在劳动实践过程中逐渐掌握娴熟的基本技能,利用各种自然和社会规律来实现自己的目的,满足自己天生、正当的需求。在这种劳动过程中,由于劳动者掌握了娴熟的基本技能和自然和社会规律,他们的劳动因而是一种得心应手、游刃有余的自由形式,是一种既能充分体现劳动者的主体创造性和尊严,又能满足劳动者天生、正当的需求的审美化的生活方式。正是劳动实践的主体性和自由性,使兆矮子成为舞星,他的劳动成为舞蹈;正是劳动实践的主体性和自由性,使武妹子们的劳动成为文学创作,他们建造的房子成为一气呵成的美文;正是劳动实践的主体性和自由性,使剃头匠何爹能娴熟自如地玩出"关公拖刀"、"张飞打鼓"等让受用者无比惬意的刀法,玩出了一朵朵令人眼花缭乱的花。与工业消费社会中的虽然安逸富足但却免不了"文明病"的空虚的消费者相比,作为农业劳动中的劳动者的韩少功内心是充实的,健康的。他为虫子差点吃掉了新芽而着急,为一场大雨及时解除了旱情而欣喜,为瓜果的

---

① 韩少功:《海念》,海南出版社1995年版,第291—292页。

突然成长而惊诧莫名,他对种植的果菜展开了富于生命活力和诗意的想象:"你想象根系在黑暗的土地下兹兹兹地伸长,真正侧耳去听,它们就屏住呼吸一声不响了。你想象枝叶在悄悄地伸腰踢腿挤眉弄眼,猛回头看,它们便各就各位一本正经若无其事了。你从不敢手指瓜果,怕它们真像邻居农妇所说的那样一指就谢,怕它们害羞和胆怯。"①与之相反,都市社会的消费者由于没有经由劳动过程而直接享用劳动产品,其内心是空虚的:"你会突然想起以前在都市菜市场买来的那些瓜果,干净、整齐、呆板而且陌生,就像兑现它们的钞票一样陌生。它们也是瓜菜,但它们对于享用者来说是一些没有过程的结果,就像没有爱情的婚姻,没有学习的毕业,于是能塞饱你的肚子却不能进入你的大脑,无法填住你心中的空空荡荡。"②

其次,与工业消费社会的劣质文化相比,农业社会的文化则更多地保护了物和人的自然天性。一方面,由于对自然的低度导控,农业社会的自然依然保持着在工业消费社会中已被改变因而日渐淡出人们视线、日渐遥远的生命的个体性、永恒的生生不息的活力以及体现着生命个体之间平等和尊严的共和理想等人文所不可或缺的个性、原创性、真实性等等基本要素。在韩少功那里,大自然中的动植物是有生命有感情的,甚至是有智慧的,蛤蟆能通过脚步声分辨出它们的敌人,葡萄能对惹恼了它的主人发脾气,草木能分辨出人的亲疏厚薄……而与自然为伍的笑大爷则能预知雨天和火灾。另一方面,由于农业社会的主导价值观念是"存天理,灭人欲"式的适度满足人的自然生理需求的伦理,因此也更多地保留了人的自然天性,不会出现工业消费社会有违人的自然天性的文化洗脑。韩少功发现,与都市社会里被流行文化的表情制造模具规训而变得平均化的笑脸不同,乡村的笑脸天然而多样,有一种野生的恣意妄为和原生的桀骜不驯。因此,与工业社会违背自然物和人的自然天性和生命的极度人工化不同,农业是一种建立在自然基础之上,符合自然物和人的自然天性和生命的文明。在韩少功看来,像钢铁和水泥等工业产品以及像钞票等金融产品都不能满足人的生命需求,只有土地上的种植和养殖的动植物,才能满足人的最基本的生命需要,大地乃是人类生命之源。而且,从语义学角度看,"英文中的culture指文明与文化,也指种植与养殖"③,这说明,人类最初的

① 韩少功:《山南水北》,作家出版社2006年版,第60—61页。
② 同上书,第61页。
③ 同上书,第62页。

所谓文明和文化就是人们在土地上的种植和养殖等农业劳动,这种以土地为母的农业劳动是前工业社会人类最基本的存在方式。从生命的本质来说,农业文明也应该是工业社会、后工业社会人类最基本的存在方式。

四、结　语

从以上分析可以看出,韩少功的劳动美学是一种农业劳动的美学。而且,与侧重描写劳动成果富足的美学不同,这是一种重劳动过程的美学。

首先,韩少功的劳动美学中最值得肯定的是其中所蕴含的劳动精神和责任伦理。一方面,中国是一个发展中国家,需要的是有创造性劳动能力的公民。另一方面,中国又是一个人均资源较有限的国家,应该提倡一种适度享受的责任伦理,而不是即时享受的后责任伦理。

其次,如果以个性、创造性为衡量标准的话,那么,农业劳动无疑比工业劳动更具美的内涵,农业劳动者也更可能比工业劳动者更有主体性和尊严。在韩少功看来,在工业消费社会中,不仅蓝领可以变成像卓别林电影中的工人那样机器化,在电子眼的监控下,白领也面临着同样的命运。相反,由于劳动方式的多样化和工种的多样化,农业劳动很难被统一化和标准化,具有较高的自由度和个性空间。

再次,韩少功对农业劳动的描写既重过程,又重结果,是一种过程美学。这相对于只重结果不重过程的工业消费社会来说,既是人道的,又有利于培养劳动者最基本的技能,维护其尊严和主体性。表面看来,工业消费社会的欲望美学比艰辛的农业劳动更人性化,因为它承诺用最少的劳动满足人们所有的欲求。然而,由于这种美学只重效率与结果,忽视过程,因而也就使人丧失了最基本的技能,尊严和主体性,其结果是人的傻瓜化。相反,过程美学由于重视过程,所以它有利于培养人的最基本的技能,维护人的尊严和主体性。当然,韩少功并不是脱离具体情境和问题来绝对地肯定劳动过程,对于具有辩证思维精神且强调知识有效性边界的韩少功来说,在消费主义问题意识中,重过程甚于重结果是应该的,但在满足劳动者正当合理的需求方面,只重过程不重结果则是荒谬的。作为和农民一起劳动过的"知青",他目睹了只有劳动过程,却缺少劳动结果给劳动者带来的巨大伤害,这些惨痛的经历促使他创作了《吴四老倌》《月兰》《西望茅草地》等作品。作为曾经的真正劳动者,如今的业余劳动者,当他看到他们当年用青春的血肉和朝气建成的"青年茶场"如今仅以四万元的价格被周姓老板承包时,他内心非常难受,因为"当年那三百多人历时两个冬春的垦荒没有什么成果,当年的血汗差不多是白流"了。因此,深知劳动结果对劳动者的重要性又反对独断论的韩少功,当然不会否认结果的重要性,而是对消费主义和极端功利主义只重满足欲望的结果的时尚的一种反拨,目的是使二者结合在一起。正是因为对劳动过程的艰辛和劳动成果对劳动者的重要性深有体会,才使他虽然有时免不了对农业劳动的浪漫化描写,但却又能及时而有效地防止了对农业劳动的过度浪漫化。

当然,在这样一个全民追逐现代化的时代,这种对"落后"的农业劳动的赞美肯定会引发争议。就算韩少功本人对此也存在着理智和审美情感上的矛盾,作为当年的"知青",他对当年艰苦劳动却又过度贫困尚心有余悸,因此,他为农民因机电设备的使用而多了一份轻松和效率而庆幸,为那种农村劳动的残酷的古典美的消失而祝贺,但却又不无遗憾:"哪一天农业也变成了工业,哪一天农民也都西装革履地进了沉闷的写字楼,我还能去哪里听到呼啸和山歌,还有月色里的撒野狂欢?"①在《哪一种"大众"?》一文中,韩少功也清醒地意识到工业消费社会给大众带来的好处,如今大众能追逐时尚、充分地享受丰裕的物质财富和符号其实就"是精英们一直为之奋斗的社会变革目标,是民主和人道主义原则来之不易的胜利实现"②。确实,工业放大了人的力量,使人类能更快捷更方便地获取丰富的欲望对象,从这个意义上说,它确实实现了某种意义上人的平等和社会的民主。然而,如果从人类整体角度看,这种全民消费的享乐主义却不容乐观,这就是丹尼尔·贝尔所说的:"当资源非常丰富,人们把严重的不平等当作正常或公正的现象时,这种消费是能够维持的。可是当社会中所有人都一齐提出更多要求,并认为这样做理所当然,同时又受到资源的限制(成本的限制超过数量的限制),那么我们将面临政治要求和经济限度之间的紧张局势。"③在这样的背景下,韩少功对消费社会的反思和对农业劳动的赞美具有特别重要的意义。只是我们必须时刻注意,这是文学家凭着其敏锐的社会触觉对社会问题的超前的审美反思,而不是政治家的具体政策,这样才能避免对这种审美反思的吹毛求疵。如果我们真的要对这种反思进行反思

---

① 韩少功:《山南水北》,作家出版社 2006 年版,第 62 页。
② 韩少功:《文学的根》,山东文艺出版社 2001 年版,第 136 页。
③ [美] 丹尼尔·贝尔:《资本主义文化矛盾》,三联书店 1992 年版,第 69 页。

的话,那就必须借助更深远的历史背景,正像戴蒙德在《第三种猩猩》、《枪炮、病菌、与钢铁》等著作所表明的,无论是狩猎采集文明还是农业文明,都有值得反思之处,都有可能像工业文明那样摧毁人类赖于生存的自然环境。只是工业的力量更大,更具毁灭性罢了。因此,最终的答案也许如韩少功所说的,回到人的内心,回到能够自制的绿色心态,回到对显示人的力量的技术和文明的诗意和人道的控制,因为并不是人类所有的心理欲求都应该满足,不是人类所有的潜能都应该实现。

丝路风情与文化寻根[*]

——《丝路情缘》叙事策略分析

张文杰　　刘艳娥[**]

（滁州学院文学院　安徽滁州 239001；
河南城建学院外语学院　河南平顶山 467036）

摘　要： 西安70后作家巴陇锋的长篇小说《丝路情缘》从多角度多领域地挖掘了丝绸之路上的中国故事，描绘了寻祖车队所看到的西部民族浓郁的习俗风情，女主人公雅诗尔回到大唐古都的陕西，象征着实现了华裔后代传统回归与文化认同的民族梦想，再现了华夏民族传统的历史魅力与文化自信。其叙事策略体主要现在：首先，作品将丝绸之路上的浪漫传奇爱情与西部民俗风情、自然景观和历史文化融为一体；其次，塑造的人物形象鲜活饱满，情节一波三折，而传统诗性话语的渗透，使得整部作品充满诗意性的隐喻和象征意味；第三，西北方言俗语与当下流行语的结合，使得小说的叙事话语既具有亲和性、地方性，又具有时尚性、当下性的流行元素，能够抓住读者的审美阅读趣味。

关键词： 巴陇锋　丝路情缘　丝路风情　文化寻根

迄今为止，诗意而浪漫地书写丝绸之路上的地域风情、爱情故事和文化寻根的主题，70后的西安作家巴陇锋无疑算是国内尝试这个题材的第一个作家。2017年初，他的长篇小说《丝路情缘》一面世，就立即引起国内文学界和媒体的关注和好评，几百家大媒体如《光明日报》《文艺报》《中华读书报》《中国

---

　　* 基金项目：2019年度安徽高校人文社会科学研究项目：传统文化与国学经典中的生存智慧研究（SK2019ZD35）；滁州学院科研启动基金资助项目：媒介文化语境下的文学经典与国学文化传播研究（2020qd29）。

　　** 作者简介：张文杰（1965—　），甘肃宁县人，现为安徽财经大学艺术学院硕士生导师，滁州学院文学院教授，主要研究文艺美学、文艺批评、影视艺术与媒介文化传播理论。刘艳娥（1982—　），女，河南平顶山人，河南城建学院外语学院讲师，主要从事文艺美学、文学批评、比较文学与文化研究。

民族报》、人民网、新华网等好评如潮，或认为是"为'一带一路'战略歌与呼的丝路小说第一书"，或认为是"文化自信艺术化的表现"，或以为是充满现代网络流行话语的"青春时尚写作"，或以为是"影视改编的良好范本"，或认为是"为西部网络文学打开新思路"①，总之，该作品充分发挥了小说创作为国家"一带一路"策略营造良好氛围的积极作用，取得的社会反响和文学价值应该是多方面的。长篇小说《丝路情缘》以具有东干血统的华裔少女雅诗尔和其富豪男友伊万的情感故事为线索，以"陕西村东岸子丫头雅诗尔回老舅家省亲寻祖车队"逆向丝路寻根之旅为导向，从哈萨克斯坦首都阿斯塔纳出发，一路向东，沿途历时 17 天，途径阿拉木汗、霍尔果斯、新疆吐鲁番、甘肃敦煌、陕西宝鸡等各丝路明珠城市，一路胜景与风情、一路见闻与歌声，最终到达了古丝绸之路的起点城市——西安，回到了"爷的省"——陕西，完成了雅诗尔的故土崇拜与文化寻根的使命，生动地呈现了丝绸之路沿途的自然景观和风土人情。雅诗尔虽然出生于哈萨克斯坦，但她的身体血脉里有着东干血统，因为小时候听爷爷说的最多的故事就是上祖辈从"东干"迁向西域的传说②，因此她从小就揣着一颗"中国心"，准备回归故土、找到老舅爷曾经居住的先祖之地，实际上她潜意识里寻找的是生命之根、传统之根和文化之根。小说从多个角度多领域地挖掘了丝绸之路上的中国故事，描绘了丝路寻所看到的浓郁风情，回到大唐古都的陕西，也就象征着实现了华裔后代的传统回归与文化认同的民族梦想。

　　长篇小说《丝路情缘》由陕西省委宣传部的重点文艺创作电影剧本《丝路情缘》改编而来，同时也是北京市优秀长篇小说创作出版扶持项目。除了作品回应"一带一路"国家战略的大背景，以及经济全球化、文化多样化之大潮外，还在于作者善于编织浪漫爱情故事、描写西部地域风情、赞美民族文化认同的强烈意识。有研究者认为：小说选题围绕"丝路"、"情缘"，显然是一个典型的与"一带一路"紧密相关的作品。作者"竭力在这个热度持续升温的国家战略里，寻找自己的文化立场和文学定位。小说能紧贴当下主题，跟上政治经济步履"③，这构成了这部小说立言的政治导向和审美立场。德国美学家姚斯认为：一部好的文学作品并不是直接给读者提供某种观点，或形而上学地展示其超时代的

① 郭超：《为西部网络文学打开新丝路》，《光明日报》2017 年 6 月 3 日。
② 周龙：《哈萨克斯坦有个"陕西村"》，《光明日报》2014 年 8 月 7 日。
③ 仵埂，任烜昕：《丝路情缘，河山梦回 ——读巴陇锋长篇小说〈丝路情缘〉》，《新民周报》2017 年 9 月 6 日（4）。

本质,而是"更像一部管弦乐谱,在其演奏中不断获得读者新的反响,使文本从词的物质形态中解放出来,成为一种当代的存在。"①《丝路情缘》就是这样一种开放性的叙事文本,渗透其中的是民族性、地域性、抒情性、政治性以及时尚性等元素,这些要素召唤着读者进入深度阅读,产生审美期待,才能与作者更好地展开潜在的对话。纵观目前国内文坛,文学写作正在变成一种穿越或玄幻的网络小说或畅销书的娱乐形式,打造包装成精美的商品来赢得市场上的热销,而其意义和价值却已经很难再用传统文学观念的尺度标准去评判了,文学的灵魂也变得四处难觅②。尤其在影视娱乐的消费文化时代,含有诗歌韵味的纯文学开始隐退了,退到了日常生活的边缘,即使有所创新,也只是小清新、小鲜肉的风格,总觉得更多的是虚情假意,或肤浅诱惑,或小资情调,缺乏对日常生活与人物内在情感深处的深度挖掘和把握,也很难真正从内心深处打动人的灵魂。但翻开才气逼人的 70 后作家巴陇锋的小说《丝路情缘》后,笔者不觉眼前一亮,除了时尚流行的小清新风格外,还是感觉到了作品中蕴含了西部民族文化景观和浪漫传奇故事,其政治化、诗性化的叙事话语与传统的美学趣味,以及厚重的民俗风情韵味与文化寻根的认同感融为一体。整体来说,小说《丝路情缘》能激发和唤起读者阅读的审美期待,其创新亮点主要归结如下。

一、丝路浪漫传奇:浓郁的
西域风情、民情与景观

小说叙事最引人注目的是浓郁的西域风情与自然景观。小说以游记式线性结构来写旅途上的一路见闻和发生的故事,将美丽活泼的雅诗儿寻祖行旅所看到的景观、风俗、人情、文化和对故土的思念呈现在我们面前。譬如作品一开始让读者跟随女主人公雅诗儿来到楚河岸边的碎叶城,寻访诗仙李白的诗歌灵性,拜寻他的衣冠冢,了解碎叶城与唐代"安西四镇"的历史,考证了碎叶城与当地"碎叶茶"(绿罗裙茶)之间的联系。雅诗儿自豪地称自己是"大唐胡旋女"(因为她曾在哈萨克斯坦全国"胡旋舞"大赛中夺过魁),她的即兴表演

---

① [德]姚斯著,周宁等译:《走向接受美学》,《接受美学与接受理论》,辽宁人民出版社 1987 年版,第 26 页。

② 陈晓明:《文学的消失或幽灵化》,《不死的纯文学》,北京大学出版社 2007 年版,第 5—7 页。

时而舒缓飘扬,时而芬芳轻盈,让在场的观众入迷如醉。作者将这种含有西域风情的舞蹈艺术,跟传说中的杨贵妃和安禄山当年跳此舞时的传说联系起米,并引用唐代诗人白居易的《胡旋女》为证:"铉鼓一声双袖举,回雪飘飘转蓬舞。"不仅塑造了女主人公优美的艺术形象,而且还勾起了读者对西域胡旋舞的热爱,和对大唐文化历史传播充满了自豪和自信。

《丝路情缘》的叙事情节中处处洋溢着中华文化的巨大魅力。首先是汉代时张骞出使西域后中原文化与丰富产品在丝绸之路贸易交流上得以传播与辐射,东干先祖到达中亚后也带去了中国文化,他们自称"中原人",认同"中原文化",这种认同表现在物质文化与精神文化的各个方面。如东干人的蔬菜经营和水稻种植,在苏联时期就很有自身特色。据研究者发现:在中亚,连韭菜和粉条的发音也来自东干语音①。其次是汉民族民族文化的传承和时代氛围的影响,也能从东干人家日常生活习俗中居住的"炕"的设施也能看出来。"炕"是中国北方农村人用来睡觉、休息的土坯制作的"床",中亚当地的居民家中没有"炕"。作为来自中国西北的华夏人,东干人在中亚家中设置了起居休息的"炕","炕"形成了东干人家中特有的一个小空间,不同身份的人在"炕"空间里所处位置不同②。这种生活习俗显然是华夏文化在丝绸之路的西域文化传播产生的影响和留下的痕迹。再次,是小说第三章"告别陕西村"也有汉文化的痕迹,女主人公雅诗尔回到自家落满尘埃的自家院落,看到了爷爷奶奶过世之后房屋显得阴森森的,因为乡亲们说"人是房子的魂,没了人,房子也就没命了。"③就在爷爷奶奶牌位的左侧,有一套清代的女人服装,据说那是奶奶结婚那天穿过的汉服,显然保留着浓郁的汉民族生活习惯。看到雅诗尔回到了陕西村,乡亲们保留着千百年来陕甘祖先流传下来的礼节,留她要挨家挨户吃饭,还要走时送上一些小米之类的特产。最后,我们还要知道:据史书记载,一百二十多年以前,这些因为参加反清武装的陕甘回民起义的陕西人,从故土迁移到中亚地区但却保留着清朝文化和语言风俗,他们被称为"来自东边的人",也即东干人。东干人与祖国断绝来往上百年,遗失了汉字,但仍保留着陕西的方言和风俗习惯,因而被看作是"陕西近代文明的活化石"④"陕西村"村

　　① 　常文昌:《故国之思:流淌在东干人血液里的情结——评巴陇锋长篇小说〈丝路情缘〉》,《中国民族报》,2017 年 4 月 7 日,011。
　　② 　杨建军:《论中亚东干文学的唐人村书写》,《外国文学研究》,2017 年第 3 期,第 147 页。
　　③ 　巴陇锋:《丝路情缘》,北京燕山出版社 2017 年版,第 2 页。
　　④ 　余戈:《我发现了中亚"陕西村"》,《北京科技报》,2004 年 4 月 28 日,A15。

民至今都不和其他种族的人通婚,年轻人的婚姻还是通过传统的"父母之命,媒妁之言",办喜事时仍保留了古老习俗,即宴席为 13 碗、24 碗和 85 碗菜肴等。

小说处处充满诗意的西部景物描写,阅读每一段都会震撼着读者,例如第八章"新疆好地方",作者先引用李白的《关山月》和岑参的《逢入京使》两首诗铺垫,无论是"明月出天山,苍茫云海间",还是"故园东望路漫漫",都是描写当年西部边疆距离大唐都市的遥远与荒凉,但落脚点是今天时代不同了,天山美景十分壮观,"果子沟一线风光"十分旖旎:松林挺拔、浅草平铺、珍禽异兽、山林飞瀑,都会让寻祖车队的所有人和读者一饱眼福,流连忘返。至于新疆歌曲"吐鲁番的葡萄熟了"、"阿拉木汗"的插入,赞美古都长安的歌曲"送你一个长安"的抒发,更是加重了作品的地域文化色彩和汉民族文化的情调。第十四章写雅诗尔与伊万在兰州市黄河桥上浪漫拥抱与激情,也是十分感人。两个人的爱情要以"黄河为证,白塔为媒",既推进了情节的稳步发展,又充满了诗意描写的壮美与浪漫。雅诗尔经过 17 个小时的中国城市旅游,看到兰州和黄河,想起当年渴望到美丽的兰州大学去留学深造,现在看到这里的街道树木,触景生情,不由得洒下热泪,但她马上心里舒服而安静了很多。作者在此归结为一句"吾心安处是故乡",既足以抒发主人公诗意浪漫的内在情绪,又隐含了回归故土亲情的文化寻根命题。兰州的地理位置在西部十分重要,既是黄河之都,又是丝路重镇,它扼西域之咽喉,守中原之屏障。早在 2000 多年前的丝路贸易途中,满载着丝绸、瓷器、茶叶的驼队就穿行于狭窄的河西走廊,兰州打通了中原与西域的商业贸易。因此,自古以来,兰州就变成了丝绸之路经济带上的重要节点。小说在部分章节中,以兰州在西部的地理位置、文化崛起等为背景,旨在展开女主人公的浪漫恋情(黄河岸边的依恋)和对华夏民族文化认同(牛肉拉面、兰大、读者杂志等的意象符号与文化魅力)的潜意识向往。

二、诗意性的隐喻:人物形象的塑造与传统的诗性话语

《丝路情缘》中的人物形象的塑造得丰满而鲜活有力,就连人物命名也充满诗意和隐喻的味道。比如女主人公雅诗尔,哈萨克斯坦首都阿斯塔纳孔子学院的校花,19 岁,生得冰清玉洁,能歌善舞,颇具艺术气质,连她的名字也隐

喻着中国古典文学中"雅"的高贵品格。"诗经"中的"雅"原指音乐中的正声雅乐，用在雅诗尔身上，就是纯净、典雅和灵气十足。由于她始终心里做着回归老舅爷家的省——陕西村的旧梦，自称是"李白的使女"。雅诗尔的哥哥叫十娃子，质朴、厚道、沉默，因在公司技术超群，赢得了在孔子学院管教务的时尚美丽的都市达人康雅洁的爱情。康雅洁名字中的"雅洁"二字，除了具有古典诗词中风雅颂的"雅正"之意，还有中国明清时期桐城派作文要求的"措辞规范、高雅简洁"韵味儿。迷恋和追求雅诗尔的伊万，是一个有着哈萨克血统的、长着高挺鼻梁的俄罗斯小伙子，他是冠亚航空公司执行总裁。"伊万"的名字就隐喻着他赚钱很多（谐音"一万"），是个"高富帅"，有时比较喜欢放纵自己，对漂亮的女孩子都想施展一下自己的魅力。即使这样，伊万也被汉语和中国古典文化的博大精深所感染，被雅诗尔身上的东干文化所吸引，他为此学会了不少汉语文化。

例如，伊万也想看看唐都西安，故能脱口说出："虽不能至，心向往之"的古典文学句式；听到雅诗尔唱《燕子》，他用唐诗句子评价说："此曲只应天上有，人间能有几回闻。"他随口引出"仰天大笑出门去""老夫聊发少年狂"的古诗句，可见他对汉语文化与浪漫的唐诗的国度是多么入迷和认同。伊万英俊潇洒，出手大方，对漂亮的女孩子都很有杀伤力，但也不注意小节，喜欢招蜂惹蝶。雅诗尔虽然也喜欢他的帅气和魄力，但最终不能跟他结成夫妻，除了文化的根、传统的根扎在陕西故土，再就是骨子里唐文化的高雅和执著的品质，不愿意将自己的爱情、趣味、命运与钱财绑架在一起，最后选择离开了伊万，而与朴实、开朗、真诚的西安青年郑能量（谐音中隐含着"正能量"），也是因大唐本土人民的热情与真诚所感动，或者被古朴的文化与文明所吸引。郑能量的朋友汪德福，隐含着英文意思："wonderful"，是"精彩的、美好的"化身。至于故事一开头就出现的雅诗尔的同学法蒂玛，性感时尚，为人放纵，风流成性，最终她与伊万混在一起也是人物性格发展逻辑演变和自身选择导致的最终结果。

颇具诗意的情节有两处：一是寻祖车队在去往土耳其首都安卡拉的路上，雅诗尔听到了国内上世纪 80 年代著名歌唱家关牧村甜美悠远的歌曲《吐鲁番的葡萄熟了》，再看看车窗之外吐鲁番的风情、风景，加上歌唱家那热情、质朴、醇厚的声音和宛转悠扬的旋律，她真的被陶醉了，觉得自己仿佛一下子被此情此景所打动，也感觉到了"生命的律动、青春的喷薄"，甚至"一丝冲动的欲望"，这一段写得很有诗意。这个细节对雅诗尔浑身充满诗意的艺术气质和个性塑造,显得自然而不事雕琢,且笔法优美。再一个就是雅诗尔来到古城西安,在长安塔下载歌载舞,纵情欢唱《送你一个长安》,这既是对古都文明的赞美,是对未来大西安的畅想。"送你一个长安,恢恢兵马,啸啸长鞭;秦扫六合,汉度关山,剪一叶风云将曾还原……。"歌词写得大气磅礴,意向纵横。毕竟西安代表着中华古国文明,从新旧石器时代一直到汉唐盛世演绎成如今繁华的的国际化旅游大都市,历史文化十分丰厚。绵长的历史成就了西安"天然历史博物馆",现代经济的发展造就了西安丰富的现代特色的文化旅游资源。作为首批中国优秀旅游城市,它素有"中国地下博物馆"之称①,其文化遗存密度之大,种类之全、级别品位之高,在全国也是排在首位。女主人公雅诗尔看到美丽古朴的西安城墙,就想起了跟爷爷的老相册里看到的一模一样,雄浑苍劲的城墙轮廓让她迷恋不已。大唐古都毕竟遗留的历史文化十分丰富,这也让当代人对西安的旅游资源类型的丰富感到自豪,对外地人更是充满一种文化认同和向往之情。西安除了具有原始文化遗址、原始部落居住地、帝王将相的住所、军事古战场等,又有古色古香的老建筑设施,如碑林、佛塔、陵墓陵园、特色街巷、名人故居等,加上美食文化、民俗表演、民间礼仪、宗教信仰、地方习俗,以及参与性较高的现代人文娱乐活动,使得这座古城处处散发着历史悠久的韵味。

小说叙事模式毕竟是一种散文式的记叙文文体,它可能描绘的是现实里已有的图画,取材于现实周围曾经发生过或即将发生过的事情,尤其是在作家表现男女人物生活经历的感情危机,但对人物喜怒哀乐情感的虚构是不可回避的,只不过是作家善于将虚构和想象尽可能与小说中人物性格发展的逻辑走向保持一致罢了。美国小说研究者 W.C.布斯就认为:"无论一部作品就有什么样的逼真,这个逼真总是在更大的人为性技巧中起作用的:每一部成功的作品都以自己的方式显出是自然的和人为的",而且"都是一种沿着各种趣味方向来控制读者的设计与超然的精心创作的体系"②。我们在阅读《丝路情缘》时,总是潜意识里感觉到大唐的传统文化的迷人与民族认同的情结始终左右着女主人公和读者的情绪,不由自主地会被汉民族文化的精神所左右。正是在这种对古都历史文化的根的迷恋和潜意识的认同之下,女主人公雅诗尔

---

① 陈晓艳:《丝绸之路经济带西安段文化旅游资源开发研究》,《陕西学前师范学院学报》2018 年第 3 期,第 130 页。

② [美]W.C.布斯著,华明等译:《小说修辞学》,北京大学出版社 1987 年版,第 63—137 页。

才带着他的男朋友伊万游逛当代具有标志性的建筑,如购物中心、国贸大厦,游览省体育场、美术馆、图书馆,体验代表古都现代文化传播的西京语言大学,雅诗尔忙得不停拍照和发微信微博,在所有的照片下都要写上:"我是西安丫头"。这就塑造出了雅诗尔寻根传统文化的个性与民族文化认同的潜意识心理,从而也赞美了西安这个人类历史文明发祥地的蓬勃旺盛的生命力所在。

三、西北方言与流行语的妙用:
叙事话语的地域化与时尚性

作者巴陇锋驾驭语言能力特强,能够将西北方言俗语、流行歌曲与当下网络流行语融为一体,使整部作品的叙事风格和文本话语,显得时尚、浪漫和接地气。先说流行歌曲的使用,小说开头几章写到雅诗尔听播放歌曲:"全世界都在说中国话,孔夫子的话,越来越国际化",揭示了中国当时文化传播的开放性背景;还有80年代的港台流行歌曲"我的中国心",以及其他当代流行歌曲如"向天再借五百年""我和草原有个约会""时间都去哪儿了"等,这些叙事话语具有强烈的时代感和时尚性,很容易打动年轻读者的心灵。这些作为大众文化、流行文化如流行歌曲的引入,使得作品的叙事语境与当代中国文化的全球化、世界化的语境分不开。毕竟近几十年中国的经济发展崛起很迅猛,在世界各国的文化交流中不会不引人注目,因此作为中国人的爱国的自豪与热情会呈现在港台歌曲《我的中国心》之中,这也会让一个异族外国大学生不自觉地深受华夏民族文化与友善情感的熏陶感染,并为之自豪骄傲。至于其他的流行歌曲的插入,让小说发展的情节、环境,始终与中国当代娱乐文化、时尚文化融为一体,使得小说叙事和人物性格的塑造变得更加时尚、开放和多元化。

小说中也引入了《新疆好》《达坂城的姑娘》《半个月亮爬上来》等新疆民歌和陕北民歌《兰花花》的运用,增加了西部地区习俗的民族氛围和审美韵味,又使得小说叙事充满了诗化的审美效果。尤其是新疆民歌的热情奔放,节奏感强,歌词幽默风趣,如《达坂城的姑娘》。小说第六章写车行伊利、石河子的旅途中播放了歌曲《新疆好》,女主人公雅诗尔听着听着眼泪不禁落下,可见民族风情与旋律多么深入人心,渗透灵魂。这首歌在旋律上体现了新疆民歌惯有"锯齿形"错落有致的曲调,曲调回环往复,音区转换突然,有时大起大落,有时婉转细腻,释放出的民族情感十分强烈,整个曲调对比鲜明,轻重相间,动静交互,具有浓郁的地方色彩①。许多新疆民歌历史悠久,题材多样,生活气息浓郁,节奏明快,曲词幽默而富于形象,旋律风格多变,成为维吾尔族人民的生活情感的重要表达方式。当然也跟新疆的地域自然风貌、民族性格相关,因为新疆地处边缘,历史上受儒家文化束缚和制度文化的约束较少,当地人热情开朗,性格直爽,泼辣大方,能歌善舞,且歌舞表现出蓬勃舒展的壮美之情。作品不时地插入这些西部具有民俗风味的歌曲,主要是提供一种人物活动的自然场景与文化氛围,塑造了女主人公雅诗尔能歌善舞、青春激扬的品质。如第十二章,写寻祖车队来到祁连山北麓的古代皇家驯马的山丹军马场,有雪山草原,有蓝天白云,大家一起骑马、赛马、唱歌、赛歌,王智和雅诗尔在马上满起花儿:"东山的云彩西山里来,西北风吹过山丹来""跟上外阿哥我往前走,好日子咱还在(那)后头……",花儿是西北甘南一代少数民族经常用对山歌的手段传达情意的一种方式,这里借助于西北歌谣方式来传达了雅诗尔对未来爱情的赞美和向往,同时也呈现了女主人公多才多艺、能歌善舞的艺术素养。

再说西北方言俗语的运用,为作品充满民俗风情意味点上靓丽的一笔。如小说人物经常爆出口语化的陕西地方语:"没嘛达""我娃齐整的""凑是的""怂管""肉夹馍""攒劲的很"等,这些本土话语让当地读者感到亲切地道,让外地读者感到新奇劲道。显而易见,方言俗语在小说作品中的适当运用,虽然在外地读者读起来感到土得掉渣、俗得出奇,但作为寻根陕西、向往大唐的传统文化认同的人来说,却感到更加泼辣和有地方民族特色。小说总是时不时地插入了一些独具民俗韵味的陕西地方特色的俗语俗话,这样既可以塑造逼真的人物形象,增强作品的艺术感染力,营造一种地域历史文化上的亲和力,传达一种西部风情与文化的艺术效果。作者通过呈现这些民俗风情的方言俗语的修辞手段,从塑造人物形象到深化作品主题,从营造作品民族特色与氛围,到传达西部民族文化的审美价值,都起到了重要的文化寻根和民族认同的导向作用。当代中国作家的小说作品中,有很多使用了地方俗语方言,如贾平凹和陈忠实,除了他们是陕西籍的作家身份之外,就是运用方言更能传达某种特殊的人文环境、深厚的历史渊源,从而借以表达的某种历代文化传承下来的深邃的哲学思想。虽然表现形式是地方俗语、口语,但体现出民族语言的丰富多彩,但同时也让读者在潜意识里领略到某种颇具地域色彩的民俗风情,传达华

---

① 杨懿娟:《浅析新疆民歌的风格特点》,《大舞台》2014 年第 10 期,第 162 页。

裔后代文化寻根的主题。

此外,值得一提的是网络流行语的运用,使得这部小说作品没有落伍时代,而是与电子媒介、网络新媒体等高科技背景结合在一起,从而具有超强的时代感和当下感,因而具有有网络小说、流行小说的时尚性特点。如小说中经常会出现如"CD""文化赞助商""数据""手机信号""快递""全网直播""微博""短信"等当下流行热词来点缀,使得作品紧跟时代潮流、文化多元与科技进步紧密联系,把读者带入了一种新的文化传播语境和新的审美文化形态中。只有这个时代才具有这样的特殊话语和特定词汇,如果脱离了电子时代的媒介文化和网络通讯的传达方式等描写,作品就不可能那么显得接地气,也不可能会引导年轻读者去体验当下人生活节奏快时间碎片化的感受。毕竟网络是大众化的公共空间,网络流行语在文学作品中的运用使得作品面必须对的是全民性、公共性和大众性行为,因此作者将文学表达交流的话语权交给了当下读者,使得作品编织的浪漫风情故事更具当下感和时代感,从而更容易打动当代读者的精神灵魂。

总的说来,文学作品离不开作家对生活的观察和体验,更离不开作家思考过、想象过和清楚地理解过的某些生活细节。俄国著名作家冈察洛夫认为:好的作家应该只写自己"体验过的东西","思考过和感觉过的东西","爱过的东西","清楚地看见和知道的东西"。作为70后作家巴陇锋,他还很年轻,也许他体验过和爱过的东西有限,但他作为东干学学者、研究者出身,对西部地域文化和民俗风情还是清楚地了解过,深刻地思考过,否则不会将作品主题、情节和人物塑造雕琢得地这么完美。《丝路情缘》既是寻祖寻根的民俗风情小说,又是浪漫爱情的传奇故事,同时又是反映丝路见闻中贯穿的中国文化、中国情怀、中国传统与文化寻根主题唯一的作品。从寻祖队伍在碎叶城拜谒李白的衣冠冢、在苹果城瞻仰冼星海浮雕、在吐鲁番逛"西游文化长廊"开始,到敦煌莫高窟惊叹反弹琵琶女的雕像,金城兰州夜听黄河轰鸣、吃兰州拉面、游兰州大学、看《读者》杂志,再到"爷的省"宝鸡访炎帝陵、吃岐山臊子面,最后到古都西安登古城墙、赏曲江夜市、逛钟楼与大雁塔、吃蘸蘸面、喋羊肉泡馍、游终南山……,中亚姑娘雅诗尔终于完成了寻祖的愿望,回到了老舅爷家的省,看到了大唐都市西安的壮丽辉煌,同时也认识了最能给自己带来幸福感的"长安哥"郑能量。整个作品字里行间充满爱国情怀、故土乡愁,再加上流行文化、民间文化、网络文化的多种元素,显得时尚大气,气势不凡。民俗风情、历史典故与传奇爱情穿插其间,情节显得一波三折,人物鲜活可爱。读罢掩卷,给读者灵魂深处增添了一股民族精神的自信心与中国文化的自豪感,丝绸之路上的地域神秘色彩和历史传奇故事,让小说叙事的故事情节更是别具一格,异彩纷呈。

弘扬中华国粹传统，
勇攀当代国际巅峰
——动画片《山水情》艺术赏析

金柏松

摘　要：《山水情》是上海美术电影制片厂的代表性作品，可视为中国动画史皇冠上最耀眼的一颗明珠。这一影片通过寓意与象征的手法，将传统文化与现代艺术完美融合。借鉴"伯牙子期"的传说，剧本讲述了师徒之间传承古琴技艺的故事。导演在此基础上加以再创造，展现出特有的艺术特征，具体表现在构图设计、现代视觉观念的渗入、材料特性以及灰色调和墨块的运用中。《山水情》的成功对中国水墨电影艺术而言，意义深远。

关键词：《山水情》　寓意与象征　水墨动画　现代视觉观念

水墨动画片《山水情》是上海美术电影制片厂上世纪最重要的四部水墨动画片之一，也是艺术造诣上最高最集中的一部，有人说五十年之内很难超越，她是国产动画片群星璀璨星空里最亮的一颗，她是中国动画皇冠上熠熠发光的最大一颗珠宝，是中国动画学派最高成就的集中体现。

它以传统文化的国粹力量，攀登上国际现代影视动画艺术的高峰，让人感动，让人深思，让人仰望，让人反复求证它产生的动机、背景、手法、途径，在它影片的每一个镜头前，镜头后，音响里，文字中，细细品味，细细探究，去发现它艺术灵魂深处的奥妙。笔者当年正在上海美术电影制片厂的理论研究室工作，凭记忆回忆一些当年的实况去补充全理性论文的另一个侧面。

　＊　作者简介：金柏松（1944—　　），男，原上海美术电影制片厂理论研究室研究人员。

一、《山水情》的创作背景

凡一部重大作品的产生,一定有其强大而必然的历史背景,因为任何艺术作品都是社会文化当时的必然产物,如果那些年,中国动画界不出《山水情》也可能出现其他的影片而足以影响动画世界。平心而论,当时的国内动画界基本格局上能生产高层次动画片的基地依然只有上海美影厂独家。这厂从解放前的东北老根据地的动画片组开始,始终代表着国家皇牌式的主流动画产业的品牌,直到上世纪九十年代前,始终如一地保持着从质量到数量的国产动画优势。

由于国内计划经济的结构体制,美影厂得天独厚,通过三十几年的积累和发展,艺术的经验积淀,人才的训练培养,厂房的设置和管理,都具有了国际性的竞争实力。美影厂已经在国内外各种大赛中获取过许多的荣耀和各类奖章,一批批的优秀影片都接二连三的喷薄而出,如《骄傲的将军》《大闹天宫》《金色海螺》《神笔》《哪吒闹海》《小蝌蚪找妈妈》《牧笛》《三个和尚》等等,其以东方华夏文化的民族特色而耀眼于各种国际动画节。动画是门有独特制作工艺的群体创作艺术,人才的培养又非一早一夕即可产生。其产生影片的程序在那个年代里都是按中央计划经济的模式而定。这是美影厂必定会产生《山水情》这样一部影片的必然因素。

1985 年,原美影厂老厂长特伟,在一次重要的厂务会议上宣布,认为中国当前成立中国动画学会的条件已经成熟,经各方筹备,组织审报,在上海美影厂里隆重地成立了中国动画学会,笔者任动画学会干事,学会其中一项很重要的任务是要有重大的学术性活动。尔后,"第一届上海国际动画电影节"就紧张地筹备开始了。作为东道主的上海美影厂,就紧锣密鼓的组织制作各类参赛影片,各片种各大师各大帅都披挂上阵,选找各种能一鸣惊人的选题,统一协调,统筹兼顾,最要紧的当然是要具有绝对优势的主力军出现,水墨动画片是美影厂的法宝和秘密武器,这一重担就落在了老厂长特伟的身上。这几乎是中国动画事业走到顶峰的一套组合拳,一次擂台赛。

那么,选择什么样的题材来挑战这一史无前例的动画盛会,展示东道主的实力呢? 那时主帅特伟曾先后考虑过好几个剧本,除了一个好故事,很重要的是适合水墨动画的表现力。当时据我所知有个本子叫《战马》,还有个本子叫

《胡僧》，还有个本子叫《塞翁失马》，这些本子都有一个好听的故事特征，其中两个本子里都有马的主体形象，如用徐悲鸿的马形象搬上银幕一定大有胜算。在各有优点的犹豫中，一个新的剧本出现了，那就是《哪吒闹海》的导演王树忱写的《山水情》。这个本子说来如王导演信手拈来，剧本很简洁，只短短的两小页，写在黄色的毛边纸上，竖着上下写去，从右往左排列，毛笔，小行书。如一张远古飞来的信笺，笔者可能是最早看到的人之一。真要从字面上看的话，也许王树忱用一小时就写就了。但他的构思和文艺修养的功力，却是力透纸背，笔有风雷。王树忱不独是一位优秀的动画导演，还是一位国内数得着的顶级漫画高手，他的漫画在各类大赛中得过许多奖。他的古文底子和对传统文化的修养都在美影厂的创作干部中是最有权威性的。所以《山水情》这个故事出于他的手，也一定不会是偶然性。

《山水情》写了一位古代琴师长者，在途中荒野江边因病而偶遇一渔家少年，少年帮助琴师恢复了健康，琴师教授少年学习琴艺，他们成了师徒相处，薪火相传，师徒惜别，情思相联，与山水共长。这个故事与明朝《警世通言》里的一则《伯牙绝弦》，俞伯牙和钟子期的古老故事，如一对双胞胎，几乎是有着内在的关联。

俞伯牙绝弦摔琴谢知音的故事，一直脍炙人口，讲的是俞伯牙高超的琴艺已无人听懂，一天偶遇樵夫钟子期听懂了欣喜万分，俞伯牙将钟子期视为知音，相约来年今日再在此相会听琴声，第二年此日俞伯牙重回此地，听到钟子期不幸已故，并把自己葬在相约江边的山下，要听到俞伯牙第二年的琴声。俞伯牙在钟子期的墓前弹奏了最后一曲，从此终生再不弹琴，俞伯牙以为天下再也不会有人听懂他的琴声，天下再也没有知己，于是把琴摔了，感谢钟子期的知音，悲伤而去。这是一个感人肺腑有关声音的故事。王树忱将它变奏成另一个山水琴声的故事。一个是琴师，另一个是渔童，是学生。

有趣的是，这两个故事似乎都发生在同一条江边，似乎都发生在同一座山脚下，似乎都发生在同一把古琴上弹出的声音，似乎坐的是同一条小船，这两个故事中的琴师似乎又是同一个俞伯牙，一个灵魂的转世再现，然而操琴的琴师高手变成了老师，渔家少年不再是听众樵夫，不再是知音难觅的知音，而是灵心十足的学生，是一个琴声的传承者，他们之间是两代人之间的师徒关系。

这两个故事之间的主题有了根本的变化。但那渔童少年又多么像转世的钟子期在江边等待他知音的到来，连那把古琴都已经复活。显然，作者在写本故事时，一定是受到前故事的启发。王树忱的创作思路里，古为今用的例子是很多的，就如他的漫画创作中，他常常把那些古代的人物，题材，都搬到二十世纪当代的场景下，重新复活，来达到他新的创作主题的开拓。例如《西游记》中的人物，《水浒传》中的人物，古代相将的人物，常常拿来作为讽刺当下时风的社会问题。中国的古典文化之源，在这部杰作中也如高山流水之源，给予了强大的原始内涵。

二、导演的再创造

剧本向电影的转换中，需要导演的再创造。那么，导演在这个剧本中看到了什么？导演在这个剧本里看到了一座高山，一个天人合一的好故事，表达真诚的师生情谊。这是一个叙事式封闭式的简洁故事，没有语言，只用无声的画面，一路平叙直下，没有过多的人为曲折离奇，只是一段偶遇，一段情谊，一段学琴的经历。一张古琴，贯穿从头至尾的整部片子。古琴的声音，就是师徒两人的心声。同时，他也看到了诗一般的寓意。看到了可以让中国的水墨动画大放光彩的形象。山，巍巍高山。水，清流潺潺。树，密密丛林。石，嶙峋怪石。琴，可以只有东方民族特有的古琴声，那琴声一定是想象中俞伯牙手指下的声音，要让它重放异彩，让千万人能听到听懂。

在艺术创作中，很重要的一条是选择的题材是否合适于创作者主观想追求的艺术形式感和艺术境界，比如现代几何形的建筑很难进入千变万化的浓浓淡淡的宣纸水墨画，而本片中的山水景物人物正好为水墨画的创作提供了无限的空间。剧本中的寓意和象征，把这个故事如一幢大宅中的两根主梁撑得结结实实，这是一个描写人文道德文化传承的故事，那巍巍的高山，似乎是高尚人品纯净精神灵魂的象征，它是文化的环境，它是精神的高地，它是人世的表率，它是千代众人的楷模。一个教师，是文化精神的传承者，他在这千千山万万流的环抱里，匆匆而过，然而他的精神境界却如那高山崇嶺。电影是视觉的艺术，艺术家通过视觉直接将山水的形象寓意传达给了观众。

影片题为《山水情》，山是什么？山首先象征了形象。水是什么？是与山共存的互为表里的自然形象，但在这里象征了高尚师生情感的万世流畅。水与山的黑白相对，动静对位，坚柔对抗，水从山上流下，水报以山万木燊生，万物生辉。能把这个故事的精神内核演化到只能意会而不可言喻的地步。

在一般的影片中,音乐常常是情绪、节奏,是影片内容的陪衬,一或渲染,包括风声、雨声、阳光、水流等形象,都是艺术家常用的手法,但在本片中流水,琴声都有了与主题密不可分的寓意和象征性的功能。琴声,成了琴师的心声,成了学生的心声,连"琴"和"情"二字的读音都是谐音。艺术品中不可能对观众直接说"它就是"三个字的注释,但让人回味无穷地在心底确认共鸣,这才是高手艺术家的杰作天成。妙音谓也。人们可以有更多的联想,一草一木,似乎都有神笔在诉说着能对应的世上精神物象。形象的象征和寓意,在这部影片里有了决定性的意义。同时,我们也应该注意到,影片可视形象的造型,是第一层次的影响着影片的质量。搞过动画片的人都知道,影片的画面静态效果是有两种因素组合的:人物和背景。在美影厂的历史上有一个世上很特殊的传统,把这两件事常常邀请给国内绘画行业中最重要的最有影响力的画家来担当,等这部戏拍完了,画家就走人。因为电影的影响巨大,美影厂也捧红了好几个画家,就为此专题笔者也曾在过去写过一专论,这次邀请了浙江美院国画系的吴山明和卓鹤君分别担任人物和背景的设计。

吴山明毕业于浙江美院附中,继毕业于浙江美院国画系,因突出的专业能力留校任教,继承了浙派国画精髓。浙江美院的国画教育一直在近代国内几大美院中独占鳌头。吴山明是 1959 年毕业于附中,笔者是 1960 年进附中,他的老师就是我的老师,他的课堂就是我坐过的课堂,他的课程就是我的课程,所以对他的绘画思路我还是非常了解的。这附中的 4 年童子功学的是俄罗斯契斯切可夫的立体法则造型体系。他进入大学,严格的基本功训练是国画人物专业,除了传统的国画技法还有科学的西画基础,那些年里国画系人物科开始在课堂上以人体模特写生训练,把西画中的人物比例、结构、空间,溶进传统的线条宣纸里,这些能量都会在以后的创作中按捺不住的冒将出来。他平时的人物速写画得非常棒,现在他在本片中的人物造型都有他速写的基础。他的速写,我们小班的人都常会在学校不同场合见到过。

选择谁来搞人物造型,如故事片中选主角演员一样的重要,我也曾听老故事片电影《南征北战》的导演成荫说起,当年他选中影片中的陈戈来演师长是全国不二之选的人。本片导演选中吴山明也可以说不二之选。

琴师,一个中国传统文化里的知识分子,他高智,他洒脱,他有情操有品格,一颗高高的大额头,扎一把古典的发结,身着长袍,鹤然独立,漂逸在群山环抱的古风里。画家用毛笔的各种锋芒,勾画有血有肉的形象,从额头到鼻梁的线条是显得那么的干净有力，冷俊陡峭，表现着一个有风骨的知识分子形象。那宽大衣襟看上去只寥寥几笔，却是将衣袍身材灵动的表述了出来。手和眼睛的结构传神且概括精准，把解剖、用笔、用线、空间、节奏、虚实，都定位到多一点有余少一点不准的高层艺术的笔墨形象中。他是李白，他是陆游，他是白居易，他是王冕，他是庄子，他是孔老夫子……他代表了中国悠久文化历史长河中的中国知识分子。

在本片以特伟为首的三位导演中，有一位是马克宣，他原本是吴山明附中时的同班同学，他对吴山明艺术的理解使他更会产生共鸣。特伟早在三十年代就是一位优秀的漫画家，他在人体上艺术科学的研究远远地超越了他周围的人，至今让专业人士看了也会惊叹不已。另一位导演阎善春，早年毕业于美院本科，对人物造型的研究都有大量的实践性经验。人物这一关这一导演团队会把握得游刃有余。卓鹤君也是浙江美院中国画系的教授，他的山水笔墨情趣从传统中走出，带着现代人的思考理念而公诉于世，在他的作品里我们可以看到传统写意笔墨的各种程式，但出其不意的创见又让他的作品发出另一样的新奇。他研究国际现代派、印象派、立体派、分离派，从这些世界新潮中汲取艺术的新生力。为了配合影片的整体风格，他在这里不像他搞学术实验性一样的放肆，但是，他平日在传统笔墨上的现代追求会在不经意之中依然有迹可寻。传统的审美依然是他的主旋律，但他还有他自己的创见。他在黑色的墨汁上寻找光的透明，他在繁茂紊杂的丛山里组合他的秩序，他从每一棵树每一块石每一条小溪上寻找东方人的审美情趣，他把国画中的留白运用得那么恰如其分，水雾白云有了灵气，墨色流动却绘出了锦绣河山。他笔下的茅屋，他笔下的芦苇塘，他笔下的山坡都演绎着水与墨的交响。那水，那墨，那纸在流动中合作后的边线水迹，都能成了他画面上独特的视觉新概念。丛横的笔意肌理表现出他从有法到无法的自由。他的山水已不同于黄宾虹，也不同于张大千，也不同于齐白石，也不同于他的老师陆俨少。他用了25年的努力去敲浙江美术学院的大门，在83年这时间节点上他考进了美院山水画系研究生的大门，师从陆俨少。

这两位浙美国画系教授的合作珠联璧合，让这次的水墨动画在总体上与前三部的风格上有了新的突破和升华，显示出浙江学院派国画的高度和威力，这里有过得硬的专业传统和新时期世界艺术新审美的结合。

三、《山水情》的艺术特色

著名动画导演阿达在访美期间,有人仰慕他的个人才华希望他留在美国能作更大的国际性发展,阿达谢绝了,他说:"我只是一个乐队的指挥,我的整个乐队在中国。"这是笔者采访阿达时亲口听到他说过的话。导演是一个乐队的指挥,动画是由各种艺术形式的综合性整合而成的精神产品。导演调动所有的艺术形式包装起一个完美的故事。如果要分析本片导演在这戏里是如何指挥这个乐队的各位乐手,那每一个组合其中的艺术形式都可以写一篇论文,诸如摄影、剪辑、音响、人物、背景、情节等,还有它们之间如何组合的艺术。笔者只有感而发地在意会到的地方作一些有限的探索。故事有了,人物和场景也已功课做足,能量集聚。

作为时间艺术的叙事模式,本剧并没有过多的剧情变化曲折迂回,或一波三折,只有后部一段少年回顾的一串镜头作为回溯。关闭型的叙事结构在短短的19分钟内,几乎是大道通天,一路向前。它的情节只为师生间的偶遇,传艺,惜别而设。所有的依据都回绕师生之情而嬗变。影片中最能值得让人研究的是运动中的视觉形象发出了震动人心的光华。

(一) 构图

在二维的视觉绘画中,构图是一门很关键的学问,会首先进入观众的视线,显示作品的整体品位。当电影在运动中时,其构图因素依然会在其中以主导视觉传达,只是摄影把镜头当成画面,导演把画面当成语言,银幕的四边依然是放大了的画边。

中国古代传统著名绘画理论家谢赫就把构图称为六法中的《经营位置》,而浙江美院院长潘天寿正是研究这一学问的大师高手。在摄影、导演、画家的联手合作下,这部影片构图上的成就是不言而喻的,几乎每一个镜头都可以做出一篇文章来分折。但从未有更多人从这样一个司空见惯的元素中去整体分析构图所带来的艺术冲击力。如少年和琴师摇着小船在山谷湍流中急行的那一镜头,那惊心动魄的横移,两岸的山和怪石都被安排成黑白灰的构成,除了均衡还有奇崛,还有数不尽的不平衡中求得平衡的视觉。

影片中,少年一路爬上山顶的山道小路,也可谓构图上的华美礼赞,小道两边的大块笔墨都只为陪衬左下角小小少年仰望看不见山顶的运动中的努力，大面积的笔墨只是气氛，而效果却意在小面积的一个小点上，这小点就是运动着的少年。艺术的反差就这样展示了视觉的趣味和魅力。

我们看最后影片结尾的一个镜头，在占画面的四分之一处左角下方跳出一块黑云状的墨块，这是高山之巅的象形，墨块上停格着一个远望少年的背影侧面像，他的右上方和其他两个角都是空空的留白，艺术家把国画中的留白运用到家，让人联想那里是老师远去的外面世界，是另一个高尚的精神境界，无限无极，这多么像南宋大画家马远的独特构图，被誉为"马一角"的专利，在画的一角大做文章，却让全局浮想联翩。虚实相生，无画处皆成妙境。本画面在时间的进程里，接着又在画面右下方跳出红色方印一章，这是中国画传统的标志性符号，无章不立画。最后在少年视线的右上角跳出工作人员名单和厂名，那左下角的少年定格成了永恒的丰碑，凝聚在艺术的长河里。是妙不可言的结尾，更是东方艺术家向这个世界庄严的献礼！

（二）现代视觉观念

作为美影厂的第四部水墨动画片，在本片中显然除了传统的继承，与以前的影片相比较，更有了一些显眼的突破和创造。其中对现代视觉观念的追求也是本片成功的法宝之一。在造型的手法上，除了线，还有破形而出的墨色，在少年的头发上，小船的边线上，树林，山坡，屋宇，这些形象的轮廓表述上都赋予了视觉艺术破形而出的新概念，一如印象流派对物体外形的解释，为物体的存在空间混成了一体，有了厚度，有了节奏。

边线的处理历来是各大艺术流派的必争之地。我们看到影片的第一个镜头，是一条河的两岸，对面一片丛林，镜头横移，看到濛濛雾化下有河岸和树林组合的剪影，那树林和天际，河岸和水面交接的边线，树的造型及岸的边际，在水和墨的新演泽里有了崭新的视觉。在这样灰濛濛的一片剪影里，隐隐地移动出全白色没有任何线条勾勒的老琴师的剪影，在岸边向前移动。这主角的出场着实让人惊讶，似乎是自然界里的一个精灵，一个神仙，一个不食人间烟火的隐士。怎么拍成的？动画片中很少见到这样的视觉，我估计是用了正片与负片的叠影，它在这部影片的开片第一镜头，用得恰如其分，把人物身份，剧情，和艺术家的创新意识都吊了出来。

芦苇荡用了各种直线，芦花形的灰色块，各种不规则的墨点，都这用非正常的用笔画出，而且不是自然形的描绘，而是一种印象式的造型美，把芦苇荡的空气都表现出来了。冻结了的湖水，是横扫的大笔触，茅舍的屋顶是咖啡色用镂板式的黑色刻出。水流浪花瀑布急湍,用传统的赛璐璐上的线条和淡色块压叠在背景上急变。

琴师跳上岸后的镜头,那山坡的边线完全是水迹的边缘,就是这样的非理性的偶发效果,被主创者选择强化入镜头,而且,它山坡的整体都是在淡淡的一片灰枯黄墨色里微妙的渗透,没有过多地用笔描述,却是强调了边线的偶发视觉。在这样一块新样的墨迹上有一个老者在山坡上倒下。

（三）材料特性

在我过去曾经发表过的一篇论文:《论美术片中的物理效应——材料和工艺因素的探讨》(发表于《当代电影》1986 年第 3 期),我努力在证明艺术由于材料的不同和工艺过程的不同会产生不同的艺术效果。

本片中有的镜头也同样在拍摄的工艺过程中改变了以往逐格拍摄的手法。把水墨画淋漓尽致的渗流效果搬上了画面。看得出来有的效果是随画随拍的跟踪再作后序的处理。

少年送别琴师时,在山顶独自用琴声送别恩师,化作一个个山山水水的镜头。那群山是从银幕上龟裂般地墨汁流动中层层迭出,这种龟裂墨块流动和非理性的墨韵天趣,用特别的工艺过程制作了出来,如大象无形,如离形得似,写出了无限的山水世界的情趣。用这种办法来描绘山脉的壮观,还是第一次出现在动画片中,它不是画出来的,而是自然的理性和非理性工艺过程中在宣纸上的展现,它是只有动画才能体现的一种视觉美感,它是出其不意的视觉美的创造,笔者在第一次看样片时见到这个镜头着实吃了一惊的感觉。画山水的画法自古有之,但在银幕上以时间的进程中叠印出龟裂状的黑墨流动再现,可谓千古第一。在美术史上如果画一个苹果,各种大师都在追求与众不同的画法,而本片的山,它做到了与众不同的画法,而且是表现得那么令人惊讶的新奇。这里是在不相同的材料里追求不同拍摄工艺过程的不同,收到了出奇制胜的奇效。

它抛开了动画逐格正面拍摄的老套,用不同的材料方法才有不同的效应,而且是运动中的效应。除了这些镜头在视觉上的新奇外,绝对不能低估它们在审美取向的价值观。一种现代运动中视觉肌理美的审美新时代,正在生机勃勃的挑战人们传统艺术之美。

（四）灰色调的运用

本片中运用灰色也非常独特。比较明显的是衣衫上的灰色处理。琴师白袍上常有一片灰色来衬托潇洒身材的立体空间和人物厚度。脱去外衣后的深灰色衣衫则用各种深浅不同的无序笔触涂出，但涂得却正当好处，细看这些灰色，既不是传统的随类敷彩式的描绘，也不是传统的重笔渲染，更不是契斯切可夫的明暗立体法测，又好像是在用德国派的结构，又好像是与明暗规则相反的用笔，但有节奏的笔墨黑线块在运动中画出了艺术家自己的语言。这色块常有深浅灰三层浑搭的笔触结合，边线模糊，看似乱涂，实则是艺术家多年修养笔触在这里的放肆，却把人物空间以独特的手笔立体呈现。这在人物身上如此塑造也是一个东方式的创举，其中有着破形而出的现代意识。

远山在一块块灰墨的层次中层层叠叠，无数的生命在各种灰色的形象里用不同的表现方法呈现出生命力。灰色里出现了许多肌理，把宣纸在淡墨浅层的细微变化静静的演奏出来。这语言是那么的低沉又那么的细腻，却犹如是合唱团里优美的女中音和最浑厚的男低音轮返演唱，是那么迷人动情。看那灰调子的各种不同肌理的山，那灰调子船的倒影，那灰调子屋檐下偶尔闪过的透明瞬间，冬日的河面，背景的白墙，炉火边的道具，积雪中的小河，过去的影片里真的找不到对灰色调如此大功能的发出威力。如果抽去了这些变化千万的灰色，这部影片还有这样的魅力吗？

（五）墨块的运用

本片中黑色墨块，有许多地方与灰色块并驾齐驱，不时地扮演着它无可替代的角色。与绘画所不同的是它在影片运动和有层次的空间里，除了笔墨感，影片中还给了墨块化黑墨为神奇的视觉象征力量，发生了诗意的嬗变。

少年送别琴师坐在山顶上，那山顶是一笔重墨横飞在画中心。等结尾成片尾的时候，这笔墨块如飞舞的云，如飞翔的大鸟，只是最简单的一块抽象黑色墨块，没有结构，没有立体空间，没有造型，但就这一笔似与不似之间也，却为影片说出了无限的艺术妙境。看得懂的人不用解释，太妙了。看不懂的人，慢慢总有一天会回头惊叹。

墨块是岸，是山，是瀑布两边的峭壁，是清流绕过的石群，是一把贯穿全剧的琴，是那艘满载情宜的小船，是构图中的构成，是具有诗意的发光体。墨块与留白相辅相成的对立。水为墨释放出千变万化的趣味性，墨块是源，多层的积压，更让它层层叠叠变幻莫测。作为水墨动画片，本作品在水、墨、纸的"三国大战"中，的确上演了一部威武雄壮的大戏，水联合了纸，共谋大战墨城的严威，逼迫墨城交出它墨城里的一切秘密。这里没有枪声烟硝，但震天动地的大战,煞是好看。墨润里流出了那么多的新面目,新性能,各种点线面,在各种不同程序下有了新视觉创建。片子只用了淡淡的一些色彩,大多是黑色的墨被逼出墨分五色的效果,这也是中国绘画传统的力量。当你看完这部影片,你根本不会觉得这里的群山是黑色的,这里的水是灰浆水。你还会问这里的人物没有投影,那么你去试问千百年中国绘画中的人物,在时光中活了几千年,为什么你们也没有投影,却让全世界人肃然起敬!为什么?那就是艺术家的威力。本片是一部无对白的无声片,它用琴声说出了一切,它用黑、白、灰的画面说出了一切,它用运动着的诗一样的电影镜头说出了一切,这可谓此地无声胜有声。

水墨动画的造型语言是本文探讨的主要内容,这里有静态和动态。一部影片的成功是各种因素的成功组合,本片还有许多可赞可分析的元素可写,诸如音响,剪辑的节奏,人物的动作设计,等等,笔者不想在这篇短文里细述。

本片是特伟、阎善春、马克宣三位联合导演的作品,也是特伟大师的收官之作,在1988年第一届上海国际动画节上荣获了大奖,后来还在国际上荣获过许多重要的奖项。从质量上看有人说是50年之内很难再超越的动画片,这是美影厂几十年探民族风格之路的艺术积淀的结果,是各部门人才济济下的共同合作的成果。很可惜,在1988年上海国际动画节闭幕式以后,几乎是一夜间,许多创作人员走向南方。有人传言:最后的疯狂。创作人员的流失使美影厂失去了最宝贵的创作资源。然而这些让人惊愕的创作经验一定还留在这块土地上,将会生生不息。

序跋书评

《美学拼图》绪论*

祁志祥**

（上海政法学院文艺美学研究中心　上海 201701）

2021 年是上海市美学学会的换届之年，也是上海市美学学会建会 40 周年的庆典之年。

按照学会的传统，每次换届时，学会都要将过去四年的美学研究成果作一次集中的展示，以保留过往，激励未来。本书就是 2016 年以来上海市美学学会的理论工作者代表论文的汇编。

然而本书展现在读者面前的，却是一个奇妙的美学拼图。来稿选题是自由的，但在无拘无束、自由多元的来稿中加以分类拼合，却成就了浑然一体、姿态横生的美学图谱。从美学前沿问题研究、话语体系的回顾与展望，到美学与政治、马克思主义美学，从美与审美的学理新探，到中国美学、外国美学研究，从音乐美学、表演与朗诵中的美学问题，到美育与文化、时尚与传媒，本书 40 多篇论文组合成 11 个有机板块，呈现出"块茎状"的结构方式。这是一个充满弹性的思想系统，一个没有设计的随机组合，一次没有彩排的成功会演，一次"无目的的合目的性"的雄辩实践。

这是一次具有极高水准的美学拼图。充当章节的论文，曾在《中国社会科学》《文艺研究》《文学评论》《文艺理论研究》《文艺争鸣》《学术月刊》《社会科学战线》《外国美学》《外国文学研究》等名刊发表过，经历过名刊审稿机制的严格筛选，不少论文发表后又被各类文摘刊物选载。可以说，很少有哪部学术专著拥有本书这样高的学术含量。

这是上海学者集体奉献的美学拼图。上海是高校林立的文化大都市，是

---

　　* 祁志祥主编：《美学拼图》，复旦大学出版社 2021 年版。

　　** 作者简介：祁志祥（1958—　），上海市美学学会会长，上海政法学院文艺美学研究中心主任，教授。

全国美学研究的重镇。复旦大学、华东师大、上海大学、上海师大、上海音乐学院、上海戏剧学院、上海政法学院、上海交大、同济大学、东华大学、华东政法大学、上海社会科学院等学府和研究机构，聚集着众多优秀的美学学者。但通常，著述都是单位或个人各自为战。唯有四年一度的学会会员成果集结，有机会将上海这么多高校的优质学者资源聚合在一起，成就一部书难得的豪华作者队伍。

本书也是上海学者最新的美学拼图。2013 年，上海市美学学会在商务印书馆出版《新世纪美学热点探索》；2017 年，学会在上海人民出版社出版《美学与远方》。本书是此书之后的新成果的结集。由于《美学与远方》早在 2016 年下半年就开始编辑，所以本书收文自 2016 年起，主要收集 2017 年至 2020 年 6 月发表的作品。所以说，本书是上海学者最新的成果展示。

本书本为学会换届而编，但换届之年恰好是学会成立四十周年的庆典之年。所以一举两得，当作庆贺学会四十周岁生日的献礼之物。

上海地处改革开放的前沿，是一座引领全国潮流的文化大都市。美学研究也不例外。紧扣时代脉搏，追踪前沿问题，是上海美学研究过去四年呈现的显著特色。复旦大学资深教授朱立元先生是上海市美学学会名誉会长。在 2020 年有关部门发布的中国哲学社会科学最有影响力学者排行榜中，朱先生以综合评分第一名列美学专业榜首。朱先生的研究是引领前沿的。他在《中国社会科学》发表的"文学作品的意义生成：一个诠释学视角的考察"就是这样一个既古老又不断出新的热门话题。在回顾了文学作品的意义由"作者中心论"到"文本中心论"、再到"读者中心论"的两个重大理论转变、反思其间的片面性和理论失误之后，他提出文学作品的意义来源于"作者与读者的共同创造"这个自己的看法，值得重视。"后学"是美学研究中极为前卫的话题。"后理论""后殖民"对中国当下文论和美学有何影响，"理论之后"又出现"理论之外"，二者有何联系与区别，华东师范大学新锐学者刘阳、吴娱玉对此加以专论，给人们带来了西方学说的最新动态，令人耳目一新。强调审美主体在审美经验中的主导地位，这是当代美学研究的最新动态。不过同时，伦敦大学的泽基教授立足于从主体的神经机制方面研究美的对象的客观规律，探索"走向脑基础的美的定义"，也属于前沿问题研究。上海社科院的青年学者胡俊这些年一直致力于"神经美学之父"泽基教授的神经美学译介和研究，值得参考。近年来，人工智能技术的迅猛发展带来了重大的文化变革。在文化变革中叙事是重要的推动力,其中科幻叙事占有重要地位,它更多地影响了社会叙事中的未来想象。澄清人工智能社会叙事的泡沫成分,对于当下的技术发展是有益的;同时,叙事本身对于文化调适也具有积极的效果。华东师大青年长江学者王峰的《人工智能:技术、文化与叙事》一文,阐释了"人工智能叙事"在快速发展的技术与因循保守的文化之间扮演的沟通和调节角色。

建构中国特色、中国气派的哲学社会科学话语体系,是时代赋予中国学者的崇高使命。然而由于反本质、反思辨、反体系的解构主义的盛行,过去被视为神圣的高不可攀的体系建构一度成了嘲弄对象。于是碎片化、表象化成为中国当下学术的突出特征,美学和艺术理论日益失去它应有的理论品格。这实在是不正常的。正是在这种情况下,建构中国风格的哲学社会科学话语体系要求的提出具有强大的现实针对意义。其实,现象描述易,本质归纳难;散点论文好写,逻辑体系难建。建立在扎实材料基石上的学科体系是研究者认识更为深入、丰富、完备的表现,是学术追求的最高境界,也是最后境界,值得一生为之奋斗。笔者就是其中孜孜以求、不改初衷的一员。在 2008 年出版《中国美学通史》(人民出版社)、2018 年出版《中国现当代美学史》(商务印书馆)的基础上,2018 年笔者又出版了《中国美学全史》,完成了对中国美学史学科体系的独立建构。提交本书的论文《中国美学精神及其演变历程》就是笔者从五卷《中国美学全史》中大刀阔斧、删繁就简抽象出来的思想结晶。它以"美是有价值的乐感对象"为抓手,分析中国古代美学精神的五大基本范畴及其子范畴,概述中国古代美学精神的演进历程,并紧扣五四之后及新中国的价值嬗变,揭示中国现代美学精神的历史演变。如果说笔者的此文是对既有成果的回顾,那么,陈伯海、金丹元先生提交的二文则是对如何建构中国文论话语体系和艺术学理论体系的展望。二位先生长期从事中国古代文论和艺术学理论研究,成果斐然,卓成大家。面对时代提出的体系建设要求,他们参古识今,都有独特感悟。他们在文中提出的对策性思考,足资后继者珍视和参考。

这几年,马克思主义美学成为当代中国美学界的显学。中国的马克思主义美学实际上是马克思主义美学的中国化。马克思主义美学中国化的历史进程与世界后现代主义思潮是同步发展的。华东政法大学的中青年学者张弓提交的《后现代主义与马克思主义美学美学中国化》就对这个问题作了很有意义的探讨。该文指出:"一方面,马克思主义美学在全球化的进程中与后现代主义思潮同步发展;另一方面,新时期以来马克思主义美学的中国化直接受到西方后现代主义思潮的影响"①、"关于日常生活审美化、文化热、审美意识形态论、大众审美文化、实践存在论美学、新实践论美学等问题的论争和讨论,实质上都是在后现代主义思潮背景下马克思主义美学中国化的具体表现和鲜活实践"②、"当今马克思主义美学中国化应考虑到后现代主义美学所提出的一系列问题,借鉴和吸收后现代主义美学对马克思主义美学本土化的经验和教训,保证马克思主义美学中国化的当代性"③。在西方当代美学中,理查德·舒斯特曼以"身体美学"闻名于世,成为中国当代美学的一个热点,于是与马克思主义美学在中国发生碰撞和化合。复旦大学张宝贵教授以"生活成为艺术的可能性"为切入点,对马克思到舒斯特曼这两个不同时期代表人物的美学思想的异同作出比较。他指出:"二人由各自哲学基础出发,都非常重视现实生活的审美属性,探讨了生活成为艺术的可能性及其现实途径。虽说在一些具体问题上二者的思路不尽相同,比如在生活成为艺术的可能性问题上,马克思更重视物质生产实践,舒斯特曼则青睐身体训练,但出发点均出自对人生存状态的关切。对今天建设美好生活的诉求而言,其中同与不同,见仁见智,均可参考借鉴。"④马克思主义美学在中国化的过程中,经历了一个从"照着说"到"接着说"的过程。对于马克思主义美学,中华美学如何创造性地"接着说"? 上海社联的资深学者夏锦乾撰文指出:中华美学与马克思主义美学的共同范畴可能有多个,但其中主要的一个是"意志"。通过对"意志"的批判性阐释,将马克思主义美学关于"人的能动性"、"人的本质力量"化入中华美学关于"意""志"的审美理论之中,不失为实现双方真正对接的有效途径。上海大学曹谦的文章指出:基于马克思主义的社会意识形态说,前苏联审美学派经历了布罗夫审美说、斯托洛维奇社会审美说、波斯彼洛夫意识形态说,它们的译介对中国 20 世纪 80 年代的文艺本质讨论产生了深远影响。童庆炳的审美特征论、王元骧的审美情感论、钱中文的审美反映论与审美意识形态论,就是其中的标志性学说。钱中文"文学是审美意识形态"学说的提出,标志着中国审美学派的确立。张永禄的文章指出:强化网络文学的现实主义特征,是马克思主义文化理论的基本价值取向,也是社会主义文艺的光荣传统和人

---

① 张弓:《后现代主义与马克思主义美学中国化》,《文学评论》2018 年第 1 期。
② 同上注。
③ 同上注。
④ 张宝贵:《生活成为艺术的可能性——马克思与舒斯特曼生活美学思想之比较》,《外国美学》2018 年第 2 期。

民文艺的基本经验①。网络现实主义创作作为较好体现了社会主义网络文化的美学特征和精神气象：题材开拓上，与新生活同频共振，具有鲜明时代感和现实气息；感情基调上，充满理想主义色彩和乐观向上的情怀；主体生成上，作者和读者共同创造现实主义作品；写作风格上，追求网文的娱乐性和现实主义的思想性结合。为推动社会主义网络文化的进一步发展，需要加强网络现实主义创作的评论与研究，警惕回到把现实主义庸俗化和窄化的老路；更要处理好顶层设计、网站管理和网络创作的三重关系，保证国家意识形态、市场运营和作家个体的和谐共振，奏响新时代网络文学的最强音②。

　　美学与政治的关系问题，不仅是中国美学、也是世界范围内的美学的热点问题之一。上海戏剧学院的王云教授一直致力于研究戏剧作品中的正义问题，他的《艺术正义的类型与亚类型》对此又有新的深化。文中涉及完全艺术正义与不完全艺术正义、经验性与超验性完全艺术正义、经验性与超验性不完全艺术正义，厘析更加细致入微。青年学者支运波以生命政治美学的研究与此殊途同归，形成合力。他的文章考察了当代意大利政治哲学家、美学家阿甘本的文学批评概念——姿态论，揭示阿甘本的姿态思想存在着由美学向生命政治以及生命诗学转变的潜在线索。上海第二工业大学吕峰的文章探讨了法国当代哲学家、美学家朗西埃的三种政治类型与艺术体制的关联。朗西埃以美学之名把政治引入了艺术体制的辨识中。通过对原政治、类政治、政治的三种感性分配类型的区分，塑形了艺术的三种体制，即影像的伦理体制、艺术的诗学/再现体制、艺术的美学体制。这种对应和关联的话语模式构成了朗西埃展开艺术、电影、文学批评的理论基石。

　　美与审美的本体构成如何，这是美学研究绕不过去的学理话题。本章各节体现了对这个话题的不同创新性思考。朱志荣曾提出"美是意象"，他的《意象创构中的象外之象》是与这个命题密切相关的进一步阐述。文章指出：象外之象是主体在审美活动中体悟物象或事象时，借助于想象力，调动起审美经验，从而使物象或事象与主观情意进一步有机交融。象外之象是主体依托于实象凝神遐想的结果，是一种无中生有的创造，是对时空的一种拓展。象外之

―――――――――――――――――――

　　① 张永禄：《坚持网络文艺创作的社会主义价值取向——新时代重视弘扬现实主义文学》，《毛泽东邓小平理论研究》2019年第9期。
　　② 同上注。

象不能脱离实象而独立存在，又对实象有所突破和改造，具有虚实相生的特点，乃至超越于虚实结合的象本身，达到无限。象外之象影响着主体对物象、事象的观取方式，受制于主体的审美经验，有助于呈现物象和事象的神似，并以其自由的形态获得了丰富的表现力。"艺象中包括实象和艺术家在创作过程中想象的象外之象，而欣赏者在此基础上又有自己想象的象外之象"①。艺术家的创作常常通过象外之象增强象对意的传达能力，给欣赏者留下足够的再创造的空间。孙超的文章剖析了中国古代诗学的本体论范畴"兴味"。"兴味"作为诗学范畴，主要指诗歌具有一种含蓄蕴藉、富有情趣，能引发读者极高兴致，能让读者回味无穷的美感。它兼有审美接受与创作发生两种指向，兼具诗学与日常两个维度，具有强大的意涵吸附性和文体开放性，在近代更一度成为小说文体批评的核心话语。时至今日，"兴味"的诗学意蕴继续向各艺术领域开放。刘旭光的文章对审美能力的构成作了别开生面的论析。他指出："审美能力是由四个层次的认知能力构成的综合能力：在经验层次上，它包括理智、情感、想象、感觉，以及它们在经验中锻炼出的敏感；在先天机制上，审美能力作为鉴赏力，是反思判断与获得自由愉悦的能力；在特殊认知层面上，审美能力是一些特殊的非理性能力，包括理智直观—直觉，静观、想象力等；在生命状态层次上，审美能力被视为一种进行特殊生命状态的能力，这些生命状态包括激情状态、体验状态、感官感知状态等。当代人的审美能力最本源的部分，是人类对于精神的自由状态的追寻与感悟能力"②。姚全兴既是学者，也是作家。他的文章结合自己的创作体验探讨了"臻美理念在艺术创造中的作用"。臻美理念来自人类的臻美需求，是一种发现美、追求美的创造性思维的思想和方法。从创造学和思维科学角度看，它能够有效地激发科学和艺术的创造性思维，导致科学和艺术创造的成功。文章结合文艺创作实际，阐明臻美理念的来源、原则及其作用，彰显了臻美理念在文学创作中具有普遍性、实用性。

中国美学是美学研究的重要领域。这里选取具有代表性的古今美学家，通过独特的个案研究，揭示他们中国美学史上的特殊意义。邹其昌曾致力于朱熹美学研究，《〈家礼〉的美学之维及其当代价值》就是朱熹美学研究系列中的一个成果。潘黎勇从"万物一体"精神方面解读蔡元培美学的"万物一体"精

---

① 朱志荣：《论意象创构中的象外之象》，《文艺理论研究》2020 年第 1 期。
② 刘旭光：《审美能力的构成》，《文学评论》2019 年第 5 期。

神,别具心会。在蔡元培这位末代翰林所赖以承受和汲取的传统思想中,宋明理学的知识系统与道德精神对他影响极大,蔡元培体之最深,发挥也最多。其中,理学的"万物一体"论构成他美学创述和美育实践至为重要的思想渊薮与价值源泉,无论是对西方美学的阐发、对美学启蒙宗旨的倡扬还是对美育的社会政治意义的寄寓,皆可从中剥离出万物一体的精神内核。汤拥华从宗白华反思"中国形上学"的难题,颇含玄机。周锡山总结了徐中玉文艺理论的三大研究风格、治学方法的五个首创性成就,对人们认识一代文论宗师徐中玉的学术风貌有很大的帮助。作为一代学术宗师,他不仅提供了示范性的研究成果,更向学术界提供了新的研究方法,对 21 世纪中国的文艺理论研究和发展具有很大的启示和指导意义。

德国女性学者劳伦·贝兰特分析霍桑《红字》的《国家幻想的解剖》是 20 世纪末叶以来"情感理论"的扛鼎之作。复旦大学的陆扬教授以"《红字》的情感理论维度"破译了贝兰特读霍桑的秘密。贝兰特认为霍桑是意有郁结不得通其道,故述往事思来者,将《红字》写成了一部国家认同的幻想型作品。而她则有意探讨作为国家主体的芸芸众生,为什么不光是先已分享了国家的历史或政治忠诚,同样也分享了一系列地方的和个人的情感形式。从身体的角度,特别是小说女主人公海斯特身体的角度来看《红字》,则不光可以读出性别压迫的先声,也可读出霍桑的公民观念和性别观念。黑格尔对古典艺术的解读人们耳熟能详,复旦大学李钧的《虚构与片面:黑格尔对古典型艺术的深度解构》则读出了一份新意。黑格尔既说古典型艺术是永恒的,又说它会逝去,原因在于黑格尔对于艺术的看法具有双重性。一方面他在意识层面上看艺术,古典型艺术是艺术的中心;另一方面他在概念的层面上看艺术,这个层面中古典型艺术只是艺术概念运动的开端。作为开端,古典型艺术具有虚构和片面的本质,根本上不能成为独立的知识。黑格尔对于古典型艺术的批判,实际上开启了对于现代艺术的建构。杜威的审美经验理论与现象学对审美经验的解释本身具有某种内在关联,但也不完全同一。华东师大的王茜对杜威的审美经验理论作出了现象学解读。她指出:杜威的审美经验理论恢复了审美意识与审美对象在审美活动发生过程中的原初统一性,表现出与现象学一致的超越二元论的理论追求;杜威对包含着意义的身体知觉的阐释,以及对情感所统摄的审美经验发生过程的分析也都显现出与现象学方法的一致性。杜威以经验主义与现象学相混合的独特话语方式展现了审美经验的自然发生过程,但是杜威的理论依然保留了二元论痕迹,始终停留在经验层面。艺术人类学是西方当代美学的一个重要主题。上海交大的尹庆红揭示了艺术人类学"从符号交流到物质文化研究"的转向。在西方人类学发展史上的大部分时间内,人类学与艺术的关系并不惬意,艺术人类学研究基本上处于一种边缘的不自觉状态。"到 20 世纪 60 年代,随着象征解释人类学的兴起,艺术和物质文化逐渐成为人类学研究的重要主题。象征解释人类学把艺术看作是一种语言符号的交流体系,主要用符号学理论来解释艺术品的意义,'符号—意义'成为其研究艺术的主要范式。20 世纪 80、90 年代,艺术人类学研究进入了一个自觉时期,艺术人类学在理论建构上的一个重要转向是由'符号—意义'研究转向对艺术品的能动性研究,'艺术品—效果'是艺术能动性理论的主要特征。自 20 世纪 80 年代后期以来,人类学研究中出现了物质文化转向,物质文化研究强调对艺术品的物质性的关注,'物质—艺术'之间的关系成为当今艺术人类学研究的一个新的方向。"①

上海音乐学院是全国音乐美学的重镇。杨燕迪教授是著名的西方音乐翻译家和评论家。他提交的文章从中国当前音乐生活状况出发,结合中外学者有关文学经典和音乐经典的相关讨论,对"中国音乐的经典化建构"的现实必要性和学理意义进行了充分论证,指出经典概念对于中国音乐建设具有积极的正面效应,对中国音乐的创作、演出和理论批评如何展开经典化建构提供了对策性建议。上海音乐学院的武文华就音乐审美的主体差异的合法性与客观存在的普遍性之间的对立统一、相反相成关系作出了自己的解析。毕业于上海音乐学院的赵文怡博士现在复旦大学读美学博士后。她既是古琴演奏家,也有良好的艺术哲学修养。"通过技术描摹阐发哲学旨归",就是她对《谿山琴况》前八况演奏美学的独特领悟。"和清""清远""古淡""恬逸",这既是演奏技法,也是哲学追求。

戏剧表演是美学研究的重要组成部分。上海戏剧学院戏文系的陈军教授关于曹禺舞台观的论文是戏剧表演美学的一份厚实成果。曹禺是中国现代戏剧史上集编、导、演于一身的全才艺术家,他的舞台观就是在此综合实践的基础上所形成的对舞台艺术本体的认识,包括舞台演绎以剧本为前提和基础、人物表演立足心理体验、舞台表演创造以观众为本位。上海政法学院的曾嵘关

---

① 尹庆红:《艺术人类学:从符号交流到物质文化研究》,《民族艺术》2017 年第 2 期。

于新中国"十七年"越剧的性别观探析饶有趣味。越剧是流传于上海和浙江一带的地方剧种,"十七年"间在上海发展至高峰。在中国众多剧种中,它以全部是女演员、擅演爱情婚姻戏、观众多为女性而著称。越剧中的主要男性形象,是一类有别于传统主流男性形象的、以婚姻家庭为生活重心的完美丈夫之形象。通过对此类男性的想象与向往,越剧提出了特有的"男尊女不卑"的性别观。它体现了上海女性群体对传统"男尊女卑"性别观的不满和保障自己基本权益的诉求。朗诵是与表演联系密切的一门艺术,但探讨这门艺术的美学论文并不多见。

上海戏剧学院的包磊的《朗诵艺术形态以及其中的表演元素》令人耳目一新。"长期以来,我们几乎已经习惯了那种情感单一、声音高亢的朗诵形式,似乎只需如此呈现便是朗诵。"[1]近年来,随着《朗读者》《见字如面》等电视节目的兴起,全国上下掀起了一股"朗诵热"。朗诵是一门语言艺术,它有文字、音韵、形式的美感要求。朗诵与其他艺术,特别是话剧表演艺术交集甚多。我们需要约束的是表演的使用尺度,而不是与表演的融合方式。朗诵中适当加入表演元素,可以增强朗诵的艺术感染力。

美在生活中,与其他文化形态呈现相互交叉交融状态。比如与旅游文化的交融。华东师大旅游系的庄志民教授一直从事旅游美学研究。他提出小镇与古村旅游美学的"知性"品格,颇值得关注。"知性"是介于感性与理性之间的一种审美况味。将其植入小镇古村旅游价值的开发中,就形成了具有世外桃源的"天堂"意味,又洋溢着浓郁亲切的家常生活氛围的知性之美。围绕知性美学品格,文章从全域旅游、社会生态圈和休闲时代旅居目的地三个方面,对小镇旅游开发设计进行初探性分析,为推动我国小镇的保护、利用,朝着科学而艺术的目标发展提供了可贵的建议。上海地处江南,有"江南文脉的历史传承与文化使命"。复旦大学的谢金良教授撰文指出:江南承载了厚重的历史而又不断推陈出新,成为中国精致文化生活的一个美好范本。审美基因是江南文脉的早期起源。审美思维是江南文脉的历史传承。审美追求是江南文脉的文化使命。华东师大附属中学上海枫泾中学是上海市的艺术特色学校,也是上海市美学学会的美与实践基地。校长陆旭东博士认为,美育是情感教育。中学生美育即培养学生健康、积极、有价值的快乐情感教育,每天都不能

---

[1]　包磊:《交集与界限——朗诵艺术形态以及其中的表演元素》,《戏剧艺术》2019 年第 5 期。

松懈。所以他提出"天天美育与情感教育"的口号，并带领团队进行课程化设计。在上海市进才实验小学任教的孙沛莹是学会秘书，也是美学爱好者。她在小学识字教育中注意传承汉字之美，并有心得发表分享，也可圈可点。

时尚与传媒是上海市美学学会成员的另外一组构成，二者之间存在一定的联系：时尚是要以传媒为手段的。本章收集了与时尚有关的文章三篇，与传媒有关的文章两篇。东华大学的王梅芳等以德波的景观问题论述为据，从主要题旨、深层逻辑及其统治形式三个维度对景观社会进行了立体化的重释，指出景观社会最明显的特征在于它是一种视觉传播化的统治。都市的现代性是时尚设计的新课题。上海师大朱军的《城市化：纪念碑性、魔性与诗性》揭示："纪念碑性"和"魔性"折射出城市化历史的不同脉络，前者是权力意志的体现，后者是商业霸权的张扬。都市现代性日益异化为符号的幻象及其统治。建构"诗性都市"的建构旨在实现诗性与日常生活的统一。上海纺织工业职工大学的徐天宇身处上海国际时尚教育中心教学第一线，他的《国际化视域下时尚教育的可持续性发展研究》就是教学经验的理论总结。广告是传媒的重要载体。复旦大学汤筠冰的《民国广告图形的风格谱系研究》将人们带到了民国广告大发展的黄金年代，领略了月份牌等多种中国特色的广告形式，以及国画、民俗画、西洋画对民国广告图形的影响。基于互联网的深刻变革，媒体转型已经成为当前传媒业的必然趋势。东华大学的陶奕骏以《新京报》的成功转型为个案，指出其在动态的传播环境中"变"与"不变"，将一份传统报刊逐步转型为集报、网、端、微多元立体的"四全媒体"，为我国传统刊物的融合发展提供了有益的启示。

追本溯源索真义 开启美学新篇章

——《朱光潜年谱长编》述评兼及
中国美学研究前瞻*

章亮亮**

（安徽大学哲学系　安徽合肥 230031）

摘　要： 朱光潜嫡孙、安徽大学哲学系宛小平教授的大作《朱光潜年谱长编》对著名美学家、中国现代美学学科的主要奠基人朱光潜先生"以出世的精神，做入世的事业"的理想信念和"鞠躬尽瘁，死而后已"的献身于美学研究、教育之精神进行了翔实的考察与细致的描摹。全书尤以原始资料与珍藏照片交相印证的方式更正了朱光潜研究若干错误；学术担当与研究取向融为一体的勇气澄清了朱光潜研究若干问题；整体透视与局部考察有机结合的视角肯定了朱光潜晚年学术活动，继而以朱光潜"人学"思想为范导，最终开掘出中国当代美学研究的"自然主义"新篇章，是迄今为止第一部也是最完备的、具有重要学术价值与文献价值的朱光潜年谱。

关键词： 朱光潜　美学　马克思主义　《新科学》　人学　自然主义

引言：《朱光潜年谱长编》付梓

近日，由朱光潜嫡孙、安徽大学哲学系教授宛小平先生独撰的《朱光潜年谱长编》（以下简称《年谱》）于安徽大学出版社正式出版。作为 2012 年度国家社科基金项目"朱光潜年谱长编"的最终成果与 2017 年度国家社科基金重大

---

　* 基金项目：国家社科基金重大项目"朱光潜、宗白华、方东美美学思想形成与桐城文化关系研究"（17ZDA018）。
　** 作者简介：章亮亮，男，安徽大学哲学系博士研究生，安徽大学出版社人文社科分社编辑。

项目"朱光潜、宗白华、方东美美学思想形成与桐城文化关系研究"的阶段性成果,《年谱》早在 2018 年就已申报并获批国家出版基金资助项目,在 2019 年年末就已下厂待印,受疫情影响,总归在这样一个青草池塘处处蛙的梅雨时节与大家见面了。《年谱》总体质量优良,是一部集学术性、阅读性、流传性于一体的上乘之作。与《朱光潜传》《朱光潜大传》等同类型专著相比,《年谱》具有诸多鲜明特点,囿于篇幅所限,简言之有三:

其一,作者在遵循年谱类专著编撰基本原则的同时,对《年谱》进行"长编":对谱主朱光潜先生的生平往事进行全景式的深入解剖,既围绕与朱光潜先生有直接关联的人物、事件真实地再现朱光潜先生的求学、研学、治学历程,对某些事件的记述精确到年、月、日、时、分;又从其他研究者、研究专著(论文)、学界对朱光潜先生的评价等角度,侧面展现朱光潜先生的学术影响力与治学处世品格,从而全面揭示出朱光潜先生学术思想从萌芽到雏形,到逐步发展再到不断修正、完善,最终日臻成熟形成完备的学术思想体系的全过程。

其二,《年谱》首次公开了大量有关朱光潜研究的新资料,主要包括:(1) 朱光潜先生未发表的私人日记;朱光潜先生夫人奚今吾、大女儿朱世嘉、小女儿朱世乐未发表的日记、回忆录。(2) 朱光潜先生与夫人、子女、亲戚、友朋,学界名流、名媛之间的往来信札、墨迹。这些信札、墨迹无论是从涉及的人员(几乎囊括了中华人民共和国成立前后文学、艺术、教育、科学等各领域知名人士以及世界范围内的著名美学研究工作者)上看,还是从内容(对相关美学问题的探讨,对相关著作、论文的意见与建议及评价,对自己治学为人处世态度的阐发,对婚姻家庭家风的看法,对后辈后学的提携教诲,对妻子、儿女、至亲流淌在心底的挚爱深情,等等)上看,无一不是润养朱光潜先生学术旨趣与人格秉性的点滴甘露,具有极其重要的文献、历史与研究价值。(3) 图片或照片(近 300 幅),主要为朱光潜先生故居回忆复原图;人物合影;朱光潜先生在海内外求学期间的学籍卡、成绩单、学业报告表、图书借阅证;论文、专著(初版)、信札、墨迹、日记、古籍批注的手稿;朱光潜先生私人印章;朱光潜先生担任社会职务的聘书;朱光潜先生外孙姚昕提供的有关朱光潜晚年学习、生活、工作的照片,等等。(4) 新发现的佚文、民国报刊、内刊。

其三,《年谱》由作者独立完成,撰写思路清晰、主旨明确、体例统一、重点突出,避免了由多人撰写不同章节、部分所造成的缺陷,最大限度地保证了其作为专著工具书的质量。《年谱》对朱光潜先生早、青、中、晚等不同时期美学美育思想的梳理;对学界涉及朱光潜研究若干错误的更正与若干问题的澄清;对美学大讨论前后朱光潜先生美学观点变化的辨析;对朱光潜先生晚年以马克思主义美学与维科的《新科学》为突破口,重铸自己美学思想体系的评价,等等,都体现出作者博大精深的学术造诣与继承中华民族优秀传统文化的学术担当以及弘扬新时代美学精神、探究新时代美学教育、构建新时代美学体系的现实关怀。

专著工具书的编著是一项极其艰巨的工程,诚如作者在后记中所言:"试想为这样一个大家编年谱谈何容易!"从起念直至《年谱》的最终编著完成,前后历经十年。当然,对诸如个别条目记事"无月、日可稽者,或附于其同年、同月之后,或编排在较适宜位置。无年份可稽者,附于邻近年份或相关记事之后,并酌加注释"这样无关宏旨的美中不足之处我们也无须求全责备,毕竟,作者借由对这些零散文献的爬梳剔抉,真实、完整、全面地展现了一代美学宗师朱光潜先生波澜壮阔的一生。我们亦无法否认,学术年谱类专著工具书的编撰自然有一套较为严格的律则需要作者恪守,但因无法割舍与祖父之间那深沉隽永的情感蕴藉而使得《年谱》从构思之初就"弥漫着家书的味道""附带有传记的色彩""流露出作者的心境",同时也成就了她回顾百年美学中国道路、书写一代宗师快意人生、寄托至爱亲朋无尽追思、开启传统美学时代新篇的"名家后代成衣钵,后代名家论先祖"的独到价值。下面从更正朱光潜研究若干错误、澄清朱光潜研究若干问题、肯定朱光潜晚年学术活动三个方面对《年谱》主要内容作一简要述评。

一、原始资料与珍藏照片交相印证:更正朱光潜研究若干错误

诚如作者在《年谱》后记中所言,朱光潜先生学术兴趣广泛,具有宏大广阔的世界主义视野,其一生的兴趣走向先是以桐城派古文为发端,后经由近代心理学、近代文学、近代哲学而交织最终落于美学,不仅如此,朱先生对每门学问的研究皆非浅尝辄止,往往是开一代之先锋。正因为如此,学界对朱先生本人以及围绕朱先生生平事迹的相关研究、论证都不可避免、或多或少地存在一些不足甚至是错误之处。《年谱》中,作者大量引用了由其首次公开的原始资料,并辅之同样首次公开的由其个人珍藏涉及朱光潜生平活动的照片,以图文互证的方式对学界有关朱光潜研究的若干错误作了更正。囿于篇幅所限,下面大致按照《年谱》的行文顺序择要摘选四处加以说明。

　　《年谱》开篇即在正文中对朱光潜字的含义作了详细的阐释:"孟"系兄弟行辈居长之义,"实"乃取诚实、踏实、求实之义。对此,朱光潜在文章①里也有十分清晰的解读:曾请方地山为自己写了一副对联,方地山遂书"孟晋名斋,知是古人勤学问;实心应事,不徒艺院擅英豪"赠予朱光潜本人。比对安徽教育出版社《朱光潜全集》所收录的方地山赠予朱先生的这幅对联,作者在查看了原对联后指出,下联中的"应"应改为"任","不徒艺院擅英豪"应改为"非徒文苑见英华",并赋以原对联照片(卷一图1-2)为证。

图11　卷一图1-2*方地山赠予朱光潜的对联

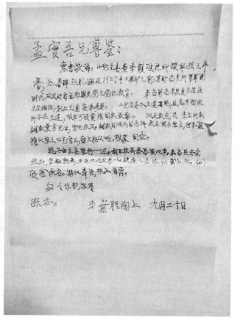

图12　卷十图10-23*1980年9月20日叶圣陶写给朱光潜的信

　　朱先生与友人于1925年2月开始筹办立达学会、筹建立达学园,有学者认为叶圣陶也是这一活动的重要发起人②。对此,作者首次公开了叶圣陶于1980年9月20日寄给朱先生的信(卷十图10-23),叶圣陶在信中已经明确表明自己未参与创办立达一事。叶圣陶写道:"弟(指叶圣陶)当时尚未与夏

---

①　此文约作于1983年,根据手稿整理以《答〈中国作家笔名探源〉编辑》为题收入安徽教育出版社出版的《朱光潜全集》第10卷(第665页),中华书局出版的《朱光潜全集》前15卷未收入,拟收入第16卷(尚未出版)。
②　详见朱洪:《朱光潜大传》,人民日报出版社2012年版,第46页。

先生(指夏丏尊)、匡先生(指匡互生)相识,创办立达实未参与。"

立达学园开学不满半年,朱先生即收到官费留英的通知,随后于 9 月 14 日夜 11 时 30 分乘沪宁线列车离开上海,至 10 月 22 日到达目的地爱丁堡。关于这期间的见闻,朱先生作了详细的记载,后以《从上海到伦敦:经哈尔滨,莫斯科,李加(未完)》和《从上海到伦敦(续)》为题先后发表在 1926 年的《寰球中国学生会周刊》第 239、第 240 期上。朱先生在《从上海到伦敦:经哈尔滨,莫斯科,李加(未完)》一文中写道:

> "九月十四日夜十一时半,乘沪宁车离沪,同行者谭蜀青、朱皆平……故车中尚不觉寂寞……遂到下关下车,时约七点半……朱皆平因事须往唐山逗留一日,遂先行……二十九日下午后十二时五十分乘中东车离长春……夜八时抵哈尔滨……因候下礼拜一赴满洲里车,须住五日……我等今夜(四日)乘车赴满洲里,明夜在满休息,后日再搭车到莫斯科,同行者朱皆平约在唐山车上相会,迄今仍杳无音信,不知能否赶上我等也。"①

作者据此指出了学界由于缺乏可靠翔实的史料支撑与严密谨慎的考证对比而长期存在的有关朱光潜赴英经历的两点错误:一是将同行者谭蜀青误称为谈声乙②;二是

---

① 朱光潜:《从上海到伦敦:经哈尔滨,莫斯科,李加(未完)》,载《寰球中国学生会周刊》,1926 年 4 月 10 日,第 239 期第 4 版。

② 王攸欣在《朱光潜传》中、朱洪在《朱光潜大传》中皆称谭蜀青为谈声乙(详见王攸欣:《朱光潜传》,人民出版社 2011 年版,第 74 页;朱洪:《朱光潜大传》,人民日报出版社 2012 年版,第 51 页。)。朱洪在《朱光潜大传》中未给出称谭蜀青为谈声乙的依据。王攸欣在其后于《朱光潜传》撰写并发表的两篇论文《从朱光潜佚文考其赴英及归国经历》(载《新文学史料》2017 年第 3 期,第 77—81 页。)《新见朱光潜佚文及相关史料综论》(载《中国文学研究》2017 年第 4 期,第 79—83 页。)中给出了称谭蜀青为谈声乙的依据。王攸欣在上述两篇文章中引 1925 年 10 月 3 日发行的《寰球中国学生会周刊》中一篇关于朱光潜赴英留学的报道(其中有"本届安徽官费留学生谭声乙、朱光潜、朱泰信三君……赴英留学……"的文字表述),据此认为谭声乙为谈声乙,又指出"朱光潜文也误为谭,不知因编辑缘故还是其他原因"。深究王文,这一结论并不准确,朱光潜本人在赴英途中的两篇游记里已明确提到谭蜀青,并未提及谭声乙、谈声乙,且 1925 年 10 月 3 日《寰球中国学生会周刊》中的报道在时间上先于朱光潜本人游记的发表,并非出自当事人之手。王文(其中已明确表示获取了朱光潜赴英途中所作的两篇游记,因此应当知晓朱光潜只提及谭蜀青)亦承认,据郭因撰《朱光潜》年表(详见郭因:《朱光潜(连载二)》,载《江淮文史》1993 年第 2 期,第 129 页。)与《武汉大学校史》(此引证文献仅标注出版社、出版年份,未标明作者、页码,因而来源不可考,应当为吴贻谷主编,由武汉大学出版社于 1993 年出版的《武汉大学校史(1893—1993)》)考定谭声乙为谈声乙(后又在《朱光潜在武汉大学经历及其后效》一文中改回为谭声乙),字蜀青,这是缺乏可靠依据的。更具决定性的一点在于,《年谱》卷四文末附有一张朱光潜在英国留学期间于明信片上记载的留学人员名单,其中就有唯一一名用红笔记下的同学——谭蜀青(S.Q. Tan 详见《年谱》卷四图 4-12)。此外,朱光潜在 1936 年发表的《王静安的〈浣溪沙〉》(详见《朱光潜全集》第 8 卷,安徽教育出版社 1993 年版,第 405 页。)一文中写道:"去夏过武昌,和友人谭蜀青君谈到这首词,他也只赞赏前段,并且说后段才情不济,有些硬凑。"王攸欣在《朱光潜在武汉大学经历及其后效》(载《新文学史料》2018 年第 4 期,第 94—99 页、第 72 页。)一文中指出朱光潜因校务和时任工学院院长"谭声乙(字蜀青)"闹意见,"谭声乙(转下页)

误认为朱皆平与先生一路同行①。细读此篇佚文，且比照朱光潜在英国留学期间亲笔记录的同学花名册（卷四图 4-12），可以明确，朱光潜提及谭蜀青且只和谭蜀青一路同行。朱皆平原与朱光潜、谭蜀青同行，三人于南京下关区下车后，朱皆平因事须往唐山逗留一日，故而独自先行，终未能履行与朱光潜、谭蜀青在唐山车上相会的约定。

图 13 《从上海到伦敦：经哈尔滨，
莫斯科，李加（未完）》

图 14 卷四图 4-12 * 花名册，红笔
所记 s.q.Tan 即谭蜀青

　　1929 年 11 月，朱光潜在大英博物馆翻译完成了法国作家柏地耶的著作《瑟绮和丹斯愁》（该书出版时因版本不同，译名不统一），并在《译者序》里称："译这篇故事时常常得凌的怂恿和帮助，在此应该道谢。"②关于"凌"，朱光潜

（接上页）是朱光潜安徽老乡……谭到格拉斯哥大学学机械、电气工程"。从朱文中不难看出，朱再次明确提及谭蜀青，且谭蜀青的文学素养颇深，与朱关系颇好，朱亦未提及谭蜀具有理工科专业背景。王文指出谭声乙时任武汉大学工学院院长，此说无从考证（王虽在文末注释中说明"据武汉大学档案所存聘任谭声乙为工学院长聘书"，但却未公开聘书的照片或聘书的具体内容、聘任的具体日期等关键信息。），且朱与谭闹意见以致于朱撤了谭工学院长之职，自己也辞去教务长之职的观点亦值得商榷，这并不符合朱光潜一贯为人处世的态度。谭声乙确有其人，但目前从现有已掌握并公开的文献上看，尚不能证明谭蜀青和谭声乙就是同一个人，且谭姓与谈姓不完全一致，谭与谈属于两个姓氏，二者不能通用，王攸欣的推论亦是缺乏可靠依据的。

　① 详见王攸欣：《朱光潜传》，人民出版社 2011 年版，第 74 页；朱洪：《朱光潜大传》，人民日报出版社 2012 年版，第 51 页。王攸欣在其后于《朱光潜传》撰写并发表的两篇论文《从朱光潜佚文考其赴英及归国经历》和《新见朱光潜佚文及相关史料综论》中对这一说法作了更正。

　② 朱光潜：《朱光潜全集》第 11 卷，安徽教育出版社 1989 年版，第 10 页。

在 1936 年撰写的《慈慧殿三号——北平杂写之一》一文里再次提到,朱先生写道:"有一天晚上,我躺在沙发上看书,凌坐在对面的沙发上共着一盏灯做针线……猛然间听见一位穿革履的女人滴滴搭搭地从外面走廊的砖地上一步一步地走进来……都猜着这是沉樱来了……"①有学者据此描述推断"凌"即为朱光潜夫人奚今吾②,作者明确指出这一推断是错误的。事实上,朱光潜在上述两篇文章中提及的"凌"均指凌叔华,究其原因,可以总结为四点:

其一,从朱光潜一贯的文字表达习惯上看,他并不以小名指称奚今吾。《慈慧殿三号——北平杂写之一》一文中亦有"三年前宗岱和我合住的时节""这是沉樱"的确切表述,"宗岱""沉樱"都是实名,学界有关"凌"是奚今吾小名的看法是缺乏可靠依据的。此外,《译者序》中的"凌"显然是朱光潜所要答谢的对象,在同样作为答谢语、由上海开明书店于 1932 年 11 月出版的《谈美》一书所附的致谢中,朱光潜亦写道:"这部稿子承朱自清、萧石君、奚今吾三位朋友替我仔细校改过。我每在印成的文章上发现自己不小心的地方就觉得头疼,所以对他们特别感谢。光潜。"由此结合朱光潜在文字上的表达习惯可知,"凌"与奚今吾并非同一人。

其二,从奚今吾本人的学科背景与晚年的回忆上看,"凌的怂恿和帮助"中的"凌"并非是奚今吾。朱光潜夫人奚今吾是理科专业出身,在巴黎求学期间主攻数学,回国后任人民教育出版社数学编辑。1927 年 6 月,朱光潜把奚今吾送到"离巴黎约一小时火车路程的奥勒翁女子中学"(奚今吾未发表的《回忆录》)并希望她在此初步学习法语以便到巴黎大学攻读数学。在朱光潜着手翻译并顺利译完《瑟绮和丹斯愁》的前后,即 1928 年 7 月至 1930 年春天,这期间奚今吾一直都在巴黎进修法语,同时做好进入巴黎大学攻读数学的前期准备,朱光潜则在巴黎近郊枫丹纳玫瑰村一个裁缝家租住。因此奚今吾也并没有过多的时间、精力、主观意愿"怂恿和帮助"朱光潜完成《瑟绮和丹斯愁》的翻译工作。奚今吾晚年有关朱光潜的回忆亦可证明上述观点,她在《回忆录》中写道:"说实在的,我以前(指"文化大革命"以前)对他的活动了解得很少,比如他所写的文章,我虽大半读过,但都是浮皮潦草地没有读懂……"(奚今吾未发表的《回忆录》)。可见,当时奚今吾即使特意或在朱光潜的推动下关注过《瑟绮和

---

① 朱光潜:《朱光潜全集》第 8 卷,安徽教育出版社 1993 年版,第 437 页。
② 参见朱洪:《朱光潜大传》,人民日报出版社 2012 年版,第 99 页。朱洪在文中称:"冬天的一个晚上,朱光潜躺在沙发上看书,妻子奚今吾坐在对面的沙发上做针线。"

丹斯愁》,也应当是像对待《谈美》那样进行相对简单的校对工作,而不足以在翻译本身这一问题上"常常""尽愿和帮助"。

其三,从朱、凌二者关系上看,朱光潜与凌叔华是故交。1931 年 8 月 22 日,凌叔华于罗马给当时正在斯特拉斯堡大学求学的朱光潜①寄了一张明信片(卷五图 5 - 11,首次公开)。信的全文如下:

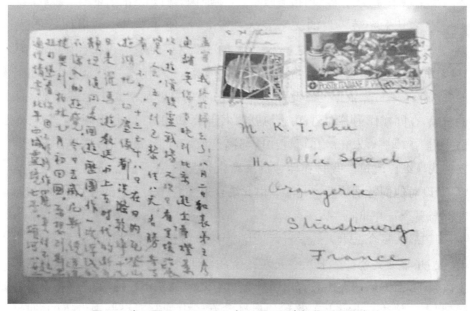

图 15　卷五图 5 - 11 * 1931 年 8 月 22,凌叔华于罗马寄给
正在斯特拉斯堡大学求学的朱光潜的明信片

孟实,我终于归去了!八月二日和表弟王彦通离英伦,当晚到比京(比京指比利时首都布鲁塞尔)逛宝希灯景,次日遊(遊今作游)滑铁卢战场,又次日看《里埃沿》展览会。五日到巴黎,住八天,名胜奇事看了不少。十三日至十八日在日内瓦登小游湖,把一切尘缘都洗涤干净。十九

---

①　关于朱光潜转入斯特拉斯堡大学的时间,学界普遍认为朱光潜于 1931 年 10 月或 11 月转入斯特拉斯堡大学。作者明确指出有两份重要资料可以证实朱光潜于 1930 年夏季学期伊始即在斯特拉斯堡大学完成学籍注册。一份是朱光潜在民国十九年十一月填写的《安徽省费奖学金留学生每月学业报告表》,在报告表中朱光潜写道:"从这个夏季(学法语)的学期开始在斯特拉斯堡学习。月初从斯特拉斯堡返回,已修完斯特拉斯堡大学《法语与法国文学》的夏季课程。"另一份是朱光潜夫人奚今吾未发表的《回忆录》,奚今吾在《回忆录》中写道:"1930 年春天,算起来在奥勒翁女子中学只住了一年零几个月时间,在语言方面我们已基本没有障碍了。我们离开了这所学校,转到了法国与德国相邻的城市斯特拉斯堡,当地居民通用法语和德语,朱先生选择这里以便学习德语。"(奚今吾未发表的《回忆录》)由此可以明确,朱光潜最晚于 1930 年夏季即在斯特拉斯堡大学完成学籍注册。

日来罗马,游教廷与上古时代的断瓦颓垣,随同美国游历团作一次"浮浅的不深入"的游览。今日去威尼斯,绕道过捷奥到柏林,九月初回国。原想到斯特拉司(司今作斯)堡看你,因不顺路作罢。真对不起。通信请寄北平西城灵境七号颂河。

八·廿二

信中凌叔华向朱光潜详述了其和表弟王彦通离英回国的具体日程安排,并告知了回国后的通信地址,还特别写道:"原想到斯特拉司(司今作斯)堡看你,因不顺路作罢。真对不起。"此信极其家常化的内容以及近乎亲人之间亲切温和的表达语气足以证明,朱光潜是凌叔华熟识已久的老友,"朱"能"得凌的怂恿和帮助"以完成译著《瑟绮和丹斯愁》亦是顺理成章的事。

其四,从《慈慧殿三号——北平杂写之一》一文的撰写时间上看,凌叔华当时客居慈慧殿三号。《慈慧殿三号——北平杂写之一》发表时间为1936年8月,所述之事应当发生在1935至1936年之间,在此段时间内,凌叔华因其恩师克恩慈女士在京逝世于1936年1月携朱利安·贝尔(当时凌叔华与朱利安·贝尔之间的婚外恋已处于半公开状态)赴京吊唁,后又带朱利安·贝尔游览名胜古迹并将其引荐给朱光潜、闻一多、朱自清、齐白石等京城名流。原住慈慧殿三号的梁宗岱因婚变案被北京大学解聘后已于1934年暑期偕夫人沉樱旅居日本叶山,1935年后归国受聘于南开大学外文系。故而从1934年暑期开始算起,朱光潜成了慈慧殿三号唯一的主人,慈慧殿内的斋院也变得更加宽敞,工作室同时兼有会客厅的功能,这一点从奚今吾"朱先生把书桌放在客厅里"(奚今吾未发表的《回忆录》)的回忆中亦可得到印证。凌叔华与其夫陈西滢都是朱光潜的老友,"凌"在京期间暂住慈慧殿三号朱家本就在情理之中,且提及"凌"亦可让老友陈西滢放心,毕竟"凌"住在友人家,反之,如若"凌"、朱、梁、沉不是至交,也不会有朱和"凌""都猜着这是沉樱来了"的记述。

以上方地山所赠朱光潜之对联原文、叶圣陶实未参与创办立达、谭声乙实为谭蜀青之误称、"凌"指凌叔华而非朱光潜夫人奚今吾仅为《年谱》正文前60页中的四处重要勘误,凡此种种,均可详读《年谱》。

二、学术担当与研究取向融为一体：
澄清朱光潜研究若干问题

在《年谱》的撰写过程中，作者始终秉持实事求是的治学原则，当然，就像作者本人在后记里所说的那样："我也无须讳言，作为朱光潜的后代，有着得天独厚的条件"。我们不能因此把《年谱》中对涉及朱光潜研究若干错误的更正看作身为朱光潜嫡孙的宛小平的带有对谱主明显情感倾向的个人行为。毋庸置疑，朱光潜美学实际上是近百年中国美学发展的一个缩影，在这个缩影中遗存下诸多围绕美学产生的疑问，对涉及朱光潜研究的若干历史性错误进行必要的更正，其意义是不言而喻的。不仅如此，作者还将研究取向集中在了澄清朱光潜研究领域若干悬而未决的问题上，以开阔的视野、翔实的考据、缜密的思维对浩如烟海的原始文献之间错综复杂的关系搜剔耙梳，尽最大可能把长期困扰学界的种种争论朝着历史事实的真相推进了一步，展现出强烈的学术担当意识。同样囿于篇幅所限，仍大致按照《年谱》的行文顺序择要摘选四则加以说明。

1933 年朱光潜从马赛回国后定居于北平地安门里的慈慧殿三号，不久后①在慈慧殿三号的寓所中创办了闻名遐迩、名流汇聚的读诗会。关于参加读诗会的人员目前学界尚未形成统一认识，作者不做武断，罗列朱自清、沈

---

① 关于读诗会正式举办和结束的时间，学界在后一个问题上已基本达成共识，有关读诗会的最后一次确切记录见于朱自清作于 1935 年 11 月 10 日的日记中，在现有已公开文献中尚无可以证明读诗会延续至 1936 年的可靠证据。在前一个问题上，学界尚有争论，作者认为读诗会正式举办的时间是 1935 年初，理由有二：其一，朱自清在 1935 年 1 月 20 日的日记中明确记述了朱光潜当天在家举办读诗会的情况。其二，1935 年 2 月 7 日刊发的《北洋画报》登载了一篇署名"无聊"、题为《朱光潜发起读书会》的文章（详见无聊：《朱光潜发起读书会》，载《北洋画报》，1935 年 2 月 7 日第 25 卷第 1202 期，第 1 页），文中对 1 月 20 日读诗会的记载详至开会的具体时间（下午三时）、参加人员、朗诵剧目、剧本剧情介绍、朗诵人员介绍等诸多细节，并明确提及"其第一次会已于日前（即 1 月 20 日）举行""第二次已定在二月上旬举行"。当然，1935 年 1 月 20 日并非现有已公开资料中有关读诗会举办时间的最早文字记录，朱自清在 1934 年 5 月 23 日的日记中首次提及了朱光潜家的读诗会，但参加这次读诗会的人并不多，其规模远不及 1935 年 1 月 20 日的那次。更早的时间是李醒尘在《朱光潜传略》中指出的 1933 年（详见李醒尘：《朱光潜传略》，载《新文学史料》1988 年第 3 期，第 129 页），李醒尘并未给出持此说法的依据。作者并不赞同李醒尘的这一观点，指出朱光潜最早至 1933 年 10 月才在慈慧殿三号安顿下来，当时课务繁多，尚无精力主持此类聚会，即使如李醒尘所言，将举办的时间推至 1933 年年底，作为朱光潜至友的朱自清也不会不在日记中提及，事实上朱自清提及读诗会的最早时间就是 1934 年 5 月 20 日。由此，作者进一步指明，朱自清 1934 年 5 月 20 日提到的读诗会与李醒尘所记述的 1933 年的那次读书会都应当是在朱光潜家举办的由北平文人参加的有关诗歌讨论的非正式聚会。

从文、顾颉刚、周作人、李醒尘等诸家之说制成朱光潜"文学沙龙"——读诗会参加成员一览表附于正文相应位置。值得注意的是,现有已公开文献均未提及启功参加过读诗会,作者据朱光潜留下的一把启功所赠的折扇判定像启功这样与朱光潜情趣相投的文人理应是读诗会的重要成员。此把折扇一面是启功所绘山水画,另一面是启功亲笔所书组诗《论书绝句》前二十首中的十一首(卷六图 6-3),诗后附题"孟实先生哂正"。遗憾的是,启功先生没有落款写明时间,但作者仍从十一首诗中见出端倪。细读折扇上所书诗文可以发现,启功写给朱光潜的十一首《论书绝句》与其 1949 年后公开的十一首《论书绝句》相比,有七首在个别文字上稍有出入,囿于篇幅所限,仅拣选有代表性的两首为例加以分析①,具体参见下表(为说明问题,以折扇版指代写给朱光潜的十一首《论书绝句》;以 1949 年版指代 1949 年后公开的十一首《论书绝句》):

折扇版中诗句	1949 年版中诗句
漆书太始接元康	漆书天汉接元康
大地恒沉万国鱼	大地将沉万国鱼

　　第一例 1949 年版中诗句为"漆书天汉接元康",此诗题为汉晋简牍,据启功自注,此诗"作于一九三五年,其时居延简牍虽已出土,但为人垄断,世莫得见。此据《流沙坠简》及《汉晋西陲木简汇编》立论。二书所载,有年号者,上自天汉,下迄元康"②。对比折扇版有两处差异:其一,折扇版中此诗并无标题;其二,"天汉"折扇版中作"太始"。由此易见,诗题汉晋简牍是后来所加的,将"太始"改为"天汉"亦是经过了一番严谨考证,这说明折扇版中此诗的写作时间最迟不会晚于 1935 年。第二例诗主要表达由观王羲之《丧乱贴》所引发的对时世的感慨。据启功自注,此诗作时"当抗战之际,神州沦陷,故有此语"③。启功点明了此诗作于抗战之际,再结合 20 世纪 80 年代启功所著《论书绝句》

---

　　① 另五首中诗句及其对应的变动为:"十年校遍流沙简"句"遍"原作"编";"翰墨有缘吾自幸,居然妙迹见高昌"句"有"原作"回","吾自幸"原作"关福命","居然"原作"当时";"一自楼兰神物见"句"见"原作"现";"定武椎轮且不传"句"椎轮"原作"真形","且"原作"久";"千文真面海东回"句"真面"原作"八百","海东回"原作"渐东来"。
　　② 启功著,赵仁珪注释:《论书绝句(注释本)》,三联书店 2002 年版,第 2 页。
　　③ 同上书,第 6 页。

图 16　卷六图 6 - 3 ＊ 启功赠予朱光潜的折扇，
上附启功亲笔所书组诗《论书绝句》

一书引言中"此论书绝句一百首，前二十首为二十余岁时作"①这句话来看，此诗的写作时间范围应当是 1933—1938 年，即启功 21—26 岁之间。作者特别指出"恒"字意表"永久、持久"，在诗句中似流露出悲观情绪，"将"字则表明启功只是把日本的侵华、国土的沦陷看作一个不可避免的历史事件，对抗日战争必将取得胜利的信念犹存。显然，从历史发展的趋势，中华民族的解放、抗日战争的胜利、认识发展的规律上看，"恒"字所在的折扇版当作于"将"字所在的 1949 年版之前。这就进一步证明了，启功书于折扇上的十一首《论书绝句》的创作时间也就是朱光潜在慈慧殿三号寓所中举办读诗会的时间。不仅如此，当时启功经陈垣先生介绍在辅仁大学美术系任助教、讲师，朱光潜亦在辅仁大学兼授英文课，诚如朱光潜所回忆的那样："我发起了一个文艺座谈会，按月在我家里集会，请人朗诵诗文或是讨论专题。当时北京文人很少没有参加过这种集会的。"②故而作者才给出了"启功很有可能也是先生家读诗会的成

---

①　启功著，赵仁珪注释：《论书绝句（注释本）》，三联书店 2002 年版，第 3 页。
②　北京大学节约检查委员会宣传组编：《三反快报》，1953 年 3 月 29 日第 3 期。

员"这样的结论。

1935 年 12 月,朱光潜在第 60 期《中学生》杂志上发表了《说"曲终人不见,江上数峰青"——答夏丏尊先生》一文,此文一出即引发了鲁迅作《"题未定"草(七)》以"割裂为美"为标靶对朱光潜的点名批评。关于鲁迅写此文批评朱光潜的动机,学界有许多看法当属猜测且都无实据可考,代表性的看法有两种:一种认为朱光潜在 1926 年 11 月第 1 卷第 3 期《一般》杂志上发表的《雨天的书》一文中"鲁迅先生是师爷派的小说家……在《华盖集》里不免冷而酷了"①的词句刺激了鲁迅②;另一种认为朱光潜和周作人关系较近,二人同属"京派",而当时周作人已和其兄鲁迅反目,鲁迅遂将批判的矛头指向了朱光潜。作者认为上述观点均缺乏足够可靠的理据,鲁批评朱的真正且深层原因是"鲁迅不满朱光潜正在筹划的《文学杂志》中所传达的文学理念和自己所持有的观点不合"。具体来看,鲁迅视"京派"为所谓"帮闲文人",在《"题未定"草(七)》之前于同年作过《"京派"和"海派"》和《从帮忙到扯淡》两篇文章。《"京派"和"海派"》一文中"我是故意不举出那新出刊物的名目来的"③正话反说式的声明直接把批评的矛头指向由朱光潜任主编、正在筹办过程中的刊物《文学杂志》,在鲁迅看来,尚未诞生的《文学杂志》是"北京送秋波"与"上海来'叫虚'"一拍即合而成的"京海杂烩"。《从帮忙到扯淡》则是讽喻主张、帮忙创办《文学杂志》的人(鲁迅并未点名)为空有"帮闲之志"实无"帮闲之才"的"帮闲"之人,并明言:"但按其实,却不过'扯淡'而已"④。显然,亦如作者所言,在这次批评中,"朱光潜很快就成了'左翼'文人的'靶子'",而当时朱光潜本人由于刚回国不久,对国内业已兴起的"京派""海派"对峙浪潮不甚了了,在"初出茅庐,不大为人所注目或容易成为靶子"⑤的假想与公推下担起《文学杂志》的主编之责,受到鲁迅点名批评自是意料之外、情理之中的事了。

1939 年 7 月,一篇署名"光潜"、题为《周公思想及其治教》的文章发表在《赈学》创刊号上,关于此文是否为朱光潜本人所作学界尚存争议。作者认为至少可以从四个方面审察继而判定《周公思想及其治教》并非出自朱光潜本人之手,首先:《赈学》由赈学合作社创办,该社实际上是日本人建立并操控的反

---

① 朱光潜:《朱光潜全集》第 8 卷,安徽教育出版社 1993 年版,第 191 页。
② 参见商金林:《朱光潜与中国现代文学》,安徽教育出版社 1995 年版,第 177—178 页。
③ 鲁迅:《鲁迅全集》第六卷,人民文学出版社 2005 年版,第 357 页。
④ 同上书,第 357 页。
⑤ 朱光潜:《朱光潜全集》(新编增订本)第 10 卷,中华书局 2012 年版,第 7 页。

动政治组织日伪北京新民会的一个下属机构。时年朱光潜已逃难入蜀，跨越 1 500 余公里在北平日伪刊物上发文的可能性微乎其微；其次，文中许多用词并非符合朱光潜一贯的文字表达习惯，例如"泰西""请先就""笔者"等；再次，文中要旨在于鼓吹学习周公如何"建设王道国家"，这颇似日奸的语气大大增加了此文为伪作的可能性；最后，也是具有决定性的一点，朱光潜在 1941 年写过一篇题为《政与教》的文言文，此文诚如朱光潜自己所言："还是弹'学术自由'的老调，主张政教分立，用意还是反对陈立夫的党化教育。"[1]显然，朱光潜强调学术自由、倡扬政教分立的基本立场和《周公思想及其治教》中"政教合一"的主张以及周公推行政教合一的方法是制礼作乐的观点相去甚远。

1946 年 1 月 25 日，南京国民政府教育部决定重建安徽大学并任命朱光潜为国立安徽大学筹备委员会主任委员，朱光潜没有接受这项任命。究其原因，作者细陈朱光潜之衷悃有四：

一者为朱光潜在作于"文化大革命"刚开始阶段（1966—1967 年间）的《我的简历》一文中的回忆：

> "抗战胜利后内迁的学校筹备复原，伪教育部长朱家骅接受副部长杭立武（我的同乡和留英同学）的建议，任命我当安徽大学校长，我不愿搞行政职务，辞了没有就，回到北大。"[2]

二者为朱光潜在 1947 年第 7 期《自由文摘》上所发表的《谈心》一文中所表露出的心境。作者强调，《谈心》并未收入安徽教育出版社与中华书局出版的《朱光潜全集》，从内容上看，"既谈到兴趣开始转向哲学，又说明对自我反省的结果是觉得自己兴趣还在'学问'上……更重要的是，这篇文章说明了日后做'学问'努力的方向"，足见《谈心》是朱光潜的一篇极其重要、受其本人偏爱的自述文。以下摘抄的一段话足以揭示出他力辞不受安徽大学校长一职的根本原因：

> "今年我已快满四十八岁，以中国人寿平均在六十岁计算……剩下底

---

[1] 北京大学节约检查委员会宣传组编：《三反快报》，1953 年 3 月 29 日第 3 期。
[2] 朱光潜：《朱光潜全集》（新编增订本）第 10 卷，中华书局 2012 年版，第 277 页。

光阴不算长。如果努力,也还不算太短……功名事业,我素来不大感觉兴趣……我还有相当勇气,颇想尽量利用我还可以作主底一段时光,我的兴趣大体是在学问……我打算以剩下来底大部分时光,翻译几部真正重要底哲学著作……先把克罗齐,康德,赫格尔三人的美学著作译成……还想写一部综合 Strauss Reman Papini 三人之长的耶稣传……假如能把唯识宗摸索清楚,我也就算了了心愿。"①

三四者为朱光潜在"三反五反"运动中所作的自我检讨:

> "抗日胜利之后,朱家骅听从杭立武的推荐,要我去办安徽大学。我没有去安大而回到北大,这有两个动机。第一是看北大在全国大学中地位最高,而且有胡适做校长,我想靠着他,在文化教育界形成一个压倒一切的宗派,就是造成一个学阀。其次,安徽局面小,北京局面大,当时除南京以外,北京是一个反动政治的中心,活动的范围比较大。"

令学界欣喜的是,诸如朱光潜最终放弃入读牛津大学转而在爱丁堡大学学习的缘由、《心理上个别的差异与诗的欣赏》一文的写作目的、1939 年转赴武汉大学的动因、就任武汉大学教务长的确切时间、在 1949 年中华人民共和国成立前夕试图赴香港大学的微妙心理动态、残稿《中国画史提要》所呈现出的在中国绘画史方面的研究成果与绘画美学在其美学思想系统中的地位以及所揭示出的中国绘画从六朝走向现代的道路等诸多涉及朱光潜研究更深层次的学理性问题,作者都在《年谱》中一一澄清。书难尽意、评有不足,我们不再详述,有必要点明作者在阐释这些问题时所首次公开的各类型原始资料尤为值得学界重点关注。

三、整体透视与局部考察有机结合: 肯定朱光潜晚年学术活动

针对朱光潜晚年呕心沥血地翻译研究维柯《新科学》、马克思《1844 年经

---

① 朱光潜:《谈心》,《自由文摘》1947 年第 7 期,第 15 页。

济学—哲学手稿》中《异化的劳动》和《私有制与共产主义》关键性两章（朱光潜
称之为马克思主义美学思想的奠基石）以及其他马克思主义经典著作的学术
价值，作者通过从整体（朱光潜对自己宏大精深、吐故纳新的美学思想体系的
构建）推衍至局部（朱光潜对马克思主义美学理论与维柯《新科学》的吸收、转
化），再由局部回归于整体的双向透视，揭示出朱光潜晚年学术活动的原貌并
对其加以肯定，予以"以维柯和马克思美学研究为突破口，重铸晚年学术风范"
的总括性评价。全面深入地理解作者的这一评价对正确认识朱光潜晚年的学
术活动乃至"美是主客观统一"美学思想的发展脉络有着决定性的影响。

　　学界已基本达成共识，"美是主客观统一"的命题在朱光潜美学思想体系
中大致经历了三个时期的具有不同出发点的表述：第一个时期以克罗齐的
"直觉说"为出发点，综合了利普斯的"移情作用"、布洛的"心理距离"、谷鲁斯
的"内摹仿说"、闵斯特堡的"孤立说"、英国经验主义哲学的"联想主义"等诸家
之说，认为美就是"直觉"与"形式"（或"情趣"与"意象"）的统一；第二个时期接
受并以马克思主义意识形态理论为出发点，指出美是"主观方面的意识形态"
与"客观方面的某些事物、性质和形状"（人的"社会性"与"自然性"）的统一，并
且美是与人（作为社会性存在）、人的意识形态紧密关联的；第三个时期受马克
思主义实践观启发并以此为出发点，强调美的本质应当是作为劳动的"自然的
人化"以及"人的本质力量的对象化"，美即作为主体的人之主观和与人相对应
的作为客体的自然之客观的统一。从三个时期出发点及与之相应的"主观"
"客观"具体所指的变化发展过程中不难发现：首先，朱光潜在探索构建这一
命题的开始就自觉地保有自我反思、自我否定的谨慎研学态度，也正因为如
此，"美是主客观统一"的命题不是死板僵化、枯燥艰深的冰冷理论，而是活生
生的引领美学发展、自身具备逐步深化与不断完善机能的源头活水；其次，贯
穿这一命题始终的思想主轴是"实践"，即美是主客观统一下的"直觉"隐于"意
识形态"，"意识形态"亦孕于"实践"。"直觉"与"意识形态"不仅不与"实践"相
背离，反而恰恰是达于实践所必经的逻辑环节；最后，在逻辑上为美学由基础
心理学进阶到哲学—美学；由认识论进阶到存在论；由康德-克罗齐进阶到马
克思的最终转向作出了合乎学理的阐释。

　　当然，我们不能将这一"变化发展过程"作为朱光潜倾力研究马克思主义
的内在动因加以反证，那样一来，对马克思、维柯的研究就变成了一种预先设
定好的"按钮"，只要"在将来"按下这个"按钮"，"变化"就自动生成了，故而，我

们依然要从"美是主客观统一"命题形成的第一个时期中寻找答案。如上所述,朱光潜是一个具有不断自我反思、自我否定、自我批判精神的学者,这种精神在其于 1948 年出版的《克罗齐哲学述评》中体现为如下表述:

> "自己一向醉心于唯心派哲学,经过这一番检讨,发现唯心主义打破心物二元论的英雄的企图是一个惨败,而康德以来许多哲学家都在一个迷径里使力绕圈子,心里深深感觉到惋惜与怅惘,犹如发现一位多年的好友终于不可靠一样。"①

对这段自我剖析式的"检讨",作者给出了平实可信的评价,敏锐地指出朱光潜"这一自我纠正错误的行为反映出孜孜不倦追求真理的学术良心","同时,也可以略窥中华人民共和国成立以后接受马克思主义辩证唯物论实践观的思想线索"。事实上,朱光潜在阐明"美是心与物媾和的结果",并将"直觉"概念置于心理学的视阈下重新审视的时候,就隐约地感到了横亘在二者之间的不可逾越的鸿沟,但也仅仅是将问题的根源导向克罗齐的"机械观",而当他将"直觉"还原至哲学的母体当中后,才猛然发现克罗齐的根本错误不在于将"人生"与"艺术"、"直觉"与"概念"相割离,而是直接地、根本地否定"物"的存在,如此,克罗齐的"直觉"概念本就没有任何可以被理解为"心与物媾和"的可能。正是在这样的一种学术自省下,朱光潜的视野转向了马克思,并借由对唯物主义反映论的研究开启了新的学术求索之路:赞同存在为第一性,意识为第二性的观点——承认将美是主客观统一建立在"直觉"之上是主观唯心主义——创立"物甲—物乙"说——提出"意识形态"论……最终在对有机整体的寻觅中与马克思《1844 年经济学—哲学手稿》的启迪下于"实践"概念之上求得了扎实的理据。在这之后,自然还有关于对"物质生产与精神生产能否等同?""劳动与艺术能否等同?"等关键性问题的进一步求索,这里不再赘述。

从中华人民共和国成立后朱光潜对马克思主义的实际"接触"上看,美籍犹太裔学者路易·哈拉普的《艺术的社会根源》是朱光潜在五六十年代美学大讨论展开之前就已经关注并开始翻译的"有关西方马克思主义理论比较新的

---

① 朱光潜:《朱光潜全集》(新编增订本)第 7 卷,中华书局 2012 年版,第 4 页。

成果"。这一"不可能受到重视"①的成果的中译本亦悄无声息地在 1951 年 10 月"抗美援朝那个特定时期"②出版,其实,诚如作者所明确指出的那样,作为后来成为朱光潜"对马克思主义实践美学进行阐释的""艺术作为一种生产劳动及其掌握世界的方式"这一核心"观点已在此书中孕育而生"。然而,一个不可忽略的事实是,《艺术的社会根源》毕竟是一个并不十分出名的"美籍犹太裔学者""有关"马克思主义理论"比较"新的成果,于朱光潜而言,在对这样一个"二手"资料进行了比较简单的"接触"后,势必要"亲尝""原始"资料以仔细"钻研"。比较遗憾的是,朱光潜在"亲尝"与"钻研"尚未展开之际即面临了美学大讨论的展开,并自觉或不自觉地陷入讨论漩涡的中心,成了唇枪舌剑式批判的鹄的。可以想见,理论武装的缺乏也是朱光潜在这场讨论中始终处于"被动受敌"困境的一个重要原因,同时也预示着:在这场讨论的大幕拉开的伊始,他在潜意识里已经走上了向马克思主义者转变的通达之路。由此往回看,作者所指出的"接受马克思主义辩证唯物论实践观的思想线索"中本就隐藏着马克思主义的"零星碎片",只不过在明确认识到这一点之前,朱光潜并不知道那"零星的碎片"就是源自马克思主义。美学大讨论期间,那许多"带着那个时候的特别印记和局限"③的照搬"苏联学者们的意见"而形成的机械粗糙的观点和语汇并不能让他从心底里真正信服。于是,在对"不隐瞒或回避我过去的美学观点,也不轻易地接纳我认为并不正确的批判"④的学术品格与学术底线的坚守下,他开始如饥似渴地"亲尝"马克思主义经典原著,才发现正在热烈讨论的马克思主义离其本来面貌还有很大一段距离,甚至可以毫不避讳地说是"经过别人过滤了的马克思主义"⑤,由此欣喜而自信地为"美是主客观统一"命题打开了一番新境界。可以说,由康德到克罗齐,由克罗齐再到马克思,是"美是主客观统一"命题逻辑发展的必然,就好比是一道填空题,"美是主客观统一"是贯穿其中的提示语,空本来就有,应当填什么不仅是朱光潜所要关注的,也是后来人所必须关注的。

---

① 郭因:《郭因美学选集》第 2 卷,黄山书社 2015 年版,第 135 页。
② 同上注。
③ 张隆溪:《探求美而完善的精神——怀念朱光潜先生》,《朱光潜纪念集》,安徽教育出版社 1987 年版,第 179 页。
④ 朱光潜:《朱光潜全集》(新编增订本)第 10 卷,中华书局 2012 年版,第 8 页。
⑤ 张隆溪:《探求美而完善的精神——怀念朱光潜先生》,《朱光潜纪念集》,安徽教育出版社 1987 年版,第 179 页。

　　此外,朱光潜之所以能够从一个主观唯心主义者转向坚定的马克思主义者还有赖于"美是主客观统一"这一命题所要回答的不单单是围绕美学、哲学、心理学等产生的一系列理论性问题,更是"人何以为人?""人何以存在?"的现实性问题。朱光潜深知美学的诞生源于欧洲的启蒙运动,与此不同的是,中国的启蒙与民族救亡有着天然地密不可分的联系,早在《给青年的十二封信》中,他就已经流露出强烈的启迪民智以救亡图存的意识。在回国后的近十年中,朱光潜亲历了中华民族所遭受的深重苦难,又陆续写了二十二篇文章,以"谈修养"为总题结集出版。这二十二篇文章的撰写说明朱光潜已经意识到早年《给青年的十二封信》中的一些话说得"很有些青年人的稚气",于是在重新编著的《谈修养》中才有了高扬人要具备对"时代的认识"、对"个人对于国家民族的关系的认识"、对"国家民族现在地位的认识"、"朝抵抗力最大的路径走"①的意志的"补漏"。从这些"补漏"可以看出,虽然朱光潜曾言"自己在解放后才开始学习马列主义"②,但此时在事实上已然成为了一个准马克思主义者,或者说在心底里萌发了向马克思主义者转变的内在需求,《朝抵抗力最大的路径走》中的一段话更预示着其将要推翻过去的"不关道德政治实用等等那种颓废主义的美学思想体系"③的美学观的变化:"于今我们又临到严重的关头了。横亘在我们面前的只有两条路,一是……抵抗力最低的,屈伏;一是……抵抗力最大的,抗战……抗战胜利只解决困难的一部分,还有政治、经济、文化、教育各方面的建设工作还需要更大的努力。"④不可否认,此时朱光潜依然"主张维持一般人所认为过时的英雄崇拜"⑤,在特别强调美感教育是通往民族复兴的必由之路的同时亦强调"教育重人格感化,必须是一个具体的人格才真正有

---

　　① 　有关与"朝抵抗力最大的路径走"的相近表述在《年谱》中共有四处:第一处为1925年夏朱光潜从北京参加完安徽省教育厅组织的公费留学生出国考试后回上海途经南京看望奚今吾和张志渊时说的话:"要迎着困难上,不要遇到一点困难就躲避,或者另找自认为较平坦的道路走。"(详见《年谱》第28页,原话参见奚今吾未发表的《回忆录》)第二处("我相信一个人如果有自信力和奋斗的决心,无论环境如何困难,总可以打出一条生路来。")出自朱光潜1936年7月撰写并于当年发表在第1卷第30期《申报周刊》上的文章《给〈申报周刊〉的青年读者》(详见《年谱》第113页,原文参见《朱光潜全集》第8卷,安徽教育出版社1993年版,第429页)。第三处为朱光潜于1941年发表的文章《朝抵抗力最大的路径走》(详见《年谱》第166页,原文参见《朱光潜全集》第4卷,安徽教育出版社1988年版,第19—26页)。第四处("青年人第一件大事是要有见识和勇气! 走抵抗力最大的路。")出自1985年1月朱光潜给《文艺日记》的题记(详见《年谱》第467页,原文参见《朱光潜全集》第10卷,安徽教育出版社1993年版,第725页)。

　　② 　文艺报编辑部编:《美学问题讨论集》第五集,作家出版社1962年版,第4页。

　　③ 　朱光潜:《朱光潜全集》第5卷,安徽教育出版社1989年版,第96页。

　　④ 　朱光潜:《朱光潜全集》第4卷,安徽教育出版社1988年版,第26页。

　　⑤ 　同上书,第99页。

感化力"①。但这并不能阻碍朱光潜快步走向马克思主义者的步伐:随着中华民族解放进程的加快,对蒋介石政府的认识由"全民族在蒋委员长领导之下""抗战"②到"国民党都要负大部分责任……它现在遭遇各方的非难,当然也是罪有应得的"③再到"自己也亲身感到在国民党统治下这几十年,尤其是在抗战这八年当中,国民党为保存实力,不战而逃,使大半个中国遭受日本侵略军铁蹄的践踏,对国家的领土主权,人民的生命财产而不顾。老百姓对它已完全丧失信心"(奚今吾未发表的《回忆录》)的根本性、决定性转变,朱光潜"象离家的孤儿,回到了母亲的怀抱,恢复了青春",特别是在加入了全国政协、中国民主同盟、全国文联后有了多次参观访问全国各地的经历,深切地感受到新中国发生的翻天覆地的变化,这些经历、变化激励朱光潜不由自主地在心中打开了一个囊括自然—社会、个人—国家、个体—群体、过去—将来的"活"与"动"的无限广大的客观世界,而与这个客观世界相对的就是"人"——一个借由"反映"获得"存在",解读"存在"生成"某种意识形态",并最终在"实践"中实现、检验、确证自己的——人。至此,朱光潜终于完成了由"一个主观唯心主义者"到"一个温和的改良主义者"再到"我不是一个共产党员,但是一个马克思主义者"④的转变。

由以上分析就不难发现:从时间上讲,朱光潜是在转向马克思主义后才决定翻译维柯的《新科学》的,在这之前(包括在美学大讨论期间),无论从作为克罗齐的老师这一角度出发而言,还是从《维柯的美学思想》一文以及《西方美学史》中涉及维柯的论述上看,朱光潜自然都是非常"熟识"维柯的,不同之处在于,晚年对《新科学》的翻译是在"继续深化"马克思主义相关理论,尤其是"实践"观点研究的内生动力下不断推进的,诚如朱光潜自己所言:

"马克思主义在欧洲哲学思想上的重大发展,就是树立了历史发展的观点……树立了社会科学中的历史发展观点,叫做历史学派。历史学派在欧洲从意大利人维柯的《新科学》开始的,他是社会学的开山祖,历史学

---

① 朱光潜:《朱光潜全集》第4卷,安徽教育出版社1988年版,第99页。
② 同上书,第26页。
③ 朱光潜:《朱光潜全集》第9卷,安徽教育出版社1993年版,第518页。
④ 1983年3月15日下午,朱光潜应邀在香港中文大学新亚书院作第五届"钱宾四先生学术文化讲座"首场学术报告,演讲一开始他就用他那桐城官话从容地说,"我不是一个共产党员,但是一个马克思主义者"。这也是朱光潜对自己后半生的庄严评价。

派的开山祖……我的用意,是在帮助我们了解马克思主义,了解辩证唯物主义、历史唯物主义,了解马克思主义的基本观点———实践的观点。"①

在《年谱》中,作者更是明确指出:朱光潜"晚年则正是通过研究马克思,逆向经克罗齐、黑格尔、歌德、康德回到了维柯,并试图和中国传统知行合一观统合为一个有机的美学系统"。这样一部对维柯"回溯"式研究下诞生的中译本《新科学》,不可不谓是一项重大学术性文化工程的最终成果,早在正式出版之前就已经引起了学术界的普遍关注,诚如季羡林所由衷赞叹的那样:"孟实先生以他渊博的学识和湛深的外语水平,兢兢业业,勤勤恳恳,争分夺秒,锲而不舍,'焚膏油以继晷,恒兀兀以穷年',终于完成了这项艰巨的工作(指翻译《新科学》),给我们留下了宝贵的财富,得到了学术界普遍的赞扬。"②于朱光潜而言,这项"得到了学术界普遍的赞扬"的"在世没有第二人"能承担的"艰巨工作"从艰难开启(1980 年 1 月决定翻译)到持续推进(自 1980 年始译维柯《新科学》到 1981 年下半年译出《新科学》初稿),再到彻底竣工(初稿译出后又花了一年多的时间仔细校改,同时翻译《维柯自传》,甚至在 1985 年病重、《新科学》已经付排期间仍在对个别词的译法字斟句酌),最终到正式出版(1986 年 5 月已去世 2 个月后)的艰辛历程,毋庸置疑、不可辩驳地昭显出其晚年在不断自我强化的内生动力下对"三此主义"这一一以贯之的人生信条的坚决延续与砥砺实践,这也是《年谱》在评价朱光潜晚年学术活动时所持有的牢不可破的基本立场。当然,朱光潜晚年翻译《新科学》的深远影响远不止为学界留下了迄今为止唯一一部中译本《新科学》,这一宝贵财富还包括对马克思主义美学理论的进一步吸收、提炼、阐释、创化。中译本《新科学》,其得以诞生的出发点与推动力源自朱光潜对自己"美是主客观统一"命题的持续思考,标志着朱光潜美学集中西方美学思想之大成的"美是主客观统一"命题在理论上的又一次推进。纵观朱光潜的一生,从 1921 年正式发表第一篇学术论文《福鲁德的隐意识说与心理分析》起,笔耕不辍,即使在"文化大革命"的动荡年代里也没有放弃、中止,而《新科学》确是其现实结果与理想规划双重层面上的封笔之作。这一点足以从奚今吾于 1983 年 7 月 6 日给朱陈的信中得到充分的验证,奚今吾

① 朱光潜:《朱光潜全集》第 10 卷,安徽教育出版社 1993 年版,第 512 页。
② 季羡林:《他实现了生命的价值——悼念朱光潜先生》,原载 1986 年 3 月 14 日《文汇报》,现载《朱光潜纪念集》,安徽教育出版社 1987 年版,第 29 页。

写道:"你父亲译的《维柯自传》,前几天由世嘉、秀琛帮着整理一下,已送出去找人誊清。另一部维柯《新科学》,你父亲目前不打算动它,等秋天气候凉爽了再来整理。这后一部稿子大约有四十万字。你父亲说这两部稿子脱手以后,他要休息休息了。他已向北大申请退休,向全国美学会申请辞去会长的职务,不挂那些不干活的空头衔了。"仅由此,维柯和《新科学》在朱光潜心目中的地位就可见一斑。

可以这么说,朱先生晚年几乎将后半生全部的心血灌注于马克思主义经典论著与《新科学》的翻译研究,这在浅层次上看是为了进一步向国内介绍传播"原汁原味"的马克思主义美学思想,而在更深的层面上看,或者说翻译研究的真正目的则是在内外双重作用力(自我的学术反思与"美学大讨论")推动下对自己美学思想引他山之石,琢自己之玉式的"重铸",是对二十世纪五、六十年代"美学大讨论"的最终回应,其学术价值正如作者宛小平在《年谱》中所强调的那样:

> "据此,我们也可以从这个变化去体会朱光潜晚年研究维柯和马克思乃至中国传统知行合一观①,并且提出的"美学是一门独立的社会科学"的真实内涵。结合'美是主客观统一说'前后期的发展,可分两层来说明:第一层……第二层是朱光潜通过研究马克思和维柯,已经意识到美学大讨论中所谓主观派和客观派都割裂了'知'与'行'(是马克思所谓的"抽象唯心"和"抽象唯物"),而贯穿维柯《新科学》的主线'人类历史是人类自己创造的',强调的正是'知'与'行'的统一。维柯讨论'部落自然法'的'自然',是取'天生就的'而不是'勉强的'(人为的)。西文'自然'这个词既指客观世界(对象),也同时指主观世界(人)。"②

---

① 除此之外,《年谱》中有关知行合一的表述还有两处:第一处("古希腊哲人之所深恶痛疾者不在罪而在愚昧,苏格拉底至谓知识即德行,良以愚昧为罪恶之源而知为行之本,行为知之用也。")出自朱光潜于1946年夏初为《国立武汉大学民三五级同学录》所作的序文(详见《年谱》第197页,原文安徽教育出版社与中华书局出版的《朱光潜全集》未收)。第二处为作者借用朱光潜于1947年7月在第2卷第2期《文学杂志》上发表的《看戏与演戏——两种人生理想》一文对其人生理想的解读:"至于先生自己的人生理想应该说兼有'演'和'看'两者,是把'看'和'演'、'知'和'行'有机地统一于个体的人身上。"(详见《年谱》第208页,《看戏与演戏——两种人生理想》一文参见《朱光潜全集》第9卷,安徽教育出版社1993年版,第257—271页)

② 宛小平:《美学是社会科学——朱光潜对美学学科的定位》,《清华大学学报》(哲学社会科学版)2015年第6期,第39页。

综上足以肯定,朱光潜晚年以维柯和马克思美学研究为突破口对自己毕生美学思想上下求索式的深刻反思与系统总结,充分体现出其美学思想与人生理想的高度统一:美或者审美活动都不是主客体地非此即彼,而是呈现为相互交融、彼此碰撞的动态过程;人亦如此,也是在如陶渊明般"采菊东篱下,悠然见南山"与"刑天舞干戚,猛志固常在"的人生样态中自由自如地切换,天下无道,则退而守于道家(知大于行),天下有道,则进而攻于儒家(行大于知)。这样一来就并不只是简单机械地肯定或否定任何一种单一性命题与人生态度,而是意在并且成功地打消了所谓心与物、唯心与唯物、知与行、出世与入世之间的对立,为探索构建统一于"人学"的中国当代美学打开了一扇大门。

余论:探索构建统一于"人学"的中国当代美学

如前文所述,朱光潜为探索构建统一于"人学"的中国当代美学打开了一扇大门,这里至少有三个问题需要厘清:一、何为"人学",或者说,在朱光潜的视阈中"人学"是什么样的? 二、美学为何能够,或者进一步说,应当统一于"人学"? 三、这扇大门后通往"人学"的道路是什么样的,或者说,构建的具体路径是什么? 第一个问题,朱光潜本人已经作了比较充分的回答①,简言之,"人学"是以"人"这一物种的起源为发端,继而以"有机的整全的人"为最终研究对象的人与自然以及自然科学与社会科学的统一,当然也包括人文科学。"人学"中的"'人'不是抽象的'人',不是把人作为孤立个体而抽象出来的概念存在,而是具体的、现实的、作为改造客观世界的主体的人"(《光明日报》2020年01月06日15版);是与自然—社会、个人—国家、个体—群体、过去—将来的"活"与"动"的无限广大的客观世界相对的——一个借由"反映"获得"存

① 朱光潜在翻译《新科学》时发现,维柯认为法的根源来自共同的人性(Common nature)。《新科学》与较晚的达尔文的《物种起源》比较,它研究"人"这一物种的起源,它就是"人学"。有关"人学"的集中阐述详见朱光:《朱光潜美学文集》,上海文艺出版社1982年版,第559—561页。作者在《年谱》中明确提及"人学"的地方有两处:一是在1980年8月《谈美书简》出版时援引朱光潜的话:"自然科学和社会科学终于要统一成为'人学'"。(详见《年谱》第395页,朱光潜原话参见《朱光潜全集》第10卷,安徽教育出版社1993年版,第649页);二是在1980年9月《美学拾穗集》出版时指出,朱光潜在其中引出了人与自然和自然科学、社会科学统一于"人学"这样一个美学的基本论点(详见《年谱》第397页)。与"人学"内涵相通的"有机的整全的人"作者在《年谱》中亦有多处提及,详见《年谱》第109、168、174、177、183、184、208、253、274、275、276、305、395、397页。

在"，解读"存在"生成"某种意识形态"，并最终在"实践"中实现、检验、确证自己的——人。第二个问题涉及朱光潜将美学定位于社会科学的学科定位①，学界也已作出了回应②。朱光潜与众不同的地方在于，他非常坚定地认为美学是一门社会科学，这一判断的依据是他一生对美学学科性质的研究的总结，他早年侧重从心理科学角度来研究美学；中年更加倾向把美学看作人文科学；晚年通过研究马克思和维柯才找到了和自己早年受影响比较大的克罗齐、黑格尔的历史学派的思想传承关系，从而确立"美学由文艺批评、哲学和自然科学的附庸发展成为一门独立的社会科学"的命题。需指出，回答第三个问题实际上是回答前两个问题的落脚点，目前未能引起学界足够的重视，相关的研究成果亦有所不足。因此，探求这一路径的任务就显得尤为艰巨与必要，我们不妨在此作一尝试。

细品《年谱》，不难发现，朱光潜早在到香港大学的第三年便发表了一篇全面研究心理学派别的文章——《行为派（Behaviourism）心理学之概略及其批评》，对此文的学术价值，作者敏锐地指出："此文对行为派心理学作了概略介绍和简要批评……对不同于内省心理学的行为心理学的重视，对他日后从心理学多层视角研究美学也起了作用，尤其表现为用来希列（Lashley）实验结果来说明思想和语言的运用是一致的这一观点，这也成了后来先生'思想和语言是一致的'这一美学命题的科学实验例证。"由此可以看出，朱光潜在学术生涯伊始就已经注意到了将自然科学的研究方法引入美学研究领域，在十余年后的 1934 年，朱光潜又接连发表了《近代实验美学（一）颜色美》、《近代实验美学（二）形体美》、《近代实验美学（三）声音美》三篇系统介绍近代实验美学的文章，并在首篇开门见山地指出：

---

① 朱光潜对美学的学科定位经历了由人文科学向社会科学的转变，这一点作者在《年谱》中亦有提示，主要有三处：第一处，1942 年 9 月，朱光潜在《中央周刊》5 卷 4 期上发表了《人文方面几类应读的书》一文，其中写道："我所学的偏重人文方面，对于社会科学和自然科学都是外行。"（《朱光潜全集》第 9 卷，合肥：安徽教育出版社 1993 年版，第 117 页）作者据此指出这对于理解这一时期朱光潜先生是把自己研究的美学看作是"人文科学"而非"社会科学和自然科学"的学科定位十分重要（详见《年谱》第 170 页）。第二处，作者特别点出了朱光潜在其重要著作、由人民出版社于 1963 年 7 月出版的《西方美学史》（上卷）中已经注意到了苏格拉底"把注意的中心由自然界转到社会，美学也转变成为社会科学的一个组成部分"（《朱光潜美学文集》第 4 卷，上海文艺出版社 1984 年版，第 38 页）这一重大变化（详见《年谱》第 300 页）。第三处，作者明确列出了朱光潜于 1978 年 5 月 18 日在《文汇报》上发表的一篇关于美学学科定位的文章《美学是一门重要的社会科学》（详见《年谱》第 362 页）。

② 详细内容参见宛小平：《美学是社会科学——朱光潜对美学学科的定位》，《清华大学学报（哲学社会科学版）》2015 年第 6 期，第 28—39 页。

"拿科学方法来作美学的实验从德国心理学家斐西洛（Fechne 1801—1887)起,所以实验美学的历史还不到一百年。这样短的时间中当然难有很大的收获,不过就已得的结果说,它对于理论方面有时也颇有帮助。理论上许多难题将来也许可以在实验方面寻得解决,所以实验美学特别值得注意。"①

在当时来看,实验美学的的确确在理论上还存有诸多缺陷,亦有不少困难尚待解决,这一点已被包括正在欧洲游学的朱光潜在内的许多人所认识到②。诚如作者所言:"在朱光潜看来,实验心理学影响下的实验美学之路并不通畅。但是,我们也不能据此结论说朱光潜注重人文精神而反对科学。朱光潜实际上是'五四'精神的产儿,他是新文化运动的积极参与和拥护者。从某种意义上说,他的美学思想更强调科学的精神（比之他同辈的美学家）……"③的确,朱光潜始终站在科学的立场上以科学的精神冷静地"整理国故",这从他对桐城派遗产以现代西方重经验实证的科学思想方法批评方苞的"义法"说,提出"疵""稳""醇""化"四境使其脱去玄学之味;借用西方近代心理学"筋肉的技巧"的观点界定"因声求气"说中不可描述、难以捉摸的"气";以西方美学雄伟、秀美范畴为姚鼐阳刚、阴柔两种自然美作注,以明确其所指的扬弃中亦可以得到充分印证。结合以上两点至少可以说明,将人文科学（彼时朱光潜将美学定位于人文科学）与自然科学的研究方法相结合作为美学研究的路径之一是朱光潜关注、深思、探索并尝试过的,即使在作于近半个世纪后（1983 年 6 月）的《读朱小丰同志〈论美学作为科学〉一文的欣喜和质疑》一文中也还对此抱有期待,朱光潜写道:

"提到实验心理学,我自己在这方面的经验是很不愉快的……我曾写下当初我对实验心理学的怀疑。不过从那时到现在这六、七十年中,自然科学在实验方面都发展得很快,我们能赶上现代水平,也就不坏了,做些实验总比不做好。"④

---

① 朱光潜:《朱光潜全集》第 1 卷,安徽教育出版社 1987 年版,第 478 页。
② 参见[美] 杜·舒尔茨著,叶浩生译:《现代心理学史》,人民教育出版社 1981 年版,第 94 页。
③ 宛小平:《美学是社会科学——朱光潜对美学学科的定位》,《清华大学学报（哲学社会科学版）》2015 年第 6 期,第 29 页。
④ 朱光潜:《朱光潜全集》第 10 卷,安徽教育出版社 1993 年版,第 675 页。

毋庸置疑,不仅是实验美学,从朱光潜的整个学术生涯上透视,他自始至终都是站在多学科融会贯通的立场上去看待、学习、研究美学的①。为此,我们可以举两处典型的例证:第一处,朱光潜在自己于欧洲游学期间撰写完成的第一部美学著作《文艺心理学》的《作者自白》中明确写道:"因为欢喜文学,我被逼到研究批评的标准……因为欢喜心理学,我被逼到研究想象与情感的关系……因为欢喜哲学,我被逼到研究康德、黑格尔……这么一来,美学便成为我所欢喜的几种学问的联络线索了。"②第二处,朱光潜晚年在汇集了自己于八十岁以后所作的有关美学的论文、札记的《美学拾穗集》里对《文艺心理学》中的《作者自白》作了"补充",其中特别强调"'自白'最后一句后面还应加上这么一句:'研究美学的人们如果忽略文学、艺术、心理学、哲学(和历史),那就会是一个更大的欠缺。'"③从朱光潜对自己治学之方"回溯"式的深刻剖析中我们可以肯定,这样一个拥有"文学和心理学间的'跨党'分子"出身的美学巨擘在美学的研究上是绝对不会不重视"跨学科"的研究方法的,而统一于"人学"的中国当代美学也必定是朝着跨学科的方向迈进的。那么,"跨学科"应当如何实现?

以二十一世纪的眼光与科技发展水平来重新审视朱光潜早已关注的实验美学,以"拿科学方法来作美学的实验"的学术构想为启迪,将"自然主义"作为可供中国当代美学选择的一条"跨学科"式的研究路径是值得尝试的一种新思路。毋庸置疑,强调哲学与科学的紧密结合是当代西方哲学的一个重要特征,保罗·撒加德(Paul Thagard)推崇"将哲学和科学紧密联系在一起,从而试图理解包括人类心灵在内的世界"④的自然主义的哲学观念,这一观念旨在将自然科学的研究方法应用于人文学科,借以建立社会科学与自然科学两者间的某种连续性。沿此路径,将基础心理学、神经科学、脑认知科学等自然科学中的核心观念与研究方法提炼整合灌注美学研究于朱光潜而言理应不会感到陌生,因为"美是主客观统一"这一命题是置于宏大的历史视野和世界格局中审视进而得出的,其本身就是未完成的,它涉及美学自身的建构、美学对其所直

---

① 关于这一点,朱光潜晚年在翻译研究《新科学》的过程中亦感触颇深。在朱光潜看来,《新科学》给予后人的又一重大启发在于其指明了研究美学必须要具有极其宽广的学术视野。历史上几乎所有的美学家大都将研究的视角集中投注于某一个较为狭窄的领域,《新科学》却不止一次地证明了艺术与其他一般文化之间具有天然密不可分地紧密联系,美学的研究如若脱离了其他学科的支撑,势必将落入管中窥豹的窘境。

② 朱光潜:《朱光潜全集》第1卷,安徽教育出版社1987年版,第200页。

③ 朱光潜:《朱光潜全集》第5卷,安徽教育出版社1995年版,第348页。

④ Paul Thagard, *Philosophy of Psychology and Cognitive Science*, North Holland, 2007. p.x.

面的时代症结的回应等问题的解决,特别是诸如审美主客体相互作用的心脑机制等全新课题的探索——国内神经美学的兴起即是明证。值得警惕,神经美学在实验研究方面的普遍缺陷——缺乏或刻意回避对泛脑体系、认知范式、神经网络架构等一系列直接关涉人的审美偏好、判断、鉴赏、创作的个性化阐释以及在方法论上出现困境——由偏离"审美客体——审美主体的认知反应——审美主体的大脑反应——审美主体的身体反应——审美主体的本体表达和对象化表达活动"①这一逻辑序列,越过"审美主体的认知反应",直接从大脑相关区域的功能激活—提升状态解开人类审美的神经奥秘而导致的实验模型碎片化、功能辨识单向化、结构定位孤立化、机理解释机械化、实验数据平均化等系列弊端并非偶然,它恰恰是实证主义流弊的延续,并且已经显露出陷入功利主义知识效用至上之沉疴的危机。深究其根本原因,主要在于神经美学工作者在学科的知识储备与素养提升方面缺少对传统美学学科、美学基本原理的的深耕细作,特别是未领悟"人学"的意涵。

有必要强调,构建以"人学"为范导、走向自然主义的中国当代美学不能忽略"中国"二字。由于中国哲学的发展是连续性的,它自始至终都将关注的焦点投诸人与人、人与自然、人与社会、人与世界的关系,因而不同于经历了"轴心时期""哲学的突破"洗礼与技术、贸易等新因素产生后而摆脱了自然生态系统束缚逐渐形成的近现代西方哲学。中国社会科学的发展同样是连续性的,亦与西方社会科学存在巨大差异,于其而言,纯粹的西方经验并不适用。可见,即使自然化社会科学理论中社会科学与自然科学两者间的连续性已经建立,也不能将其直接作为构建中国当代美学的理论基石,而是必须实现两大"连续性"有机衔接,于学界而言,如何才能完成这一颇具开创性与挑战性的艰巨任务可谓任重道远。

我们有足够的理由相信,假如天以假年,假如遂小女儿朱世乐、夫人奚今吾所愿"当初有车",朱光潜先生必定会在第一时刻注意到这样一条新路径,因为正如他所预想的那样,"自然科学在实验方面都发展得很快",美学研究理论上的"许多难题将来也许可以在实验方面寻得解决"的期待也终会如"静待花开的种子"般破土而出、开花结果。那样一来,无论是"美是主客观统一"的命题,还是中国传统美学都必将焕发出新的生机、新的容颜,中国的美学研究也必定会走在世界的最前沿。

---

① 详见丁峻,崔宁:《当代神经美学研究》,科学出版社 2018 年版,第 74—75 页。

英文摘要

The Nature, Form, and Function of Ancient Aesthetic Proposition

Wu Jianmin

Abstract: As a general method for ancient Chinese to express their aesthetic thoughts, propositions constitute fundamental elements in ancient China's aesthetic theoretical system. While research about propositions has long been neglected in academia. Explanations about the nature, form and function of propositions are basic preconditions of studying ancient aesthetic theoretical propositions and crucial insurance for effective research in this field. This research holds that proposition is a short sentence or phrase to express aesthetic judgments. It is characterized by two features of objectivity and intention with judgment as its content. Its form mainly includes single sentence pattern, multiple sentence pattern, direct expression and metaphorical expression. The function of it is to express rich and complex aesthetic thoughts of theorists conveniently and effectively.

Keywords: ancient aesthetic proposition, nature, form, function

The Life Spirit and the Aesthetic Approach of Creation in Chinese Literature

Gai Guang

Abstract: In Chinese literature, endless wisdom is achieved by "sheng" and "sheng sheng" to deeply understand the inexhaustible nature of "sheng", and the unique spirit of life is created by adhering to the poetic nature and harmonizing. Following the organic rhythm of "sheng", plants have veins, tangible things, feelings and reasons, and the spirit of life with rhythm, which contains the aesthetic creation of "harmony". The "essence" of the solution is not only the root of the root, but also the root of "sheng". The "essence" is not static and fixed, but is process and dynamic. "Harmony" of multi-direction fusion: the necessary conditions are "invigorating and thinking of harmony", "following the Tao" and respecting "Tao", soothing "Qiyun". Awareness and practice of "rhyme": to understand and cultivate new ideas, and to know more about "true meaning", which is not only the objective reality of the description of natural objects, but also the "reality" of the co-participation of nature and body and mind. Image with meaning: "Image" is a kind of life phenomenon, which is not only due to the real thing and the body, but also not only from the nature and the life of the "body", the form of the matter and the state of life of the combination of deliberate, business, explicit meaning, or for the "image" must contain "meaning".

Keywords: Chinese literature, life spirit, "Sheng sheng", aesthetic creation, organic process

The Evolution of Wei-jin Metaphysics and the Presentation of Scholars Spirit

Zhang Wenhao

Abstract: In the course of its evolution, Wei-jin metaphysics fused Taoism, Confucianism and Buddhism, and formed its own unique view of nature, view of history, theory of human nature, epistemology and methodology. Following the evolution of metaphysics, the presentation of scholars spirit also went through six stages of interaction: Talk metaphysics, political differentiation and academic conflict of the gentry class; The attribution of political identity and the metaphysical spirit lead to the same destination; Celebrities demeanor From bamboo forest to Yuankang's liberation and deconstruction; The theoretical construction of Yongjia Metaphysics and the legal explanation of scholars' way of living; The fusion of metaphysics, Taoism and Confucianism and family-based presentation of the scholars spirit; The confluence of Buddhism and metaphysics and the influence of scholars spirit in Wei-jin. From the perspective of the evolution of metaphysics, this paper reflects on the defects and causes of the spiritual deposits of Wei-jin scholars, and discover the spirit of the scholars in different periods of the Wei-jin; It analyzes its difference, contradiction, rupture and even paradox, and points to the three-dimensional, integrated and dynamic value evaluation. In this way, it may correct the tendency of contemporary people to excessively praise the elegance of famous scholars in Wei-jin Dynasties, or treat the spirit of Wei-jin scholars with more rational colors and aesthetic attributes.

Keywords: Wei-jin metaphysics, scholars spirit, the evolution, the presentation

The Second Discussion on the Expansion of Bell Image to the Poetic Realm in Tang Poetry

Liu Yabin

Abstract: The Tang Dynasty poets' love and use of the Bell image is an important phenomenon in cross-cultural literature writing. It is influenced by traditional culture and Buddhist ideas, which effectively expands the realm of classical poetry. In Tang Poetry, the meaning of Bell image includes the political meaning of Illuminism and Praying, the political meaning of Ritual and Music education as a ruling measurer, and the secular meaning of individual emotional expression. In the aspect of individual emotion, the Bell image expresses the feelings of leisure, tranquility, fate and separation. The structural pattern of Bell image's expansion of poetic realm can be divided into the perceptive pattern of thought going with objects, the temporal pattern of thinking for thousands of years and the spatial pattern of seeing for thousands of miles. It shows the characteristics of Tang poetry in the aspects of ego and object, time and space, style and nature, etc., and embodies the poetic value of the transcendental Being of artistic reality, the aesthetic pursuit of Naturalization and the image integration of different cultures. Based on the communication of different cultures, the use and expansion of Bell image to the poetic realm in Tang poetry have important significance to the development of literary creation.

Keywords: Tang poetry, bell image, poetic realm, expansion

The Becoming of "the Desire-Oriented Body": The Aesthetic Turn of the Intellectuals in the Late Ming: Focusing on the Art of the Residence in *Treatise on Superfluous Thing*

Ding Wenjun

Abstract: The basic form of aesthetics in the late Ming Dynasty is profoundly affected by the political, ideological, and economic conditions. Compared with the Song Dynasty, the intellectuals kept their attention to the ideological and political issues in the process of constructing their daily life characterized by leisure, the intellectuals in the late Ming takes "material" as the theme in the aesthetic activity, which leads to the pursuit of the material desire. Considering the event of "the discussion of the great ceremony" in the late Ming Dynasty shattering the political beliefs about "Being Supported by the Ruler to Carry Out the Tao" of the intellectuals, and taking into account of Yangming-Confucianism holding the dominant position of the ideological situation and the economic situation with the business development, "the Desire-Oriented Body" has become the new body paradigm of the intellectuals, and combines with material desire in aesthetic activities. Taking the art of the residence in *Treatise on Superfluous Thing* as an example, Wen Zhenheng claims that the spiritual experience is the foundation of the highest aesthetic value, however, in reality, it suggests an aesthetic planning following the pure materiality, and deductively takes a material-centered standardized aesthetic style, which focuses on the satisfaction of the sensory experience of the body. Therefore, the "the desire-oriented body" becomes a new body paradigm of the aesthetic thought.

Keywords: material, the desire-oriented body, *Treatise on Superfluous Thing*, the art of the residence, standardized aesthetics

On the Conceptions and Problems in Zhu Guangqian's Early Theory of Aesthetic Experience

Ji Zhiqiang

Abstract: In his early theory of aesthetic experience, Zhu Guangqian insisted that the "image" refers to the pure form which we perceived in this experience, and tried to overcome the limitations of the formalist aesthetic experience with feeling. Nevertheless, he was not successful because the feeling is not a necessary condition for aesthetic experience. By the same way, he also tried to solve the contradiction between the isolation of aesthetic experience and the association in art by enlarging the artistic activity, but this also did not achieve the ideal effect. In the definition of "the beautiful", Mr. Zhu considered that it is the characteristic and value of the image, but he did not maintain the identity of the meaning of this conception. Nevertheless, these paradoxical views make us to take a cautious approach to the thinking of aesthetics.

Keywords: Zhu Guangqian, aesthetic experience, image, feeling, isolated, the beautiful

The Origin of the Thought of Form and Painting

Xia Kaifeng

Abstract: It was mainly discussing how "form" becomes the origin of the thought of painting ."Form" was often understood as the appearance or shape of beings, but this understanding was derived, "form" can defined as "give form" and "forming" in a more original sense. "Form" was also related to "feeling" and "spiritual realm", in ancient painting, "feeling" referred not only to lyricism, it also referred to "affect"; when painting would form the invisible, it embodied the spiritual state. The insipid was a state of disappearance, and therefore it always means that the visible disappearing form the visible, the insipid was the last trace of the visible disappearing from the visible. Form, as the origin of thought, referred to the continuous operation that was opened and reopened.

Keywords: form, give form, forming, affect, state of disappearance

A Preliminary Study on the Construction of Body Aesthetic Illusion Theory: New Thoughts on the Study of Marxist Aesthetics in Contemporary China

Qin Shouda

Abstract: The study of contemporary Chinese Marxist aesthetics from the dimension of body is an important content of the construction of contemporary Chinese Marxist aesthetics. A new academic framework and development path of contemporary Chinese Marxist aesthetics research is the construction of body aesthetic illusion theory. The body of the construction of marxist theory of aesthetic illusion, must be based on a classic discussion of Marx and Engels, in view of the practical problems in contemporary China, combining with the relevant theory of ancient and modern, Chinese and foreign, to solve the crisis of modern aesthetics, and how to rebuild the modern aesthetic academic problems, eventually effectively penetration and integration of the aesthetics of ancient and modern, Chinese and foreign resources, better for the construction of marxist aesthetics discourse system with Chinese characteristics.

Keywords: Contemporary Chinese Marxist aesthetics, body aesthetic illusion, theoretical construction

Nietzsche's Affective Nihilism and Its Self-overcoming

Sun Yunfei

Abstract: Nietzsche's theory of affect has been neglected for a long time. Nietzsche's most well-known concept "will" is a kind of command affect, which precedes the conscious "cogito". It is the self affirmation of active unconscious impulse, which can be traced back to Spinoza. As a sense of evaluation, affect plays an important role in shaping a person's experience and explanation of the world. Negative affect will weaken and restrain the individual's feeling and drive, which is called "affective nihilism". The essence of affective nihilism is the negation of life, which is manifested in various negative affects and physical weakness. Affective nihilism has the characteristics of transpersonality. When the individual obtains the sufficient reason of affect, he will turn from passive to active, and affective nihilism will overcome itself.

Keywords: Nietzsche, affect, nihilism, self-overcoming

The Sculpture Art View of New Practical Aesthetics

Zhang Yuneng

Abstract: The sculpture art view of the new practical aesthetics is based on the Marxist theory of art production, the theory of aesthetic ideology, and the overall artistic view of mastering the world theory of practice-spirit. Sculpture is an art of solid modeling with sculptor as the main body. It uses wood, stone, mud, gold and other solid materials to shape the three-dimensional image of three-dimensional space to reflect social life and express the sculptor's thoughts and feelings and aesthetic consciousness. It is an art of three-dimensional image feeling combined with vision and touch, which can give the recipient a special aesthetic feeling.

Keywords: new practical aesthetics, sculpture art view, solid modeling production, three-dimensional image, touchability art

"Image Outside of Statue": The Aesthetic Meaning of "Viewing" of Buddhist Statues

Zhao Jing

Abstract: Buddhism takes no phase as the body, emphasizes the Dharmakaya without phase, but presents the hidden Dharmakaya and abstract doctrine with the help of visible images. The "viewing" and "being seen" in their respective situations promote the interactive generation of aesthetic images, so that the relationship between aesthetic subject and object in the continuous switching and intersubjectivity. The "viewing" of the Buddha is not the activity of "naked eye" in physiological sense, but a kind of non-logical, non-rational, non-objective and comprehending intuitional activity of the soul into the Buddha'st interior; It is a kind of inner vision and creation of aesthetic intuition based on imagination, and it is a "direct penetration" of the "thing" seen in the mind. The mind-viewing and the perception together produce the mental image with the aesthetic image of clarity, penetration and creativity.

Keywords: Dharmakaya, Buddhist statues, viewing, image

The Chuang-tzu' Views on Painting in Song Dynasty

Chen Yongbao

Abstract: Xu Fuguan's understanding of Chinese artistic spirit has a great influence on the Chinese community. His aesthetic thought once became the basis for some scholars to study ancient Chinese aesthetics, especially the aesthetics of Song Dynasty. However, Xu Fuguan's understanding of aesthetics in Song Dynasty has certain prejudice, which is manifested in his excessive emphasis on Chuang-tzu's aesthetics and his disregard for Neo-Confucianism's aesthetics. Therefore, this prejudice led to his over-misunderstanding of Chinese artistic spirit, which aroused extensive criticism from scholars. In recent years, scholars have attached great importance to the aesthetics of Neo-Confucianism, and the work of revising this prejudice needs to be further sorted out.

Keywords: Chuang-tzu, Xu Fuguan, Neo-Confucianism aesthetics, painting theory

On the Aesthetic Feeling of the Performance of Ancient Music with Poetry

Yang Sai

Abstract: As an auditory art and sound art, Poetry and songs are concentrated expressions of aesthetic views of traditional Chinese scholar-officials. Focused on the meaning of words, singers should construct and enrich the plot in poetry. Singers should start from the limited perspective of speakers to shape the characteristics and reflect emotions and tastes of the speakers through their tones, expressions and actions. Poetry and songs should have a rich sense of time and space. Singers should be able to distinguish the past tense and present tense, the virtual scenery and real scenery. They should also have a good spatial imagination in order to understand the authors' ingenious arrangement. Every scenery in poetry and songs has its quality, color, taste, etc. which should be expressed by singers' sound. Singers should have an emotional judgment on all sceneries and turn them into emotions. They should integrate the beauty of language, melody, and artistic conception to achieve synesthesia with sense of vision, taste, smell and touch on the basis of sense of hearing, thus to arouse the resonance and aftertaste of the audience. They should be good at creating the environment in order to transplant the virtual space and the second world in poetry to the space of stage and the auditorium, so that the listeners will have an immersive experience.

Keywords: ancient music with poetry, performing arts, aesthetics

A Pioneer Of Postmodern Music: Guqin Meets "Zhaoze" Rock Band

Chen Yuran, He Yanshan

Abstract: "Zhaoze (Swamp)" is a rock band with Guqin as its main instrument. With the development of science and technology, the band has added adapter and effectors to Guqin. Combined with the guitar, bass and drums, Zhaoze has completely subverted the traditional image of Guqin, which used to be considered as "DanHe". The band constantly innovates its musical works and performance styles, embodying the characteristics of beyond auditory sense, interactivity, non-centric mode and diversified post-modernist rock music during the tour. While inheriting and innovating traditional music and traditional culture, the band integrates the various lifestyle of modern people into music, bringing out another kind of beauty.

Keywords: Zhaoze band, Guqin, rock music, indie music, post-modernist music

"Lian Yun Sui You Ge, Zhong Yu Xiang Jiang Hu": On the Change of Aesthetic Ideal of Yu Xin's Garden from Southern Dynasties to Northern Dynasties

Yang Gaoyang

Abstract: Yu Xin is a typical writer in the Southern and Northern Dynasties who has had different garden impressions and experiences in the Southern and Northern Dynasties; seen the different garden style and aesthetic pursuit between royal gardens and private gardens; experienced the evolution of aesthetic consciousness from big garden to small garden. His literary works about gardens are typical works of garden literature in the Northern and Southern Dynasties. Taking Yu Xin's garden poems as the center, this paper discusses the change of Yu Xin's garden aesthetic ideal from Southern to Northern Dynasties from two aspects of garden material aesthetics and garden spirit self-sufficiency, and expounds the influence of Yu Xin's later garden aesthetic ideal on later Chinese literati gardens.

Keywords: Yu Xin, *Xiao Yuan Fu*, classical garden, garden aesthetics

The Alienation of "Virtue" from "Beauty": A Tragic Analysis of the Film the Song of the Phoenix

Xu Dawei

Abstract: The film *the Song of Phoenix* reveals the contradiction between the demise of traditional art and the cultural power desire of craftsmen with its irony structure, and it points out that Chinese traditional art does not die of the times, but die of the "rules" adhered by the old artists, thus fundamentally lacking the pioneering and innovative spirit of art. What is revealed behind this lack of artistic spirit is that the deep-rooted alienation of "Virtue" from "beauty" in Chinese culture leads to the alienation and death of art, which is exactly the tragedy of the film.

Keywords: *Song of the Phoenix*, cultural power desire, the alienation of virtue from beauty, alienation of art

A Study of Labor Aesthetics of Han Shaogong

Zhao Zhijun

Abstract: From the beginning of *Maqiao Dictionary*, Han Shaogong always praises agricultural labor in his creation, this praise reaches its peak in *Mountain South Water North*. Why does Han Shaogong praise agricultural labor so much? This is related to his awareness of consumptionism. Since the 1990s, a kind of consumptionism with extreme individualism as its connotation began to appear in China. This kind of consumptionism advocates hedonic ethics, and it is combined with totalitarian politics, which has destroyed the human spirit and natural ecology. As response to this consumptionism, Han Shaogong devotes himself to excavating work ethics and green consciousness in agricultural labor and copes with the spiritual and natural ecological crisis brought about by consumptionism.

Keywords: Han Shaogong, labor, consumptionism

Customs in Silk Road and Cultural Roots Searching: On the Narrative Strategy of "Love in the Silk Road"

Zhang Wenjie, Liu Yan'e

Abstract: The novel "Love on the Silk Road" by Ba Longfeng, a writer born in the 1970s in Xi'an, explores the Chinese stories on the Silk Road from multiple angles and fields, depicting the rich customs of the western nations seen by The motorcades looking for the footprints of ancestors. Yashier, the heroine, returning to Shaanxi, the ancient capital of the Tang Dynasty, symbolized the realization of the national dream of returning to the tradition and cultural identity of the descendants of Chinese descent, and reproduced the historical charm and cultural confidence of the Chinese national tradition. Its narrative strategy is mainly present: firstly, the novel integrates the romantic legendary love on the Silk Road with western folk customs, natural landscapes, and historical culture; secondly, the characters are fresh and full, with twists and turns in the plot, while traditional poetic discourse that penetrates the novel makes the whole work full of poetic metaphors and symbolism; third, the combination of northwest dialects and popular expressions makes the narrative discourse of the book not only friendly, local, but also fashionable and contemporary. The popular elements of the novel can capture readers' aesthetic reading interest.

Keywords: Ba Longfeng, *Love on the Silk Road*, customs in Silk Road, cultural root's searching

Appreciation of Cartoon *Landscape Love*

Jin Baisong

Abstract: Cartoon *Landscape Love* is the representative work of Shanghai Animation Film Studio, which mixes traditional culture and modern art together in the way of metaphorization and symbolization. The story of this cartoon rooting in the legend of Boya and Ziqi talks about the inheritance of guqin between teacher and pupil. The success of cartoon *Landscape Love* is meaningful to Chinese ink film art.

Keywords: *Landscape Love*, metaphorization and symbolization, ink cartoon, modern visual idea

Race Back to the Real Implications and Open up a New Aesthetic Chapter: Commentary on *The Long Compilation of Zhu Guangqian's Chronicle* and the Prospects of Chinese Aesthetics Research

Zhang Liangliang

Abstract: Recently, *The Long Compilation of* Zhu Guangqian's *Chronicle*, written by Wan Xiaoping, a professor in the department of philosophy of Anhui university and the grandson of Zhu Guangqian, was officially launched by Anhui University Press. This chronicle makes a detailed investigation and description of Mr. Zhu Guangqian's ideal and belief of "With the spirit of retreat, do the cause of engagement" and his spirit of devoting himself to aesthetic research and education "Bend back to the task until dying day". There are three main features in the monograph: Firstly, corrects some mistakes in Zhu Guangqian's research by means of matching original materials with treasured photos; Secondly, clarifies some problems in Zhu Guangqian's research with the courage of integrating academic responsibility and research orientation; Thirdly, affirms zhu Guangqian's academic activities in his later years from the perspective of holistic perspective and partial investigation. To sum up, following the guidance of

Zhu Guangqian's thought of "humanology", *The Long Compilation Of* Zhu Guangqian's *Chronicle* finally explores a new path of "naturalistic" in the study of contemporary Chinese aesthetics, which is the first and most complete chronicle of Zhu Guangqian with important academic and documentary value so far.

Keywords: Zhu Guangqian, aesthetics, Marxism, *New Science*, humanology, naturalistic

稿　约

　　《中国美学研究》是以研究中国古代美学为主,兼及心理美学、西方美学等著译的学术集刊,每年出版两期,分别于每年 6 月、12 月由华东师范大学出版社出版,国内外公开发行。

　　本刊欢迎名家和中青年学者赐稿,对于青年硕博士生乃至民间高手的优秀论文,也同样欢迎。来稿请注明单位和联系方式。

　　论文注释请一律使用脚注。注文按照作者、文章篇名、文章发表的期刊名、期刊出版年份及期号、页码顺序撰写,如:邹华:《中国美学的现代性问题》,《文艺研究》2008 年第 3 期,第 26—31 页。如引文为著作,注文则按作者、译者、著作名、著作出版机构名、出版年、页码撰写,如:门罗·C.比厄斯利著,高建平译:《西方美学简史》,北京出版社 2006 年版,第 35 页。

　　来稿可直接发送至《中国美学研究》,电子邮箱: zgmxyj@163.com。